高等院校电子信息类卓越工程师培养系列教材

模拟电子电路

吴友宇　主　编

刘可文　副主编

科学出版社

北　京

内 容 简 介

本书主要介绍模拟电子电路的基本理论、基本分析方法和基本设计步骤与方法。全书共有 13 章，包括半导体基础知识、半导体二极管及其电路、双极型三极管及其放大电路、单极型场效应管及其放大电路、功率放大电路、集成运算放大电路、负反馈放大电路、信号的运算与处理电路、正弦信号产生电路、直流稳压电源和电路 Multisim 仿真。

本书编写侧重电类专业卓越工程师计划的教学，注重电路的设计实践。全书编写遵从循序渐进的思维方式，章节安排合理，每章后面有丰富的客观和主观练习题，有利于教与学。

本书可作为高等学校电子信息类专业和电气工程、自动化、计算机等相关专业的本科教材，也可供相关工程技术人员学习参考。

图书在版编目(CIP)数据

模拟电子电路 / 吴友宇主编. —北京：科学出版社，2014.8
高等院校电子信息类卓越工程师培养系列教材
ISBN 978-7-03-041745-9

Ⅰ. ①模… Ⅱ. ①吴… Ⅲ. ①模拟电路－高等学校－教材 Ⅳ. ①TN710

中国版本图书馆 CIP 数据核字(2014)第 193336 号

责任编辑：潘斯斯 / 责任校对：蒋　萍
责任印制：张　伟 / 封面设计：迷底书装

科 学 出 版 社 出版
北京东黄城根北街 16 号
邮政编码：100717
http://www.sciencep.com
北京厚诚则铭印刷科技有限公司 印刷
科学出版社发行　各地新华书店经销

*

2014 年 8 月第 一 版　开本：787×1092　1/16
2022 年 8 月第五次印刷　印张：26 1/4
字数：622 000
定价：68.00 元
(如有印装质量问题，我社负责调换)

前　言

模拟电子技术是电子信息类等专业必修的一门技术基础课程。

18 世纪末人类开始电磁现象方面的研究，电子学进入孕育期；随着真空电子管的出现，标志着电子学的诞生；1947 年圣诞节前夜，肖克利、巴丁和布拉顿发明了晶体管，标志着电子学进入儿童期，晶体管是 20 世纪在电子技术方面最伟大的发明；1959 年，美国 TI 公司的基尔比(Jack S. Kilby)制成了人类历史上第一片集成电路样品；集成电路的出现和应用，标志着电子学进入了蓬勃发展的青年期。随后半个多世纪，集成电路按照摩尔定律快速发展，为计算机技术、网络技术、汽车技术和数码技术的发展奠定了坚实的基础。

经过 12 年中小学教育，当你叩开大学校门，进入知识的海洋，立志在电子信息领域发展，恭喜你的正确选择，进入了"常青行业"。

那么大学四年你应该学会什么？学生必须做好时间管理，掌握自学能力。

那么大学四年你应该适应什么？针对大学课堂上老师飞速地讲课，学生大多是云里雾里，从来都是一知半解，需要你课下花大量时间、精力消化。

那么大学四年你应掌握什么理论基础？基础课程有高等数学课程、大学物理课程、各门工程数学课程；电路、模拟电子技术基础和数字电子技术基础三门专业基础课程。通过这些课程的学习，你将受益终生。

那么大学四年你应掌握什么技术？通过参加各项实践活动，掌握基本的电路设计、安装、调试和测试技术；积极参加各类学科竞赛提升能力，如全国大学生数学建模大赛、全国大学生电子设计大赛、Freescale 智能车大赛、全国大学生节能环保竞赛和挑战杯竞赛等。通过这些实践项目锻炼，会开拓你的眼界，使你心灵手巧，使你顿悟学到的知识，掌握项目开发的流程，培养团队合作精神。

卓越工程师培养系列教材《模拟电子电路》是根据本课程的教学基本要求和作者二十多年的教学经验和心得体会编写的，也可作为教授有关课程的教师和学生的参考资料。

在编写过程中，注重基本概念、基本电路和基本分析方法的阐述；由于课程具有工程性和实践性的特点，在本书第 1 章提醒读者必须建立工程观念和实践观念，介绍了元器件的选择方法，介绍了网上学习资源网址；在介绍电路基本原理后，尽可能介绍相关的集成电路芯片，激发读者应用芯片的热情；鉴于 EWB 仿真软件应用广泛，在第 13 章介绍了其升级换代版本 Multisim 13.0，并使用 Step By Step 的方法讲述如何绘制电路、如何分析电路的静态工作情况和动态工作情况等。每章后面附有大量的主观和客观题，帮助读者学习消化相关知识。

本书的初衷是为配合卓越工程师课程设置和改革，学生在大一下学期开设"数字电子技术基础"课程，在大二上学期开设"模拟电子技术基础"课程，并且在课程内容中突出实践和工程应用。本书与《数字电子电路与逻辑设计》(刘可文主编)配套使用，既适合于"模拟电子技术基础"课程先开设，"数字电子技术基础"课程后开设，因为涵盖半导体基础知识、二极管和三极管知识；也适合于"数字电子技术基础"课程先开设，"模拟电子技术基础"课程后开设，因为涵盖了数模和模数转换器。

在本书编写过程中，作者参考了很多课程教材，参考并引用了集成电路生成厂商的相关技术资料；在编写过程中得到 TI 公司胡国栋工程师的大力支持，得到了 NI 公司汪洋工程师的鼎力帮助，在此对他们表示衷心的感谢。参加本书编写工作的有：吴友宇(第 1 章、第 3 章、第 4 章、第 7 章、第 9 章、第 11 章和第 13 章)、刘可文和王林涛(第 2 章)、许菲(第 5 章)、曾刚(第 6 章)、卢珏(第 8 章)和周鹏(第 10 章和第 12 章)；吴友宇负责组稿和定稿；由刘可文审稿。在此对本书编写作出贡献的所有老师表示衷心的感谢。

由于作者的水平有限，难免有疏漏和不妥之处，敬请读者批评指正。

作　者

于武汉理工大学

2014 年 5 月 5 日

目　　录

第1章 引 言

内容提要： 本章将介绍电子技术的发展史和电子技术的应用现状，阐述电子电路课程的内容和学习方法，并讲述电子技术学习的预备知识。

1.1 电子技术发展简史

进入 21 世纪，人们面临的是以微电子技术、计算机技术和网络技术为标志的信息化社会。现代电子技术的广泛应用使社会生产力和经济获得了空前的发展，电子技术无处不在：收录机、彩电、音响、VCD、DVD、电子手表、数码相机、个人计算机、手机、U 盘、MP3、大规模的工业流水线、网络和通信设备、汽车电子设备、机器人、导弹、航天飞机、宇宙探测器等。可以说没有电子技术，现代生活无法想象。

在 18 世纪末和 19 世纪初，由于生产发展的需要，在电磁现象方面的研究工作发展很快。法国人库仑(Charles A. Coulomb)在 1785 年首先从实验室确定了电荷间的相互作用力，电荷的概念开始有了定量的意义。1820 年，奥斯特(Oersted H.C)在实验室发现了电流对磁针有力的作用，揭开了电学理论新的一页。同年，法国人安培(André Marie Ampère)，确定了通有电流的线圈的作用与磁铁相似，这就指出了此现象的本质问题。欧姆定律是德国人欧姆(Georg Simon Ohm)在 1826 年通过实验而得出的。英国人法拉第(Michael Faraday)对电磁现象的研究有特殊贡献，他在 1831 年发现的电磁感应现象是以后电子技术的重要理论基础。在电磁现象的理论与使用问题的研究上，俄国人楞次(Lenz, Heinrich Friedrich Emil)发挥了巨大的作用，他在 1833 年建立了确定感应电流方向的定则(楞次定则)。其后，他致力于电机理论的研究，并阐明了电机可逆性的原理。楞次在 1844 年还与英国物理学家焦耳(J.P.Joule)分别独立地确定了电流热效应定律(焦耳-楞次定律)。

人类在自然界斗争的过程中，不断总结和丰富着自己的知识，电子学诞生了。在 1904 年美国人弗莱明(John Ambrose Fleming)利用热电效应制成了真空电子二极管，并证实了电子二极管具有"单向导电性"功能，二极管首先被用于无线电检波。

美国的德福雷斯特(Lee de Forest)在观看无线电发明家马可尼的无线电表演时，学习了无线电发报机的原理，并且了解到由于"金属屑检波器"的灵敏度太差，严重影响收发效果，德福雷斯特立下了发明更先进的无线电检波装置的宏图大志。就在研究进展不太顺利的时候，英国弗莱明发明真空二极管的消息传来，像闪电一般照亮了他前行的道路。德福雷斯特再也坐不住了，他一路小跑穿街走巷，选购玻璃管，添置真空抽气机，为自制电子管寻找材料。1906 年德福雷斯特在弗莱明的二极管中放进了第三个电极——栅极而发明了真空电子三极管，从而创造了早期电子技术上最重要的里程碑。半个多世纪以来，三极管在电子技术中立下了很大功劳；但是真空电子管毕竟成本高、制造烦琐、体积大、耗电多。

1900 年德国人普朗克(Planck)量子理论假说的出现，推动了人们对半导体材料的研究。经过贝尔研究所的肖克力(William B. Shockley)、巴丁(John Bardeen)、布拉顿(Walter H. Brattain)等多位科学家探索，人们发现了一种具有全新导电性质的固体材料——半导体，肖克力、巴丁、布拉顿通过不断的努力和多次试验，终于在 1947 年 12 月 23 日，圣诞节的前一天推出了晶体管，如图 1.1.1 所示。从发明晶体管以来，在大多数领域中已逐渐用晶体管来取代电子管。但是，在有些装置中，不论从稳定性、经济性或是功率上考虑，还需要采用电子管。

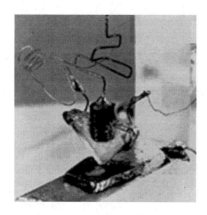

图 1.1.1　世界上第一只晶体三极管

根据记录，晶体管的发明时间应该是 1947 年 12 月 15 日，根据小组成员对这项工作的贡献大小，推举巴丁和布拉顿为发明人。考虑肖克力在发明前后对晶体管理论的研究成就，他和巴丁、布拉顿三人共同获得 1956 年诺贝尔物理学奖。

1959 年，美国 TI 公司的基尔比(Jack S. Kilby)、美国仙童(Fairchild)公司的诺伊斯(Noyis)分别将平面技术、照相腐蚀技术和布线技术组合起来，制成了人类历史上第一片集成电路样品，如图 1.1.2 所示。集成电路的出现和应用，标志着电子技术发展到了一个新的阶段。它实现了材料、元件、电路三者之间的统一；同传统的电子元件的设计与生产方式、电路的结构形式有着本质的不同。2000 年 10 月 10 日，77 岁的基尔比获得 2000 年诺贝尔物理学奖。

根据一个芯片上集成的微电子器件的数量，集成电路可以分为小规模集成电路(SSI)(10或 12 门以内)、中规模集成电路(MSI)(10～100 门)、大规模集成电路(LSI)(100～1000 门)、很大规模集成电路(VLSI)(1000～1 万门)和超大规模集成电路(ULSI)(1 万门以上)等。按照制造工艺集成电路分为厚膜集成电路、半导体集成电路和混合集成电路三种。按电路功能分为模拟集成电路、接口集成电路和特殊集成电路三种。按照有源器件类型分为双极型集成电路、单极型集成电路和混合集成电路三种。1965 年，世界头号 CPU 生产商 Intel 公司的创始人之一戈登·摩尔(Gordon Moore)预言，集成电路芯片的集成度每 18 个月翻一番，这就是著名的摩尔定律；情况果真如此，以计算机中的 DRAM 为例，1970 年为 1KB，1982 年为 256KB，1985 年为 1MB，1988 年为 4MB，1991 年为 16MB，1994 年为 64MB，1997 年为 256MB，

2000 年达到 1GB，2012 年达到 32GB。再从产值来看，微电子技术已形成 1500 亿美元的产业，这在人类科技进步史上是前所未有的。

图 1.1.2　世界上第一只集成电路

1.2　模拟信号与数字信号

世界是不断变化的。人们具有感知环境的能力，并能给出合适的响应。例如，当人的手感知火焰很烫，人的反应是把手从火焰上迅速移开。考虑更复杂的情形，当现金价值下降时，人的反应是购买黄金抵御现金贬值。

综上所述，感知量(输入量)变化将导致响应量(输出量)改变。

近百年，人们发明了大量的机器与人类相处的环境进行交互。这些机器执行某些操作，并使得某些物理量发生变化。通常这些机器也感知物理量并应用这些信息去控制它们的工作。这些可以被感知和控制的物理量是多种多样的，如温度、位移、力、湿度、光强、时间和重量等。

大多数物理量是连续的，这是说它们变化是平滑的，在时间和数量上是连续的，称为模拟量。但是某些量变化是突然的，在时间和数量上是离散的，称为数字量。

1.2.1　模拟电路与模拟信号

模拟电路用于实现模拟信号的产生和处理，模拟电路通常称为放大电路。其特点是其工作信号为模拟信号。模拟电路分为低频电子电路和高频电子电路，本书只讨论低频电子电路。

所谓模拟信号是指电子信号在时间和数量上是连续变化的。孵蛋恒温箱的温度控制器电路组成如图 1.2.1 所示，温度控制器中使用温度传感器进行温度检测，温度传感器将连续变化的温度转换成与之相应的电压量输出；经过滤波和放大为 v_t，送至电压比较器的一个输入端，电压比较器的另一个输入端接设定温度对应的电压量 v_{REF}(在鸡蛋孵化过程通常将温度控制在 35～38℃)。当恒温箱温度高于设定值(如 38℃)时，$v_t > v_{REF}$，电压比较器输出低电平，功率驱动输出高电平，继电器释放(常开继电器)，加温电源断路，恒温箱停止加温。当温度下降后，恒温箱温度低于设定值(如 35℃)时，$v_t < v_{REF}$，电压比较器输出高电平，功率驱动输出低电平，继电器吸合，加温电源接通，恒温箱加温。恒

温箱的温度变化曲线如图 1.2.2 所示。

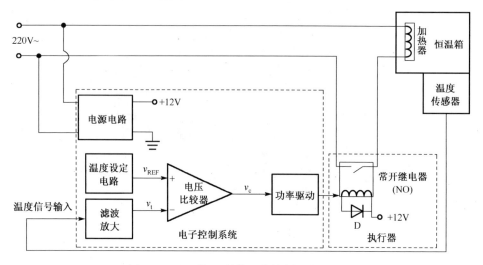

图 1.2.1　孵蛋恒温箱的温度控制器电路组成

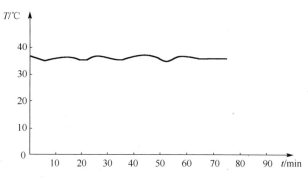

图 1.2.2　孵蛋恒温箱的温度波动曲线 $T(t)$

1.2.2　数字电路与数字信号

数字电路用于数字信号的产生和处理，所谓数字信号是指电子信号的变化在时间和数量上是离散的，如图 1.2.3 所示。

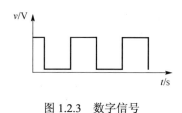

图 1.2.3　数字信号

1.2.3　电子系统及组成

电子技术基础专门研究电子系统的结构、组成、性能和应用，解决信号产生、传输和处理问题。

在电子系统中，一个物理量的变化通常由电信号表示，信号可以是模拟量或者数字量。

为了表示真实世界的模拟量，可以使用电压信号、电流信号或正弦信号的频率和相位表示物理量的幅值。其中，电压信号是最常用的形式。用电信号表示物理量有多种原因，电信号是电子电路最容易处理的，电信号也易长距离传输、储存、再生。

电子系统由电子元件构成，它具有一组确定的输入和一组确定的输出。利用具有某种特性的电子系统，将输入信号作为信息输入，执行某种处理后产生有用的输出信号。近年来，电子系统以各种形式出现在我们生活的方方面面。这些系统清晨叫我们起床，控制汽车送我们上班。在办公室和家里给我们带来舒适的工作环境，通过网络可以联络地球的任何角落，轻轻触摸一个按钮就可以获取想要的信息。

通常真实世界的物理量通过合适的传感器检测，转换成相应的电子信号输入电子系统。然后这些电信号被处理，产生合适的输出信号，这些输出信号用于驱动一个或多个执行部件。如图 1.2.1 所示，孵蛋恒温箱的温度控制系统，由温度传感器检测恒温箱温度输入电子控制系统，温度信号经处理后输出驱动执行器——继电器，达到控制恒温箱温度的功能。

因此，电子系统组成有传感器、信号处理器和执行器。信号处理部件由其工作任务决定。信号处理部件包括放大器、加法器、减法器、积分器、差分放大器和滤波器等。在较复杂的系统中可能需要计数器和定时器等。

1.3　电子电路的学习方法

本课程介于基础课和专业课之间，它是一门重要的专业基础课。本课程主要介绍非线性器件、模拟电路及模拟电子系统。它在观念上不同于以往学过的基础课。例如，电路基础课分析时使用理想模型，而电子技术课是一门实践性很强的课程，在平时对实际问题的分析要具有工程观点，对于实际问题的计算不再要求非常精确，这要求在学习时注意以下问题。

1.3.1　建立工程观念

例如，在计算中得出理想电阻值是 315.1Ω，但在实际使用中没有这样标称的电阻，在电子电路中，运用工程观点，将这个电阻用 300Ω 电阻替代。另外一个实际电阻，它不再以一个纯电阻形式出现，可能电阻中有电感；一个实际电感，在某些情况下要考虑电感中的电阻。在这门课中，不注重精确计算，通常用一些近似分析方法和近似模型分析电路，如估算法、图解分析法和小信号模型分析法，它们都是工程上的近似计算。

1.3.2　建立实践观念

这门课的实用性很强，设计的电路是否可行，应通过实践去检验。课后准备些常用工具，如万用表、电烙铁、镊子、起子、焊锡丝、斜口钳、尖嘴钳等；开展一些简单的电子小制作，如电子音乐门铃、防盗器、电子钟等。有些同学要问：是不是会装收音机了？学完这门课后，只能懂得收音机的部分电路图；因为收音机的内容涉及高频电子线路问题，此课程不涉及高频电子线路内容。

1.3.3 掌握常用仪器设备使用

电子电路的工作状况,人眼是无法观察的,必须借助仪器设备,万用表、示波器、直流稳压电源和信号源是设计和分析电子电路常用的仪器设备。

1.3.4 抓好三基学习

本课程的内容繁杂,概念很多,素来有"魔鬼模电"之说;在学习时要抓住基本概念、基本放大电路、基本分析方法,以及要抓住器件的外部特性进行学习。

1.3.5 学会资料检索和大量阅读课外知识

电子技术基础课程讲授电子线路最基本的原理知识,对于电子电路知识的应用是不够的,在电子电路设计和分析过程中要大量查阅其他相关电子设计知识;在电路中使用各种元器件,它们来自不同的元器件生产商,学习者应登陆网站下载使用芯片的数据手册,通过阅读芯片手册,了解芯片的参数、性能和典型电路,帮助学习者正确使用元器件,在使用中尽量使用元器件数据手册中提供的典型电路。

1.3.6 仿真软件辅助设计

为了确保电路设计的成功,消除存在的设计缺陷,就必须在设计流程的每个阶段进行详细的设计与评价。电路仿真给出了一个成本低、效率高的方法,电路仿真能够在费时费力的原型开发之前,找出可能存在的问题。因此最佳的电路设计流程是先仿真后开发。但是仿真无法替代原型开发,这是因为实际电路的串扰、电子噪声、散射线路噪声通常是难以建模仿真的。

电子设计仿真工具有很多,目前进入我国并具有广泛影响的仿真软件有 Multisim(原 EWB)、Proteus、OrCAD(原 PSPICE)、Cadence、MATLAB、ModelSim(Mentor Graphics 公司产品)等。

作为电子设计工程师,应熟练掌握一种仿真软件,本书第 13 章介绍 NI Multisim 仿真软件。

1988 年加拿大 Interactive Image Technologies 公司推出 EWB(Electronics Workbench,现称为 Multisim)软件,它是电子电路仿真的虚拟电子工作台软件,是一个小巧的软件,只有 16M;但在模拟电路和数字电路的混合仿真中,它的仿真功能十分强大;2001 年公司推出 Multisim2001,而且可以进行单片机系统仿真。2010 年被美国 NI 公司收购后,更名为 NI Multisim,最大的改变是 Multisim 与 LabVIEW 的完美结合。目前 NI Multisim 13.0 是最新版本。

1.4 预 备 知 识

1.4.1 分压和分流计算

分压和分流计算电路如图 1.4.1 所示。

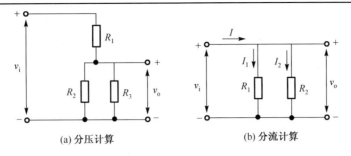

图 1.4.1 分压和分流计算

分压电路计算

$$v_o = \frac{(R_2 /\!/ R_3)}{R_1 + (R_2 /\!/ R_3)} \cdot v_i$$

分流电路计算

$$I_1 = \frac{R_2}{R_1 + R_2} I$$

$$I_2 = \frac{R_1}{R_1 + R_2} I$$

1.4.2 戴维南定律

任何一个线性含源二端网络 N，就其两个端钮 a、b 来看，总可以用一个电压源串联电阻支路来等效，电压源的电压等于该网络的开路电压 V_{oc}，其串联电阻等于该网络所有独立源为零值时，所得网络 N 的等效内阻 R_{ab}。

电路如图 1.4.2(a) 所示，经戴维南定理等效变换为图 1.4.2(b)，可大大简化计算。

$$V_{oc} = \frac{R_3}{R_1 + R_3} v_i - \frac{R_4}{R_2 + R_4} v_i = 1V$$

$$R_{ab} = (R_1 /\!/ R_3) + (R_2 /\!/ R_4) = 2.5 + 2.4 = 4.9\Omega$$

$$I = \frac{V_{oc}}{R_{ab} + R} = \frac{1}{4.9 + 1} = 0.17A$$

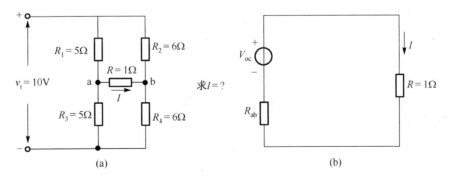

图 1.4.2 戴维南定理等效变换

1.4.3 诺顿定律

任何一个线性含源二端网络 N，也可以简化为一个电流源并联电阻等效电路，这个电流源的电流等于该网络的短路电流 I_{sc}，并联电阻等于该网络所有独立源为零值时，所得网络 N 的等效内阻 R_{ab}。

1.4.4 电容器的交直流特性

电容器对直流相当于开路。电容器对交流频率较高时，相当于短路。

1.4.5 元器件的 E 系列标称方法

人民币只有 1、2、5 三种数值规格。同样厂家生产的电阻器、电容器和电感器，并不包含任何数值。电阻器、电容器和电感标称值系列通常采用 E 系列。

E 系列是一种由几何级数构成的数列。源自 Electricity 的第一个字母，其规则如下：

$\sqrt[6]{10} = 1.5$ 为公比的几何级数，称为 E6 系列，E6 系列适用于允差±20%的电阻、电容器数值；

$\sqrt[12]{10} = 1.2$ 为公比的几何级数，称为 E12 系列，E12 系列适用于允差±10%的电阻、电容器数值；

$\sqrt[24]{10} = 1.1$ 为公比的几何级数，称为 E24 系列。E24 系列适用于允差±5%的电阻和电容器数值。

图 1.4.3 给出了 E 系列标称值选取的示意图。可以看出，E24 系列在大于等于 1，小于 10 的范围内，按照几何级数，确定了 24 个值。E12 系列在相同的范围内，确定了 12 个值。E6 系列则在相同的范围内，确定了 6 个值。这种选取方法，一方面保证了厂家在生产时，仅需要提供有限的种类，另一方面，也可以满足绝大多数用户的需求。例如，E24 系列中，电阻值允差为±5%，则在 4.7 和 5.1 之间不存在空白区域，也就是说，尽管仅提供 4.7Ω、5.1Ω，47Ω，51Ω，470Ω，510Ω等阻值，用户仍然可以通过电阻筛选，选择出自己需要的阻值。

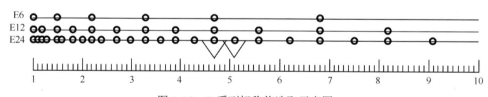

图 1.4.3　E 系列标称值选取示意图

表 1.4.1 给出了 E 系列标称值。

表 1.4.1　E 系列标称值

E24	E12	E6
1.0	1.0	1.0
1.1		
1.2	1.2	
1.3		

续表

E24	E12	E6
1.5	1.5	1.5
1.6		
1.8	1.8	
2.0		
2.2	2.2	2.2
2.4		
2.7	2.7	
3.0		
3.3	3.3	3.3
3.6		
3.9	3.9	
4.3		
4.7	4.7	4.7
5.1		
5.6	5.6	
6.2		
6.8	6.8	6.8
7.5		
8.2	8.2	
9.1		

目前，电阻器一般采用 E24 系列，电容器则采用 E12 系列或者 E6 系列。有些电位器也采用 E 系列，但是，目前见到的电位器，多数采用 1、2、5 系列，也就是说，其标称值分别是 1k、2k、5k，10k、20k、50k，100k、200k、500k 等。

1.4.6　电阻的用途和选用

电阻的主要物理特征是变电能为热能，也可说它是一个耗能元件，电流经过它就产生热能，电阻最基本的作用就是阻碍电流的流动。

1. 电阻器在电路中的作用

(1)用做有源器件的负载。

(2)偏置电路，设置工作电流或信号电压，如分压器、分流器和负载电阻。

(3)在电源电路中损耗功率，以减小相应电压。

(4)用于测量电流。

(5)它与电容器一起组成滤波器及延时电路。

(6)在电源电路或控制电路中用做取样电阻。

(7)在半导体管电路中用偏置电阻确定工作点。

(8)用电阻进行电路的阻抗匹配。

(9)在二极管或 PN 结回路中电阻实现限流。

(10)反馈元件。

(11)在逻辑电路中用做总线和线路中断的"上拉"和"下拉"电阻。

电阻的阻值范围为 $0.01 \sim 10^{12}\Omega$，电阻的功率范围为 $1/8 \sim 250\text{W}$。

2. 电阻器的选用

电阻有三个参数：阻值、精度和功率。通常选择电阻器时，首先计算电阻值，选择接近应用电路中计算值的一个标称值，应优先选用标准系列的电阻器。其次考虑电阻器允许误差，通常电阻器的误差为 $\pm 5\% \sim \pm 10\%$。精密仪器及特殊电路中使用的电阻器，应选用精密电阻器，对精密度为 1%以内的电阻，如 0.01%、0.1%、0.5%这些量级的电阻应采用金属膜电阻。最后计算电阻器的额定功率，要符合应用电路中对电阻器功率容量的要求，一般不应随意加大或减小电阻器的功率。若电路要求是功率型电阻器，则其额定功率可高于实际应用电路要求功率的 $1 \sim 2$ 倍。最常见的电阻是 1/4W 电阻，大功率电阻可采用水泥电阻、线绕电阻和金属外壳功率电阻。

1.4.7　电容的用途和选用

电容器的主要物理特征是储存电荷，也可说它是一个储能组件。

电容器的标称方法如下。

将电容器的值直接标注在电容器上，例如，30pF、2.2μF/16V。

采用三个数字表示电容器的容量，前两个数字表示有效值，后一个数字表示有效数字后面 0 的个数，单位是 pF，遇有小数用 R 代表小数点。如 104=100000pF（10 后面加 4 个 0），6R3=6.3pF。

采用两个数字中间加"n"表示电容器的容量，"n"表示"nF"相当于 1000pF，例如，2n2=2200pF。

用有效数字表示电容器的容量，单位为 μF，例如，0.0022=2200pF=2n2=222。

1. 电容器在电路中的作用

(1)滤波。在直流稳压电源的整流电路后经常利用电容滤波电路去除脉动直流电中的纹波。对信号进行滤波，高通滤波器和低通滤波器等。

(2)电源去耦。电子电路的各单元电路经常由同一电源供电，因此电源成了各单元电路交、直流成分的公共通道，电源通道的内阻上由各单元电路的电流产生的电压将反馈到各单元电路，只要条件适宜就将引起电路自激，多级放大电路尤其容易自激。为消除由公用电源所引起的寄生耦合，在电源上通常加电容去耦，图 1.4.4 中 C_4、C_5 构成去耦电路，分别接到正负电源端，图中 C_4 为高频特性较好的 $0.1 \sim 0.01\mu\text{F}$ 的瓷片电容，C_5 为 $10\mu\text{F}$ 的铝电解电容。

(3)隔直传交耦合。图 1.4.5 中电容器 C_1、C_2 即起耦合作用的耦合电容器，对交流信号形成通路，同时又隔离直流信号；耦合电容和旁路电容将影响电路的低频特性，电容值由电路的下限截止频率决定。

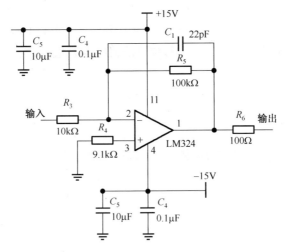

图 1.4.4 电源去耦电容的使用

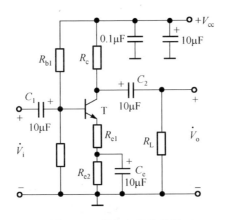

图 1.4.5 耦合电容的使用

(4)旁路。图 1.4.5 中电容 C_e 起旁路作用。C_e 旁路后电路增益提高。

(5)储能。利用电解电容器与外围电路组合通过对电容的充放电过程可以实现储能。

(6)波形变换。利用电容和电阻构成微分电路，可以将矩形脉冲变换为正负相间的尖峰脉冲，如图 1.4.6 所示；同理运用电容和电阻构成的积分电路，可以将矩形波变成三角波输出。

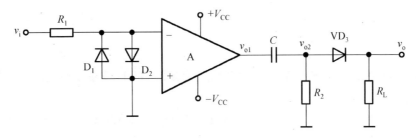

图 1.4.6 电容用做微分运算

(7)选频网络。在信号发生器中与其他元件一起构成选频网络。

此外，利用电容器还可构成直流成分恢复器、RC 定时器和 RC 移相等一系列电路。

2. 电容器的选用

电容器选用从三个方面考虑：第一，从应用场合选择电容的种类；第二，从电容工作电路的电压，选择电容的耐压值；第三，根据计算确定电容值。

电解电容器的标称由耐压值和容量两部分构成，直接标注在电容器上。

电解电容器的标称耐压值选择原则：选择标称耐压值中，大于该电容可能承受的最大电压的 2 倍的最小值。一般标称耐压值为 16V、25V、50V 等。例如，在一个电路中，某个电解电容可能承受的最大电压为 12V，则应选择大于 24V 的标称耐压值中的最小值，为 25V。过分提高耐压值，一方面会增加成本(耐压值越高的电容越贵)，另一方面也会造成电容实际容值小于标称值。

电容器的工作电压不能长时间高于它的耐压值，否则电容器会发烫甚至爆裂。

电解电容器有极性，应保证电解电容在长期工作中，正极电压高于负极电压。长期的反压，将会造成电解液起泡，并集聚压力而爆炸。

本 章 小 结

本章主要介绍了电子技术相关信息和知识，具体归纳如下。

(1)电子技术发展史。

(2)模拟信号、数字信号与电子系统的概念。

(3)电子电路的学习方法以及所需的预备知识。

习 题 1

1. 电阻 E 系列标称规则有哪些？E24 在 1～10 有哪些数值？

2. 常用电阻器的种类有哪些？

3. 如何识别色环电阻的阻值、精度和功率？

4. 电阻是根据哪些参数来选用的？

5. 常用电容器的种类有哪些(至少总结 5 种)？分别使用在哪些场合？

6. 电容器在电路中可以起到哪些作用？

7. 铝电解电容的频率特性如何？

8. 瓷片电容的频率特性如何？

9. 电源去耦电容应如何添加？为什么？

10. 电容值是如何标注的？

11. 计算机的显示器在拔下插头后，上面的电源指示的发光二极管还会继续亮一会儿，然后逐渐熄灭，这是为什么？

12. 通过书籍和期刊文献查阅，了解发光二极管的工作原理、类型和典型工作电路；不同颜色发光二极管其特性的不同点有哪些？

13．在美国国家仪器有限公司(National Instruments，NI)官方网站http://china.ni.com/院校计划中http://www.ni.com/academic/zhs/下载 NI Multisim 学生版。

① 对控制发光二极管的电路如图题 13 所示进行绘制和仿真测试。电路的工作电压为 12V。当仿真结论正确时，进入下一步。

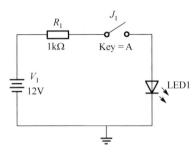

图题 13　开关控制发光二极管工作电路

② 实际设计并制作一个发光二极管工作电路(电路设计能力)，电路的工作电压为 12V。

③ 如何调整 LED 的工作电流，自己设计实验方案(培养实验设计能力)，测试 LED 的工作特性，记录并分析。

④ 什么外偏置电流临界条件下 LED 会烧毁？用实验验证。

第 2 章　半导体基础及二极管

内容提要： 本章将介绍半导体的基本知识，半导体器件的核心部件——PN 结的形成、内部载流子的运动过程及单向导电性等特性。还将讲述半导体二极管的基本结构、伏安特性、主要参数、等效模型、工作电路及其基本分析方法。

2.1　半导体基础知识

在自然界中存在着各种物质，根据物质的导电能力，可以划分为导体、半导体和绝缘体。金属的电阻率 $\rho < 10^{-8} \Omega \cdot \text{cm}$；半导体电阻率 ρ 为 $10^{-4} \sim 10^{9} \Omega \cdot \text{cm}$；绝缘体电阻率 $\rho > 10^{12} \sim 10^{20} \Omega \cdot \text{cm}$。因此，半导体是导电能力介于导体和绝缘体之间的一种物质。

半导体材料是经过特殊加工且性能可控的材料，其特点：当半导体受到外界光和热的刺激时，或者在纯净的半导体中加入微量的杂质，其导电能力将发生显著变化。利用半导体的这些性能可以制造出具有不同性质的半导体器件；半导体器件是构成电子电路的基本元件。

2.1.1　本征半导体

半导体材料是一种晶体材料，半导体在物理结构上有多晶体和单晶体两种形态，制造半导体器件通常使用单晶体，即一块半导体材料是由一个晶体组成的。

1. 本征半导体的晶体结构

制造半导体器件的半导体材料纯度要求很高，要达到 99.9999999%，常称为"9 个 9"。将纯净的半导体经过一定的工艺过程制成单晶体，即本征半导体。

典型的半导体有硅(Si)和锗(Ge)，以及砷化镓(GaAs)等。硅和锗在元素周期表上是四价元素，砷化镓则属于半导体化合物。对于四价元素硅和锗，它们在原子结构中最外层轨道上有四个价电子。图 2.1.1 所示为简化原子结构模型。硅或锗形成单晶体时，相邻两个原子的一对最外层电子(价电子)成为共有电子，形成共价键结构。故晶体中每个原子都和周围的 4 个原子用共价键紧密地结合在一起，如图 2.1.2 所示。

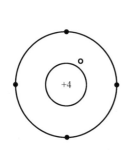

图 2.1.1　硅和锗简化原子结构模型

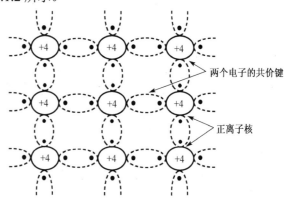

图 2.1.2　本征半导体共价键晶体结构示意图

2. 本征半导体的两种载流子

本征半导体是化学成分纯净、物理结构完整的半导体晶体。在 $T = 0K$ 和没有外界激发时，本征半导体中没有自由电子，因此不能传导电流，相当于绝缘体。

但是当温度升高时，共价键中的少量价电子由于获得足够的热振动能量，能够摆脱共价键的束缚而成为自由电子，同时必然在共价键中留下一个空位，称为空穴。空穴带正电，如图 2.1.3 所示。这种现象称为本征激发。由此可见，半导体中存在着两种载流子：带负电的自由电子和带正电的空穴。在本征半导体中，自由电子与空穴是成对产生的，因此，它们的数量(浓度)是相等的。

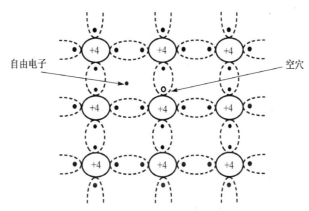

图 2.1.3　本征激发产生电子-空穴对

自由电子在电场的作用下，将逆电场方向发生电迁移运动，载流子的这种运动称为"漂移"；由此产生的电流称为"漂移电流"。当共价键失去电子形成空穴时，相邻原子的价电子比较容易离开它所在的共价键填补到这个空穴中来，使得这个价电子所在的共价键中又出现一个新的空穴，由此可知，一旦空穴产生，相邻共价键上的价电子可以自由地去填补，形成了空穴的自由移动。空穴在电场的作用下，将顺电场方向发生电迁移运动，由此将产生漂移电流。价电子填补空穴的运动无论在形式上还是在效果上都相当于带正电荷的空穴在与价电子运动相反的方向运动。为了区别于自由电子，就把这种运动称为空穴运动，认为空穴是一种带正电荷的载流子。

这里用 n 和 p 分别表示电子和空穴的浓度，即 $n_i = p_i$，下标 i 表示本征半导体。

同时自由电子在运动过程中与空穴相遇，使电子-空穴对消失，这种现象称为复合。在一定温度下，载流子的产生过程和复合过程是相对平衡的，载流子的浓度是一定的。本征半导体中载流子的浓度，除了与半导体材料本身的性质有关外，还与温度有关，而且随着温度的升高，基本上按指数规律增加。因此，半导体载流子浓度对温度十分敏感。对于硅材料，大约温度每升高 8℃，本征载流子浓度 n_i 增加 1 倍；对于锗材料，大约温度每升高 12℃，n_i 增加 1 倍。理论分析表明，本征半导体载流子的浓度为

$$n_i = p_i = A_0 T^{3/2} e^{-E_{G0}/2kT}$$

式中，n_i，p_i 分别表示电子和空穴的浓度，cm^{-3}；T 为热力学温度，K；E_{G0} 为 $T = 0K$ 时的禁带宽度(硅为 1.21eV，锗为 0.78eV)；k 为玻尔兹曼常数(8.63×10^{-6}V/K)；A_0 是与半导体材料有关的常数(硅为 3.87×10^{16}cm^{-3}·K$^{-3/2}$，锗为 1.76×10^{16}cm^{-3}·K$^{-3/2}$)。

应当指出，本征半导体的导电性能很差，而且和环境温度密切相关。本征半导体材料性

能对温度的这种敏感性,既可以用来制作热敏和光敏器件,又是造成半导体器件温度性能差的原因。

2.1.2　杂质半导体

在纯净的半导体中有选择地掺入微量杂质元素,并控制掺入的杂质元素的种类和数量就可显著地改变和控制半导体的导电特性。根据掺入杂质的性质不同,杂质半导体可分为 N 型半导体和 P 型半导体两类。

1. N 型半导体

在本征半导体中掺入微量的五价元素,如磷、锑、砷等,则原来晶格中的某些硅(锗)原子被杂质原子代替。由于杂质原子的最外层有 5 个价电子,因此它与周围 4 个硅(锗)原子组成共价键时,还多余 1 个价电子。这个多余的价电子不受共价键的束缚,只受自身原子核的束缚,因此,它只要得到较少的能量就能成为自由电子,并留下带正电的杂质离子,不能参与导电,如图 2.1.4 所示。N 型半导体中,还存在本征激发现象,由此产生电子-空穴对。

显然,N 型杂质半导体中电子浓度远远大于空穴的浓度,即 $n_n >> p_n$(下标 n 表示 N 型半导体),主要靠电子导电,所以称为 N 型半导体。由于五价杂质原子可提供自由电子,故称为施主杂质。空穴由本征激发产生,空穴数量少。在 N 型半导体中,自由电子称为多数载流子(简称多子);空穴称为少数载流子(简称少子)。

杂质半导体中多数载流子浓度主要取决于掺入的杂质浓度。由于少数载流子是半导体材料本征激发产生的,所以其浓度主要取决于温度。此时电子浓度与空穴浓度之间,可以证明有如下关系:

$$n_n \cdot p_n = n_i^2$$

即在一定温度下,电子浓度与空穴浓度的乘积是一个常数,与掺杂浓度无关。

2. P 型半导体

在本征半导体中掺入微量三价元素,如硼、镓、铟等,可使半导体中的空穴浓度大大增加,形成 P 型半导体,或称为空穴型半导体。则原来晶格中的某些硅(锗)原子被杂质原子代替。由于杂质原子的最外层有 3 个价电子,所以它与周围 4 个硅(锗)原子组成共价键时,还缺少 1 个价电子,相当于添加了一个空穴。这个空穴不受共价键的束缚,只受自身原子核的束缚,因此,它只要得到较少的能量就能成为自由空穴,并留下带负电的杂质离子,不能参与导电,如图 2.1.5 所示。P 型半导体中,电子是依赖本征激发产生的;空穴是由掺杂和本征激发产生的。

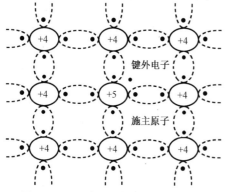

图 2.1.4　N 型半导体共价键结构

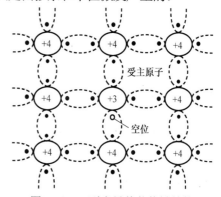

图 2.1.5　P 型半导体共价键结构

在 P 型半导体中，空穴浓度远远大于电子浓度，因而把空穴称为多数载流子(简称多子)，电子称为少数载流子(简称少子)。

2.1.3　载流子的漂移运动和扩散运动

在没有电场力作用时，半导体中载流子的运动是不规则的热运动，因而不形成电流。当有电场力作用时，半导体中的载流子将产生定向运动，称为漂移运动。载流子的漂移运动形成的电流称为漂移电流。这个电流由电子逆电场方向运动所形成的电流与空穴顺电场方向运动所形成的电流来合成。显然电场越强，载流子漂移速度越快；载流子的浓度越大，则参加漂移运动的载流子数目越多，漂移电流也就越大。

当半导体受光照或有载流子从外界注入时，半导体内载流子浓度分布不均匀，这时载流子便会从浓度高的区域向浓度低的区域运动。这种由于浓度差而引起的定向运动称为扩散运动。载流子扩散运动所形成的电流称为扩散电流。显然扩散电流的大小与载流子的浓度梯度成正比。

2.2　PN　　结

2.2.1　PN 结的形成

采用不同的掺杂工艺，将 P 型半导体与 N 型半导体制作在同一块硅片上，在 P 型半导体和 N 型半导体结合后，由于 N 型区内电子很多而空穴很少，P 型区内空穴很多而电子很少，在它们的交界处就出现了电子和空穴的浓度差别。

物质总是从浓度高的地方向浓度低的地方扩散，这种由于浓度而产生的运动称为扩散运动。因而 P 区空穴必然向 N 区扩散，与此同时，N 区的自由电子也必然向 P 区扩散，如图 2.2.1(a)所示，它们扩散的结果就使 P 区一边失去空穴，留下了带负电的杂质离子，N 区一边失去电子，留下了带正电的杂质离子。固体状态半导体中的离子不能任意移动，因此不参与导电。这些不能移动的带电粒子在 P 和 N 区交界面附近，形成了一个很薄的空间电荷区，这就是 PN 结，也称耗尽层；从而形成内电场(自建场)；如图 2.2.1(b)所示。随着扩散运动的进行，空间电荷区加宽，内电场加强，其方向由 N 区指向 P 区，内电场的作用是阻止扩散运动。

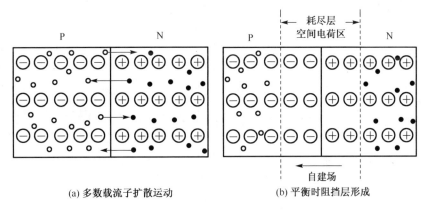

(a) 多数载流子扩散运动　　　　　(b) 平衡时阻挡层形成

图 2.2.1　PN 结的形成

此外，当空间电荷区形成以后，在内电场作用下，少数载流子将产生漂移运动，空穴从N区向P区漂移，而自由电子从P区向N区漂移。由此产生的扩散电流和漂移电流方向相反。在无外电场和其他激发作用下，随着内建电场的增大，扩散电流减小，漂移电流增大，当漂移运动达到和扩散运动相等时，PN结便处于动态平衡状态，形成平衡PN结。此时，空间电荷区具有一定的宽度，电位差记为 V_0，电流为零。空间电荷区内，正负电荷电量相等，因此，当P区与N区杂质浓度相等时，负离子区宽度与正离子区宽度也相等，称为对称结；而当两边杂质浓度不同时，浓度高一侧的离子区宽度低于浓度低一侧，称为不对称 PN 结；用 P⁺N 或 PN⁺表示（+号表示重掺杂区）。这时耗尽区主要向轻掺杂区一侧伸展，如图 2.2.2 所示。两种结的外部特征是相同的。绝大部分空间电荷区自由电子和空穴的数目都非常少，在分析 PN 结特性时常忽略载流子的作用，而只考察离子区的电荷，这种方法称为"耗尽层近似"，故空间电荷区也称为耗尽层。

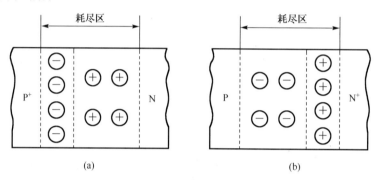

图 2.2.2　不对称 PN 结

2.2.2　PN 结单向导电性

如果在 PN 结的两端外加电压，就会破坏原来的平衡状态。此时，扩散电流不再等于漂移电流，因而 PN 结将有电流通过。当外加电压极性变化时，PN 结表现出其最显著特性——单向导电性。

1. PN 结上外加正向电压

若将电源的正极接P区，负极接N区，则称此为正向接法或正向偏置。此时外加电压在阻挡层内形成的电场与内建电场方向相反，削弱了内建电场，使阻挡层变窄，如图 2.2.3（a）所示。显然，扩散作用大于漂移作用，在电源作用下，多数载流子向对方区域扩散形成正向电流，其方向由电源正极通过 P 区、N 区到达电源负极。此时，PN 结处于导通状态，它所呈现出的电阻为正向电阻，其阻值很小。正向电压越大，正向电流越大，其关系是指数关系：

$$i_D = I_S e^{\frac{v_D}{V_T}} \tag{2.2.1}$$

式中，i_D 为流过 PN 结的电流；v_D 为 PN 结两端电压；$V_T = \frac{kT}{q}$ 称为温度电压当量，其中 k 为玻尔兹曼常数，T 为热力学温度，q 为电子的电量，在室温下，即 $T = 300K$，$V_T = 26mV$；I_S 为反向饱和电流。电路中的电阻 R 是为了防止正向电流的过大而接入的限流电阻。

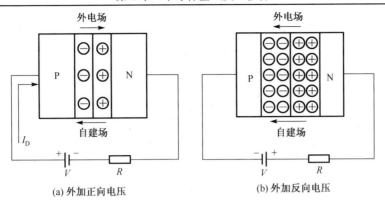

(a) 外加正向电压　　　　　　　(b) 外加反向电压

图 2.2.3　PN 结单向导电特性

2. PN 结外加反向电压

若将电源的正极接 N 区，负极接 P 区，则称此为反向接法或反向偏置。此时外加电压在阻挡层内形成的电场与自建场方向相同，增强了自建场，使阻挡层变宽，如图 2.2.3(b) 所示。此时漂移作用大于扩散作用，少数载流子在电场作用下作漂移运动，由于其电流方向与正向电压时相反，故称为反向电流。由于反向电流是由少数载流子所形成的，故反向电流很小，而且当外加反向电压超过零点几伏时，少数载流子基本全被电场拉过去形成漂移电流，此时反向电压再增加，载流子数也不会增加，因此反向电流也不会增加，故称为反向饱和电流，即

$$i_D = -I_S \tag{2.2.2}$$

此时，PN 结处于截止状态，呈现的电阻称为反向电阻，其阻值很大，高达几百千欧以上。

3. PN 结的伏安特性

综上所述：PN 结加正向电压，处于导通状态；加反向电压，处于截止状态，即 PN 结具有单向导电特性。将上述电流与电压的关系写成如下通式：

$$i_D = I_S(e^{\frac{v_D}{V_T}} - 1) \tag{2.2.3}$$

此方程称为 PN 结的伏安特性方程，如图 2.2.4 所示，该曲线称为伏安特性曲线。

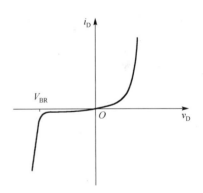

图 2.2.4　PN 结伏安特性

2.2.3　PN 结的反向击穿

PN 结处于反向偏置时，在一定电压范围内，流过 PN 结的电流是很小的反向饱和电流。但是当反向电压超过某一数值(V_{BR})后，反向电流急剧增加，这种现象称为反向击穿，如图 2.2.4 所示。V_{BR} 称为击穿电压。PN 结的击穿分为雪崩击穿和齐纳击穿。

1. 雪崩击穿

当反向电压足够高时，阻挡层内电场很强，少数载流子在结区内受强烈电场的加速作用，获得很大的能量，在运动中与其他原子发生碰撞时，有可能将价电子"打"出共价键，形成

新的电了-空穴对。这些新的载流子与原来的载流子一道，在强电场作用下碰撞其他原子打出更多的电子-空穴对，如此连锁反应，使反向电流迅速增大，这种击穿称为雪崩击穿。

2. 齐纳击穿

所谓齐纳击穿是指当 PN 结两边掺入高浓度的杂质时，其阻挡层宽度很小，即使外加反向电压不太高(一般为几伏)，在 PN 结内也可形成很强的电场(可达 $2×10^6$V/cm)，将共价键的价电子直接拉出来，产生电子-空穴对，使反向电流急剧增加，出现击穿现象。

对硅材料的 PN 结，击穿电压 V_{BR} 大于 7V 时通常是雪崩击穿，V_{BR} 小于 4V 时通常是齐纳击穿；V_{BR} 在 4~7V 时两种击穿均有。由于击穿破坏了 PN 结的单向导电特性，所以一般使用时应避免出现击穿现象。

发生击穿并不一定意味着 PN 结被损坏。当 PN 结反向击穿时，只要注意控制反向电流的数值(一般通过串接电阻 R 实现)，不使其过大，以免因过热而烧坏 PN 结，当反向电压(绝对值)降低时，PN 结的性能就可以恢复正常。稳压二极管正是利用了 PN 结的反向击穿特性来实现稳压的，当流过 PN 结的电流变化时，结电压保持 V_{BR} 基本不变。无论发生哪种击穿，若对其电流不加限制，都可能造成 PN 结过热而永久性损坏。

2.2.4　PN 结的电容效应

按电容的定义：

$$C = \frac{Q}{V} \quad 或 \quad C = \frac{dQ}{dV}$$

即电压变化将引起电荷变化，从而反映出电容效应。而 PN 结两端加上电压，PN 结内就有电荷的变化，说明 PN 结具有电容效应。PN 结具有两种电容：势垒电容和扩散电容。

1. 势垒电容

势垒电容是由阻挡层内空间电荷引起的。空间电荷区是由不能移动的正负杂质离子所形成的，均具有一定的电荷量，所以在 PN 结储存了一定的电荷，当外加电压使阻挡层变宽时，电荷量增加，如图 2.2.5 所示；反之，当外加电压使阻挡层变窄时，电荷量减少。即阻挡层中的电荷量随外加电压变化而改变，形成了电容效应，称为势垒电容，用 C_T 表示。理论推导

$$C_T = \frac{dQ}{dV} = \varepsilon \frac{S}{W}$$

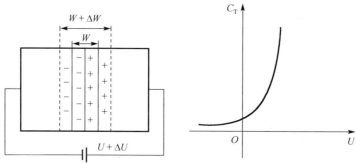

(a) 阻挡层内电荷量随外加电压变化　　　　(b) 势垒电容和外加电压的关系

图 2.2.5　势垒电容的原理及特性

2. 扩散电容

扩散电容是 PN 结在正向电压时，多数载流子在扩散过程中引起电荷积累而产生的。当 PN 结加正向电压时，N 区的电子扩散到 P 区，同时 P 区的空穴也向 N 区扩散。显然，在 PN 结交界处 $(x = 0)$，载流子的浓度最高。由于扩散运动，离交界处越远，载流子浓度越低，这些扩散的载流子，在扩散区积累了电荷，如 P 区电子浓度 n_p 总量相当于图 2.2.6 中曲线 1 以下的部分。若 PN 结正向电压加大，则多数载流子扩散加强，电荷积累由曲线 1 变为曲线 2，电荷增加量为 ΔQ；反之，若正向电压减少，则积累的电荷将减少，这就是扩散电容效应 C_D，扩散电容正比于正向电流，即 $C_D \propto I$。

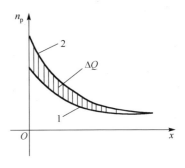

图 2.2.6　P 区中电子浓度的分布
曲线及电荷的积累

所以 PN 结的结电容 C_j 包括两部分，即 $C_j = C_T + C_D$。一般来说，PN 结正偏时，扩散电容起主要作用，$C_j \approx C_D$；当 PN 结反偏时，势垒电容起主要作用，即 $C_j \approx C_T$。

2.3　半导体二极管

2.3.1　二极管的结构

将 PN 结用外壳封装起来，并加上电极引线就构成了半导体二极管，简称二极管。由 P 区引出的电极称为阳极或正极，由 N 区引出的电极称为阴极或负极。几种常见的二极管外形如图 2.3.1 所示。

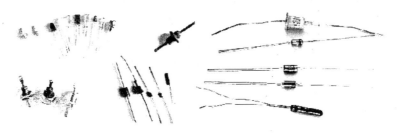

图 2.3.1　几种常见的二极管外形

通常二极管按其结构的不同，可分为点接触型、面接触型和平面型三大类。其结构和符号如图 2.3.2 所示。

图 2.3.2(a)所示为点接触型二极管，由一根金属丝经过特殊工艺与半导体表面相接，形成 PN 结，因其结面积小，不能承受较大的电流和反向电压；但其结电容较小，一般在 1pF 以下，工作频率高，可达 100MHz 以上，因此适应于高频电路和小功率整流电路，也适应于开关电路。

图 2.3.2(b)所示的面接触型二极管是采用合金法工艺制成的。结面积大，能够通过较大的电流，但其结电容大，因而只能在较低频率下工作，一般用于工频大电流整流电路。

图 2.3.2(c)所示的平面型二极管是采用扩散法制成的，往往用于集成电路制造工艺中。

PN 结面积可大可小，结面积较大的，能通过较大的电流，可用于大功率整流电路；结面积较小的，工作频率较高，可用于开关电路。

图 2.3.2(d)所示为二极管的表示符号。

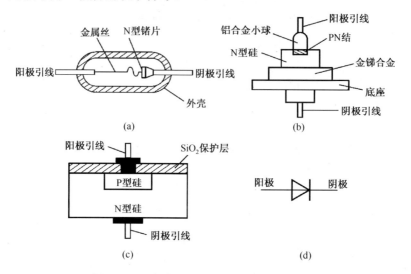

图 2.3.2　二极管的几种常见结构及表示符号

2.3.2　二极管的伏安特性

1. 二极管伏安特性与 PN 结伏安特性的区别

与 PN 结一样，二极管具有单向导电性。但是，由于二极管存在半导体体电阻和引线电阻，所以当外加正向电压时，在电流相同的情况下，二极管的端电压略大于 PN 结上的压降。或者说，在外加电压相同的情况下，二极管的正向电流要略小于 PN 结的电流。另外，由于二极管表面漏电流的存在，使外加反向电压时的反向电流略有增大。

二极管的伏安特性方程仍用 PN 结的伏安特性方程表示如下

$$i_{\mathrm{D}} = I_{\mathrm{S}}(\mathrm{e}^{\frac{v_{\mathrm{D}}}{V_{\mathrm{T}}}} - 1) \tag{2.3.1}$$

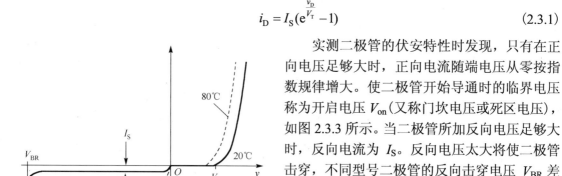

图 2.3.3　二极管伏安特性

实测二极管的伏安特性时发现，只有在正向电压足够大时，正向电流随端电压从零按指数规律增大。使二极管开始导通时的临界电压称为开启电压 V_{on}（又称门坎电压或死区电压），如图 2.3.3 所示。当二极管所加反向电压足够大时，反向电流为 I_{S}。反向电压太大将使二极管击穿，不同型号二极管的反向击穿电压 V_{BR} 差别很大，从几十伏到几千伏不等。

表 2.3.1 为两种常用半导体材料的小功率二极管开启电压、开启电压范围（正向导通电压范围）、反向饱和电流数量级比较。

表 2.3.1 两种材料二极管参数比较

材料	开启电压 V_{on}/V	开启电压范围 V/V	反向饱和电流 I_S/ μA
硅(Si)	≈ 0.5	0.6～0.8	<0.1
锗(Ge)	≈ 0.2	0.1～0.3	几十

2. 温度对二极管伏安特性的影响

在环境温度升高时,二极管的正向特性曲线将左移,反向特性曲线将下移,如图 2.3.3 虚线所示。在室温附近,温度每升高 1℃,正向压降减小 2～2.5mV;温度每升高 10℃,反向电流约增大一倍。可见,二极管的特性对温度很敏感。

2.3.3 二极管的主要参数

为描述二极管的性能,常引用如下几个主要参数。

1. 最大整流电流

最大整流电流 I_F 是二极管长期运行时允许通过的最大正向平均电流,其值与 PN 结面积以及外部散热条件有关。在规定的散热条件下,二极管正向平均电流若超过此值,则将会因 PN 结结温升高而烧坏。

2. 反向击穿电压和最高反向工作电压

反向击穿电压 V_{BR} 是指二极管反向击穿时的电压值。二极管反向击穿时,反向电流剧增,二极管的单向导电性被破坏,甚至因过热而烧坏。

最高反向工作电压 V_{RM} 是指二极管工作时允许外加的最大反向电压,超过此值时,二极管有可能因反向击穿而损坏,其值通常为反向击穿电压的一半。

3. 反向电流

反向电流 I_R 是指二极管未被击穿时的反向电流。其值越小,二极管的单向导电性越好,但其对温度非常敏感,使用二极管时,要注意温度的影响。

4. 最高工作频率

最高工作频率 f_M 是二极管工作的上限截止频率。超过此值时,由于结电容的作用,二极管将不能很好地体现单向导电性。

二极管的各主要参数可以从器件手册上查到,但手册上给出的参数是在一定的测试条件下测得的,当使用条件与测试条件不同时,参数也会发生变化。另外,由于制造工艺所限,即使同一种型号的器件,参数的分散性也很大,所以手册上往往给出的是参数的上限值、下限值或范围。

在实际应用中,应根据二极管所用场合,按其承受的最高反向电压、最大正向平均电流、工作频率和环境温度等条件,来选择满足要求的二极管。

2.3.4 二极管的等效模型

二极管的伏安特性具有非线性,这给二极管应用电路的分析带来一定的困难。为了便于分析,常在一定条件下,用线性元件构成的电路来近似模拟二极管的特性,并用之取代电路中的二极管。能够模拟二极管特性的电路称为二极管的等效模型。

通常，人们通过两种方法建立模型，一种是根据器件物理原理建立等效电路，由于其电路参数与物理机理密切相关，所以适用范围大，但模型较复杂，适用于计算机辅助分析；另一种是根据器件的外特性来构建等效电路，因而模型较简单，适用于近似分析。根据二极管的伏安特性可以构建多种等效模型，在实际工作中，往往根据不同的工作条件和要求(特别是误差要求)，选用其中的一种进行分析。

下面介绍几种常用的二极管等效模型。

1. 理想模型

理想二极管模型是最简单的一种二极管模型。如图 2.3.4(a)所示，图中粗实线为折线化的伏安特性，虚线表示实际伏安特性，图 2.3.4(b)为表示符号及电路模型。其折线化伏安特性表示，二极管加正向电压时导通，其压降为零，此时认为它的正向电阻为零；加反向电压时截止，其电流为零，此时认为它的反向电阻为无穷大。这相当于把二极管看成一个理想开关，也称为理想二极管。

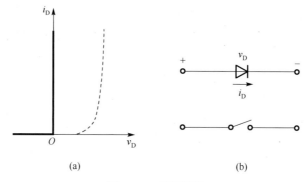

(a)   (b)

图 2.3.4 理想模型

2. 恒压降模型

图 2.3.5 为二极管的恒压降模型，它是在理想二极管的基础上考虑了二极管的正向管压降 V_{on}，并认为其管压降是恒定的，且不随电流而变。一般硅管为 0.6~0.8V，锗管为 0.1~0.3V，相当于在理想模型上串联了一个恒压源 V_{on}。由图 2.3.5 可知，当加于二极管上的正向电压小于 V_{on} 或反偏时，二极管便截止；反之则导通。显然，恒压降模型比理想模型更接近实际二极管的特性。

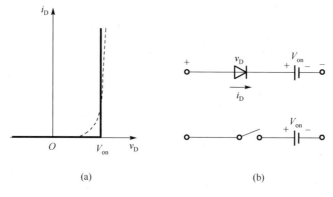

(a)   (b)

图 2.3.5 恒压降模型

3. 折线模型

为了进一步提高精度，可采用图 2.3.6 所示的折线模型来表示实际的二极管，即认为二极管的管压降不是恒定的，而是随着通过二极管电流的增加而增加，所以在模型中用一个恒压源和一个电阻 r_d 来作进一步的近似，恒压源的电压选定为二极管的开启电压 V_{on}，$r_d=\Delta V/\Delta I$。

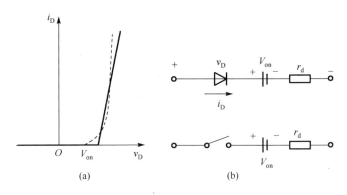

图 2.3.6　折线模型

4. 小信号模型

当只需分析二极管特性曲线上某一固定点(如 Q 点)附近小范围内的电压、电流间的变化关系时，可以用曲线在该固定点的切线来替代这一小段特性曲线(即把这一小段曲线线性化)，如图 2.3.7 所示。在这种情况下，二极管可用一个微变电阻 r_d 表示，且 $r_d=\Delta v_d/\Delta i_d$，这就是二极管的小信号模型，也称为二极管的微变等效电路。利用二极管的电流方程可以求出 r_d。

$$\frac{1}{r_d}=\frac{\Delta i_D}{\Delta v_D}\approx\frac{\mathrm{d}i_D}{\mathrm{d}v_D}=\frac{\mathrm{d}}{\mathrm{d}v_D}\Big[I_S(\mathrm{e}^{v_D/V_T}-1)\Big]\approx\frac{I_S}{V_T}\mathrm{e}^{v_D/V_T}\approx\frac{i_D}{V_T}$$

$$r_d\approx\frac{V_T}{i_D}$$

式中，i_D 是 Q 点的电流。由于二极管的正向特性为指数曲线，所以 Q 点越高，r_d 的数值越小。

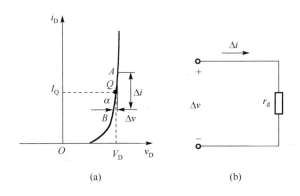

图 2.3.7　小信号模型

值得注意的是，小信号模型只适应于二极管处于正向导通且信号变化幅度较小的情况。而在近似分析中，理想模型误差最大，折线模型误差最小，恒压降模型应用最为普遍。

2.3.5 二极管应用电路

二极管是电子电路中常用器件之一,下面介绍几种基本应用电路。

1. 整流电路

利用二极管的单向导电性把交流电转换成单向脉动的直流电的过程称为整流。图2.3.8所示电路为一种最简单的单向半波整流电路。已知 v_i 为正弦波信号如图2.3.8(b)所示,设二极管为理想模型。当 v_i 为正半周期时,二极管正向偏置,此时二极管导通,$v_o = v_i$;当 v_i 为负半周期时,二极管反向偏置,此时二极管截止,$v_o = 0$,输出波形如图2.3.8(b)所示。该电路称为半波整流电路。

2. 限幅电路

图2.3.9所示电路是一种简单的双向限幅电路,R 为限流电阻,设二极管为恒压降模型。当输入信号 v_i 小于二极管的导通电压(0.7V)时,二极管截止,$v_o \approx v_i$;当 v_i 值超过二极管导通电压后,二极管导通。由于二极管导通后,其伏安特性类似于恒压特性,所以其两端电压 v_o 被限制在±0.7V附近。该电路常作为限幅保护电路。

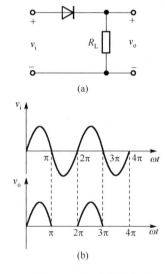

图2.3.8　半波整流电路

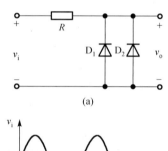

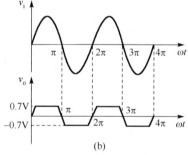

图2.3.9　双向限幅电路

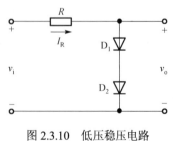

图2.3.10　低压稳压电路

3. 低压稳压电路

利用二极管正向导通时的恒压特性可以用做某些电路的低压稳压电路,如图2.3.10所示。设 D_1、D_2 为硅二极管,合理选取电路参数,可以获得 $v_o = 2V_D = 1.4V(V_D = 0.7V)$ 的输出电压。

4. 开关电路

在开关电路中,利用二极管的单向导电性可以接通或断开电路,这在数字电路中得到广泛的应用。在分析这种电路

时，应当掌握一条基本原则，即判断电路中的二极管是处于
导通状态还是截止状态，可以先将二极管断开，然后分析正、
负两极间是正电压还是负电压，若是正电压则二极管导通，
否则二极管截止，现举例说明。

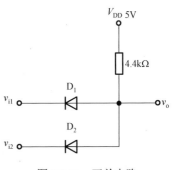

图 2.3.11　开关电路

例 2.3.1　二极管开关电路如图 2.3.11 所示。输入端 v_{i1}
和 v_{i2} 的取值可以分别为 0V 或 5V，求在 v_{i1} 和 v_{i2} 的不同取值
组合情况下，输出电压 v_o 的值。设 D_1、D_2 为理想二极管。

解　(1)当 $v_{i1}=0V$、$v_{i2}=5V$ 时，D_1 为正向偏置，$v_o=$
0V(因为二极管是理想的)，此时 D_2 阴极为 5V，阳极为 0V，
处于反向偏置，故 D_2 截止。

(2)以此类推，将输入端 v_{i1}、v_{i2} 的其余三种组合及输出电压列于表 2.3.2 中。可以看出，
输入端的输入信号中，只要有一个为 0V，则输出为 0V，只有当两个输入端电压均为 5V 时，
输出才为 5V，这种关系在数字电路中称为与逻辑。

表 2.3.2　开关电路工作状态

v_{i1}/V	v_{i2}/V	二极管工作状态		v_o/V
		D_1	D_2	
0	0	导　通	导　通	0
0	5	导　通	截　止	0
5	0	截　止	导　通	0
5	5	截　止	截　止	5

2.4　稳压二极管

稳压二极管是一种硅材料制成的面接触型半导体二极管，简称稳压管。稳压管在反向击穿时，
在一定电流范围内端电压几乎不变，表现出稳压特性，因而广泛应用于稳压电源与限幅电路中。

2.4.1　稳压管的伏安特性

稳压管的伏安特性如图 2.4.1 所示，其正向特性曲线与普通二极管相似，而反向击穿特性曲
线很陡，几乎平行于纵轴。稳压管正是工作于特性曲线的反向击穿区。当反向电压加大到某一
数值时，反向电流急剧增大，稳压管被反向击穿，但这种击穿不是破坏性的，只要在电路中串
接一个适当的限流电阻，就能保证稳压管不因过热而损坏。在反向击穿状态下，流过管子的电
流在很大范围内变化时，管子两端的电压几乎不变，利用这一特点就可以达到稳压的目的。

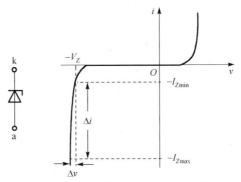

图 2.4.1　稳压管的符号及伏安特性

2.4.2　稳压管的主要参数

1. 稳定电压

指在规定电流下稳压管两端的电压值。由于半导体器件参数的分散性，同一型号的稳压管的 V_Z 也存在一定差异。例如，型号为 2CW11 的稳压管的稳定电压为 3.2～4.5V，但就某一只管子而言，其 V_Z 应为确定值。

2. 稳定电流

稳定电流是稳压管工作在稳压状态下的参考电流，电流低于此值时稳压效果变差，甚至根本不能稳压，故也常将 I_Z 记为 I_{Zmin}。

3. 额定功耗

额定功耗等于稳压管的稳定电压 V_Z 与最大稳定电流 I_{ZM}（或记为 I_{Zmax}）的乘积。稳压管的功耗超过此值时，会因结温过高而损坏。对于一只具体的稳压管，可以通过其 P_{ZM} 的值，求出 I_{ZM} 的值。

只要不超过稳压管的额定功率，工作电流越大，稳压效果越好。

4. 动态电阻

动态电阻是稳压管上的电压变化量与电流变化量之比，即 $r_Z = \Delta v_Z / \Delta i_Z$。$r_Z$ 越小，反向击穿特性曲线越陡，稳压效果越好。对于不同型号的管子，r_Z 不同，从几欧到几十欧。对于同一只管子，工作电流越大，r_Z 越小。

5. 温度系数

温度系数表示温度每变化 1℃其稳压值的变化量，即 $\alpha = \Delta V_Z / \Delta T$。一般稳定电压 V_Z 小于 4V 的稳压管具有负温度系数（即温度升高，V_Z 下降），V_Z 大于 7V 的稳压管具有正温度系数（温度升高，V_Z 上升），而在 4～7V 时，温度系数很小，近似为零。

由于稳压管的反向电流小于 I_{Zmin} 时不稳定，大于 I_{Zmax} 时又会因超过额定功耗而损坏，所以在稳压管电路中必须串联一个电阻 R 来限制电流，从而保证稳压管正常工作，故称这个电阻为限流电阻。只有 R 取值合适时，稳压管才能安全地工作在稳压状态。

例 2.4.1　在图 2.4.2 所示稳压管稳压电路中，稳压管的稳定电压 $V_Z = 6$V，最小稳定电流 $I_{Zmin} = 5$mA，最大稳定电流 $I_{Zmax} = 25$mA，负载电阻 $R_L = 600\,\Omega$，求限流电阻 R 的取值范围。

解　从图 2.4.2 所示电路可知，R 上电流 I_R 等于稳压管中电流 I_Z 和负载电流 I_O 之和，即 $I_R = I_Z + I_O$。

其中 $I_Z = (5 \sim 25)$ mA，$I_O = V_Z / R_L = (6/600)$A $= 0.01$A $= 10$mA，所以 $I_R = (15 \sim 35)$ mA。

R 上电压 $V_R = v_i - V_Z = (10 - 6)$V $= 4$V，因此

$$R_{max} = \frac{V_R}{I_{Rmin}} = \left(\frac{4}{15 \times 10^{-3}}\right)\Omega \approx 227\,\Omega$$

$$R_{min} = \frac{V_R}{I_{Rmax}} = \left(\frac{4}{35 \times 10^{-3}}\right)\Omega \approx 114\,\Omega$$

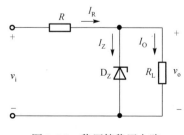

图 2.4.2　稳压管稳压电路

限流电阻 R 的取值范围为 $114\sim227\,\Omega$，在实际使用中，可选用 $150\,\Omega$、$200\,\Omega$ 或者 $220\,\Omega$ 的电阻。

2.5   其他类型二极管

2.5.1   发光二极管

发光二极管(LED)包括可见光、不可见光和激光等不同类型，这里只对可见光发光二极管作一简单介绍。发光二极管的发光颜色决定于所用材料，通常只有元素周期表中Ⅲ族与Ⅴ族元素的化合物如磷砷化镓(GaAsP)、磷化镓(GaP)等半导体做成的 PN 结才能发光，目前有红、绿、黄、橙、兰和白等色，可以制成各种形状，如长方形、圆形(图 2.5.1(a))等。图 2.5.1(b)所示为发光二极管的符号。

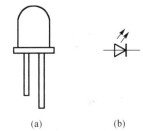

(a)   (b)

图 2.5.1   发光二极管外形及符号

发光二极管的伏安特性与一般二极管相似，只是开启电压和正向压降较大，可达 $1.3\sim2.4\mathrm{V}$，其亮度与正向电流成正比，正向电流越大发光越强，为了得到清晰的显示，一般 $5\sim10$ 毫安的电流就够了。

发光二极管因其驱动电压低、功耗小、寿命长、可靠性高等优点，广泛应用于各种显示电路中，除单个使用外，也常做成七段式或矩阵式显示器件。

2.5.2   光电二极管

光电二极管是一种光敏器件，通常用硅材料制成，在器件的管壳上都备有一个接收光照的透镜窗口，其符号和伏安特性如图 2.5.2 所示。

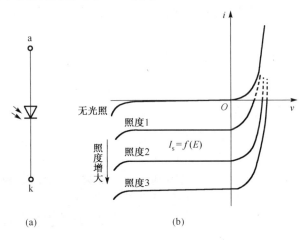

(a)   (b)

图 2.5.2   光电二极管的符号及伏安特性

由光电二极管的伏安特性可知，在无光照时，与普通二极管一样具有单向导电性，外加正向电压时，电流与端电压呈指数关系；外加反向电压时，只有很小的反向饱和电流 I_{s}，称为暗电流，通常小于 0.2μA。正常工作时，光电二极管应加上一定的反向偏置，即工作在反向工作状态，当有光照射时，光电二极管受光激发，产生大量的光生电流，简称光电流，光电流随光照强度的增加而增大，照射强度(简称照度)一定时，光电流可等效成恒流源，如图 2.5.2(b)所示。图中，电流源 $I_s = f(E)$ (E 为光的照射强度，单位为勒克斯 lx)，它与反偏电压的大小无关，但实际工作时，加上较大的反偏电压比较有利，可提高灵敏度和更利于高频条件下工作。

光电二极管可广泛应用于遥控、报警、微型光电池及光电传感器中。

2.5.3　变容二极管

二极管结电容的大小，除了与本身结构尺寸和工艺有关外，还与外加电压有关。结电容随反向偏压的增加而减小，改变反向偏压，即可改变其等效电容的大小，利用 PN 结的这种

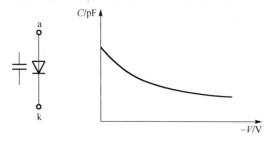

图 2.5.3　变容二极管的符号及压控特性

特性可制成变容二极管。变容二极管的符号及压控特性如图 2.5.3 所示。不同型号的管子，电容最大值不同，一般在 5～300pF。目前，变容二极管的电容最大值与最小值之比(变容比)可达 20 以上。

变容二极管的应用已相当广泛，特别是在高频技术中，如电视机高频头中的压控可变电容器。

2.5.4　肖特基二极管

肖特基二极管(Schottky Barrier Diode，SBD，以发明人肖特基(Schottky)命名)是利用金属(如铝、金、钼、镍和钛等)与 N 型半导体接触，在交界面形成势垒二极管。因此，肖特基二极管也称为金属-半导体二极管或表面势垒二极管。图 2.5.4 是肖特基二极管的符号及伏安特性，其阳极连接金属，阴极连接 N 型半导体。

肖特基二极管的伏安特性和普通二极管非常类似，同样满足式(2.1.1)的关系。但与一般二极管相比，肖特基二极管有两个重要特点：①由于制作原理不同，肖特基二极管是一种多数载流子导电器件，不存在少数载流子在 PN 结附近积累和消散的过程，所以，电容效应非常小，工作速度非常快，特别适合于高频或开关状态应用；②由于肖特基二极管的耗尽区只存在于 N 型半导体一侧(金属是良

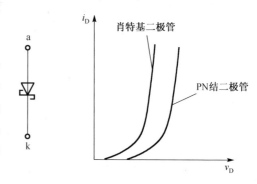

图 2.5.4　肖特基二极管的符号及伏安特性

好导体，金属一侧势垒区极薄，可忽略)，故其正向导通门坎电压和正向压降都比 PN 结二极管低(约为 0.2V)，如图 2.5.4 所示。

但是，由于肖特基二极管的耗尽区较薄，所以反向击穿电压也比较低，大多不高于 60V，最高仅 100V，且反向漏电流比 PN 结二极管大，应用时需要注意。

本 章 小 结

本章主要介绍了半导体的基础知识，半导体二极管的基本结构、伏安特性、主要参数、等效模型、工作电路及其基本分析方法，具体归纳如下。

(1) 半导体是指导电能力介于导体和绝缘体之间的一类物质，半导体中有两种载流子：电子和空穴。载流子有两种运动方式：扩散运动和漂移运动。

(2) 本征半导体是指纯净的单晶半导体。本征半导体在激发条件下产生电子-空穴对，它们的数目很少，且与温度有密切关系。

(3) 在本征半导体中掺入微量的有用杂质，可分别形成 P 型和 N 型两种杂质半导体，它们是构成各种半导体器件的基本材料。

(4) PN 结是各种半导体器件的基本构成，掌握 PN 结的原理和特性是学习各种半导体器件的基础。PN 结的重要特性是单向导电性。

(5) 一个 PN 结经封装并引出电极后就成了二极管。二极管和 PN 结一样具有单向导电性，即加正向电压导通，加反向电压截止。

(6) 二极管的主要参数有最大整流电流 I_F、反向击穿电压 V_{BR}、最高工作频率 f_M 等。

(7) 由于二极管是非线性器件，为了便于分析计算，常在一定条件下采用二极管的简化模型来分析设计电路。这些模型主要有理想模型、恒压降模型、折线模型和小信号模型等。在实际应用中，应根据工作条件选择适当的模型。

(8) 特殊二极管也具有单向导电性。利用 PN 结反向击穿特性可制成稳压二极管；利用发光材料可制成发光二极管；利用 PN 结的光敏特性可制成光电二极管等。

习　题　2

客观检测题

一、填空题

1. 在杂质半导体中，多数载流子的浓度主要取决于_____，而少数载流子的浓度则与_____有很大关系。

2. 当 PN 结外加正向电压时，扩散电流_____漂移电流，耗尽层_____。当外加反向电压时，扩散电流_____漂移电流，耗尽层_____。

3. 在 N 型半导体中，_____为多数载流子，_____为少数载流子。

4. 当半导体二极管正偏时，势垒区_____，扩散电流_____漂移电流。

5. 在常温下，硅二极管的门限电压约_____V，导通后在较大电流下的正向压降约_____V；锗二极管的门限电压约_____V，导通后在较大电流下的正向压降约_____V。

6. 在常温下，发光二极管的正向导通电压约_____，_____硅二极管的门限电压；考虑发光二极管的发光亮度和寿命，其工作电流一般控制在_____mA。

7. 利用硅 PN 结在某种掺杂条件下反向击穿特性陡直的特点而制成的二极管，称为_____二极管。请写出这种管子四种主要参数，分别是_____、_____、_____和_____。

二、判断题

1. 由于 P 型半导体中含有大量空穴载流子，N 型半导体中含有大量电子载流子，所以 P 型半导体带正电，N 型半导体带负电。　　　　　　　　　　　　　　　　　　　　　　　　　　　　（　　）

2. 在 N 型半导体中，掺入高浓度三价元素杂质，可以改为 P 型半导体。　　　　　　　（　　）

3. 扩散电流是由半导体的杂质浓度引起的，即杂质浓度大，扩散电流大；杂质浓度小，扩散电流小。　　　　　　　　　　　　　　　　　　　　　　　　　　　　　　　　　　　　　（　　）

4. 本征激发过程中，当激发与复合处于动态平衡时，两种作用相互抵消，激发与复合停止。　（　　）

5. PN 结在无光照无外加电压时，结电流为零。　　　　　　　　　　　　　　　　　　（　　）

6. 温度升高时，PN 结的反向饱和电流将减小。　　　　　　　　　　　　　　　　　　（　　）

7. PN 结加正向电压时，空间电荷区将变宽。　　　　　　　　　　　　　　　　　　　（　　）

三、选择题

1. 二极管加正向电压时，其正向电流由（　　）。
   - A. 多数载流子扩散形成
   - B. 多数载流子漂移形成
   - C. 少数载流子漂移形成
   - D. 少数载流子扩散形成

2. PN 结反向偏置电压的数值增大，但小于击穿电压，（　　）。
   - A. 其反向电流增大
   - B. 其反向电流减小
   - C. 其反向电流基本不变
   - D. 其正向电流增大

3. 稳压二极管是利用 PN 结的（　　）。
   - A. 单向导电性
   - B. 反偏截止特性
   - C. 电容特性
   - D. 反向击穿特性

4. 二极管的反向饱和电流在 20℃时是 5μA，温度每升高 10℃，其反向饱和电流增大一倍，当温度为 40℃时，反向饱和电流值为（　　）。
   - A. 10μA
   - B. 15μA
   - C. 20μA
   - D. 40μA

5. 变容二极管在电路中使用时，其 PN 结是（　　）。
   - A. 正向运用
   - B. 反向运用

四、问答题

1. PN 结的伏安特性有何特点？

2. 什么是 PN 结的反向击穿？PN 结的反向击穿有哪几种类型？各有何特点？

3. PN 结电容是怎样形成的？和普通电容相比有什么区别？

4. 温度对二极管的正向特性影响小，对其反向特性影响大，这是为什么？

5. 能否将 1.5V 的干电池以正向接法接到二极管两端？为什么？

6. 有 A、B 两个二极管，它们的反向饱和电流分别为 5mA 和 0.2μA，在外加相同的正向电压时的电流分别为 20mA 和 8mA，哪一个管的性能较好？

7. 利用硅二极管较陡峭的正向特性，能否实现稳压？若能，则二极管应如何偏置？

8. 什么是齐纳击穿？击穿后是否意味着 PN 结损坏？

主观检测题

1. 试用电流方程式计算室温下正向电压为 0.26V 和反向电压为 1V 时的二极管电流。（设 $I_S = 10$μA）

2. 写出图题 2 所示各电路的输出电压值，设二极管均为理想二极管。

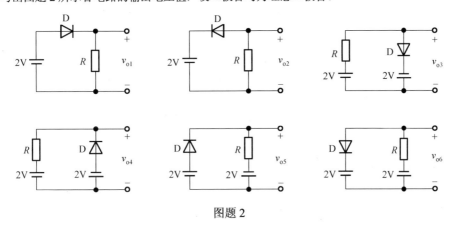

图题 2

3. 重复题 2，设二极管均为恒压降模型，且导通电压 $V_D = 0.7\text{V}$。

4. 设图题 4 中的二极管均为理想的(正向可视为短路，反向可视为开路)，试判断其中的二极管是导通还是截止，并求出 A、Q 两端电压 U_{AO}。

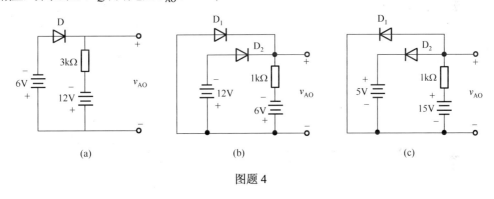

图题 4

5. 在用万用表的 $R×10\Omega$、$R×100\Omega$ 和 $R×1\text{k}\Omega$ 三个欧姆挡测量某二极管的正向电阻时，共测得三个数据：$4\text{k}\Omega$、85Ω 和 680Ω。试判断它们各是哪一挡测出的。

6. 电路如图题 6 所示，已知 $v_i = 6\sin\omega t\ (\text{V})$，试画出 v_i 与 v_o 的波形，并标出幅值。分别使用二极管理想模型和恒压降模型($V_D = 0.7\text{V}$)。

7. 电路如图题 7 所示，已知 $v_i = 6\sin\omega t\ (\text{V})$，二极管导通电压 $V_D = 0.7\text{V}$。试画出 v_i 与 v_o 的波形，并标出幅值。

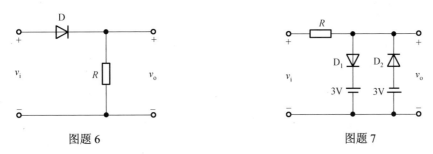

图题 6　　　　　　　　　　　　　　　　　　　　图题 7

8. 现有两只稳压管，它们的稳定电压分别为 5V 和 8V，正向导通电压为 0.7V。试问：

(1)若将它们串联，则可得到几种稳压值？各为多少？

(2)若将它们并联，则又可得到几种稳压值？各为多少？

9．已知稳压管的稳压值 $V_Z = 6V$，稳定电流的最小值 $I_{Zmin} = 5mA$。求图题 9 所示电路中 v_{o1} 和 v_{o2} 各为多少伏。

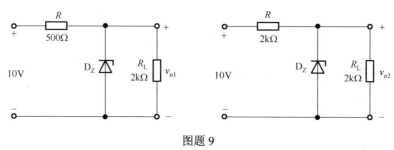

图题 9

10．电路如图题 10(a)、(b)所示，稳压管的稳定电压 $V_Z = 3V$，R 的取值合适，v_i 的波形如图题 10(c)所示。试分别画出 v_{o1} 和 v_{o2} 的波形。

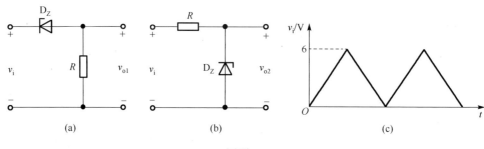

图题 10

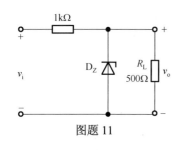

图题 11

11．已知图题 11 所示电路中稳压管的稳定电压 $V_Z = 6V$，最小稳定电流 $I_{Zmin} = 5mA$，最大稳定电流 $I_{Zmax} = 25mA$。

(1)分别计算 v_i 为 10V、15V、35V 三种情况下输出电压 v_o 的值；

(2)若 $V_i = 35V$ 时负载开路，则会出现什么现象？为什么？

12．电路如图题 12 所示，设所有稳压管均为硅管(正向导通电压为 0.7V)，且稳定电压 $V_Z = 8V$，已知 $v_i = 15\sin\omega t$ (V)，试画出 v_{o1} 和 v_{o2} 的波形。

13．在图题 13 所示电路中，发光二极管导通电压 $V_D = 1.5V$，正向电流在 5～15mA 时才能正常工作。试问：

(1)开关 S 在什么位置时发光二极管才能发光？

(2)R 的取值范围是多少？

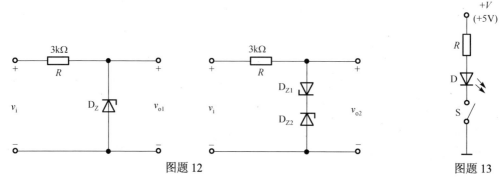

图题 12　　　　　　　　　　　　　　　　　　　图题 13

第 3 章　双极型三极管及其放大电路

内容提要： 本章将讲述双极型三极管的结构、工作原理，放大电路的基本分析方法——图解法和小信号模型分析法，以及三种基本放大电路的原理和特性，最后将讲述多级放大器的耦合方式和分析方法。

3.1　双极型三极管

3.1.1　双极型三极管简介

双极型三极管（Bipolar Junction Transistor，BJT）是通常在 Si 和 Ge 半导体材料上通过双极型工艺制作的晶体管。

双极型三极管器件的内部结构，通常由两个 PN 结有机结合而成。器件的两个 PN 结将双极型晶体管分为三个工作区，分别是发射区、基区和集电区，从每个工作区分别引出一个电极，分别称为发射极 e（Emitter）、基极 b（Base）和集电极 c（Collector），如图 3.1.1（a）所示，由于三极管由 N 型-P 型-N 型半导体交替构成，故称其为 NPN 三极管，NPN 型 BJT 的表示符号如图 3.1.1（b）所示。

同理，PNP 型 BJT 也由两个 PN 结三个区组成，但是发射区是 P 型半导体，基区是 N 型半导体，集电区是 P 型半导体，称为 PNP 三极管，如图 3.1.2 所示，图 3.1.2（b）中的箭头表示发射结外加正偏电压时电流的方向。

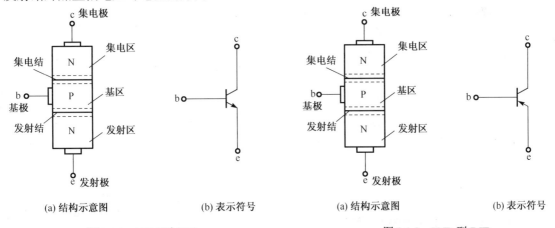

| (a) 结构示意图 | (b) 表示符号 | (a) 结构示意图 | (b) 表示符号 |

图 3.1.1　NPN 型 BJT　　　　　　　　　图 3.1.2　PNP 型 BJT

3.1.2　双极型三极管的电流分配关系

1. 放大的条件

三极管最显著的特性是放大，为了保证三极管能够放大，三极管必须满足内部和外部条件。内部条件：在工艺制作中保证发射区的掺杂浓度最高；集电区掺杂浓度低于发射区，且面积大；基区很薄，一般在几微米至几十微米，且掺杂浓度最低。即三极管结构不对称，所以 e 极和 c 极不能互换。

外部条件：发射结外加正偏电压，集电结外加反偏电压。这个条件保证了载流子在发射区的发射和集电区的收集，它是安排放大电路的基本原则。

2. 载流子的传输过程

三极管的放大作用是在一定的外部条件控制下，通过载流子传输体现出来的。以 NPN 型三极管为例说明。整个载流子的传输过程分三步进行：发射区向基区注入电子；电子在基区中传输；集电区收集电子。载流子传输示意如图 3.1.3 所示，为实现放大，使发射结外加正偏电压，集电结外加反偏电压。

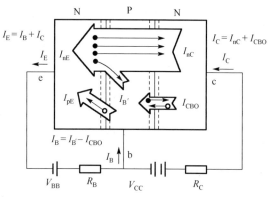

图 3.1.3　载流子的传输过程

由于发射结正偏，有利于多子的扩散运动。发射区大量的多子——电子扩散到基区（对应电流 I_{nE}），基区的空穴扩散到发射区（对应电流 I_{pE}），但谁产生的电流大呢？发射区电子形成的电流比较大，这是因为在制造时发射区杂质浓度比基区浓度高得多，与电子流相比，这部分空穴流可忽略不计。电子流形成的电流为 I_E，其方向与电子流动的方向相反。

少数载流子在基区的复合和传输。发射区电子注入基区后，在基区靠近发射结边界积累起来，基区发射结一侧的电子浓度很高，电子向集电结扩散，在扩散过程中可能与基区中的空穴复合，这部分复合的电子流形成了基极电流。有多少电子被复合了呢？如果大部分电子被复合了，到达集电结电子很少，将不利于放大；所以基区很薄，掺杂浓度较低，保证电子在基区中的扩散路程很短，少量电子被复合，形成基极电流 $I_{B'}$，大部分电子都能到达集电结。

反偏的集电极对载流子的收集。因为集电结反偏，将加速少子漂移，阻止多子扩散，到达集电结附近的电子被电场很快地扫向集电区为集电区所收集。形成集电极电流 I_{nC}，电流的方向与电子流方向相反。另外，在反偏电场的作用下，集电区的少子向基区漂移，基区的少子向集电区漂移，形成反向饱和电流 I_{CBO}。两者共同构成集电极电流 I_C。

以上看出，三极管内有两种载流子，自由电子和空穴，且都参与导电，故称为双极型三极管。

3. 电流分配关系

由图 3.1.3 可写出各电极电流关系：

$$I_E \approx I_{nE} \tag{3.1.1}$$

$$I_B = I_B' - I_{CBO} \tag{3.1.2}$$

$$I_C = I_{nC} + I_{CBO} \tag{3.1.3}$$

$$I_E = I_C + I_B \tag{3.1.4}$$

由上可知，发射区发射的电子，由于基区的复合，并没有全部被集电区所收集，到达集电区的比例用系数 α 表示：

$$\alpha = \frac{\text{集电区收集的电子电流}}{\text{发射区发射的电子电流}} = \frac{I_{nC}}{I_E} \tag{3.1.5}$$

当管子制成后，比例系数 α 将确定不变，称为共基电流放大系数，通常 $\alpha \approx 0.9 \sim 0.99$。共基极电流放大系数表明了射极电流对集电极电流的控制作用。所以

$$I_C = \alpha I_E + I_{CBO} \tag{3.1.6}$$

将式 (3.1.4) 代入式 (3.1.6)，整理得

$$I_C = \left(\frac{\alpha}{1-\alpha}\right) I_B + \left(\frac{1}{1-\alpha}\right) I_{CBO}$$

在此，令 $\beta = \dfrac{\alpha}{1-\alpha}$，$\beta$ 称为共射电流放大系数。

$$I_C = \beta I_B + (1+\beta) I_{CBO} = \beta I_B + I_{CEO} \approx \beta I_B \tag{3.1.7}$$

式中，I_{CBO} 是发射极开路时，集电结的反向饱和电流；I_{CEO} 称为反向穿透电流，它是集电极与发射极之间的漏电流，与温度有关，I_{CEO} 是表征管子稳定性的重要指标，I_{CEO} 越大，温度特性越差，通常使用时应选用 I_{CEO} 小的管子。从式 (3.1.7) 可知，共射电流放大系数表明了基极电流对集电极电流的控制能力。

$$\beta = \frac{I_C - I_{CEO}}{I_B} \approx \frac{I_C}{I_B} \tag{3.1.8}$$

$$I_E = I_C + I_B = \beta I_B + I_B \tag{3.1.9}$$

由此得出结论：发射区每向基区提供一个复合用的载流子，就要向集电区提供 β 个载流子。通常 $\beta \gg 1$，在几十到几百的范围内取值。

综上所述，三极管的放大作用，主要是依靠它的发射极电流通过基区传输，然后到达集电极而实现的。实现这一传输过程的两个条件如下。①内部条件：发射区杂质浓度远大于基区杂质浓度，且基区很薄。②外部条件：发射结正向偏置，集电结反向偏置。

3.1.3　双极型三极管的特性曲线

所谓三极管的特性曲线是指三极管各电极之间的电流电压关系，即用伏安特性对非线性元件三极管进行描述。与二极管相似，三极管也有电流电压方程组，但是它们非常复杂，是超越方程组。为了简单直观，在此仅介绍伏安特性的直观表示法，即伏安特性曲线。

由于三极管有三个电极，在工程上要表示一个三极管的伏安特性曲线，不像二极管用一张图就能表达清楚，三极管的伏安特性需要用两张图结合起来才能全面表达，这就是三极管的输入特性和输出特性曲线。输入特性即输入回路的伏安特性，输出特性即输出回路的伏安特性。

1. 输入特性曲线

输入特性曲线描述了当输出回路管压降 v_{CE} 为定值时，基极电流 i_B 与发射结电压 v_{BE} 之间

的函数关系，用函数表示如下：

$$i_B = f(v_{BE})|_{v_{CE}=C} \tag{3.1.10}$$

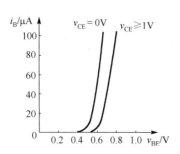

图 3.1.4 BJT 的输入特性曲线

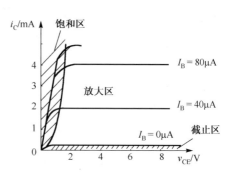

图 3.1.5 BJT 的输出特性曲线

图 3.1.4 为三极管的输入特性，可见输入特性可用一个曲线簇表示，在此用两条典型曲线表示。

（1）当 $v_{CE} = 0V$ 时，发射极与集电极短路，发射结与集电结并联时，相当于 PN 结的正向伏安特性曲线。

（2）当 $v_{CE} \geqslant 1V$ 时，$v_{CB} = v_{CE} - v_{BE} > 0$，集电结已进入反偏状态，开始收集电子，基区复合减少，同样 v_{BE} 下，I_B 减小，特性曲线右移。且当 $v_{CE} \geqslant 1V$ 时，集电结的电场足够强，足以将发射区注入基区的绝大部分非平衡少子收集到集电区，若再增大 v_{CE}，i_C 将不会明显增大，即 i_B 不会增大，曲线基本重合。

2. 输出特性曲线

输出特性曲线描述了当输入回路输入电流 i_B 为定值时，集电极电流 i_C 与管压降 v_{CE} 之间的函数关系，用函数表示如下：

$$i_C = f(v_{CE})|_{i_B=C} \tag{3.1.11}$$

图 3.1.5 表示三极管的输出特性，可见输出特性也可表示为一个曲线簇，每条曲线的变化规律均相同。当 v_{CE} 从零增加时，i_C 迅速增大，基本呈线性增长，这是因为 v_{CE} 从零增加时，集电结反压增加，吸引电子能力迅速增强，表现为 i_C 迅速增大；而当 v_{CE} 到某一数值继续增加时，i_C 不再增大，曲线变得较为平坦，这是因为此时集电结电场足以将基区非平衡少子的绝大部分收集到集电区来，v_{CE} 再增大收集能力已不再明显提高，表现曲线平坦，但曲线略为上翘，这是因为 v_{CE} 增加时，基区有效宽度变窄，使载流子在基区复合的机会减少，β 增大，在 i_B 不变的情况下，i_C 将随 v_{CE} 略有增加。

该输出特性可分为三个区域：放大区、饱和区和截止区。

放大区：i_C 平行于 v_{CE} 轴的区域，曲线基本平行等距；此时，发射结正偏，集电结反偏。

截止区：i_C 接近零的区域，相当于 $i_B = 0$ 的曲线的下方。此时，v_{BE} 小于死区电压，集电结反偏。

饱和区：i_C 明显受 v_{CE} 控制的区域，该区域内，一般 $v_{CE} < 0.7V$（硅管）。此时，发射结正偏，集电结正偏（电压很小）。

3.1.4　双极型三极管的主要参数

1. 电流放大系数

1) 共发射极电流放大系数 β

根据工作状态的不同，分为共射直流电流放大系数 $\overline{\beta}$ 和共射交流电流放大系数 β。前面讨论的共射电流放大系数指的是直流工作状态下的 $\overline{\beta}$。

由 $I_C = \overline{\beta}I_B + I_{CEO}$ 得，直流共射电流放大系数

$$\overline{\beta} = \frac{I_C - I_{CEO}}{I_B} \approx \frac{I_C}{I_B} \tag{3.1.12}$$

当有信号输入时，基极电流将变化 ΔI_B，相应集电极电流产生变化量 ΔI_C，则 ΔI_C 与 ΔI_B 之比称为交流电流放大系数 β。

交流共射电流放大系数

$$\beta = \frac{\Delta I_C}{\Delta I_B} \tag{3.1.13}$$

如图 3.1.6 所示，当基极电流由 40μA 增至 80μA 时，集电极电流由 1.9mA 增至 3.9mA，对应的交流共射电流放大系数为

$$\beta = \frac{\Delta I_C}{\Delta I_B} = \frac{3900 - 1900}{80 - 40} = 50$$

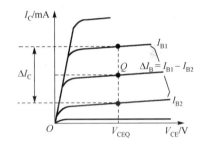

图 3.1.6　BJT 的交流共射电流放大系数计算

当输出特性曲线较平坦时，$\beta = \overline{\beta}$。在通常使用时，认为交流电流放大系数等于直流电流放大系数，两者经常混用。

2) 共基极电流放大系数

同理，共基电流放大系数也分为直流放大系数 $\overline{\alpha}$ 和交流放大系数 α，两者经常混用。

2. 极间反向电流

1) 集电极基极间反向饱和电流 I_{CBO}

指发射极开路时，集电结的反向饱和电流。该参数越小越好。

2) 集电极发射极间反向饱和电流 I_{CEO}

指基极开路时，CE 极间加上一定反向电压时，CE 极间电流，即输出特性曲线 $I_B = 0$ 那条曲线所对应的纵坐标的数值，I_{CEO} 也称为集电极发射极间穿透电流，

$$I_{CEO} = (1 + \beta)I_{CBO} \tag{3.1.14}$$

由于 I_{CEO} 比 I_{CBO} 大得多，测量较容易，通常将测得的 I_{CEO} 值作为判断管子质量的重要依据，I_{CEO} 越小越好。β 和 I_{CBO} 随温度增加而增加，故 I_{CEO} 也将随温度的增加而增加。

3. 极限参数

1) 集电极最大允许电流 I_{CM}

晶体三极管工作允许的最大集电极电流，当电流超过 I_{CM} 时，管子的性能将明显下降，甚至有可能烧毁管子。

2）集电极最大允许功率损耗 P_{CM}

集电结上消耗的功率称为集电极耗散功率 P_C，此功率将使集电结发热，结温升高，导致管子性能下降，有可能导致集电结烧毁。为限制集电结发热，集电结的耗散功率 P_C 应小于最大允许耗散功率 P_{CM}

$$P_{CM} = i_C v_{CE} \tag{3.1.15}$$

3）反向击穿电压

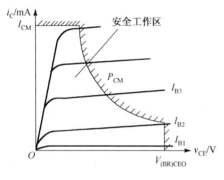

图 3.1.7　BJT 的安全工作区

$V_{(BR)CBO}$ 为发射极开路时集电结的反向击穿电压，超过此值集电结反向击穿。

$V_{(BR)EBO}$ 为集电极开路时发射结的反向击穿电压，超过此值发射结反向击穿。

$V_{(BR)CEO}$ 为基极开路时集电极和发射极间的击穿电压，超过此值 CE 极间反向击穿。

几个击穿电压有如下关系：

$$V_{(BR)CBO} > V_{(BR)CEO} > V_{(BR)EBO}$$

由 P_{CM}、I_{CM} 和 $V_{(BR)CEO}$ 三个极限参数，在输出特性曲线上可以确定三极管的安全工作区，如图 3.1.7 所示。

3.1.5　双极型三极管的选型

1. 类型与型号

三极管的种类很多，并且不同型号各有不同的用途。三极管大都是塑料封装或金属封装，常见三极管的外观如图 3.1.9 所示，大的很大，小的很小。三极管按频率可分为高频管和低频管；按功率可分为大功率管、中功率管和小功率管；按材料可分为硅管和锗管；按结构可分为 NPN 和 PNP 管。

国产三极管的命名方法见国家标准 GB249-74。

第一部分的 3 表示三极管。

第二部分表示器件的材料和结构，A：锗材料 PNP 型；B：锗材料 NPN 型；C：硅材料 PNP 型；D：硅材料 NPN 型。

第三部分表示器件的类型，U：光电管；K：开关管；X：低频小功率管；G：高频小功率管；D：低频大功率管；A：高频大功率管。另外，3DJ 型为场效应管，BT 开头表示半导体特殊元件。

第四部分用阿拉伯数字表示序号。

第五部分用汉语拼音表示规格号。

如 3DG6C 型半导体器件按国家标准表示的意义如下。

3：三极管；D：NPN 型硅材料；G：高频小功率管；6：序号；C：规格参数，直流参数 $I_{CBO} \leqslant 0.1\mu A$，$I_{CEO} \leqslant 0.1\mu A$，$\beta \geqslant 30$；极限参数 $V_{(BR)CBO} \geqslant 45V$，$V_{(BR)CEO} \geqslant 20V$，$V_{(BR)EBO} \geqslant 4V$，$P_{CM} = 100mV$，$I_{CM} = 20mA$。

三极管有不同封装形式,金属封装和塑料封装、大功率封装和中功率封装,如图 3.1.8 所示。

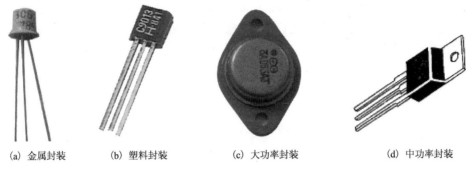

(a) 金属封装　　　　(b) 塑料封装　　　　(c) 大功率封装　　　　(d) 中功率封装

图 3.1.8　各种封装外形的三极管

目前电子制作中常用的三极管有 90×× 系列,如图 3.1.9 所示,包括低频小功率硅管 9013(NPN)、9012(PNP),低噪声管 9014(NPN),高频小功率管 9018(NPN)等。它们的型号一般都标在塑壳上,而样子都一样,都是 TO-92 标准封装。在老式的电子产品中还能见到 3DG6(高频小功率硅管)、3AX31(低频小功率锗管)等,它们的型号也都印在金属的外壳上。

图 3.1.9　常用三极管 9013 的外形

2. 选型原则

虽然在模拟电路和数字电路中广泛采用了集成电路,但三极管仍然在电子电路中发挥着不可替代的作用。对电子设计工程师来说,应掌握以下选型原则。

(1)在同型号的三极管中,应选用反向电流小的管子,以保证器件有较好的温度稳定性。

(2)在同型号的三极管中,小功率管 β 值较高,应选为 70~150;大功率管 β 值较小,应选为 30~70;β 值太高的三极管性能不稳定。

(3)对于要求反向电流较小,工作温度高的场合,应选用硅三极管;对于要求正向导通电压低的场合,应选用锗三极管。

(4)根据电路的电源电压和各极间工作电压确定三极管的各个反向击穿电压;根据器件流过的电流和管压降确定器件的功耗,确保器件工作在安全工作区;另外对于工作电流较大的器件应加装散热器。

例 3.1.1　测量三极管三个电极对地电位如图 3.1.10 所示,试判断三极管的工作状态。

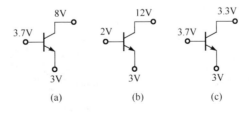

(a)　　　　　　(b)　　　　　　(c)

图 3.1.10　三极管工作状态判断

解　由于是 NPN 管,所以三极管放大工作状态应满足:发射结正偏,集电结反偏,即 $V_C > V_B > V_E$。

图 3.1.10(a)放大，发射结正偏，集电结反偏；图 3.1.10(b)截止，发射结反偏，集电结反偏；图 3.1.10(c)饱和，发射结正偏，集电结正偏。

在测试基本放大电路时，往往测量三个电极对地的电位 V_B、V_E 和 V_C，即可确定三极管的工作状态。对于放大电路而言，三极管必须处于放大状态，即发射结正偏，集电结反偏。

3.2　放大电路的基本概念

3.2.1　放大电路的信号

放大电路又称为模拟电路，指其工作信号是模拟信号的电路。在模拟电路的讨论与分析中，常选用正弦波作为工作信号。这是因为任何连续信号都可以用傅里叶级数将其分解为若干频率的正弦波信号线性叠加。且正弦波是最容易得到的信号，通常的函数发生器都可输出正弦波信号，在模拟电路的测试和调试中，常使用正弦波信号。

3.2.2　放大电路的放大作用

放大电路利用 BJT(简称为三极管)输入电流控制输出电流的特性，或利用 FET(简称为场效应管)输入电压控制输出电流的特性，实现信号的放大。

基本放大电路一般是指由一个三极管或场效应管组成的放大电路。从电路的角度来看，可以将基本放大电路看成一个双端口网络。放大电路的结构示意图见图 3.2.1。放大的作用体现在如下方面。

(1)放大电路主要利用三极管或场效应管的控制作用放大微弱信号，输出信号较输入信号在电压或电流的幅度上得到了放大，输出信号较输入信号的能量增大。输出信号的能量实际上是由直流电源提供的，只是经过三极管的控制，使之转换成输出信号能量，提供给负载。所以三极管或场效应管实质上是实现了能量控制与转换。

(2)输出信号与输入信号始终保持线性关系，要求信号的放大不能失真，即线性放大。放大电路的三极管和场效应管必须工作在线性区；三极管工作在放大区，场效应管工作在饱和区。

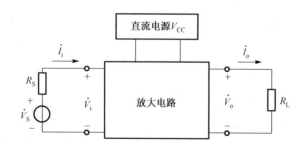

图 3.2.1　放大电路结构示意图

图 3.2.1 中，$\dot{V}_S$ 为信号源电压，R_S 为信号源内阻，$\dot{V}_i$ 为放大电路的输入电压，$\dot{i}_i$ 为放大电路的输入电流；R_L 为放大电路的负载，$\dot{V}_o$ 为放大电路的输出电压，$\dot{i}_o$ 为放大电路的输出电流。

3.2.3　三极管放大电路的三种组态

根据三极管在放大电路中的连接方式，三极管放大电路分为三种组态，分别是共发射极电路、共基极电路和共集电极电路。如图 3.2.2 所示。

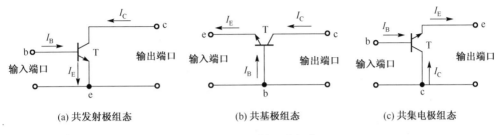

|(a) 共发射极组态|(b) 共基极组态|(c) 共集电极组态|

图 3.2.2　BJT 的三种组态

共发射极电路指的是：基极是输入端，集电极是输出端，发射极是输入输出的公共端。简称共射电路。

共基极电路指的是：发射极是输入端，集电极是输出端，基极是输入输出的公共端。简称共基电路。

共集电极电路指的是：基极是输入端，发射极是输出端，集电极是输入输出的公共端。简称共集电路。

3.2.4　放大电路的性能指标

如何衡量一个放大电路质量的优劣？这正是放大电路要研究的重要内容。定性地说，一个性能优良的扩音机，在声音信号不失真的前提下，尽可能地把说话的声音变得大一些。为了能对放大器的性能质量进行定量标定，便于测量和对比，电子电路定义出放大电路的一些性能指标参数，具体介绍如下。

1)放大倍数

对于电压源常讨论电压放大倍数 $\dot{A}_V$，对于电流源常讨论电流放大倍数 $\dot{A}_I$，对于功放电路常讨论功率放大倍数 $\dot{A}_P$。

2)输入电阻

表征放大器对信号源所呈现的负载效应；或由输入端向放大器看进去的等效电阻。若信号源为小内阻电压源形式，要求输入电阻越大越好；若信号源为大内阻电流源形式，要求输入电阻越小越好。

3)输出电阻

将放大器的输出端等效为具有内阻的电压源，则电压源的内阻即放大器输出电阻，其端电压为放大器空载时的输出电压；或由放大器输出端向放大器看进去的等效电阻。若想稳定输出电流，则输出电阻越大越好；若想稳定输出电压，则输出电阻越小越好。

4)频率特性

讨论放大器对不同频率信号的放大能力，称为放大器的频率特性。通常讨论通频带、上下限频率、频率失真问题。

5)最大输出功率和效率

它是在输出信号基本不失真的情况下的最大输出功率；效率是研究电源的能量利用率。

6）非线性失真

由于晶体管的工作点进入非线性工作区引起的非线性失真，有饱和失真和截止失真。

3.3　基本共射放大电路的工作原理

本节以基本共射放大电路为例，讨论基本放大电路的组成、基本放大电路静态和动态的概念、放大电路的性能参数。

3.3.1　基本共射放大电路的组成

基本放大电路的组成要素有哪些？如图3.3.1所示。第一，要有放大器件，即放大电路的心脏——三极管。第二，需要直流电源 V_{cc}，并通过某电路为三极管提供合适的外偏置，发射结正偏，集电结反偏，保证三极管工作在放大状态；保证三极管的安全工作的偏置，在发射结回路有合适的偏置电阻 R_b，不加 R_b 三极管将烧毁。第三，要有电流转换电压电路，由于三极管是一个电流控制器件，即由输入回路的电流控制三极管输出回路电流，为了将电流转换成输出电压，添加集电极电阻 R_c。第四，要保证交流信号能顺畅地输入输出，实现前后级电路直流信号的隔离，交流信号通过；因此，在输入和输出端添加较大电容 C_{b1} 和 C_{b2}，实现“隔直传交”；电容 C_{b1} 和 C_{b2} 的容量应足够大（几到几十 μF），通常采用电解电容，连接时注意正负极性；由于输入输出是通过耦合电容和电阻，这种耦合方式常称为“阻容耦合”。

图 3.3.1 所示为共射基本放大电路。在该电路中，输入信号加在基极和发射极之间，耦合电容器 C_{b1} 和 C_{b2} 视为对交流信号短路。输出信号从集电极对地取出，经耦合电容器 C_{b2} 隔除直流量，仅将交流信号加到负载电阻 R_L 上。一个小放大电路居然要使用两组电源，这在实际中，既浪费又不合理；由于 V_{BB} 和 V_{CC} 的负极都接地，通常将两组电源用一组电源替代；又由于放大电路的直流电源总有一端接地，所以图 3.3.1 放大电路可改为图 3.3.2 习惯画法。

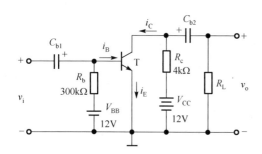

图 3.3.1　基本共射放大电路的组成

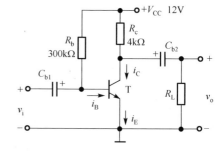

图 3.3.2　基本共射放大电路的习惯画法

3.3.2　放大电路的两点规定

共同端为电位参考点(地)。放大电路放大的对象是输入交流信号，直流电源 V_{CC} 为输出提供所需能量。在放大电路中，常把输入信号、输出信号与直流电源 V_{CC} 的公共端称为“地”，常用“⊥”表示，该地并不是真正的大地，常用做电路的参考零电位。

电流电压的假定正向。为分析方便，规定：电压的正方向是以共同端为负端，其他各点均为正，如图 3.3.3 所示。NPN 管电流的假定正向 i_B、i_C 以流入为正，i_E 以流出为正；PNP 管电流的假定正向与 NPN 管相反。

同理，对于 PNP 三极管放大电路，其电路图画法如图 3.3.3 所示。

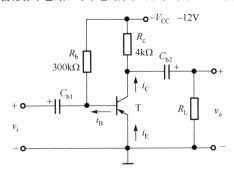

图 3.3.3 PNP 基本共射放大电路

3.3.3 交变信号的传输

根据以上分析，一个交变信号通过耦合电容进入放大电路后，将使放大电路中各点电流电压出现"交直流共存现象"——这体现了电子电路的特点。

当交变信号 v_i 输入后，经过耦合电容 C_{b1} 叠加在 v_{BE} 上(交直流共存)，根据三极管的输入特性，v_{BE} 将引起基极电流 i_B 的变化(交直流共存)；三极管是电流控制器件，三极管的基极电流 i_B 控制其输出电流 i_C；电阻将输出电流量 i_C 转换成电压量 v_{CE}；最后经过耦合电容滤除直流，输出交流信号 v_o。如图 3.3.4 所示。

$$v_i \xrightarrow{\text{经}C_{b1}} v_{BE} \xrightarrow{\text{三极管输入特性}} i_B \xrightarrow{\text{三极管电流控制作用}} i_C \xrightarrow{R_c} v_{CE} \xrightarrow{C_{b2}} v_o$$

由于三极管的电流放大作用，i_C 要比 i_B 大几十倍，一般来说，只要电路参数设置合适，输出电压可以比输入电压高很多倍。v_{CE} 中的交流量 v_{ce} 是经过耦合电容隔直形成输出电压。

放大过程实际是利用三极管的基极电流对集电极电流的控制作用实现的。且放大是针对变化量而言的。

在放大过程中交流信号是叠加在合适的直流偏置上传输的，经过耦合电容，从输出端提取的只是交流信号。因此，在分析放大电路时，可以采用将交、直流信号分开的办法，可以分成直流通路和交流通路来分析。

放大电路中信号的交直流共存，信号的表示方法规定如下：对于直流信号量，变量斜体大写，下标大写；对于交流信号量，变量斜体小写，下标小写；对于交直流共存信号量，变量斜体小写，下标大写。例如，基极电流总电流(交直流共存)i_B、集电极总电流(交直流共存)i_C、集电极与射极之间的总管压降(交直流共存)v_{BE} 可分别表示为

$$i_B = I_B + i_b$$
$$i_C = I_C + i_c$$
$$v_{ce} = V_{CC} - i_C R_c$$

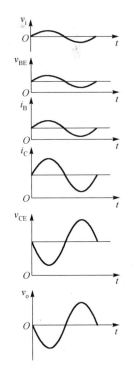

图 3.3.4 基本共射放大电路
各点工作波形

3.3.4 放大电路的两种工作状态

放大电路有两种工作状态，简称"静态"和"动态"。

静态：当放大电路没有输入信号($v_i = 0$)时，电路中各处的电压电流都是恒定不变的，这种状态称为直流工作状态，简称静态。在静态工作情况下，三极管各电极的直流电压和直流电流的数值，将在管子的特性曲线上确定一点，这点常称为静态工作点(Q点)。

动态：当放大电路加入输入信号($v_i \neq 0$)时，电路中各处的电压电流都处于变动的状态，这种状态称为交流工作状态，简称动态。

放大电路为何要设置静态工作点呢？因为发射结是单向导电的，而且具有一定的门坎电压，无合适的直流偏置输入交流信号将产生严重失真，所以放大电路必须建立正确的静态，它是保证动态工作的前提。

例如，有一个扩音机，已经通电，但没有人对着麦克风讲话，喇叭中没有被放大了的讲话声，这相当于静态。如果一旦讲话，喇叭中就有放大的声音传出，这相当于动态。显然没有通电，没有静态，对着麦克风讲话，扩音机中的放大电路是不会放大的，没有静态就没有动态。

3.3.5 两种工作状态的分析思路

放大电路的工作状态分析的步骤是先静态、后动态。

静态分析——画直流通路(原则：大电容开路；大电感短路；直流电源不变；信号源短路，但保留内阻)，然后利用估算法或图解法求解静态工作点。

动态分析——画交流通路(原则：大电容短路；大电感开路；理想状态直流电源内阻为零，通常视直流电源交流短路，即直流电源是交流地)，然后利用小信号模型分析法求解电压放大倍数 $\dot{A}_v$、输入电阻 R_i、输出电阻 R_o。通常 C_{b1}、C_{b2} 足够大，对信号而言，其上的交流压降近似为零，在交流通路中，可将大容量的耦合电容短路(图中的耦合电容是电解电容，容量比较大，电容符号旁边的"+"号，代表该电容器极板的直流电位应高于另一极板)。

对于图 3.3.2 基本共射放大电路其直流通路和交流通路如图 3.3.5 所示。

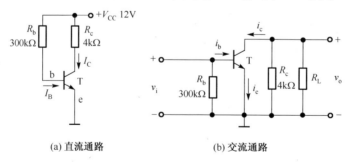

(a) 直流通路　　　　　(b) 交流通路

图 3.3.5　基本共射放大电路的直流通路和交流通路

3.3.6 三极管放大电路的特点

综上所述，三极管放大电路具有以下两个显著特点。

(1)交直流共存。直流偏置是使放大电路有合适的工作状态，保证其不失真放大的基础或前提条件。而交流量则是放大的对象和放大的结果。

(2)非线性电路和近似分析方法。由于使用了三极管非线性元件,电路成为非线性电路;由于三极管的特性方程为超越方程,精确求解静态工作点和动态工作参数非常烦琐,且意义不大,所以在工程应用中,静态和动态分析常采用近似分析方法。如静态分析常采用估算法和图解法,动态分析常采用图解法和小信号模型分析法。

3.4　基本共射放大电路的静态分析

在三极管放大电路的静态分析中,常采用估算法和图解分析法。

3.4.1　静态工作点估算法

在图 3.3.5(a) 直流通路中,三极管静态工作估算首先进行两点近似。

(1)由于三极管工作时 V_{BE} 的数值变化不大,硅管发射结导通电压 V_{BE} 为 0.6～0.8V,锗管发射结导通电压 V_{BE} 为 0.1～0.3V,所以可以把 V_{BE} 视为常数,于是基极电流 I_B 就很容易计算出来了。这种近似,只要在允许的误差范围内就可以使用,实际上这种简化误差不大。

(2)根据三极管电流分配关系进行近似

$$I_C = \beta I_B + I_{CEO} \approx \beta I_B$$

假设三极管的共射电流放大系数 $\beta = 38$,静态工作点计算如下。

基极回路有

$$I_B = \frac{V_{CC} - V_{BE}}{R_b}$$

因为

$$V_{CC} \gg V_{BE}$$

$$I_B \approx \frac{V_{CC}}{R_b} = \frac{12V}{300k\Omega} = 40\mu A$$

根据三极管电流分配关系有

$$I_C = \beta I_B = 38 \times 40\mu A = 1.5mA$$

集电极回路有

$$V_{CE} = V_{CC} - I_C R_c = 12 - 1.5 \times 4 = 6V$$

所以,该共射电路的静态工作点 Q 是

$$I_B = \frac{V_{CC} - V_{BE}}{R_b} = 40\mu A$$

$$I_C = \beta I_B = 1.5mA$$

$$V_{CE} = V_{CC} - I_C R_c = 6V$$

注意:一个放大电路的静态工作点由这三个参数共同确定,这三个参数在三极管伏安特性曲线图上确定一点 Q。

3.4.2 静态工作点的图解法

对于放大电路的直流通路可将它分为两个部分，非线性部分和线性部分，如图 3.4.1 所示。图解法分析步骤如图 3.4.2 所示。

非线性部分	线性部分
非线性元件T 偏置电阻R_b 电源V_{CC}	集电极电阻R_c 电源V_{CC}

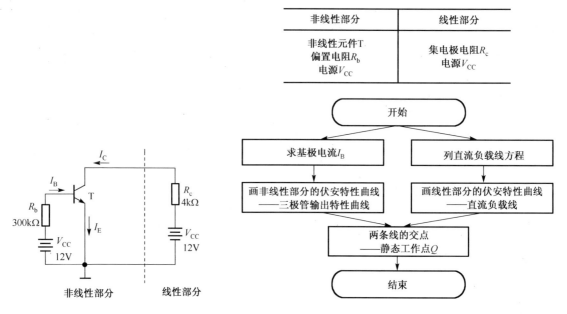

图 3.4.1　静态分析图解法直流通路划分

图 3.4.2　静态分析图解法步骤

例 3.4.1　利用三极管的输出特性曲线求解图 3.3.5(a)直流通路的静态工作点，三极管的输出特性如图 3.4.3 所示。

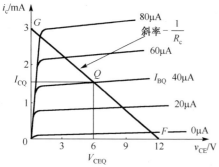

图 3.4.3　图解法求解静态工作点

解　(1)确定非线性部分的伏安特性。三极管的输出特性有很多条，究竟是哪一条？应由直流偏置电路确定：

$$I_B = \frac{V_{CC} - V_{BE}}{R_b} \approx \frac{V_{CC}}{R_b} = 40\mu A$$

I_B 为 40μA 的曲线。

(2)确定线性部分的伏安特性。

直流负载线

$$V_{CE} = V_{CC} - I_C R_c$$

这是一直线方程，只要确定直线的两点即可定出这条直线。该直线与两坐标轴的交点分别为 F 点(12V，0mA)、G 点(0V，3mA)。

直流负载线的斜率为 $-\frac{1}{R_c}$。

(3)确定交点(Q 点)。整个电路的电流电压既满足非线性的输出特性曲线，又满足线性部分的直流负载线，所以两者的交点即该电路的静态工作点 Q。

由图得 Q: $\begin{cases} I_B = 40\mu A \\ I_C = 1.5mA \\ V_{CE} = 6V \end{cases}$ 。

(4)讨论：元件参数对工作点的影响。由于直流负载线的斜率为 $-\dfrac{1}{R_c}$，若增大 R_c，则工作点左移；当 R_c 很大时，Q 点将进入饱和区，三极管的电流控制作用消失，$I_C \neq \beta I_B$。由此可见，元件参数的选取对工作点影响很大。

例 3.4.2　如图 3.4.4 所示的四个电路,试说明哪些能实现正常放大？哪些不能？为什么？(图中电容的容抗可忽略不计)

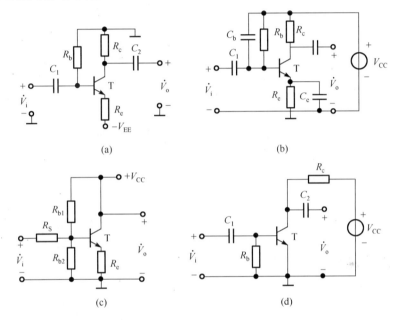

图 3.4.4　例 3.4.2 电路图

解　分析这类问题要掌握两个方面：其一，作直流通路，观察电路的直流偏置是否能满足发射结正偏，集电结反偏；其二，作交流通路，观察电路交流信号能否顺畅地输入和输出。若能同时满足以上两方面要求，说明该电路可以进行正常放大，否则电路不能进行正常放大。

图 3.4.4(a)：该电路有合适直流偏置电压。同时，输入信号 $\dot{V}_i$ 能加到输入端，输出信号能由输出端取出，故电路能正常放大。

图 3.4.4(b)：该电路直流偏置电压正常，但输入信号 $\dot{V}_i$ 被 C_b 短路，不能正常加入放大器的输入端，故电路不能正常放大。

图 3.4.4(c)：该电路直流偏置正常，但由于 $R_c = 0$，所以输出信号电压被短路，故不能正常放大。

图 3.4.4(d)：该电路直流偏置电压不正常，$V_{BQ} = 0$，所以不能正常放大。

例 3.4.3　有一基本放大电路如图 3.4.5 所示，已知 V_{CC}=15V、R_c=3kΩ、R_{b1}=390kΩ、R_e=1.1kΩ、R_L=10kΩ、V_{BE}=0.7V、β=99。试计算静态工作点，并讨论三极管的工作状态。

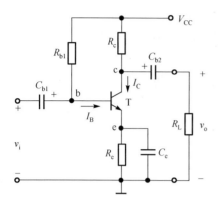

图 3.4.5　例 3.4.3 电路图

解　基极电流的表达式

$$I_{\mathrm{B}} = \frac{V_{\mathrm{CC}} - V_{\mathrm{BE}}}{R_{\mathrm{b1}} + (1+\beta)R_{\mathrm{e}}}$$

$$I_{\mathrm{C}} = \beta I_{\mathrm{B}}$$

$$V_{\mathrm{CE}} = V_{\mathrm{CC}} - I_{\mathrm{C}}(R_{\mathrm{c}} + R_{\mathrm{e}})$$

将数据代入以上各式，可得

$$I_{\mathrm{B}} = \frac{V_{\mathrm{CC}} - V_{\mathrm{BE}}}{R_{\mathrm{b1}} + (1+\beta)R_{\mathrm{e}}} = \frac{15 - 0.7}{390 + (1+99) \times 1.1} = 28.6(\mu\mathrm{A})$$

$$I_{\mathrm{C}} = \beta I_{\mathrm{B}} = 99 \times 28.6 = 2.83(\mathrm{mA})$$

$$V_{\mathrm{CE}} = V_{\mathrm{CC}} - I_{\mathrm{C}}(R_{\mathrm{c}} + R_{\mathrm{e}}) = 15 - 2.83 \times 4.1 = 3.38(\mathrm{V})$$

通过以上计算可以检查三极管的工作状态，三极管各电极对地的电位

$$V_{\mathrm{E}} = I_{\mathrm{C}}R_{\mathrm{e}} = 2.83 \times 1.1 = 3.1(\mathrm{V})$$

$$V_{\mathrm{B}} \approx V_{\mathrm{E}} + V_{\mathrm{BE}} = 3.1 + 0.7 = 3.8(\mathrm{V})$$

$$V_{\mathrm{C}} = V_{\mathrm{CC}} - I_{\mathrm{C}}R_{\mathrm{c}} = 15 - 2.83 \times 3 = 6.5(\mathrm{V})$$

由此可确定发射结是正偏，集电结是反偏，三极管工作在放大状态。

3.4.3　动态工作的图解法

动态工作情况可用图解法分析，也可用小信号模型法分析。图解法适宜观察各点的电流、电压波形，观察非线性失真情况。小信号模型分析法适宜求解动态参数，输入电阻、输出电阻和电压放大倍数。

1.　交流通路与交流负载线

放大电路加入输入信号的工作状态称为动态。此时，电路中的电流和电压将处于变动状态。分析交流分量时，利用放大电路的交流通路。将图 3.3.5(b) 电路重新画在图 3.4.6(a) 中。

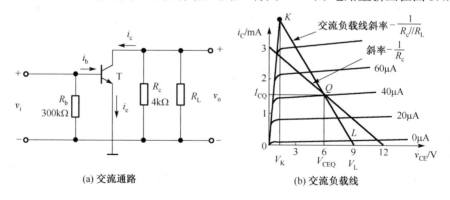

(a) 交流通路　　　　　　　　　　　(b) 交流负载线

图 3.4.6　基本共射放大电路交流通路与交流负载线

直流负载线用于确定放大电路的静态工作点，其斜率是 $-\dfrac{1}{R_{\mathrm{c}}}$，它由直流通路决定。直流集电极电流 I_{C} 流过电阻 R_{c}。

在交流通路中，电路已带上负载 R_L，输出电压是集电极电流 i_c 流过并联电阻 $R_L//R_c$ 所产生的电压，即当 i_c 确定后，输出电压取决于 $R_L//R_c$；交流负载线的斜率是 $-1/(R_L//R_c)$，要想确定这条直线，还必须有一点；因为放大器的输入信号是正弦波，输入电压信号在变化过程中一定要经过零点，就是静态工作 Q 点，所以交流负载线是输出特性上过 Q 点且斜率为 $-1/(R_L//R_c)$ 的直线。交流负载线的物理意义是，放大器动态时工作点移动的轨迹。$R_L' = R_L//R_c$ 称为交流负载电阻。交流负载线如图 3.4.6(b) 的直线 KL。

综上所述：交流负载线是输出特性上过 Q 点且斜率为 $-1/(R_L//R_c)$ 的直线。交流负载线的物理意义：放大器动态时工作点移动的轨迹。

2. 动态工作情况图解法

当输入端接入正弦波时，电路将处于动态工作状况，分析者可以根据输入信号 v_i 的波形，通过图解法确定输出电压 v_o 的波形。它是在 Q 点叠加交变信号的工作过程。

$$v_i \xrightarrow{\text{经}C_{b1}} v_{BE} \xrightarrow{\text{三极管输入特性}} i_B \xrightarrow{\text{三极管电流控制作用}} i_C \xrightarrow{R_c} v_{CE} \xrightarrow{C_{b2}} v_o$$

作图步骤如下。

(1) 由 v_i 波形在输入特性上画出 i_B 的波形。

(2) 根据 i_B 的波形和交流负载线，在输出特性上画出 i_C 和 v_{CE} 的波形。

(3) 在 v_{CE} 波形中滤去直流电压得到 v_o 波形。

例 3.4.4　在图 3.3.2 基本共射放大电路的输入端加入信号 $v_i = V_{im}\sin\omega t$ 时，试画出放大电路各点的工作波形。已知三极管的特性曲线如图 3.4.7 所示。

解　当在放大电路的输入端加入信号 $v_i = V_{im}\sin\omega t$ 时，v_i 通过 C_{b1} 叠加在 V_{BE} 上成为 v_{BE}（交直流共存）；根据三极管的输入特性，v_{BE} 将引起基极电流 i_B 的变化（交直流共存），基极电流 i_B 将在 $20\sim60\mu A$ 变动。

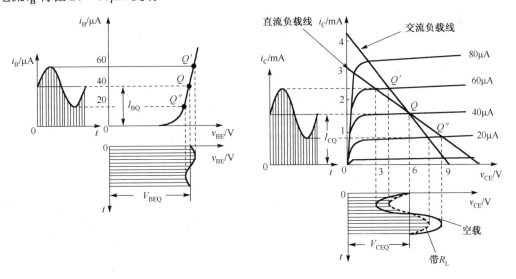

图 3.4.7　动态工作图解分析

在三极管的输出特性上，作出交流负载线；根据 i_B 的波形及幅度，沿交流负载线画出集电极电流 i_C 和电压量 v_{CE} 波形。当 i_B 为正半周时，电流从 $40\mu A$ 增大至 $60\mu A$，工作点从 Q 移动至 Q' 点；电流 i_C 增大至最大值，为正半周；电压 v_{CE} 减小至最小值，为负半周。当 i_B

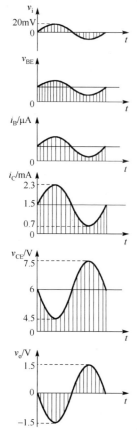

图 3.4.8　放大电路工作波形

为负半周时，电流从 40μA 减小至 20μA，工作点从 Q 移动至 Q'' 点；电流 i_C 减小至最小值，为负半周；电压 v_{CE} 增大至最大值，为正半周。直线段 $Q'Q''$ 是工作点移动的范围，称为动态工作范围。

经过 C_{b1} 滤去 v_{CE} 直流成分，输出的交流成分就是放大输出电压信号 v_o。

从图 3.4.7 还可看出放大电路具有以下 3 个特点。

(1)这些电流、电压包含两个部分：直流分量和交流分量；说明在放大器中电量既有直流又有交流，电量是交直流共存的，这点反映了模拟电子技术的特点。

(2)这些电量的瞬时值是变化的，但它们的方向不变(都在横轴以上)，这是因为交流分量的绝对值总小于直流分量，即电量的最终方向由直流决定。

(3) v_o 比 v_i 幅度大得多，频率相同，但相位差 180°，这是因为当电流 i_C 增大时，v_{CE} 却减小。

动态工作图解分析法可用于计算电压放大倍数，特别是观察放大电路的最大不失真输出电压幅度，以及工作波形是否产生失真。将工作波形按时间轴重画于图3.4.8。根据图 3.4.8 所示，电压放大倍数计算如下

$$A = \frac{\dot{V}_o}{\dot{V}_i} = -\frac{V_{om}}{V_{im}} = -\frac{1.5}{0.02} = -75$$

其中负号代表输入波形和输出波形相位相反。

3.4.4　静态工作点与失真

1. 非线性失真的类型

放大电路的目的是实现信号不失真放大，即使动态工作轨迹在输出特性的放大区(线性工作区)。若动态工作轨迹进入了饱和区，则放大电路将产生饱和失真；若动态工作轨迹进入了截止区，则放大电路将产生截止失真；这是由工作轨迹进入非线性工作区造成的，通称为非线性失真。

2. 放大电路产生非线性失真的原因

(1)静态工作点选择不合适。
(2)输入信号幅度过大。

3. 饱和失真

(1)在图 3.3.2 基本共射放大电路中，当增大 R_c，使 R_c = 7kΩ时，直流负载线斜率改变，工作点 Q 左移至 Q' 点；当 i_B 波形不变时，变化幅度从 20μA 至 60μA；i_C 和 v_{CE} 波形将进入饱和区，产生饱和失真，如图 3.4.9 所示。

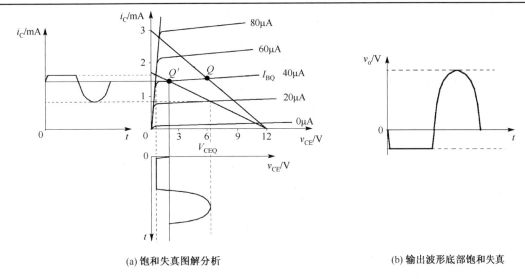

(a) 饱和失真图解分析　　　　　　　　　　　　(b) 输出波形底部饱和失真

图 3.4.9　增大 R_c 产生饱和失真

（2）在图 3.3.2 基本共射放大电路中，当减小 R_b，使 $R_b = 150\text{k}\Omega$ 时，静态基极电流增大，$I_B \approx 80\mu\text{A}$，工作点 Q 上移至 Q'' 点；当 i_B 波形幅度不变时，变化幅度从 60μA 至 100μA；i_C 和 v_{CE} 波形将进入饱和区，产生饱和失真，如图 3.4.10 所示。

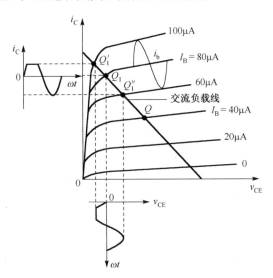

图 3.4.10　减小 R_b 产生饱和失真

4. 截止失真

当增大 R_b，使 $R_b = 1200\text{k}\Omega$ 时，静态基极电流减小，$I_B \approx 10\mu\text{A}$，工作点 Q 下移至 Q' 点；当 i_B 波形 20μA 幅度不变时，变化幅度从 0 至 30μA；i_C 和 v_{CE} 波形将进入截止区，产生截止失真，如图 3.4.11 所示。

5. 用示波器观察失真

图 3.4.12 为由 NPN 型三极管构成的共射组态基本放大电路的输入、输出波形图，通道 1 是输入波形（上部），通道 2 是输出波形，波形图右侧的 1 和 2 代表通道号，且为零线位置。

可以看出,集电极输出波形与基极的输入波形是反相的,同时输出波形存在失真,图 3.4.12(a) 是饱和失真,图 3.4.12(b) 是截止失真。

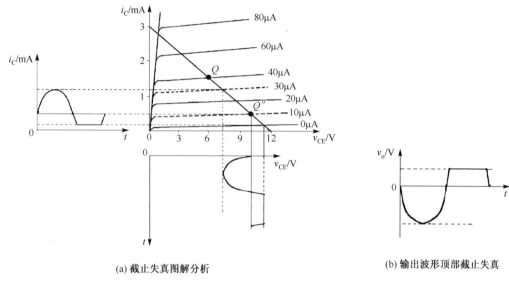

(a) 截止失真图解分析　　　　　　　　　　　　　　(b) 输出波形顶部截止失真

图 3.4.11　增大 R_b 产生截止失真

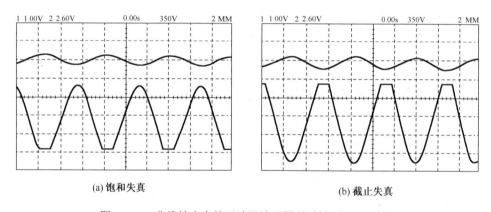

(a) 饱和失真　　　　　　　　　　　　　　(b) 截止失真

图 3.4.12　非线性失真的示波器波形图(共射组态 NPN 管)

可见,对于 NPN 管,输出电压 v_o 的底部失真是饱和失真;输出电压 v_o 的顶部失真是截止失真。对于 PNP 管,由于供电电压极性的不同,输出电压 v_o 的底部失真是截止失真;输出电压 v_o 的顶部失真是饱和失真。

6. 最大不失真输出幅度

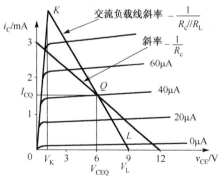

图 3.4.13　最大不失真输出幅度求解

Q 点选得过低,将导致截止失真;反之,Q 点选得过高,又将产生饱和失真。一般来说,Q 点若选在交流负载线的中间,就可尽可能避免失真。但有没有产生失真的可能呢?如果信号幅度过大也会产生饱和与截止失真。如何从输出特性曲线上求解最大不失真输出电压幅度呢?在图 3.4.13 中交流负载线是直线 KL,交流负载线与输出特性曲线 $i_B = 0$ 相交于 L

点，交流负载线与输出特性曲线饱和临界线相交于 K 点；在输出特性曲线上读出电压 V_{LQ} 和 V_{QK}，取两者小者为最大不失真输出电压幅度 V_{OM}。

若在实际应用中出现输出波形失真，首先应判断为何种失真，然后通过调节元件参数加以解决。所以为保证放大电路不失真放大，静态工作点位置的选择有着极其重要的意义。

3.4.5　图解分析法的应用范围

图解分析法是分析非线性电路的一种基本方法。图解分析法具有直观、全面了解放大器静态和动态工作情况的优点；通过作图可以正确选择工作点的位置，画出电路中的各点电流、电压波形，分析失真程度和原因。在输入信号较大时，只能使用图解分析法进行动态工作状况分析。

图解法的缺点如下。

(1) 在输出特性曲线上作图求解，过程复杂。

(2) 三极管制造厂商通常不提供三极管的特性曲线，若要用图解法求解，必须自己通过晶体管图示仪进行测量，费工费时。

(3) 不能分析放大器的其他动态指标，如输入电阻 R_i、输出电阻 R_o。

3.5　小信号模型分析法

采用小信号模型分析法的意义：三极管具有非线性特性，使得三极管的精确分析过于困难且不必要，放大电路的图解分析法也很烦琐。为了克服分析中的复杂，建立小信号模型将非线性器件作线性化处理，从而大大简化放大电路的分析和设计。通常小信号模型分析法用来计算放大电路的一些动态参数——电压放大倍数、输入电阻和输出电阻。

3.5.1　指导思想

当放大电路的输入信号很小时，在静态工作点附近，可以设想把三极管的特性曲线用直线来代替，从而可以把三极管组成的非线性电路转化为线性电路来处理。小信号模型分析法只适用于小信号情况。所以这里"小信号"指的是"微小的变化量"；它不适用大信号的工作情况，大信号工作情况仍要借助图解法；它不适用静态情况的分析，不能使用小信号模型分析法求解静态工作点，它只适用于动态分析。从频率范围来看，小信号模型分析法仅适用于三极管放大电路的通频带范围内，即放大电路的中频范围，这样可以不考虑结电容、分布电容、耦合电容和旁路电容的影响，有利于简化计算。

3.5.2　三极管的 H 参数及其等效电路

1. 三极管的 H 参数

双极型三极管是三端器件；它组成电路有三种组态，共射组态、共集组态和共基组态；无论哪种组态总有一端为输入输出共享，也就是说三极管在电路中总可以看成一个双口网络，如图 3.5.1 所示。

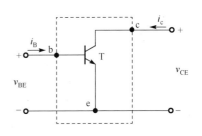

图 3.5.1　三极管视为双口网络

双极型三极管工作情况可用其特性曲线表征；特性曲线有：输入特性 $v_{BE} = f(i_B, v_{CE})$ 和输出特性 $i_c = f(i_B, v_{CE})$。

为找出管子内部电压和电流之间的微变量关系，很自然想到使用全微分求解。

输入回路

$$\mathrm{d}v_{BE} = \frac{\partial v_{BE}}{\partial i_B}\bigg|_{v_{CE=C}} \mathrm{d}i_B + \frac{\partial v_{BE}}{\partial v_{CE}}\bigg|_{i_B=c} \mathrm{d}v_{CE}$$

输出回路

$$\mathrm{d}i_c = \frac{\partial i_c}{\partial i_B}\bigg|_{v_{CE}} \mathrm{d}i_B + \frac{\partial i_c}{\partial v_{CE}}\bigg|_{i_B=c} \mathrm{d}v_{CE}$$

令 $\dfrac{\partial v_{BE}}{\partial i_B}\bigg|_{v_{CE=C}} = h_{ie}$ ，具有电阻量纲，三极管的输入电阻，常用 r_{be} 表示，$\mathrm{k\Omega}$ 左右。

令 $\dfrac{\partial v_{BE}}{\partial v_{CE}}\bigg|_{v_b} = h_{re}$ ，无量纲，三极管的以向电压传输比，用 μ_r 表示，通常很小，10^{-4}。

令 $\dfrac{\partial i_c}{\partial i_B}\bigg|_{v_{CE}} = h_{fe}$ ，无量纲，三极管共射电流放大系数，常用 β 表示，几十到几百。

令 $\dfrac{\partial i_c}{\partial v_{CE}}\bigg|_{i_B=c} = h_{oe}$ ，具有电导量纲(西门子)，三极管的输出电导常用 $\dfrac{1}{r_{ce}}$ 表示，r_{ce} 输出电阻几十 $\mathrm{k\Omega}$。

v_{BE}, i_c, i_B, v_{CE} 都是交直流共存，而其中常量微分为零，所以剩下交变分量的微分 v_{be}, i_c, i_b, v_{ce}，变形为

$$\begin{cases} v_{be} = h_{ie}i_b + h_{re}v_{ce} & (3.5.1) \\ i_c = h_{fe}i_b + h_{oe}v_{ce} & (3.5.2) \end{cases}$$

通过分析各参量的意义，这四个参数量纲各不相同，所以称它们为混合参数。

2. 等效电路

式(3.5.1)表示输入回路方程，它表明输入电压 v_{be} 由两个电压相加构成，其中一个是 $h_{ie}i_b$，表示输入电流 i_b 在 h_{ie} 上的压降；另外一个是 $h_{re}v_{ce}$，表示输出电压对输入回路的反作用，它是一个受控电压源；由此画出等效电路，如图 3.5.2 所示。

式(3.5.2)表示输出回路方程，它表明输出电流 i_c 由两个并联支路的电流相加构成，一个是由基流控制的受控电流源的 $h_{fe}i_b$，另一个是由输出电压加在输出电阻 $\dfrac{1}{h_{oe}}$ 上引起的电流 $\dfrac{v_{ce}}{1/h_{oe}} = h_{oe} \cdot v_{ce}$。这就得到了三极管的 H 参数小信号模型——三极管线性模型。

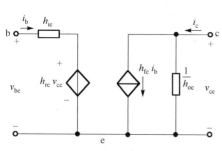

图 3.5.2　三极管小信号等效模型

等效电路的简化。由于 H 参数的数量级一般为

$$[h_\text{e}] = \begin{bmatrix} h_\text{ie} & h_\text{re} \\ h_\text{fe} & h_\text{oe} \end{bmatrix} = \begin{bmatrix} r_\text{be} & \mu_\text{r} \\ \beta & \dfrac{1}{r_\text{ce}} \end{bmatrix} = \begin{bmatrix} 10^3\,\Omega & 10^{-3} \sim 10^{-4} \\ 10^2 & 10^{-5}\,\text{s} \end{bmatrix} \tag{3.5.3}$$

从具体数字来看，h_oe、h_re 相对而言是很小的，常常可以把 h_oe、h_re 忽略掉，这在工程计算上不会带来显著的误差。同时采用习惯符号 r_be 代替 h_ie，β 代替 h_fe；这样等效电路简化为图 3.5.3。

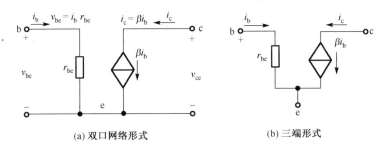

(a) 双口网络形式　　　　　　　　　　(b) 三端形式

图 3.5.3　三极管的简化小信号模型

3. 等效电路运用的注意事项

(1) $h_\text{fe} i_\text{b}$ 是一个受控电流源，它的大小和方向都受 i_b 控制。当 i_b 流入基极时，受控源 $h_\text{fe} \cdot i_\text{b}$ 方向是由集电极流向发射极。当 i_b 流出基极时，受控源 $h_\text{fe} \cdot i_\text{b}$ 方向是由发射极流向集电极。

(2) 小信号模型讨论的只是变化量，所以不能利用小信号模型来求静态工作点或利用它来计算某一时间的电压、电流总值。

4. H 参数的确定

通常 r_be 估算公式如下：

$$r_\text{be} = r_\text{bb'} + (1+\beta)\frac{26(\text{mV})}{I_\text{E}(\text{mA})} = 200 + (1+\beta)\frac{26(\text{mV})}{I_\text{E}(\text{mA})} \tag{3.5.4}$$

因为 $I_\text{E}(\text{mA})$ 由静态工作点确定，所以小信号模型参数计算的是静态工作点处的值。

3.5.3　用 H 参数等效电路分析基本共射放大电路

1. 小信号模型法分析步骤

(1) 确定静态工作点；估算 Q 点的微变参数 r_be，该微变参数反映了 Q 点附近的工作状态。

(2) 画小信号模型。

① 画出交流通路。

② 在交流通路上定出三极管的三个电极 b、c、e，用 H 参数线性模型表示三极管。

③ 放大电路常用正弦波作为输入信号电压，所以等效电路采用复数符号标出各电压和电流。

(3) 求解电压放大倍数、输入电阻和输出电阻。

用小信号模型法分析图 3.3.2 所示基本共射放大电路的动态指标电压放大倍数、输入电阻和输出电阻。

分析过程如下，其交流通路和小信号模型如图 3.5.4 所示。

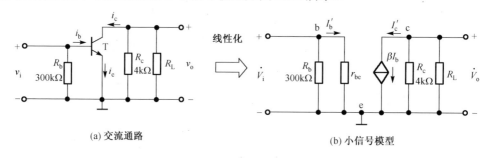

(a) 交流通路　　　　　　　　　　　　　　　　　(b) 小信号模型

图 3.5.4　基本共射放大电路的动态分析

2. 求电压放大倍数 $\dot{A}_v$

画出放大电路的小信号模型后，三极管非线性电路转化为线性电路，这样一来就可以用解线性电路的方法进行求解了。那么从何处入手呢？根据电压放大倍数的定义有

$$\dot{A}_v = \frac{\dot{V}_o}{\dot{V}_i} \tag{3.5.5}$$

只要在输入回路中求出 $\dot{V}_i$ 的表达式，然后在输出回路中求出 $\dot{V}_o$ 的表达式即可。

$$\dot{V}_i = \dot{I}_b \cdot r_{be} \tag{3.5.6}$$

$$\dot{V}_o = -\dot{I}_c \cdot (R_c /\!/ R_L) = \beta \dot{I}_b (R_c /\!/ R_L) \tag{3.5.7}$$

因为三极管是电流控制器件，它将用输入基极电流控制输出回路的集电极电流；$\dot{V}_i$ 和 $\dot{V}_o$ 表达式中都有 $\dot{I}_b$，$\dot{I}_b$ 是联系输入输出回路的纽带。求解的最终目的不是求 $\dot{V}_i$ 和 $\dot{V}_o$ 而是求 $\dot{A}_v$。

$$\dot{A}_v = \frac{\dot{V}_o}{\dot{V}_i} = -\frac{\beta \dot{I}_b (R_c /\!/ R_L)}{\dot{I}_b r_{be}} = -\frac{\beta (R_c /\!/ R_L)}{r_{be}} = -\frac{\beta R_L'}{r_{be}} \tag{3.5.8}$$

式中，$R_c /\!/ R_L = R_L'$。

$$\dot{A}_v = -\frac{40 \times (4 /\!/ 4)}{0.87} \approx -92$$

电压放大倍数带有一个负号，表示输出电压与输入电压反相。可以看出，求解 $\dot{A}_v$ 的关键在于找出一个在输入和输出回路中起纽带作用的量——$\dot{I}_b$。

3. 求输入电阻 R_i 和输出电阻 R_o

放大电路不是独立的，从电子系统来看它是和其他电路联系在一起的，例如，它的输入端要连接信号源，输出端常与下级电路连在一起或直接连接负载，这样就必然要讨论它们之间的相互联系与影响，由此提出了放大器的输入电阻和输出电阻的概念，输入电阻 R_i 和输出电阻 R_o 是放大电路进行动态分析的下一个指标。

什么是输入电阻呢？当输入信号电压(信号源及其内阻)加到放大器输入端时，放大器就相当于信号源的一个负载电阻，这个负载电阻就是放大器本身的输入电阻。从图 3.5.5 上来看它相当于从放大器输入端 1、1′ 二点向右边看进去的等效电阻。

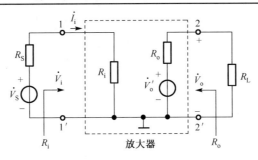

图 3.5.5 放大电路输入输出电阻示意图

输入电阻定义为

$$R_i = \frac{\dot{V}_i}{\dot{I}_i} \tag{3.5.9}$$

输入电阻的意义如图 3.5.5 所示，信号源电压通过电阻串联分压得到输入电压 $\dot{V}_i$

$$\dot{V}_i = \frac{R_i}{R_i + R_s} \dot{V}_s \tag{3.5.10}$$

从式 (3.5.10) 可知，由于 R_i 和 R_s 的存在，加到放大器的信号幅度比 $\dot{V}_s$ 要小，R_i 越大，$\dot{V}_i$ 越接近 $\dot{V}_s$，所以在实际电路中，R_i 越大越好。从而可以得出结论：输入电阻 R_i 是衡量放大器向信号源索取信号电压的能力，R_i 越大越好。如图 3.5.6 所示电路 R_i 为

$$R_i = \frac{\dot{V}_i}{\dot{I}_i} = R_b /\!/ r_{be} = 300 /\!/ 0.87 = 0.87 (\text{k}\Omega) \tag{3.5.11}$$

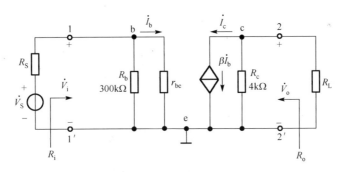

图 3.5.6 基本共射放大电路输入输出电阻示意图

什么是输出电阻？放大器对负载来说就是一个信号源 $\dot{V}_o'$，而该信号源的内阻就是放大器的输出电阻 R_o。

输出电阻的意义为

$$\dot{V}_o = \frac{R_L}{R_o + R_L} \dot{V}_o' \tag{3.5.12}$$

由于输出电阻的存在，加到负载上信号 $\dot{V}_o$ 幅度比 $\dot{V}_o'$ 要小，R_o 越小 $\dot{V}_o$ 越接近 $\dot{V}_o'$，在实际电路中，希望 R_o 越小越好。

R_o 是衡量放大器带负载的能力，R_o 越小，则放大器带负载的能力越强。这怎么理解呢？如果 R_L 很大 (通常可达几千欧) 那么 $\dot{V}_o$ 容易接近于 $\dot{V}_o'$，高电阻性负载容易带动；但若 R_L 很

小，只有几欧，如喇叭的电阻通常为 $8\,\Omega$ 或 $32\,\Omega$，若 R_o 为上千欧，结果会使喇叭上的信号电压很小，致使听不到声音。欲使低阻负载上得到较大的信号电压，就应尽可能降低输出电阻 R_o。

R_o 大，只能带动高阻负载；R_o 小，不仅能带动高阻负载还能带动低阻负载。所以，输出电阻 R_o 是衡量放大器带负载的能力。R_o 越小，放大器带负载的能力越强。

输出电阻的求解：信号源短路，$\dot{V}_s = 0$ 保留内阻 R_s，负载开路 $R_L = \infty$ 的条件下，在放大器的输出端输入电压 $\dot{V}$，在 $\dot{V}$ 的作用下，输出端电流为 $\dot{I}$，则输出电阻为

$$R_o = \left.\frac{\dot{V}}{\dot{I}}\right|_{\substack{\dot{V}_s=0保留R_s \\ R_L=\infty}} \tag{3.5.13}$$

对基本共射放大电路的小信号模型按上述要求变形为图 3.5.7。

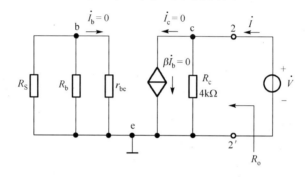

图 3.5.7　基本共射电路输出电阻求解示意图

$$R_o = \left.\frac{\dot{V}}{\dot{I}}\right|_{\substack{\dot{V}_s=0 \\ R_L=\infty}} = \frac{\dot{I}R_c}{\dot{I}} = R_c = 4\text{k}\Omega \tag{3.5.14}$$

4. 源电压放大倍数 $\dot{A}_{vs}$

$$\dot{A}_{vs} = \frac{\dot{V}_o}{\dot{V}_s} = \frac{\dot{V}_o}{\dot{V}_i} \cdot \frac{\dot{V}_i}{\dot{V}_s} = \dot{A}_v \cdot \frac{R_i}{R_i + R_s} = -92 \times \frac{0.87}{0.87 + 0.5} = -58.6 \tag{3.5.15}$$

结果由于信号源存在内阻 R_s，输入信号在 R_s 上要按损失掉一部分使放大器实际输入信号 $\dot{V}_i < \dot{V}_s$，从而使放大倍数下降，R_i 越大越好。

讨论：在以上讨论中，针对的是 NPN 管基本共射极放大电路，那么对 PNP 管小信号模型的电流和电压的方向是否要改变呢？不必改变！因为电流电压假定正向主要是针对直流而言的，而对于动态分析电流和电压只有交流分量；而交流的方向是变化的，所以不必刻意规定，但要注意受控电流源的方向要受 $\dot{i}_b$ 方向约束。若 $\dot{i}_b$ 流入基极，受控电流源方向从集电极流向发射极；若 $\dot{i}_b$ 流出基极，受控电流源方向从发射极流向集电极。

例 3.5.1　两个放大电路如图 3.5.8(a)、(b)所示。试分别画出其小信号模型，画出输出电阻电路；已知图 3.5.8(b) 电路的三极管小信号模型参数为 r_{be}, β，求图 3.5.8(b) 电路 $\dot{A}_v$，R_i，R_o 和 $\dot{A}_{vs}$。

解　画出交流通路如图 3.5.9(a)、(b)所示。

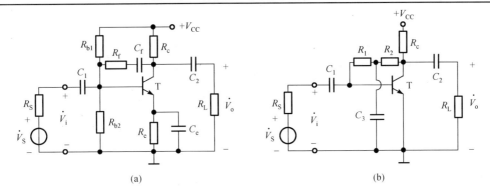

图 3.5.8　例 3.5.1 放大电路图

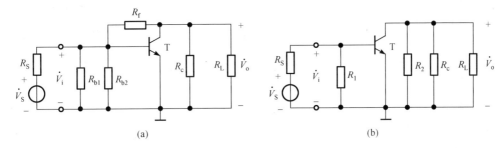

图 3.5.9　交流通路

画出小信号模型等效电路如图 3.5.10 所示。

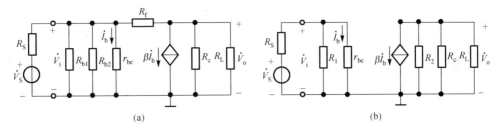

图 3.5.10　小信号模型

画出输出电阻电路如图 3.5.11 所示。

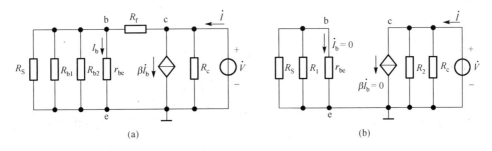

图 3.5.11　输出电阻求解电路

图 3.5.8(b) 电路的电压放大倍数

$$\dot{A}_V = \frac{\dot{V}_o}{\dot{V}_i}$$

$$\dot{V}_i = \dot{I}_b r_{be}$$

$$\dot{V}_o = -\dot{I}_c(R_2 /\!/ R_c /\!/ R_L) = -\beta \dot{I}_b(R_2 /\!/ R_c /\!/ R_L)$$

$$\dot{A}_V = \frac{\dot{V}_o}{\dot{V}_i} = -\frac{\beta(R_c /\!/ R_2 /\!/ R_L)}{r_{be}}$$

$$R_i = R_1 /\!/ r_{be}$$

$$R_o = R_2 /\!/ R_c$$

$$\dot{A}_{vs} = \frac{\dot{V}_o}{\dot{V}_s} = \frac{\dot{V}_o}{\dot{V}_i} \cdot \frac{\dot{V}_i}{\dot{V}_s} = \dot{A}_V \cdot \frac{R_i}{R_s + R_i} = -\frac{\beta(R_c /\!/ R_2 /\!/ R_L)}{r_{be}} \cdot \frac{R_i}{R_s + R_i}$$

可以得到 $\dot{A}_V = -\dfrac{\beta(R_c /\!/ R_2 /\!/ R_L)}{r_{be}}$，这说明放大倍数与电路参数 R_c 和 R_2 有关，与负载 R_L 有关，与 β 和 r_{be} 小信号模型参数有关。小信号模型参数是由工作点 Q 决定的，即 $\dot{A}_V$ 与 Q 有关，而且在前面图解法中，失真问题也与工作点 Q 有很大关系，所以一个合适的静态工作点 Q 对放大电路至关重要。

3.6　射极偏置放大电路

对于前面的基本共射极电路——固定偏流电路，它们的偏流 $I_B \approx \dfrac{V_{CC}}{R_b}$ 是由偏置电路提供的，电路的静态工作点往往是通过调节电阻 R_b 来获得的，若基极偏置电阻确定，则 I_B 固定，此电路优点是调试方便。但若更换管子或环境温度变化，将引起管子参数 β 变化，Q 点将会移动；若 Q 点移到不合适的位置(饱和或截止区)，将使放大电路无法正常工作。为此，要求直流通路不但能提供合适的 Q 点，而且在温度变化时能稳定 Q 点。

本节首先讨论环境温度对工作点的影响，然后介绍能够稳定工作点的射极偏置放大电路。

3.6.1　温度对工作点的影响

造成工作点不稳定的原因有很多，但最主要是由三极管的参数 I_{CBO}、V_{BE} 和 β 随温度变化造成的。因为温度 T 的变化将影响三极管内载流子运动，导致 I_{CBO}、V_{BE} 和 β 变化。

1. 温度对 I_{CBO} 的影响——主要针对锗管

I_{CBO} 对温度十分敏感，当温度 T 上升时，由于本征激发将在基区和集电区产生大量电子-空穴对，I_{CBO} 上升。理论和实验都证明，其规律为

$$I_{CBO} = I_{CBO(T_o = 25℃)} e^{\beta(T - T_o)}$$

而穿透电流 $I_{CEO} = (1 + \beta)I_{CBO}$ 就更大了，它对应于输出特性曲线上 $I_B = 0$ 的那一条曲线。由于 $I_C = \beta I_B + I_{CEO}$，所以温度 T 上升，将导致 I_{CEO} 上升，最终导致 I_C 上升。

2. 温度对 V_{BE} 影响——主要针对硅管

理论和实验都证明温度 T 升高，死区电压 V_{BE} 减小；其规律为

$$V_{BE} = V_{BE(T_o = 25℃)} - (T - T_o)2.2 \times 10^{-3}(V)$$

即三极管的发射结正向压降具有负的温度系数。对 Ge 管来说 V_{BE} 较小，可忽略它受温度的影响；而 Si 管 I_{CBO} 受 T 影响较小，所以对 Si 管来说主要是由于 V_{BE} 受 T 影响，导致 Q 点变化，$T\uparrow\rightarrow V_{BE}\downarrow$，$I_B\uparrow=\dfrac{V_{CC}-V_{BE}\downarrow}{R_b}$。

由于 $I_C=\beta I_B+I_{CEO}$，所以温度 T 上升，将导致 V_{BE} 减小，最终导致 I_C 上升。

3. T 对 β 的影响

理论和实验都证明温度 T 升高，将使 β 增大；从输出特性来看，温度 T 升高，特性曲线变稀疏。

由于 $I_C=\beta I_B+I_{CEO}$，所以温度 T 上升，将导致 β 增大，最终导致 I_C 上升。

综上所述：①当温度升高 $T\uparrow$ 时，$I_{CBO}\uparrow$，$V_{BE}\downarrow$，$\beta\uparrow$ 都会使 I_C 上升，因为 $I_C=\beta I_B+I_{CEO}$；②对 Si 管主要是 V_{BE} 和 β 的影响，对 Ge 管主要是 I_{CBO} 影响。

3.6.2　射极偏置电路静态分析

综上所述，三极管参数随温度变化对工作点的影响，最终都表现在使 I_C 增加。从这一现象出发，如果设计直流通路不但能提供合适的静态工作点位置；而且随温度 T 的上升，使 I_B 减小，这样可使 I_C 近似维持恒定，可起到稳定工作点作用，这就是射极偏置电路稳定静态工作点的基本指导思想。

基于稳定工作点的指导思想，可通过适当设计，固定基极电位 V_B；而使射极电位 V_E 随温度升高略有上升，结果使发射结外偏置电压 V_{BE} 减小，使 I_B 减小；$I_C\downarrow=\beta I_B$，从而起到稳定工作点作用。稳定 I_C 过程如下：

$$T\uparrow\rightarrow I_C\uparrow\rightarrow I_E\uparrow\rightarrow V_E\uparrow\xrightarrow{V_B\text{固定}} V_{BE}\downarrow=V_B-V_E\uparrow\rightarrow I_B\downarrow$$
$$I_C\downarrow\longleftarrow\hspace{7cm}\downarrow$$

但若加一恒压源在基极，则信号加不进电路中，如图 3.6.1 所示。

1. 电路组成

常用的射极偏置放大电路如图 3.6.2 所示。

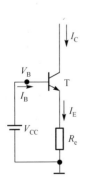

图 3.6.1　射极偏置电路稳定工作点原理

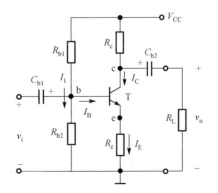

图 3.6.2　射极偏置放大电路

2. 静态工作点稳定的物理过程

在设计中要求 $I_1 \gg I_B$，只有这样才能确定基极电位 $V_B = \dfrac{R_{b2}}{R_{b1} + R_{b2}} V_{CC}$，在这种情况下，

$$\text{当 } T\uparrow \to I_C\uparrow \to I_E\uparrow \to I_E\uparrow R_e = V_E\uparrow \to V_{BE}\downarrow \overset{V_B \text{固定}}{=} V_B - V_E\uparrow$$

$$I_C\downarrow \longleftarrow I_B\downarrow$$

这就是稳定静态工作点（Q 点）的物理过程，即用输出回路的电量反过来影响输入回路的电量——称为回馈，射极偏置电路的回馈称为负反馈，将在第 7 章详细讲解。

3. 静态工作情况分析计算

用估算法，求静态工作点 $Q(I_B, I_C, V_{CE})$，射极偏置共射电路 I_B 不便于直接求出。

假定 $I_1 \gg I_B$ 条件满足，从 V_B 固定入手，再求 I_B。图 3.6.2 射极偏置放大电路的直流通路如图 3.6.3 所示。

$$V_B = \frac{R_{b2}}{R_{b1} + R_{b2}} V_{CC} \tag{3.6.1}$$

$$Q \begin{cases} I_C = I_E = \dfrac{V_B - V_{BE}}{R_e} \\[2mm] I_B = \dfrac{1}{\beta} I_C \\[2mm] V_{CE} = V_{CC} - I_C(R_c + R_e) \end{cases} \tag{3.6.2}$$

若 $I_1 \gg I_B$ 的条件不满足，应当如何分析静态情况呢？用戴维南定理求解，将图 3.6.3 改画成图 3.6.4(a) 的形式，其中图 3.6.3 是射极偏置共射放大电路的直流通路，图 3.6.4(a) 是从基极断开，对基极偏置回路用戴文宁定理进行变换，使基极偏置电路只具有一个网眼，以方便求解基极电流，图 3.6.4(b) 是变换后基极回路的等效电路。静态参数的计算方法如下。

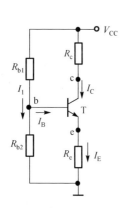

图 3.6.3　射极偏置共射放大电路直流通路

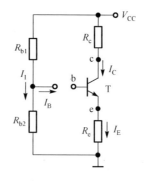
(a) 用戴维南定理变换基极回路

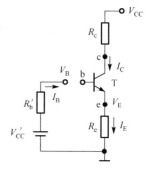
(b) 变换后的直流通路

图 3.6.4　直流通路的变换

根据戴维南定理变换得到的开路电压 V'_{CC} 和等效内阻 R'_b 分别为

$$V'_{CC} = \frac{R_{b2}}{R_{b1} + R_{b2}} V_{CC} \tag{3.6.3}$$

$$R'_b = \frac{R_{b1}R_{b2}}{R_{b1}+R_{b2}} \tag{3.6.4}$$

根据图 3.6.4(b)输入回路有

$$I_B = \frac{V'_{CC}-V_{BE}-V_E}{R'_b} = \frac{V'_{CC}-V_{BE}-I_E R_e}{R'_b} \tag{3.6.5}$$

$$I_B = \frac{V'_{CC}-V_{BE}-I_B(1+\beta)R_e}{R'_b} = \frac{V'_{CC}-V_{BE}}{R'_b+(1+\beta)R_e} \tag{3.6.6}$$

输出回路有

$$V_{CE} = V_{CC}-I_C R_c - I_E R_e \approx V_{CC}-I_C(R_c+R_e) \tag{3.6.7}$$

首先采用式(3.6.3)计算 V'_{CC}，随后通过式(3.6.6)计算 I_B，然后通过 $I_C = \beta I_B$ 计算出 I_C，最后通过式(3.6.7)计算出管压降 V_{CE}。

3.6.3 射极偏置电路动态分析

首先计算三极管输入电阻

$$r_{be} = 200+(1+\beta)\frac{26(mV)}{I_E(mA)} \quad (\Omega)$$

然后应用小信号模型分析法,图 3.6.2 射极偏置放大电路的小信号模型等效电路如图 3.6.5 所示。

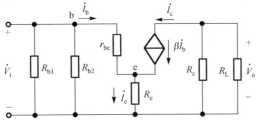

图 3.6.5 射极偏置放大电路小信号模型等效电路

放大电路是双口网络,交流通路绘制中,应重点掌握"地"的画法,即直流电源等于交流地。

1. 电压放大倍数的计算

$$\dot{A}_V = \frac{\dot{V}_o}{\dot{V}_i}$$

$$\dot{V}_i = \dot{I}_b r_{be} + \dot{I}_e R_e = \dot{I}_b[r_{be}+(1+\beta)R_e]$$

$$\dot{V}_o = -\dot{I}_c(R_c//R_L) = -\beta\dot{I}_b(R_c//R_L)$$

$$\dot{A}_V = \frac{\dot{V}_o}{\dot{V}_i} = -\frac{\beta(R_c//R_L)}{r_{be}+(1+\beta)R_e} = -\frac{\beta R'_L}{r_{be}+(1+\beta)R_e} \tag{3.6.8}$$

与基本共射放大电路 $\dot{A}_V = -\dfrac{\beta R'_L}{r_{be}}$ 相比,射极偏置电路的电压放大倍数有所降低,所以射极偏置电路是以牺牲电压放大倍数来稳定 Q 点的。

有没有什么办法既能稳定静态工作点 Q（直流通路），又不降低电压放大倍数 $\dot{A}_\text{V}$（交流通路）呢？解决方法是在射极电阻 R_e 两端并联一个大电容 C_e。在直流通路中，C_e 开路，R_e 稳定工作点；在交流通路中 R_e 被 C_e 交流短路，$\dot{A}_\text{V}$ 公式与基本共射放大电路完全相同。

2. 电阻的折合计算法

在射极偏置共射电路的基极电流计算中

$$I_\text{B} = \frac{V'_\text{CC} - V_\text{BE}}{R'_\text{b} + (1+\beta)R_\text{e}}$$

表明，分母中的 $(1+\beta)R_\text{e}$ 的物理概念可以用电阻的折算来理解。可以将 R_e 乘以 $(1+\beta)$ 折算到基极回路，是因为基极电流是 I_B，发射极电流是 I_E；为了保证基极电流流过 R_e 产生的电压降与 I_E 流过时一样，所以要将 R_e 乘以 $(1+\beta)$。这是放大电路中经常使用的电阻折合的概念，将发射极回路的电阻折合到基极回路，要乘以 $(1+\beta)$；将电阻从基极回路折合到发射极回路要除以 $(1+\beta)$。

同理，在电压放大倍数的计算中，求得 $\dot{V}_\text{i} = \dot{i}_\text{b} r_\text{be} + \dot{i}_\text{e} R_\text{e} = \dot{i}_\text{b}[r_\text{be} + (1+\beta)R_\text{e}]$。

发射极电路的电阻折合到基极回路应乘以 $(1+\beta)$ 倍。这是因为若将射极电阻 R_e 折算到基极回路，为保持电阻 R_e 两端压降不变，电流减小为 $\dot{i}_\text{b}$（即减小 $(1+\beta)$ 倍），则电阻要增大 $(1+\beta)$ 倍，即折合为 $(1+\beta)R_\text{e}$。

同理可得，若将基极电阻 r_be 折算到射极回路，为保持 r_be 两端压降不变，电流增大 $(1+\beta)$ 倍，电阻应减小 $(1+\beta)$ 倍，即折合为 $\dfrac{r_\text{be}}{1+\beta}$。

3. 求输入电阻 R_i

首先从基极电阻的左边向右看求 R'_i

$$R'_\text{i} = \frac{\dot{V}_\text{i}}{\dot{i}_\text{b}} = r_\text{be} + (1+\beta)R_\text{e}$$

输入电阻为

$$R_\text{i} = R_\text{b1} // R_\text{b2} // [r_\text{be} + (1+\beta)R_\text{e}]$$

加入 R_e 后使输入电阻提高了，增强了放大器向信号源索取电压的能力，改善了放大电路的特性。

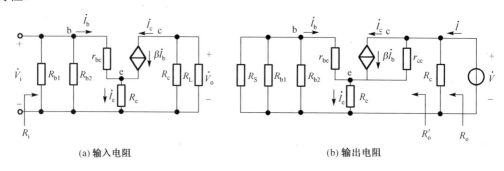

图 3.6.6　射极偏置放大电路输入电阻和输出电阻求解电路

4. 输出电阻 R_{o}

画 R_{o} 求解电路，$\dot{V}_{s}$ 短路保留内阻 R_{s}，负载开路 $R_{L}=\infty$，在输出端加电压 $\dot{V}$，由此 $\dot{V}$ 产生电流 $\dot{I}$；将微变参数 r_{ce} 考虑进去。

先求 $R_{o}' = \dfrac{\dot{V}}{\dot{I}_{c}}$。

输入回路方程

$$\dot{I}_{b}(r_{be} + R_{s}//R_{b1}//R_{b2}) + (\dot{I}_{b} + \dot{I}_{c})R_{e} = 0 \qquad (3.6.9)$$

输出回路方程

$$\dot{V} - (\dot{I}_{c} - \beta\dot{I}_{b})r_{ce} - (\dot{I}_{b} + \dot{I}_{c})R_{e} = 0 \qquad (3.6.10)$$

由式(3.6.9)得出

$$\dot{I}_{b} = -\frac{R_{e}}{r_{be} + R_{s}//R_{b1}//R_{b2} + R_{e}}\dot{I}_{c} \qquad (3.6.11)$$

将式(3.6.11)代入式(3.6.10)得 $\dot{V} = \dot{I}_{c}\left[r_{ce} + R_{e} + \dfrac{R_{e}}{r_{be} + R_{s}//R_{b1}//R_{b2} + R_{e}}(\beta r_{ce} - R_{e}) \right]$

由于 $r_{ce} \gg R_{e}$，故 $\dot{V} = \dot{I}_{c}r_{ce}\left[1 + \dfrac{\beta R_{e}}{r_{be} + R_{s}//R_{b1}//R_{b2} + R_{e}} \right]$。

$$R_{o}' = \frac{\dot{V}}{\dot{I}_{c}} = r_{ce}\left(1 + \frac{\beta R_{e}}{r_{be} + R_{s}//R_{b1}//R_{b2} + R_{e}} \right) \qquad (3.6.12)$$

一般在几百千欧到兆欧，电阻值很大。式(3.6.12)是三极管电流源的等效内阻，在后面分析电流源时要使用。

输出电阻为

$$R_{o} = R_{o}'//R_{c} = R_{c} \qquad (3.6.13)$$

例 3.6.1　如图 3.6.7 所示的偏置电路中，热敏电阻 R_{t} 具有负温度系数，问能否起到稳定工作点的作用。

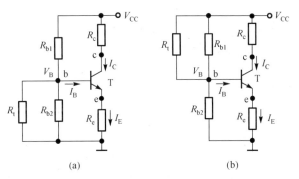

图 3.6.7　偏置电路

解　图 3.6.7(a)

$$T\uparrow \to R_{t}\downarrow \to R_{t}//R_{b2}\downarrow \to V_{B}\downarrow \to V_{BE}\downarrow \to I_{B}\downarrow$$
$$\searrow\ I_{C}\uparrow \Leftrightarrow I_{C}\downarrow \longleftarrow$$

I_{C} 恒定，能稳定静态工作点。

图 3.6.7 (b)

$$T \uparrow \to R_{\mathrm{t}} \downarrow \to R_{\mathrm{t}}//R_{\mathrm{b1}} \downarrow \to V_{\mathrm{B}} \uparrow \to V_{\mathrm{BE}} \to I_{\mathrm{B}} \uparrow$$
$$\searrow I_{\mathrm{C}} \uparrow \Leftrightarrow I_{\mathrm{C}} \uparrow \longleftarrow$$

I_{C} 急剧增大，不能稳定静态工作点。

3.7　共集电极电路

若单级放大电路从基极输入，从射极输出，该电路称为共集电极放大电路；从射极输出又称为射极跟随器或射极跟随器。共集电极电路由于输入电阻大，输出电阻小，在实际中得到了广泛的应用，常用于阻抗变换、输入级和输出级。

3.7.1　电路组成

交流信号从基极输入，从射极输出；交流信号输入输出的公共端是集电极。从电路图看，它把基本共射的集电极电阻移到发射极。

该电路发射结正偏，集电结反偏；且交流信号能够顺畅地输入输出，满足放大的基本条件。

3.7.2　静态分析

估算法求解 Q，直流通路中有

$$V_{\mathrm{CC}} = I_{\mathrm{B}}R_{\mathrm{b}} + V_{\mathrm{BE}} + I_{\mathrm{E}}R_{\mathrm{e}} = I_{\mathrm{B}}R_{\mathrm{b}} + V_{\mathrm{BE}} + (1+\beta)I_{\mathrm{B}}R_{\mathrm{e}} \tag{3.7.1}$$

$$Q \begin{cases} I_{\mathrm{B}} = \dfrac{V_{\mathrm{CC}} - V_{\mathrm{BE}}}{R_{\mathrm{b}} + (1+\beta)R_{\mathrm{e}}} \approx \dfrac{V_{\mathrm{CC}}}{R_{\mathrm{b}} + (1+\beta)R_{\mathrm{e}}} \\ I_{\mathrm{C}} = \beta I_{\mathrm{B}} \\ V_{\mathrm{CE}} = V_{\mathrm{CC}} - I_{\mathrm{E}}R_{\mathrm{e}} = V_{\mathrm{CC}} - I_{\mathrm{C}}R_{\mathrm{e}} \end{cases} \tag{3.7.2}$$

3.7.3　动态分析

低频小信号模型法求解 $\dot{A}_{\mathrm{V}}$、R_{i} 和 R_{o}，有

$$r_{\mathrm{be}} = 200 + (1+\beta)\frac{26(\mathrm{mV})}{I_{\mathrm{E}}(\mathrm{mA})}(\Omega)$$

图 3.7.1 放大电路的交流通路及低频小信号模型等效电路如图 3.7.2 所示。

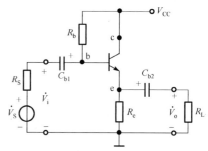

图 3.7.1　共集电极放大电路

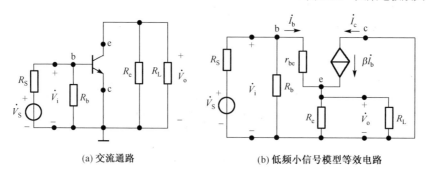

(a) 交流通路　　　　　　　　(b) 低频小信号模型等效电路

图 3.7.2　共集电极放大电路动态分析

1. 电压放大倍数

$$\dot{A}_V = \frac{\dot{V}_o}{\dot{V}_i}$$

$$\dot{V}_i = \dot{I}_b r_{be} + (1+\beta)\dot{I}_b (R_e // R_L)$$

$$= \dot{I}_b [r_{be} + (1+\beta)(R_e // R_L)]$$

$$\dot{V}_o = (1+\beta)\dot{I}_b (R_e // R_L)$$

$$\dot{A}_V = \frac{\dot{V}_o}{\dot{V}_i} = \frac{(1+\beta)(R_e // R_L)}{r_{be} + (1+\beta)(R_e // R_L)} = \frac{(1+\beta)R_L'}{r_{be} + (1+\beta)R_L'} < 1 \tag{3.7.3}$$

式中，

$$R_e // R_L = R_L' \tag{3.7.4}$$

一般 $(1+\beta)R_L' \gg r_{be}$，所以共集电极电路的电压放大倍数接近于 1，而略小于 1；而且 $\dot{A}_V$ 为正，说明它的输入电压和输出电压是同相的；因此共集电极电路常称为射极跟随器，它的输出电压 $\dot{V}_o$ 的大小和相位跟随输入电压 $\dot{V}_i$ 变化，具有电压跟随作用。

2. 输入电阻和输出电阻

输入电阻

$$R_i' = \frac{\dot{V}_i}{\dot{I}_b} = \frac{\dot{I}_b [r_{be} + (1+\beta)R_L']}{\dot{I}_b} = r_{be} + (1+\beta)R_L' \tag{3.7.5}$$

$$R_i = R_b // R_i' = R_b // [r_{be} + (1+\beta)R_L'] \tag{3.7.6}$$

共集电极电路的输入电阻为 $10^5 \sim 10^6 \Omega$ 量级，而基本共射输入电阻 $R_i = R_b // r_{be}$ 约为 $10^3 \Omega$ 量级。所以与基本共射放大电路相比较，射极跟随器的输入电阻比较高。

将图 3.7.3(b) 求解输出电阻电路改画于图 3.7.4 中。

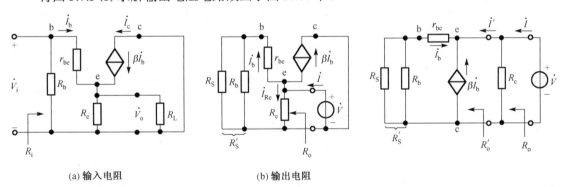

(a) 输入电阻   (b) 输出电阻

图 3.7.3 共集电极放大电路输入输出电阻分析   图 3.7.4 共集电极电路输出电阻

输出电阻

$$R_o' = \frac{\dot{V}}{\dot{I}'} = \frac{\dot{V}}{-\dot{I}_b(1+\beta)}$$

$$\dot{V} = -\dot{I}_b [r_{be} + (R_s // R_b)]$$

$$R_o' = \frac{r_{be} + R_s // R_b}{1+\beta} \tag{3.7.7}$$

$$R_o = R_o' /\!/ R_e = R_e /\!/ \frac{r_{be} + R_s /\!/ R_b}{1 + \beta} \tag{3.7.8}$$

输出电阻很低，仅有十几欧到几十欧；若想进一步降低输出电阻，应选 β 较大的三极管。

综上所述，射极跟随器的特点：电压放大倍数小于 1，而略等于 1；输出电压与输入电压同相；输入电阻高，输出电阻低。

鉴于共集电路具有以上优点，它在实际中得到广泛的应用，①由于其输入电阻高，说明该放大器向信号源索取信号电压能力强，同时放大器对信号源索取的电流较小，如果将射极跟随器用做多级放大器的输入级，可以提高测量的精度。②由于其输出电阻低，说明放大器带负载的能力强，所以射极跟随器常常用在多级放大器的输出级，以提高多级放大器的负载能力。③由于它同时具备输入电阻高和输出电阻低的特点，它可作为多级放大器的隔离级，实现阻抗变换，如对于多级放大器前后级匹配不当的电路，直接相接将大大影响其电压放大倍数，如在这两级电路中间加一级射极跟随器，由于它的输入电阻高，在与前级电路相连后，使前级放大倍数提高；由于它的输出电阻很低，在与后级电路相连后，使后级电路的电压放大倍数提高。④虽然它不具备电压放大作用，但它具有电流放大作用，以及功率放大作用。

3.7.4　自举放大电路

在微弱信号检测及高精度电子测量仪器中，为了提高测量精度往往要求前放电路有足够高的输入电阻。如何进一步提高射极跟随器的输入电阻呢？

根据射极跟随器的输入电阻表达式 $R_i = R_b /\!/ R_i'$，可见要想提高 R_i，必须从两个方面考虑，一是提高 R_i'；另一个是提高偏置电阻 R_b。

(1)提高 R_i'。因为 $R_i' = r_{be} + (1 + \beta)R_L'$，所以要想提高 R_i'，最有效的办法是提高晶体管的 β，即采用复合管作为放大管，其 $\beta \approx \beta_1 \cdot \beta_2$。

(2)提高偏置电阻 R_b。减小 R_b 对信号的分流作用，若采取措施消除 R_b 的影响，输入电阻就可增加到 $R_i = r_{be} + (1 + \beta)R_L'$。为了达到这个目的产生了带自举电路的射极跟随器。

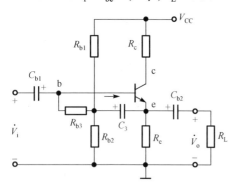

图 3.7.5　采取自举电路的射极跟随器

自举电路的射极跟随器如图 3.7.5 所示，不但采用分压电阻 R_{b1} 和 R_{b2}，还引进了附加电阻 R_{b3} 和电容 C_3。C_3 的数值很大，在信号频率范围内可视为短路。

这时 R_{b3} 的下端，实际上相当于接到电路的射极，即输出端上；R_{b3} 的上端则与输入端(基极)相连；由于射极跟随器的输出电压和输入电压的相位相同，幅值接近相等，所以 R_{b3} 两端的电位几乎相等，流过 R_{b3} 的电流 I_{Rb3} 很小。既然，R_{b3} 支路从信号源吸取的电流非常小，那么就是说 R_{b3} 支路的等效阻值 R_{b3}' 相对变大了。$R_{b3}' \gg [r_{be} + (1 + \beta)R_L']$，这样，消除 R_b 对 R_i 的影响，使 $R_i = r_{be} + (1 + \beta)R_L'$。

为何称为自举电路呢？因为电路 $\dot{A}_V < 1$，所以当输入端 $\dot{V}_i \uparrow \rightarrow \dot{V}_o \uparrow$，输入输出端之间接有一反馈电阻 R_{b3}，该电阻又把输出端电压变化传给输入 $\dot{V}_i \uparrow \rightarrow \dot{V}_o \uparrow \rightarrow \dot{V}_i \uparrow \rightarrow \dot{V}_o \uparrow$，这样有一个正反馈过程，好像总想把自己"抬举"起来，欲使 $\dot{A}_V > 1$，所以称它为自举电路。值得注意的是：自举电路往往加在射极跟随器中，因为它的电压放大倍数很低。

3.8 共基极放大电路

前面介绍的射极偏置电路，信号是从基极输入，集电极输出。如果从射极输入信号，从集电极输出信号，则电路的组态发生了变化，这就是共基组态。共基电路由于它的输入电阻极低，在低频电路中较少使用；但由于共基电路的频率特性好，常用于高频放大器和宽带放大器。

3.8.1 电路组成

共基极放大电路如图 3.8.1 所示。

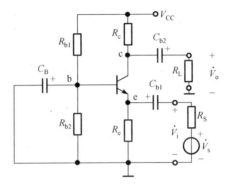

图 3.8.1 共基极放大电路

3.8.2 静态分析

估算法求解静态工作点 Q，由于其直流通路与射极偏置电路完全相同，所以静态工作点 Q 与射极偏置电路相同。

$$Q\begin{cases} I_C = \dfrac{V_B - V_{BE}}{R_e} \\[2mm] I_B = \dfrac{I_C}{\beta} \\[2mm] V_{CE} = V_{CC} - I_C(R_c + R_e) \end{cases} \tag{3.8.1}$$

3.8.3 动态分析

低频小信号模型分析法求解 $\dot{A}_V$、R_i 和 R_o。

三极管的输入电阻

$$r_{be} = 200 + (1 + \beta)\frac{26(mV)}{I_E(mA)}(\Omega)$$

画低频小信号模型等效电路，如图 3.8.2(b) 所示。

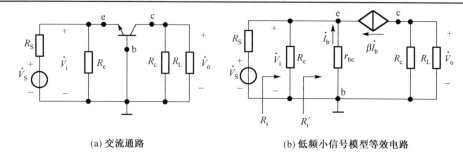

(a) 交流通路　　　　　　　　　　　　(b) 低频小信号模型等效电路

图 3.8.2　共基极放大电路动态分析

1. 电压放大倍数

$$\dot{A}_V = \frac{\dot{V}_o}{\dot{V}_i}$$

$$\dot{V}_i = -\dot{I}_b r_{be}$$

$$\dot{V}_o = -\beta \dot{I}_b (R_c /\!/ R_L)$$

$$\dot{A}_V = \frac{\beta(R_c /\!/ R_L)}{r_{be}} = \frac{\beta R_L'}{r_{be}} \tag{3.8.2}$$

与基本共射放大电路相比少了一个负号，说明共基极电路是同相放大器。

2. 输入电阻和输出电阻

输入电阻 R_i 为

$$R_i' = \frac{\dot{V}_i}{-\dot{I}_e} = \frac{\dot{I}_b r_{be}}{-(1+\beta)\dot{I}_b} = \frac{r_{be}}{1+\beta} \tag{3.8.3}$$

$$R_i = R_e /\!/ R_i' \approx \frac{r_{be}}{1+\beta} \tag{3.8.4}$$

这是因为 $R_e \gg R_i$。共基极电路输入电阻 R_i 通常只有几欧到十几欧，共基极电路就是因为这个致命的缺点，限制了它在低频放大电路中的使用。

输出电阻 R_o 求解电路如图 3.8.3 所示。

$$R_o' = \infty \tag{3.8.5}$$

$$R_o = R_o' /\!/ R_c = R_c \tag{3.8.6}$$

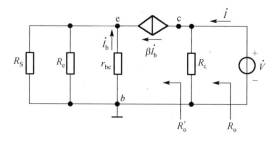

图 3.8.3　共基输出电阻求解电路

3.8.4　三种组态放大电路的比较

三极管三种组态的基本放大电路及它们的静态分析和动态分析结果总结如表 3.8.1 所示。

表 3.8.1　放大电路三种基本组态性能比较

电路组态	基本共射放大电路	射极偏置共射放大电路	共集电极放大电路	共基极放大电路
电路图				
静态工作点	$I_B = \dfrac{V_{CC}-V_{BE}}{R_b}$ $I_C = \beta I_B$ $V_{CE} = V_{CC} - I_C R_c$	$I_C = I_E = \dfrac{V_B - V_{BE}}{R_e}$ $I_B = \dfrac{1}{\beta}I_C$ $V_{CE} = V_{CC} - I_C(R_c + R_e)$	$I_B = \dfrac{V_{CC}-V_{BE}}{R_b+(1+\beta)R_e}$ $I_C = \beta I_B$ $V_{CE} = V_{CC} - I_E R_e = V_{CC} - I_C R_e$	$I_C = I_E = \dfrac{V_B - V_{BE}}{R_e}$ $I_B = \dfrac{1}{\beta}I_C$ $V_{CE} = V_{CC} - I_C(R_c + R_e)$
电压放大倍数	$\dot{A}_v = -\dfrac{\beta(R_c//R_L)}{r_{be}}$ （高）	$\dot{A}_v = -\dfrac{\beta(R_c//R_L)}{r_{be}+(1+\beta)R_e}$ （高）	$\dot{A}_v = \dfrac{(1+\beta)R_L'}{r_{be}+(1+\beta)R_L'}$ （低）	$\dot{A}_v = \dfrac{\beta(R_c//R_L)}{r_{be}}$ （高）
输入电阻	$R_i = R_b // r_{be}$	$R_i = R_{b1}//R_{b2}[r_{be}+(1+\beta)R_e]$	$R_i = R_b//[r_{be}+(1+\beta)R_L']$ （高）	$R_i = R_e//R_i' = \dfrac{r_{be}}{1+\beta}$ （低）
输出电阻	$R_o = R_c$ （较高）	$R_o = R_c$ （较高）	$R_o = R_e//\dfrac{r_{be}+R_S//R_b}{1+\beta}$ （低）	$R_o = R_c$ （较高）
用途	中间放大级	中间放大级	输入级、输出级和隔离级	高频电路和宽带放大器

3.9 多级放大电路

3.9.1 多级放大电路的耦合方式

单个晶体管构成的放大电路称为单级放大电路。在实际应用中，往往对放大电路的性能提出更高的要求，要同时具备较高输入阻抗、较低输出阻抗和较大的电压及电流的放大倍数，任何单级放大电路都达不到要求。为了解决这些问题，常将多个单级放大电路串联而构成多级放大电路。

各级放大电路之间、与信号源和负载之间的连接方式称为耦合方式。耦合方式通常有直接耦合、阻容耦合、变压器耦合和光电耦合。

1. 直接耦合

直接耦合方式的电路前、后级直接通过导线连接，不论交流信号还是直流信号都能传送到输出端，具有良好的低频特性；另外，由于电路中不存在大电容和电感，适合将整个电路制作在硅片上，便于集成，因而直接耦合电路的应用越来越广泛。图 3.9.1 均为直接耦合放大电路。

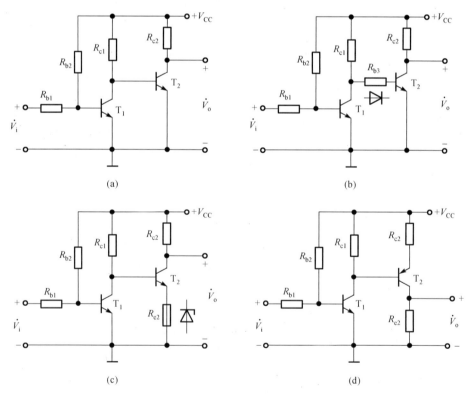

图 3.9.1 直接耦合放大电路及改进电路

在图 3.9.1(a)中，T_1 管的集电极直接和 T_2 管的基极相连，电路的静态设置就会产生下列问题：T_1 管集电极电位受 T_2 管 be 结导通后箝位的影响，使得 T_1 管集电极电位限制在 0.7V 左右，T_1 管工作在接近饱和区，容易产生饱和失真，$\dot{V}_c$ 的动态输出范围很小。为了提高 T_1 管集电极电位，可以在 T_1 管集电极和 T_2 管基极之间接入电阻，如图 3.9.1(b) 所示；也可以在 T_2 管发射极加入电阻，提升 T_2 管发射极电位，抬高 T_1 管集电极电位，如图 3.9.1(c) 所示。上述两种方法虽然解决了电路的静态设置问题，但由于所加入电阻的影响从而会使电路的电压放大倍数下降。为了兼顾静态工作点和电压放大倍数，可以用二极管或稳压管来代替电阻。在第 2 章的学习中可以知道，当二极管导通或稳压管被击穿时，直流状态等效一个直流电源，而交流状态等效的动态电阻很小，从而对电压放大倍数的影响较小。

图 3.9.1(b)、(c) 虽然解决了 T_1 管的静态工作点的问题，但在放大状态时，T_1 管集电极电位高于 T_1 管基极电位，而 T_2 管集电极电位又高于 T_2 管基极电位，使得三极管基极电位逐级抬高，而由于电源电压的限制使得基极电位不能无限制提高，从而使得多级放大电路的实现困难。要解决这个问题可采用图 3.9.1(d) 的电路，后级电路采用 PNP 管，此时 PNP 管的集电极电位低于基极电位。

直接耦合电路的静态工作点各级互相影响，Q 点参数调试困难；尤其需要注意的是，直接耦合方式存在严重的零点漂移的问题：前级电路 Q 的参数的微小变化，通过电路的逐级放大而在输出端产生较大的干扰信号。最常见的温度对 Q 点的影响所产生零点漂移——被称为温漂。为了解决这一问题而采用的差分放大电路将在后面介绍。

2. 阻容耦合

阻容耦合方式就是将前一级电路的输出通过电容连接到后一级的输入。图 3.9.2 为阻容耦合方式的放大电路。

阻容耦合方式的放大电路由于前后两级电路通过电容连接，使得两级电路的直流信号互相隔离，从而克服了直接耦合方式下的温漂问题。而且由于各级 Q 点独立，各级 Q 点可以单独计算，电路静态设计、调试比较方便。

但阻容耦合方式由于级与级之间存在耦合电容，变化缓慢的信号不能通过，低频特性较差。同样由于大的耦合电容存在，不利于集成，构成集成电路，适合利用分立元器件构成的电路。由于集成电路的高速发展和广泛应用，阻容耦合方式采用越来越少。

3. 变压器耦合

众所周知，通过变压器能够利用磁路将交流信号从原边传送到副边，因而可以用变压器进行前后两级电路耦合，同样也能够用变压器在放大电路和输出及输入和放大电路之间进行耦合。图 3.9.3 为一个变压器耦合的放大电路。

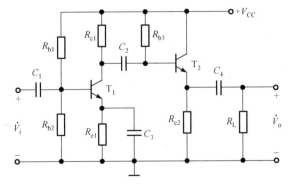

图 3.9.2　阻容耦合放大电路

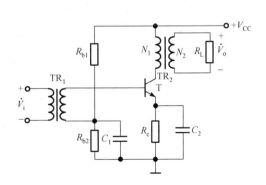

图 3.9.3　变压器耦合放大电路

　　变压器耦合方式可以隔离前后两级间的直流信号，使得各级之间的静态工作点相互独立，利于电路的分析、设计和调试，但是低频特性差，不能放大变化缓慢的信号；另外由于变压器中存在着笨重的铁心，所以不能集成，应用范围受到限制，一般用于大功率信号的放大和高频信号的放大。变压器耦合的一个最大的特点：可以进行阻抗变换，利于负载匹配电路，得到最大的输出功率。

　　图 3.9.4 为变压器阻抗变换的示意图。假设变压器为理想变压器，匝数比为 n，忽略变压器交流等效内阻。变压器满足下面公式：

$$\frac{\dot{V}_1}{\dot{V}_2} = \frac{\dot{I}_2}{\dot{I}_1} = \frac{N_1}{N_2} = n$$

由此可得

$$\frac{\dot{V}_1}{\dot{I}_1} = n^2 \cdot \frac{\dot{V}_2}{\dot{I}_2} = n^2 R_{\mathrm{L}}$$

因而从原边看进去的等效负载为

$$R'_{\mathrm{L}} = n^2 \cdot R_{\mathrm{L}}$$

　　这样通过变压器，只要选择合适的匝数比 n 就可以将副边的实际负载变换为原边合适数值大小的等效负载。根据所需的电压放大倍数，可选择合适的匝数比，使负载电阻上获得足够大的电压。当负载匹配合适时，负载可以获得足够大的功率。

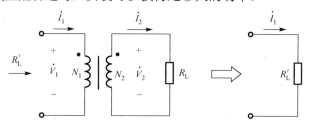

图 3.9.4　变压器阻抗变换

3.9.2　多级放大电路静态分析

　　例 3.9.1　如图 3.9.5(a) 的电路为直接耦合放大电路，求各级放大电路的 Q 点参数。

　　解　由于直接耦合方式各级 Q 点互相影响，各级不能独立计算，分析时应从最易计算的参数开始。图 3.9.5(b) 为直流通路。

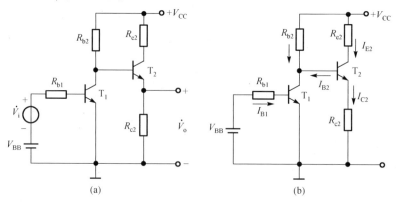

图 3.9.5　直接耦合放大电路

$$\begin{cases} V_{BB} = I_{B1}R_{b1} + V_{BE1} \\ V_{CC} - V_{C1} = (I_{C1} - I_{B2}) \cdot R_{b2} = (\beta_1 \cdot I_{B1} - I_{B2}) \cdot R_{b2} \\ V_{CC} - V_{C1} - V_{BE2} = I_{E2} \cdot R_{e2} = (1 + \beta_2)I_{B2} \cdot R_{e2} \end{cases} \tag{3.9.1}$$

由式 (3.9.1) 可以解出 I_{B1}、I_{B2} 和 V_{C1}，从而由式 (3.9.2) 得到 I_{C1}、I_{C2}、V_{CE1} 和 V_{CE2}，求解出 Q 点。

$$\begin{cases} I_{C1} = \beta_1 \cdot I_{B1} \\ I_{C2} = \beta_2 \cdot I_{B2} \\ V_{CE1} = V_{C1} \\ V_{CE1} = V_{CC} - I_{C2} \cdot R_{C2} - I_{E2} \cdot R_{e2} \approx V_{CC} - \beta_2 \cdot I_{B2} \cdot (R_{C2} + R_{e2}) \end{cases} \tag{3.9.2}$$

例 3.9.2　试分析图 3.9.2 所示电路，其中 $V_{CC} = 12\text{V}$，$R_{b1} = 84\text{k}\Omega$，$R_{b2} = 16\text{k}\Omega$，$R_{b3} = 570\text{k}\Omega$，$R_{c1} = 5.6\text{k}\Omega$，$R_{e1} = 1.2\text{k}\Omega$，$R_{e2} = 5.6\text{k}\Omega$，$R_L = 5.6\text{k}\Omega$，$\beta_1 = \beta_2 = 100$，$r_{bb'1} = r_{bb'2} = 100\Omega$。试估算 T_1 和 T_2 的 Q 点。

解　图 3.9.2 所示电路为阻容耦合电路，由于各级 Q 点独立，各级可以分别求解 Q 点。

T_1 的 Q 点计算：

$$V_{B1} \approx \frac{R_{b2}}{R_{b1} + R_{b2}} V_{CC} = 1.92\text{V}$$

$$V_{E1} = V_{B1} - V_{BE1} = 1.22\text{V}$$

$$I_{E1} = \frac{V_{E1}}{R_{e1}} \approx 1.02\text{mA}$$

$$V_{CE1} = V_{CC} - I_{C1} \cdot R_{c1} - I_{E1} \cdot R_{e1} \approx V_{CC} - (R_{c1} + R_{e1}) \cdot I_{E1} = 5.06\text{V}$$

T_2 的 Q 点计算：

$$V_{CC} = I_{B2} \cdot R_{b3} + V_{BE2} + I_{E2} \cdot R_{e2}$$

$$I_{B2} = \frac{V_{CC} - V_{BE2}}{R_{b2} + (1 + \beta_2)R_{e2}} \approx 0.01\text{mA}$$

$$I_{E2} \approx I_{C2} = \beta_2 \cdot I_{B2} = 1\text{mA}$$

$$V_{CE2} = V_{CC} - I_{E2} \cdot R_{e2} = 6.4\text{V}$$

3.9.3　多级放大电路动态分析

多级放大电路由一个以上的单元电路组合而成，也常称为组合单元放大器。多级放大电路小信号模型等效电路框图如图 3.9.6 所示。

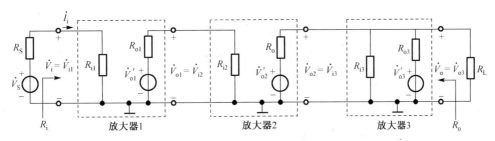

图 3.9.6　多级放大电路方框示意图

从图 3.9.6 可以得出多级放大器的特点。

(1) 第一级的输入信号 $\dot{V}_{i1}$ 就是总的输入信号 $\dot{V}_{i}$。

(2) 第二级的输入信号 $\dot{V}_{i2}$ 就是第一级的输出信号 $\dot{V}_{o1}$。

(3) 最后一级的输出信号 $\dot{V}_{o3}$ 就是总的输出信号 $\dot{V}_{o}$。

(4) 根据放大电路输入电阻的定义，多级放大器总的输入电阻就等于第一级的输入电阻，即

$$R_{i} = R_{i1} \tag{3.9.3}$$

(5) 根据放大电路输出电阻的定义，多级放大器总的输出电阻就等于末级的输出电阻，即

$$R_{o} = R_{o3} \tag{3.9.4}$$

(6) 多级放大器总的电压放大倍数等于各级电压放大倍数的乘积，即

$$\dot{A}_{v} = \frac{\dot{V}_{o}}{\dot{V}_{i}} = \frac{\dot{V}_{o3}}{\dot{V}_{o2}} \frac{\dot{V}_{o2}}{\dot{V}_{o1}} \frac{\dot{V}_{o1}}{\dot{V}_{i1}} = \dot{A}_{v3} \dot{A}_{v2} \dot{A}_{v1} \tag{3.9.5}$$

(7) 对于各单级放大器电压放大倍数 $\dot{A}_{vj}$ 的求解方法而言，因为每级放大器都接有负载(后级放大器)，故应将后级放大器的输入电阻 $R_{i,j+1}$ 作为本级的负载 R_{Lj}

$$R_{Lj} = R_{i,j+1} \tag{3.9.6}$$

例 3.9.3　试分析图 3.9.2(a) 多级放大电路的动态工作情况，求出 $\dot{A}_{V}$、R_{i} 和 R_{o}。

解　图 3.9.7 为电路的小信号模型等效电路。

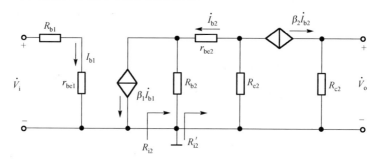

图 3.9.7　H 参数小信号模型等效电路

多级放大电路的电压放大倍数等于各单级放大电路电压放大倍数的乘积，但是要注意将后一级电路的输入电阻作为前一级的负载

$$\dot{A}_{v1} = \frac{-(1+\beta_1)\dot{I}_{b1} \cdot R_{i2}}{(R_{b1} + r_{be1})\dot{I}_{b1}} \approx -\frac{\beta_1 \cdot R_{i2}}{R_{b1} + r_{be1}}$$

从图 3.9.7 可得

$$R'_{i2} = \frac{-[\dot{I}_{b2} \cdot r_{be2} + (1+\beta_2)\dot{I}_{b2} \cdot R_{e2}]}{-\dot{I}_{b2}}$$

$$= r_{be2} + (1+\beta_2)R_{e2}$$

$$R_{i2} = R_{b2}/\!/R'_{i2}$$

$$\dot{A}_{v2} = \frac{\beta_2 \cdot \dot{I}_{b2} \cdot R_{c2}}{-[\dot{I}_{b2} \cdot r_{be2} + (1+\beta_2)\dot{I}_{b2} \cdot R_{e2}]} = -\frac{\beta_2 \cdot R_{c2}}{r_{be2} + (1+\beta_2)R_{e2}}$$

总电压放大倍数为

$$\dot{A}_v = \dot{A}_{v1} \cdot \dot{A}_{v2}$$

输入电阻为

$$R_i = R_{i1} = R_{b1} + r_{be1}$$

输出电阻为

$$R_o = R_{o2} = R_{c2}$$

例 3.9.4 两级放大电路如图 3.9.8 所示，已知 $\beta_1 = \beta_2 = 40$，$r_{be1} = 1.4\text{k}\Omega$，$r_{be2} = 0.9\text{k}\Omega$，试分别估算 R_L 接在 A 点和 B 点的电压放大倍数，并由计算结果说明射极跟随器的作用。

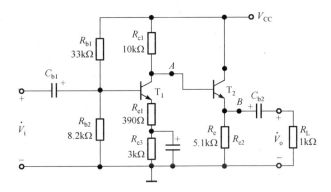

图 3.9.8 例 3.9.4 两级放大电路图

解 （1）当 R_L 接 A 点时，有

$$\dot{A}_V = -\frac{\beta_1 R_{L1}'}{r_{be1} + (1+\beta_1)R_{e1}} = -\frac{\beta_1(R_L/\!/R_{c1})}{r_{be1} + (1+\beta_1)R_{e1}} = -\frac{40 \times (1\text{k}\Omega/\!/10\text{k}\Omega)}{1.4\text{k}\Omega + (1+40) \times 0.39\text{k}\Omega} = -2.09$$

（2）当 R_L 接至 B 点时，有

$$\dot{A}_V = \dot{A}_{V1} \cdot \dot{A}_{V2}$$

$$\dot{A}_{V1} = -\frac{\beta_1 R_{L1}'}{r_{be1} + (1+\beta_1)R_{e1}} = -\frac{\beta_1\{R_{c1}/\!/[r_{be2} + (1+\beta_2)(R_{e2}/\!/R_L)]\}}{r_{be1} + (1+\beta_1)R_{e1}} = -18$$

$$R_{L1}' = R_{c1}/\!/[r_{be2} + (1+\beta_2)(R_{e2}/\!/R_L)] = 10\text{k}\Omega/\!/[0.9\text{k}\Omega + (1+40)(5.1\text{k}\Omega/\!/1\text{k}\Omega)] = 7.8\text{k}\Omega$$

$$\dot{A}_{V2} = \frac{(1+\beta_2)R_L'}{r_{be2} + (1+\beta_2)R_L'} = \frac{(1+40)(5.1\text{k}\Omega/\!/1\text{k}\Omega)}{0.9\text{k}\Omega + (1+40)(5.1\text{k}\Omega/\!/1\text{k}\Omega)} = 0.97$$

$$\dot{A}_V = \dot{A}_{V1} \cdot \dot{A}_{V2} = -17.5$$

（3）讨论：当 R_L 接至 A 点时，由于负载较小，放大倍数很小，这时负载 R_L 与放大器不匹配。

如将 R_L 接至 B 点，即采用射极跟随器作为输出级，由于射极输出电阻很小，带负载能力较强，即使负载电阻很小，其本身的放大倍数仍接近于 1，而且由于射极跟随器的输入电阻很大，使共射放大器的放大倍数比直接接 R_L 时大得多。

可见，射极跟随器本身虽然不能实现电压放大，但它具有阻抗变换作用，使前级放大倍数增大，所以适用于输出级，特别是负载电阻较小的情况。

本 章 小 结

本章介绍了三极管的放大工作原理和主要参数，三极管放大电路的基本概念，三种基本放大电路的组成和工作原理，共射极、共集电极和共基极放大电路的主要特点和参数。具体归纳如下。

(1)三极管是一种电流控制器件，由基极电流来控制集电极工作电流；为使三极管能够放大，内部结构应满足发射区重掺杂，基区轻掺杂，且基区很薄，集电区中等掺杂，且集电结的结面积远大于发射结的结面积；在外部偏置上应满足发射结正偏，集电结反偏。

(2)三极管放大电路对输入信号有效放大，是指通过电流控制作用，把电源的直流能量转化为交流能量输出，且输出信号不失真，而不是信号能量真正放大，因此三极管放大电路必须有合适的静态工作点才能保证信号不失真放大。

(3)图解法和等效电路分析法是分析放大电路的基本分析方法。放大器的静态图解分析是为了选择合适的静态工作点 Q，而放大器的动态图解分析则是为了分析放大器的非线性失真以及放大器的动态范围和工程计算。小信号模型分析法用于确定放大电路的动态性能指标 $\dot{A}_V$、R_i 和 R_o，在放大电路的交流通路中用小信号等效模型代替三极管，使得非线性电路线性化，注意受控电流源的方向；注意小信号模型的适用范围——微小的变化信号，它不能用于静态工作点的分析和电流电压总值的计算。分析放大电路应先"静"后"动"。

(4)三极管放大电路有三种组态：共发射极放大电路、共集电极放大电路和共基极放大电路；共发射极放大电路具有较大的电流、电压和功率放大作用，但其与前后级放大电路匹配不当易造成放大倍数下降；共集电极放大电路具有电流、功率放大作用，虽无电压放大作用，但由于其与前后级容易匹配，负载能力强，广泛应用于实际中；共基极放大电路有电压和功率放大作用，由于其输入电阻低，限制其应用，但其频率特性好，所以广泛应用于高频电路中。

(5)当环境温度发生变化时，将导致三极管集电极电流上升，引起静态工作点变化，可能使放大器产生饱和失真；解决办法：采用分压式电流负反馈偏置电路(射极偏置电路)。

(6)频率响应是放大电路的重要特性之一。由于电路中的电抗元件存在，低频段电压增益下降；由于三极管的极间电容的存在，高频段电压增益下降。为了描述频响特性常采用波特图，其关键参数有中频增益 $\dot{A}_{VM}$ 和中频相移 φ_M、下限截止频率 f_L、上限截止频率 f_H、通频带 BW。

习　题　3

客观检测题

一、填空题

1. 三极管处在放大区时，其＿＿＿＿＿＿＿电压小于零，＿＿＿＿＿＿＿电压大于零。

2. 三极管的发射区＿＿＿＿＿＿＿浓度很高，而基区很薄。

3. 在半导体中，温度变化时＿＿＿＿＿＿＿数载流子的数量变化较大，而＿＿＿＿＿＿＿数载流子的数量变化较小。

4. 三极管实现放大作用的内部条件：＿＿＿＿＿＿＿；外部条件：＿＿＿＿＿＿＿。

5. 处于放大状态的晶体管，集电极电流是＿＿＿＿＿＿＿子漂移运动形成的。

6. 工作在放大区的某三极管，如果当 I_B 从 12μA 增大到 22μA 时，I_C 从 1mA 变为 2mA，那么它的 β 约为＿＿＿＿＿＿＿。

7. 三极管的三个工作区域分别是＿＿＿＿＿＿＿、＿＿＿＿＿＿＿和＿＿＿＿＿＿＿。

8. 双极型三极管是指它内部的＿＿＿＿＿＿＿有两种。

9. 三极管工作在放大区时，它的发射结保持＿＿＿＿＿＿＿偏置，集电结保持＿＿＿＿＿＿＿偏置。

10. 某放大电路在负载开路时的输出电压为 5V，接入 12kΩ 的负载电阻后，输出电压降为 2.5V，这说明放大电路的输出电阻为＿＿＿＿＿＿＿kΩ。

11. 为了使高内阻信号源与低阻负载能很好地配合，可以在信号源与低阻负载间接入＿＿＿＿＿＿＿组态的放大电路。

12. 图题 12 画出了某单管共射放大电路中晶体管的输出特性和直流、交流负载线。由此可以得出：

(1) 电源电压 V_{CC} =＿＿＿＿＿＿＿；

(2) 静态集电极电流 I_{CQ} =＿＿＿＿＿＿＿；集电极电压 U_{CEQ} =＿＿＿＿＿＿＿；

(3) 集电极电阻 R_C =＿＿＿＿＿＿＿；负载电阻 R_L =＿＿＿＿＿＿＿；

(4) 晶体管的电流放大系数 β =＿＿＿＿＿＿＿，进一步计算可得电压放大倍数 A_v =＿＿＿＿＿＿＿（$r_{bb'}$ 取 200 Ω）；

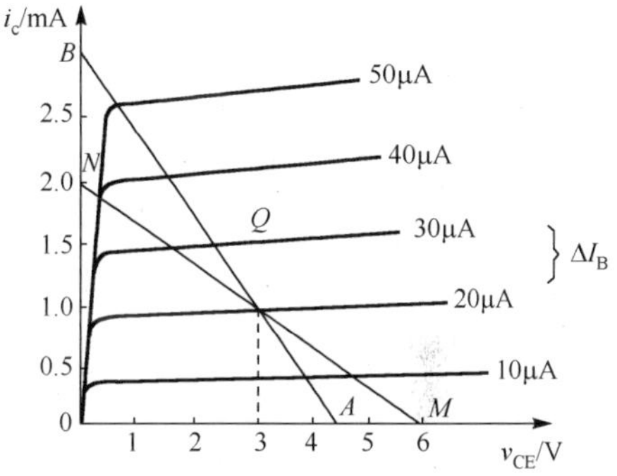

图题 12

(5) 放大电路最大不失真输出正弦电压有效值约为＿＿＿＿＿＿＿；

(6) 要使放大电路不失真，基极正弦电流的振幅度应小于＿＿＿＿＿＿＿。

13. 稳定静态工作点的常用方法有＿＿＿＿＿＿＿和＿＿＿＿＿＿＿。

14. 有两个放大倍数相同，输入电阻和输出电阻不同的放大电路 A 和 B，对同一个具有内阻的信号源电压进行放大。在负载开路的条件下，测得 A 放大器的输出电压小，这说明 A 的输入电阻＿＿＿＿＿＿＿。

15. 三极管的交流等效输入电阻随＿＿＿＿＿＿＿变化。

16. 共集电极放大电路的输入电阻很＿＿＿＿＿＿＿，输出电阻很＿＿＿＿＿＿＿。

17. 放大电路必须加上合适的直流＿＿＿＿＿＿＿才能正常工作。

18. ＿＿＿＿＿＿＿放大电路有功率放大作用。

19. ＿＿＿＿＿＿＿放大电路有电压放大作用。

20. ＿＿＿＿＿＿＿放大电路有电流放大作用。

21. 射极跟随器的输入电阻较＿＿＿＿＿＿＿，输出电阻较＿＿＿＿＿＿＿。

22. 射极跟随器的三个主要特点是＿＿＿＿＿＿＿、＿＿＿＿＿＿＿、＿＿＿＿＿＿＿。

23. "小信号模型等效电路"中的"小信号"是指＿＿＿＿＿＿＿。

24. 放大器的静态工作点由它的＿＿＿＿＿＿＿决定，而放大器的增益、输入电阻、输出电阻等由它的＿＿＿＿＿＿＿决定。

25. 图解法适合于＿＿＿＿＿＿＿，而等效电路法则适合于＿＿＿＿＿＿＿。

26. 放大器的放大倍数反映放大器＿＿＿＿＿＿＿能力；输入电阻反映放大器＿＿＿＿＿＿＿；而输出电阻则反映出放大器＿＿＿＿＿＿＿能力。

27. 对放大器的分析存在＿＿＿＿＿＿＿和＿＿＿＿＿＿＿两种状态，静态值在特性曲线上所对应的点称为＿＿＿＿＿＿＿。

28. 在单级共射放大电路中，如果输入为正弦波形，用示波器观察 V_O 和 V_I 的波形，则 V_O 和 V_I 的相位关系为＿＿＿＿＿＿＿；当为共集电极电路时，则 V_O 和 V_I 的相位关系为＿＿＿＿＿＿＿。

29. 在由 NPN 管组成的单管共射放大电路中,当 Q 点_____(太高或太低)时,将产生饱和失真,其输出电压的波形被削掉_____;当 Q 点_____(太高或太低)时,将产生截止失真,其输出电压的波形被削掉_____。

30. 单级共射放大电路产生截止失真的原因是_____,产生饱和失真的原因是_____。

31. NPN 三极管输出电压的底部失真都是_____失真。

32. PNP 三极管输出电压的_____部失真都是饱和失真。

33. 多级放大器各级之间的耦合连接方式一般情况下有_____,_____,_____。

34. BJT 三极管放大电路有_____、_____、_____三种组态。

35. 不论何种组态的放大电路,作放大用的三极管都工作于其输出特性曲线的放大区。因此,这种 BJT 接入电路时,总要使它的发射结保持_____偏置,它的集电结保持_____偏置。

36. 某三极管处于放大状态,三个电极 A、B、C 的电位分别为 –9V、–6V 和 –6.2V,则三极管的集电极是_____,基极是_____,发射极是_____。该三极管属于_____型,由_____半导体材料制成。

37. 电压跟随器指共_____极电路,其_____的放大倍数为1;电流跟随器指共_____极电路,指_____的放大倍数为1。

38. 温度对三极管的参数影响较大,当温度升高时,I_{CBO} _____,β _____,正向发射结电压 U_{BE} _____,P_M _____。

39. 当温度升高时,共发射极输入特性曲线将_____,输出特性曲线将_____,而且输出特性曲线之间的间隔将_____。

40. 放大器产生非线性失真的原因是_____。

41. 在图题 41 电路中,某一参数变化时,V_{CEQ} 的变化情况(a. 增加,b. 减小,c. 不变,将答案填入相应的空格内)。

(1) R_b 增加时,V_{CEQ} 将_____。

(2) R_c 减小时,V_{CEQ} 将_____。

(3) R_c 增加时,V_{CEQ} 将_____。

(4) R_S 增加时,V_{CEQ} 将_____。

(5) β 减小时(换管子),V_{CEQ} 将_____。

(6) 环境温度升高时,V_{CEQ} 将_____。

42. 在图题 41 电路中,当放大器处于放大状态下调整电路参数,试分析电路状态和性能的变化。(在相应的空格内填"增大"、"减小"或"基本不变"。)

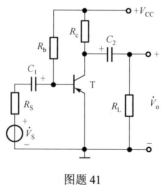

图题 41

(1) 若 R_b 阻值减小,则静态电流 I_B 将_____,V_{CE} 将_____,电压放大倍数 $|A_v|$ 将_____。

（2）若换一个 β 值较小的晶体管，则静态的 I_B 将_____，V_{CE} 将_____，电压放大倍数 $|A_v|$ 将_____。

（3）若 R_c 阻值增大，则静态电流 I_B 将_____，V_{CE} 将_____，电压放大倍数 $|A_v|$ 将_____。

43．放大器的频率特性表明放大器对_____适应程度。表征频率特性的主要指标是_____，_____和_____。

44．放大器的频率特性包括_____和_____两个方面，产生频率失真的原因是_____。

45．频率响应是指在输入正弦信号的情况下，_____。

46．放大器有两种不同性质的失真，分别是_____失真和_____失真。

47．幅频响应的通带和阻带的界限频率被称为_____。

48．阻容耦合放大电路加入不同频率的输入信号时，低频区电压增益下降的原因是存在_____；高频区电压增益下降的原因是存在_____。

49．单级阻容耦合放大电路加入频率为 f_H 和 f_L 的输入信号时，电压增益的幅值比中频时下降了_____dB，高、低频输出电压与中频时相比有附加相移，分别为_____和_____。

50．在单级阻容耦合放大电路的波特图中，幅频响应高频区的斜率为_____，幅频响应低频区的斜率为_____；附加相移高频区的斜率为_____，附加相移低频区的斜率为_____。

51．一个单级放大器的下限频率为 $f_L = 100\text{Hz}$，上限频率为 $f_H = 30\text{kHz}$，$\dot{A}_{VM} = 40\text{dB}$，如果输入一个 $15\sin(100,000\pi t)\text{ mV}$ 的正弦波信号，该输入信号频率为_____，该电路_____产生波形失真。

52．多级放大电路与组成它的各个单级放大电路相比，其通频带变_____，电压增益_____，高频区附加相移_____。

二、判断题

1．下列三极管均处于放大状态，试识别其管脚、判断其类型及材料，并简要说明理由。

（1）3.2V，5V，3V；

（2）–9V，–5V，–5.7V；

（3）2V，2.7V，6V；

（4）5V，1.2V，0.5V；

（5）9V，8.3V，4V；

（6）10V，9.3V，0V；

（7）5.6V，4.9V，12V；

（8）13V，12.8V，17V；

（9）6.7V，6V，9V。

2．判断三极管的工作状态和三极管的类型。

1 管：$V_B = -2\text{V}, V_E = -2.7\text{V}, V_C = 4\text{V}$；

2 管：$V_B = 6\text{V}, V_E = 5.3\text{V}, V_C = 5.5\text{V}$；

3 管：$V_B = -1\text{V}, V_E = -0.3\text{V}, V_C = 7\text{V}$。

3．图题 3 所列三极管中哪些一定处在放大区？

4．放大电路故障时，用万用表测得各点电位如图题 4 所示，三极管可能发生的故障是什么？

5．测得晶体管 3 个电极的静态电流分别为 0.06mA、3.66mA 和 3.6mA，则该管的 β（　　）。

①为 60　　②为 61　　③为 0.98　　④无法确定

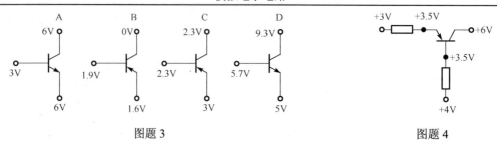

图题 3　　　　　　　　　　　　　　　　　　图题 4

6. 只用万用表判别晶体管 3 个电极，最先判别出的应是（　　）。

①e 极　　②b 极　　③c 极

7. 共发射极接法的晶体管，工作在放大状态下，对直流而言其（　　）。

①输入具有近似的恒压特性，而输出具有恒流特性

②输入和输出均具有近似的恒流特性

③输入和输出均具有近似的恒压特性

④输入具有近似的恒流特性，而输出具有恒压特性

8. 共发射极接法的晶体管，当基极与射极间为开路、短路、接电阻 R 时的 c,e 间的击穿电压分别用 $V_{(BR)CEO}$，$V_{(BR)CES}$ 和 $V_{(BR)CER}$ 表示，则它们之间的大小关系是（　　）。

①$V_{(BR)CEO} > V_{(BR)CES} > V_{(BR)CER}$

②$V_{(BR)CES} > V_{(BR)CER} > V_{(BR)CEO}$

③$V_{(BR)CER} > V_{(BR)CES} > V_{(BR)CEO}$

④$V_{(BR)CES} > V_{(BR)CEO} > V_{(BR)CER}$

9. 图题 9 所示电路中，用直流电压表测出 $V_{CE} \approx 0V$，有可能是因为（　　）。

A. R_b 开路　　　　B. R_c 短路　　　　C. R_b 过小　　　　D. β 过大

10. 测得电路中几个三极管的各极对地电压如图题 10 所示。试判断各三极管的工作状态。

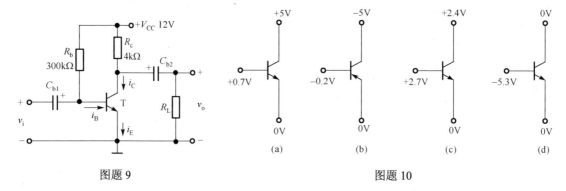

图题 9　　　　　　　　　　　　　　　　　　图题 10

11. 用万用表直流电压挡测得电路中晶体管各电极的对地电位，如图题 11 所示，试判断这些晶体管分别处于哪种工作状态（饱和、放大、截止或已损坏）？

12. 放大电路如图题 12 所示，对于射极电阻 R_e 的变化是否会影响电压放大倍数 A_v 和输入电阻 R_i 的问题，有三种不同看法，请指出哪一种是正确的？

甲：当 R_e 增大时，负反馈增强，因此 $|A_v| \downarrow$、$R_i \uparrow$。（　　）

乙：当 R_e 增大时，静态电流 I_C 减小，因此 $|A_v| \downarrow$、$R_i \uparrow$。（　　）

丙：因电容 C_e 对交流有旁路作用，所以 R_e 的变化对交流量不会有丝毫影响，因此，当 R_e 增大时，A_v 和 R_i 均无变化（　　）。

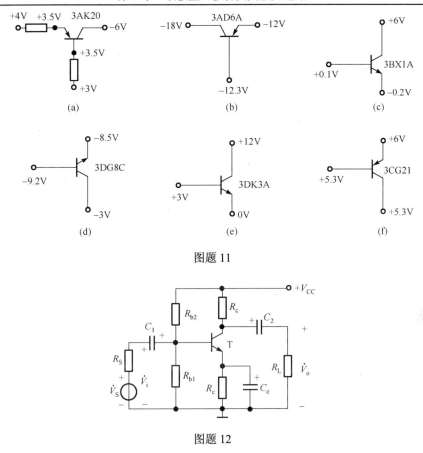

图题 11

图题 12

主观检测题

1．把一个晶体管接到电路中进行测量，当测量 $I_B = 6\mu A$时 ，则 $I_C = 0.4mA$ ，当测得 $I_B = 18\mu A$时，$I_C = 1.12mA$ ，问这个晶体管的 β 值是多少？I_{CBO}和I_{CEO} 各是多少？

2．根据图题 2 晶体三极管 3BX31A 和输出特性曲线，试求 Q 点处 $V_{CE} = 3V$ ， $I_C = 4mA$，$I_B = 150\mu A$的$\overline{\beta}$和β值，$\overline{\alpha}$和α值。

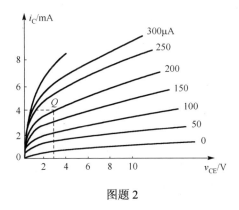

图题 2

3．硅三极管的 $\beta = 50$，I_{CBO} 可以忽略，若接为图题 3(a)，要求 $I_C = 2mA$ ，问 R_E 应为多大？现改接为图题 3(b)，仍要求 $I_C = 2mA$ ，问R_B 应为多大？

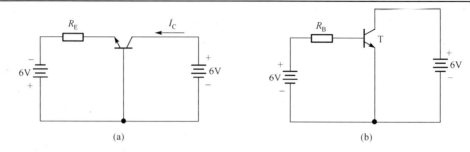

图题 3

4. 在晶体管放大电路中，测得三个晶体管的各个电极的电位如图题 4 所示，试判断各晶体管的类型（PNP 管还是 NPN 管，硅管还是锗管），并区分 e、b、c 三个电极。

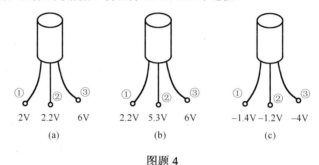

图题 4

5. 在某放大电路中，晶体管三个电极的电流如图题 5 所示，已测出 $I_1 = -1.2\text{mA}$，$I_2 = 0.03\text{mA}$，$I_3 = 1.23\text{mA}$，试判断 e、b、c 三个电极，该晶体管的类型（NPN 型还是 PNP 型）以及该晶体管的电流放大系数 $\bar{\beta}$。

6. 共发射极电路如图题 6 所示，晶体管 $\beta = 50, I_{CBO} = 4\mu\text{A}$，导通时 $V_{BE} = -0.2\text{V}$，问当开关分别接在 A、B、C 三处时，晶体管处于何种工作状态？集电极电流 I_C 为多少？设二极管 D 具有理想特性。

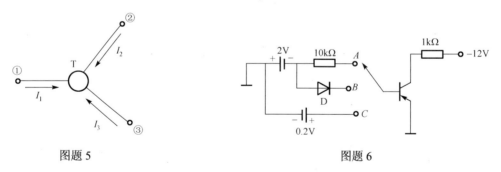

图题 5　　　　　　　　　　　　　图题 6

7. 图题 7 电路中，分别画出其直流通路和交流通路，试说明哪些能实现正常放大？哪些不能？为什么？（图中电容的容抗可忽略不计）

8. 一个如图题 8(a) 所示的共发射极放大电路中的晶体管具有如图题 8(b) 的输出特性，静态工作点 Q 和直流负载线已在图上标出。

(1) 确定 V_{CC}、R_c 和 R_b 的数值（设 V_{BE} 可以略去不计）；

(2) 若接入 $R_L = 6\text{k}\Omega$，画出交流负载线；

(3) 若输入电流 $i_b = 18\sin\omega t(\mu\text{A})$，在保证放大信号不失真的前提下，为尽可能减小直流损耗，应如何调整电路参数？调整后的元件数值可取为多大？

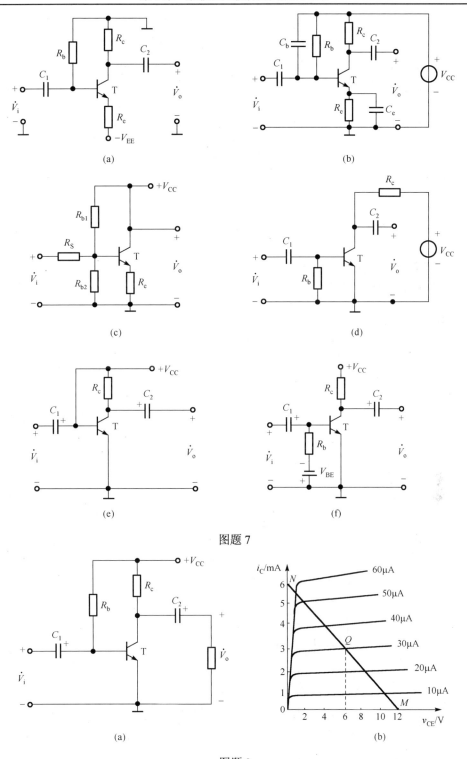

图题 7

图题 8

9．放大电路如图题 9(a)所示，其晶体管输出特性曲线如图题 9(b)所示，已知 $R_{b1} = 550k\Omega$，$R_c = 3k\Omega, R_L = 3k\Omega, V_{CC} = 24V, R_e = 0.5k\Omega, \beta = 100$ ，$V_{BE} = 0.7V$（各电容容抗可忽略不计）。

(1)计算静态工作点；

(2) 分别作出交直流负载线，并标出静态工作点 Q；

(3) 若基极电流分量 $i_b = 20\sin\omega t(\mu A)$，画出输出电压 v_o 的波形图，并求其幅值 V_{om}。

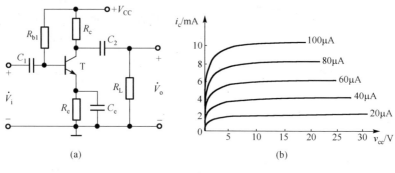

图题 9

10. 用示波器观察图题 10(a) 电路中的集电极电压波形时，如果出现图题 10(b) 所示的三种情况，试说明各是哪一种失真？应该调整哪些参数以及如何调整才能使这些失真分别得到改善？

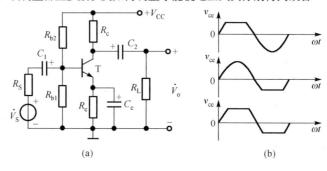

图题 10

11. 放大电路如图题 11(a) 所示，设 $R_b = 400\text{k}\Omega, R_c = 4\text{k}\Omega, V_{CC} = 20\text{V}, R_S = 0$，晶体管的输出特性曲线如图题 11(b) 所示，试用图解法求：

(1) 放大器的静态工作点 I_C ？$V_{CE} = $ ？

(2) 当放大器不接负载时（$R_L = \infty$），输入正弦信号，则最大不失真输出电压振幅 $V_{om} = $ ？

(3) 当接入负载电阻 $R_L = 4\text{k}\Omega$ 时，求最大不失真输出电压振幅 $V_{om} = $ ？

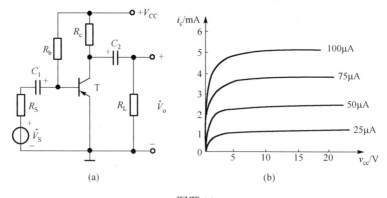

图题 11

12. 画出图题 12 中各电路的简化 H 参数等效电路，并标出 $\dot{i}_b$ 和 $\beta \dot{i}_b$ 的正方向(电路中各电容的容抗可不计)。

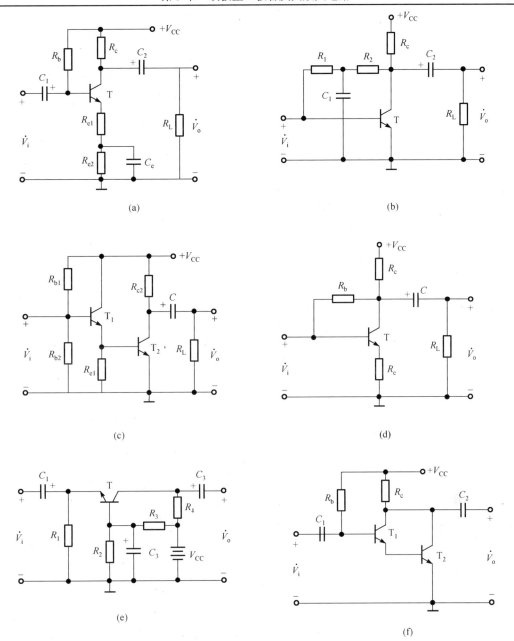

图题 12

13. 在图题 13 电路中设 $V_{CC} = 12V, R_c = R_L = 3k\Omega$，晶体管的 $\beta = 50, r_{bb'} = 300\Omega$，在计算 I_{BQ} 时可认为 $V_{BE} \approx 0$：

(1) 若 $R_b = 600k\Omega$，问这时的 $V_{CEQ} = ?$

(2) 在以上情况下，逐渐加大输入正弦信号的幅度，问放大器易出现何种失真？

(3) 若要求 $V_{CEQ} = 6V$，问这时的 $R_b = ?$

(4) 在 $V_{CEQ} = 6V$，加入 $|\dot{V}_i| = 5mV$ 的信号电压，问这时的 $|\dot{V}_o| = ?$

14. 电路如图题 14 所示，二极管和三极管均为硅管，其 PN 结正向压降均为 0.7V，设三极管的 $\beta = 50$，$r_{bb'} = 300\Omega$，二极管的动态电阻可以忽略不计，电容 C_1、C_2 对交流信号可视为短路。

(1)要使 $I_{CQ}=2mA$，R_b 应为多大？

(2)画出小信号等效电路；

(3)求电压增益 $\dot{A}_V$、输入电阻 R_i、输出电阻 R_o。

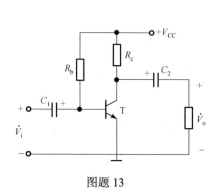

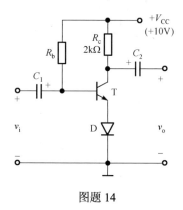

图题 13 　　　　　　　　　　　　　　　　　　图题 14

15．某射极输出器用一个恒流源来设置射极电流(图题 15)，已知晶体管的 $\beta=100$，$V_{BE}=0.7V$，$r_{bb'}=300\Omega$，$R_L=110\Omega$，电容 C_1、C_2 在交流通路中可视为短路。

(1)求静态时的 I_{CQ} 和 V_{CEQ}；

(2)求电路的输入电阻 R_i 和输出电阻 R_o；

(3)求源电压放大倍数 A_{vs}。

(提示：恒流源的特点是交流电阻极大，而直流电阻较小)

16．放大电路如图题 16 所示，已知 $V_{CC}=10V, R_{b1}=4k\Omega, R_{b2}=6k\Omega$，$R_e=3.3k\Omega$，$R_c=R_L=2k\Omega$，晶体管 β 为50，$r_{bb'}=100\Omega, V_{BE}=0.7V$，各电容的容抗均很小。

(1)求放大器的静态工作点 $Q(I_{CQ}=? V_{CEQ}=?)$；

(2)求 R_L 未接入时的电压放大倍数 A_v；

(3)求 R_L 接入后的电压放大倍数 A_v；

(4)若信号源有内阻 R_S，当 R_S 为多少时才能使此时的源电压放大倍数 $|A_{vs}|$ 降为 $|A_v|$ 的一半？

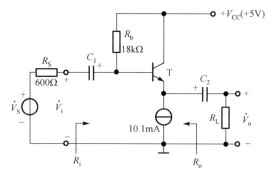

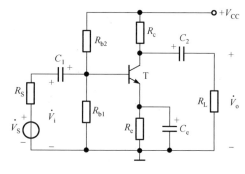

图题 15 　　　　　　　　　　　　　　　　　　图题 16

17．放大电路如图题 17 所示，$V_{CC}=12V$，$R_{b1}=15k\Omega, R_{b2}=45k\Omega$，$R_c=R_L=6k\Omega$，$R_{e1}=200\Omega$，$R_{e2}=2.2\Omega$，晶体管的 $\beta=50, r_{bb'}=300\Omega, V_{BE}=0.6V$，各电容容抗可以略去不计。

(1)估算静态工作点 $(I_{CQ}=? V_{CEQ}=?)$；

(2)画出其简化的 H 参数等效电路，并计算出电压放大倍数 A_v，输入电阻 R_i，输出电阻 R_o；

(3)设信号源内阻 $R_S=1k\Omega$，信号源电压 $|\dot{V}_S|=10mV$，计算输出电压 $|\dot{V}_o|$。

18．分压式偏置电路如图题 18 所示，设 $V_{CC}=12V, R_{b1}=15k\Omega, R_{b2}=105k\Omega$ ， $R_e=1k\Omega$ ， $R_c=5k\Omega$, $R_L=5k\Omega$ ，有六个同学在实验中用直流电压表测得三极管各级电压如表题 18 所示，试分析各电路的工作状态是否合适。若不适合，试分析可能出现了什么问题（如某元件开路或短路）。

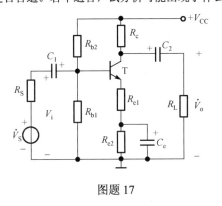 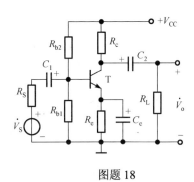

图题 17   图题 18

表题 18

组号	1	2	3	4	5	6
U_B/V	0	0.75	1.4	0	1.5	1.4
U_E/V	0	0	0.7	0	0	0.7
U_C/V	0	0.3	8.5	12	12	4.3
工作状态						
故障分析						

19．分压式偏置电路如图题 19(a)所示。其晶体管输出特性曲线如图题 19(b)所示，电路中元件参数 $R_{b1}=15k\Omega, R_{b2}=62k\Omega, R_c=3k\Omega, R_L=3k\Omega, V_{CC}=24V, R_e=1k\Omega$ ，晶体管的 $\beta=50, r_{bb'}=200\Omega$ ，饱和压降 $V_{CES}=0.7V, R_s=100\Omega$ 。

(1)估算静态工作点 Q；

(2)求最大输出电压幅值 V_{om}；

(3)计算放大器的 A_v 、 R_i 、 R_o 和 A_{vs}；

(4)若电路其他参数不变，问上偏流电阻 R_{b2} 为多大时， $V_{CE}=4V$？

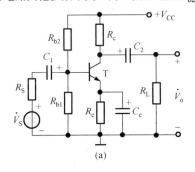 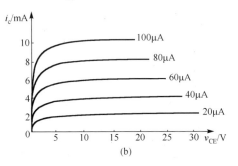

(a)   (b)

图题 19

20．基极分压式射极偏置电路如图题 20 所示：

(1)试说明该电路稳定静态工作点和交流信号的传输过程；

(2)画出该电路的微变等效电路图，对电路进行动态分析，求 $\dot{A}_v$ 、 R_i 和 R_o；

(3)说明旁路电容 C_4 的作用；若电容 C_4 开路，则电路的输出将出现什么变化？

21. 某射极跟随器用一个恒流源来设置射极电流(图题 21)，已知晶体管的 $\beta = 100$，$V_{BE} = 0.7V$，$r_{bb'} = 300\Omega$，电容 C_1、C_2 在交流通路中可视为短路。

(1) 求静态时的 I_{CQ} 和 V_{CEQ}；

(2) 求射极跟随器的输出电阻 R_o；

(3) 若 $R_L = \infty$，求输入电阻 R_i 和源电压放大倍数 A_{vs}；

(4) 若 $R_L = 110\Omega$，求输入电阻 R_i 和源电压放大倍数 A_{vs}。

(提示：恒流源的特点是交流电阻极大，而直流电阻较小)

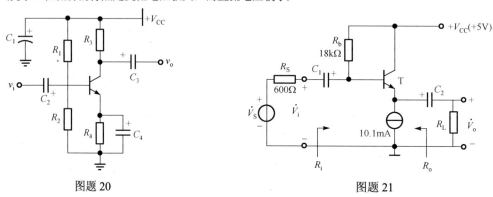

图题 20　　　　　　　　　　图题 21

22. 在图题 22 所示电路中，晶体管的 $\beta = 100, r_{bb'} = 0, V_{BE} = 0.7V, V_{CC} = 12V$，电容 C_1、C_2 和 C_3 都足够大。

(1) 求放大器静态工作点 I_{CQ}、I_{BQ}、V_{CEQ}；

(2) 求放大器电压放大倍数 $\dot{A}_{V1}$ 和 $\dot{A}_{V2}$；

(3) 求放大器输入电阻 R_i；

(4) 求放大器输出电阻 R_{o1}、R_{o2}。

23. 射极跟随器如图题 23 所示，已知 $\beta = 50$，晶体的饱和压降 V_{CES} 和穿透电流 I_{CEO} 在 R_L' 上的压降均可忽略不计。

(1) 求静态工作点；

(2) 求电压放大倍数；

(3) 求输入电阻和输出电阻。

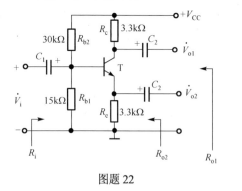
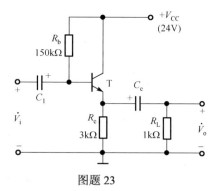

图题 22　　　　　　　　　　图题 23

24. 画出图题 24 所示电路的简化小信号等效电路，并计算当 $v_{i1} = v_{i2} = 100\sin \omega t (mV)$ 时的 $v_o = ?$ (图中各电容对交流信号可视为短路)

25. 电路如图题 25 所示。已知 $V_{CC} = 12V$, $R_b = 300k\Omega$, $R_{c1} = 3k\Omega$, $R_{e1} = 0.5k\Omega$, $R_{c2} = 1.5k\Omega$, $R_{e2} = 1.5k\Omega$,

晶体管的电流放大系数 $\beta_1 = \beta_2 = 60$，电路中的电容容量足够大。计算电路的静态工作点数值，以及输出信号分别从集电极输出及从发射极输出的两级放大电路的电压放大倍数。

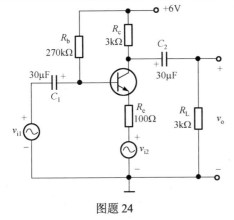
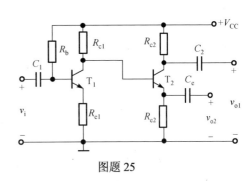

图题 24　　　　　　　　　　　图题 25

26. 设图题 26 所示电路静态工作点合适，请分析该电路，画出 H 参数等效电路，写出 A_V、R_i、R_o 的表达式。

27. 设图题 27 所示电路静态工作点合适，请分析该电路，画出 H 参数等效电路，写出 A_V、R_i、R_o 的表达式。

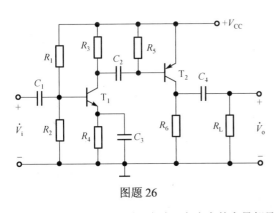
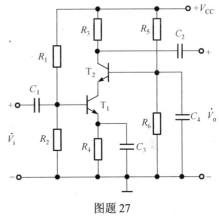

图题 26　　　　　　　　　　　图题 27

28. 分析图题 28 所示电路，各电容的容量都足够大。

(1) 画出该电路简化 H 参数微变等效电路；

(2) 写出静态时，I_{CQ1}、V_{CEQ1}、I_{CQ2}、V_{CEQ2} 表达式；

(3) 写出放大器输入电阻 R_i 和输出电阻 R_o 的计算公式；

(4) 写出放大倍数 A_{V1}、A_{V2}、A_V 和 A_{VS} 计算公式。

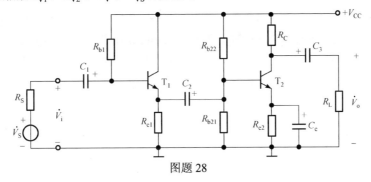

图题 28

第4章 场效应管及其放大电路

内容提要：本章将讲述场效应管的结构、工作原理，以及场效应三极管放大电路的构成、场效应管三种组态放大电路的基本分析方法和特性。

4.1 单极型晶体管概述

如前所述，双极型晶体三极管是两种载流子(多子和少子)同时参与导电的器件，故称为双极性器件，由于器件内部噪声主要由少子起伏造成，故双极型三极管的噪声较大；双极型三极管的控制作用表现为输入电流对输出电流的控制，它是一种电流控制器件；它的输入阻抗较低。

场效应管(Field Effect Transistor，FET)是利用电场效应来控制半导体中电流的一种半导体器件，故称为场效应管。场效应管是一种电压控制器件；场效应管只依靠一种载流子多子参与导电，故又称为单极型晶体管，不存在少子引起的起伏噪声；它的输入阻抗高达 $10^7 \sim 10^{15}\Omega$。与双极型三极管相比，它具有输入阻抗高、噪声小、热稳定性好、抗辐射能力强、功耗小、制造工艺简单和便于集成等优点。

场效应管的类型若从参与导电的载流子来划分，可分为电子作为载流子的 N 沟道器件和空穴作为载流子的 P 沟道器件；从场效应三极管的结构来划分，可分为结型场效应三极管 JFET(Junction Field Effect Transistor)和绝缘栅型场效应三极管 IGFET(Insulated Gated Field Effect Transistor)。IGFET 也称金属-氧化物-半导体三极管 MOSFET，简称 MOS(Metal Oxide Semiconductor)管。MOS 管性能更为优越，发展迅速，应用广泛。

4.2 结型场效应管

4.2.1 JFET 的结构

在一块 N 型半导体材料的两边各扩散一个高杂质浓度的 P+区，就形成两个不对称的 PN 结，即耗尽层。把两个 P+区并联在一起，引出一个电极 g，称为栅极(gate)，在 N 型半导体的两端各引出一个电极，分别称为源极 s(source)和漏极 d (drain)，如图 4.2.1 所示。夹在两个 PN 结中间的区域称为导电沟道(简称沟道)。同理，若在一块 P 型半导体的两边各扩散一个高杂质浓度的 N+区，就可以制成一个 P 沟道的结型场效应管。P 沟道结型场效应管的结构示意图和它在电路中的表示符号如图 4.2.2 所示。JFET 表示符号中栅极的箭头方向表示 PN 结正偏的方向。N 沟道和 P 沟道 JFET 工作原理相同，在以下的讨论中，仅以 N 沟道 JFET 为例。

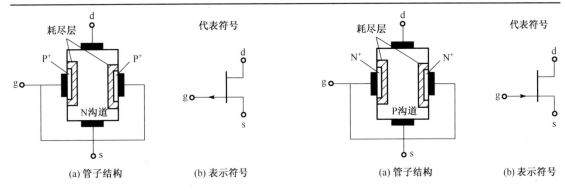

图 4.2.1　N 沟道 JFET 的结构和表示符号　　　　　图 4.2.2　P 沟道 JFET 的结构和表示符号

4.2.2　JFET 的工作原理

为使场效应管工作，应在其栅源之间施加反偏电压 v_{GS}，调节反偏栅源电压 v_{GS} 的大小，改变其导电沟道的宽度，实现对 JFET 导电能力的控制。

1. v_{GS} 对 i_D 的控制作用

为便于讨论，先假设漏源极间所加的电压 $v_{DS} = 0$，如图 4.2.3 所示。

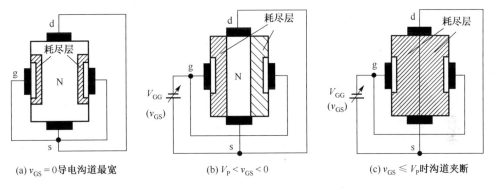

图 4.2.3　JFET 场效应管 v_{GS} 对沟道的控制（$v_{DS} = 0$）

（1）当 $v_{GS} = 0$ 时，沟道较宽，其电阻较小。

（2）当 $v_{GS} < 0$，且其 $|v_{GS}|$ 增加时，在这个反偏电压的作用下，两个 PN 结耗尽层将加宽。由于 N 区掺杂浓度小于 P+区，所以，耗尽层将主要向 N 沟道中扩展，使沟道变窄，沟道电阻增大。当 $|v_{GS}|$ 进一步增大到一定值 $|V_P|$ 时，两侧的耗尽层将在沟道中央合拢，沟道全部被夹断。由于耗尽层中没有载流子，所以这时漏源极间的电阻将趋于无穷大，即使加上一定的电压 v_{DS}，漏极电流 i_D 也将为零。这时的栅源电压 v_{GS} 称为夹断电压，用 V_P 表示，此时沟道全夹断。

所以栅源电压 v_{GS} 可以有效地控制沟道电阻的大小。若同时在漏源极间加上固定的正向电压 v_{DS}，则漏极电流 i_D 将受 v_{GS} 的控制，$|v_{GS}|$ 增大时，沟道电阻增大，i_D 减小。

2. v_{DS} 对 i_D 的影响

设 v_{GS} 值固定，且 $V_P < v_{GS} < 0$，如图 4.2.4 所示。

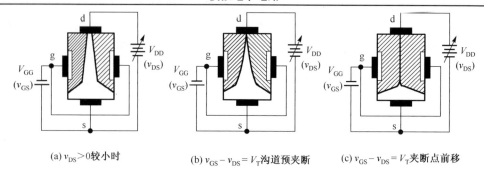

$$(a)\,v_{DS}>0较小时 \qquad (b)\,v_{GS}-v_{DS}=V_T沟道预夹断 \qquad (c)\,v_{GS}-v_{DS}=V_T夹断点前移$$

图 4.2.4　N 沟道 JFET 管 v_{DS} 对 i_D 的影响

(1)当漏源电压 v_{DS} 从零开始增大时,沟道中有电流 i_D 流过。

(2)在 v_{DS} 较小时,i_D 随 v_{DS} 增加而几乎呈线性地增加。v_{DS} 对 i_D 的影响应从两个角度来分析:一方面 v_{DS} 增加,沟道的电场强度增大,i_D 随着增加;另一方面,随着 v_{DS} 的增加,沟道的不均匀性增大,即沟道电阻增加,i_D 应该下降,但是在 v_{DS} 较小时,沟道的不均匀性不明显,在漏极附近的区域内沟道仍然较宽,即 v_{DS} 对沟道电阻影响不大,故 i_D 随 v_{DS} 增加而几乎呈线性地增加。

(3)随着 v_{DS} 的进一步增加,由于沟道存在一定的电阻,所以 i_D 沿沟道产生的电压降使沟道内各点的电位不再相等,漏极端电位最高,源极端电位最低。这就使栅极与沟道内各点间的电位差不再相等,其绝对值沿沟道从漏极到源极逐渐减小,在漏极端最大(为 $|V_{GD}|$),即加到该处 PN 结上的反偏电压最大,这使得沟道两侧的耗尽层从源极到漏极逐渐加宽,沟道宽度不再均匀,而呈楔形。这时,靠近漏极一端的 PN 结上承受的反向电压增大,此处的耗尽层相应变窄,沟道电阻相应增加,i_D 随 v_{DS} 上升的速度趋缓。

(4)当 v_{DS} 增加到 $v_{DS}=v_{GS}-V_P$,即 $V_{GD}=v_{GS}-v_{DS}=V_P$(夹断电压)时,漏极附近的耗尽层即在 A 点处合拢,这种状态称为预夹断。与前面讲过的整个沟道全被夹断不同,预夹断后,漏极电流 $i_D\neq0$。因为这时沟道仍然存在,沟道内的电场仍能使多数载流子(电子)作漂移运动,并被强电场拉向漏极。

(5)若 v_{DS} 继续增加,使 $v_{DS}>v_{GS}-V_P$,即 $V_{GD}<V_P$ 时,耗尽层合拢部分会有增加,即自 A 点向源极方向延伸,夹断区的电阻越来越大,但漏极电流 i_D 不随 v_{DS} 的增加而增加,基本上趋于饱和。因为这时夹断区电阻很大,v_{DS} 的增加量主要降落在夹断区电阻上,沟道电场强度增加不多,因而 i_D 基本不变。但当 v_{DS} 增加到大于某一极限值(用 $V_{(BR)DS}$ 表示)后,漏极一端 PN 结上反向电压将使 PN 结发生雪崩击穿,i_D 会急剧增加,所以正常工作时 v_{DS} 不能超过 $V_{(BR)DS}$。

综上所述,场效应管只有多数载流子参与导电,所以场效应管常称为单极型三极管。JFET 栅极与沟道间的 PN 结是反向偏置的,流过栅极的是 PN 结的反向漏流,因此 $i_G\approx0$,输入电阻很高。场效应管输出电流 i_D 受输入电压 v_{GS} 控制,它是电压控制电流器件。预夹断前 i_D 与 v_{DS} 呈近似线性关系;出现预夹断后,i_D 趋于饱和。对于 N 沟道结型场效应管工作时,v_{GS} 为负,电源为正电源;同理,P 沟道结型场效应管工作时,v_{GS} 为正,电源为负电源。

4.2.3　JFET 的特性曲线

由于场效应管的输入电流 $i_G\approx0$,讨论其输入特性没有意义,故场效应管的伏安特性用输出特性和转移特性描述。

1. 输出特性

输出特性描述当栅源电压$|v_{GS}| = C$为常量时，漏电流i_D与漏源电压v_{DS}之间的关系，即

$$i_D = f(v_{DS})|_{v_{GS}=C} \tag{4.2.1}$$

JFET 输出特性曲线如图 4.2.5(a)所示，图中分为四个工作区，即可变电阻区、饱和区、击穿区和截止区。

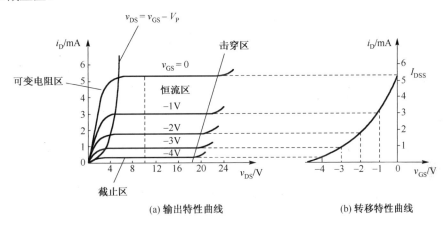

(a) 输出特性曲线   (b) 转移特性曲线

图 4.2.5 JFET 特性曲线

可变电阻区为满足$v_{DS} < v_{GS} - V_P$区域，图中虚线预夹断轨迹$v_{DS} = v_{GS} - V_P$的左侧，$|v_{GS}|$越小，沟道越宽，沟道电阻越小，曲线斜率越大。饱和区又称为恒流区，为满足$v_{DS} > v_{GS} - V_P$的区域，图中虚线预夹断轨迹的右侧，曲线近似为一组平行于横轴的直线，沟道出现预夹断后，将不再随v_{DS}的增大而增大；漏电流i_D受栅源电压v_{GS}的控制，此区域是场效应管的放大工作区，又称为线性工作区。击穿区的特点是，当v_{DS}增大到某一数值时，由于沟道中的电压过高，电场过强，耗尽区发生雪崩击穿，漏电流i_D急剧增大。截止区为$|v_{GS}| > V_P$区域，此区域沟道全夹断，$i_D \approx 0$，场效应管截止。

2. 转移特性

转移特性曲线描述当漏源电压$|v_{DS}| = C$为常量时，漏电流i_D与栅源电压v_{GS}之间的关系，即

$$i_D = f(v_{GS})|_{v_{DS}=C} \tag{4.2.2}$$

JFET 转移特性曲线如图 4.2.5(b)所示，由于输出特性和转移特性表述的是同一个物理特性，所以转移特性曲线可以由输出特性曲线用作图法求出，如图 4.2.5 所示。转移特性曲线与横轴的交点是 JFET 的夹断电压。

3. 电流方程

在饱和区内，i_D与v_{GS}的近似关系式为

$$i_D = I_{DSS}\left(1 - \frac{v_{GS}}{V_P}\right)^2 \qquad (V_P \leqslant v_{GS} \leqslant 0) \tag{4.2.3}$$

式中，I_{DSS}为$v_{GS} = 0$，$v_{DS} \geqslant |V_P|$时的漏电流，称为饱和漏极电流。

4.2.4　JFET 的主要参数

1. 夹断电压 V_P（或 $V_{GS(off)}$）

当 $v_{DS} = 0$ 时，在栅源之间施加电压 v_{GS} 使沟道全夹断，此时漏电流 $i_D \approx 0$，称 $v_{GS} = V_P$ 为夹断电压。测试方法为令 v_{DS} 为某一固定值（如 10V），使 i_D 等于一个微小电流（如 50μA）时，栅源之间所加的电压为夹断电压 V_P。

2. 饱和漏极电流 I_{DSS}

当 $v_{GS} = 0V$ 时，$v_{DS} \geq |V_P|$ 的漏极电流称为饱和漏极电流 I_{DSS}。测试方法为 $v_{DS} = 10V$，$v_{GS} = 0V$ 时，测出的 i_D 等于 I_{DSS}。I_{DSS} 是 JFET 输出的最大电流。

3. 低频跨导 g_m

当 v_{DS} 等于常数时，漏极电流的变化和栅源电压的变化之比称为低频跨导 g_m，即

$$g_m = \frac{\partial i_D}{\partial v_{GS}}\bigg|_{V_{DS}=C} \tag{4.2.4}$$

4. 输出电阻 r_d

当 v_{GS} 等于常数时，漏源电压的变化和漏极电流的变化之比称为输出电阻 r_d，即

$$r_d = \frac{\partial v_{DS}}{\partial i_D}\bigg|_{V_{GS}=C} \tag{4.2.5}$$

5. 直流输入电阻 R_{GS}

当漏源之间短路时，栅源电压和栅源电流之比称为直流输入电阻 R_{GS}，即

$$R_{GS} = \frac{V_{GS}}{I_{GS}} \tag{4.2.6}$$

6. 最大漏源电压 $V_{(BR)DS}$

JFET 发生击穿时对应的漏源电压称为最大漏源电压 $V_{(BR)DS}$。

7. 最大栅源电压 $V_{(BR)GS}$

当栅源电压增大，栅极与沟道的 PN 结反向击穿，栅极电流急剧上升时的栅源电压称为最大栅源电压 $V_{(BR)GS}$。

8. 最大漏极功耗 P_{DM}

JFET 的极限参数，当漏极功耗超过最大漏极功耗 P_{DM} 时，管子发热，温度过高导致器件损坏。

4.3　绝缘栅场效应管

结型场效应管的输入电阻虽然可达 $10^6 \sim 10^9 \Omega$，在使用中若要求输入电阻更高，仍不能满足要求。金属-氧化物-半导体场效应管（MOSFET）具有更高的输入电阻，可高达 $10^{15}\ \Omega$，且有

制造工艺简单、适于集成等优点。MOS 管也有 N 沟道和 P 沟道两类，而且每一类又分为增强型和耗尽型两种。增强型 MOS 管在 $v_{GS}=0$ 时，无导电沟道。而耗尽型 MOS 管在 $v_{GS}=0$ 时，已有导电沟道存在。

4.3.1　N 沟道增强型 MOSFET 的结构

在一块掺杂浓度较低的 P 型硅衬底上，扩散两个高掺杂浓度的 N+区，并用金属铝引出两个电极，分别作漏极 d 和源极 s。在半导体表面生长一层很薄的二氧化硅（SiO_2）绝缘层，在漏源极间的绝缘层上制作一个铝电极，称为栅极 g。在衬底上也引出一个电极 B，这就构成了一个 N 沟道增强型 MOS 管，简称增强型 NMOS 管。MOS 管的源极和衬底通常是接在一起的（大多数管子在出厂前已连接好）。由于它的栅极与其他电极间是绝缘的，常称为绝缘栅场效应管。

图 4.3.1（a）和（b）分别是增强型 NMOS 管的结构示意图和表示符号。表示符号中的箭头方向表示由 P（衬底）指向 N（沟道）。P 沟道增强型 MOS 管的箭头方向与上述相反，如图 4.3.1（c）所示。

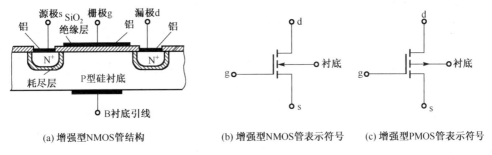

(a) 增强型NMOS管结构　　　(b) 增强型NMOS管表示符号　　　(c) 增强型PMOS管表示符号

图 4.3.1　增强型 MOS 场效应管

4.3.2　N 沟道增强型 MOS 管的工作原理

与 JFET 相似，MOSFET 的工作原理同样表现在栅源电压对沟道导电能力的控制，以及漏源电压对漏电流的影响。

1. v_{GS} 对沟道的控制作用

当栅源之间不加电压 $v_{GS}=0$ 时，漏源极间是两个背靠背的 PN 结，无论漏源极间如何施加电压，总有一个 PN 结处于反偏状态，漏源极间没有导电沟道，将不会有漏电流出现 $i_D \approx 0$，如图 4.3.2（a）所示。

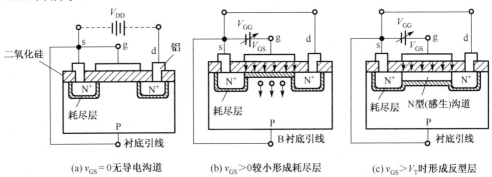

(a) $v_{GS}=0$ 无导电沟道　　　(b) $v_{GS}>0$ 较小形成耗尽层　　　(c) $v_{GS}>V_T$ 时形成反型层

图 4.3.2　N 沟道增强型 MOS 管 v_{GS} 对沟道的控制

当 $v_{GS}>0$ 较小时，则栅极和衬底之间的 SiO_2 绝缘层中便产生一个电场。其电场方向垂直于半导体表面，由栅极指向衬底。在电场的作用下空穴被排斥而电子被吸引。使栅极附近的 P 型衬底中剩下不能移动的受主离子(负离子)，形成耗尽层。由于 v_{GS} 数值较小，吸引电子的能力不强时，漏源之间仍无导电沟道出现，如图 4.3.2(b)所示。

当栅压增加 $v_{GS}>V_T$ 时，吸引到 P 衬底表面层的电子就增多，当 v_{GS} 达到某一数值时，这些电子在栅极附近的 P 衬底表面形成一个 N 型薄层，且与两个 N+ 区相连通，在漏源间形成 N 型导电沟道，称为反型层，如图 4.3.2(c)所示。v_{GS} 越大，作用于半导体表面的电场就越强，吸引到 P 衬底表面的电子就越多，导电沟道越厚，沟道电阻越小。开始形成沟道时的栅源极电压称为开启电压，用 V_T 表示。

综上所述，N 沟道 MOS 管在 $v_{GS}<V_T$ 时，不能形成导电沟道，管子处于截止状态。只有当 $v_{GS} \geqslant V_T$ 时，才能形成沟道。这种必须在 $v_{GS} \geqslant V_T$ 时才能形成导电沟道的 MOS 管称为增强型 MOS 管。沟道形成以后，在漏源间加上正向电压 v_{DS}，就有漏极电流产生。

2. v_{DS} 对 i_D 的影响

当 $v_{GS}>V_T$ 且为一确定值时，漏源电压 v_{DS} 对导电沟道及电流 i_D 的影响与结型场效应管相似。

当在漏源之间施加正向电压 $v_{DS}>0$，且 v_{DS} 较小时，将产生漏极电流，漏极电流 i_D 沿沟道形成的电压降使沟道内各点与栅极间的电压不再相等，靠近源极一端的电压最大、沟道最厚，而漏极一端电压最小，其值为 $V_{GD}=v_{GS}-v_{DS}$，因而沟道最薄，如图 4.3.3(a)所示。由于 v_{DS} 较小($v_{DS}<v_{GS}-V_T$)时，它对沟道的影响不大，若 v_{GS} 一定，沟道电阻几乎也是一定的，所以 i_D 随 v_{DS} 近似呈线性变化。

随着 v_{DS} 的增大，靠近漏极的沟道越来越薄，当 v_{DS} 增加到使 $V_{GD}=v_{GS}-v_{DS}=V_T$ 时，沟道在漏极一端出现预夹断，如图 4.3.3(b)所示。

再继续增大 v_{DS}，$v_{GS}-v_{DS}<V_T$ 夹断点将向源极方向移动，如图 4.3.3(c)所示。由于 v_{DS} 的增加部分几乎全部降落在夹断区，故 i_D 几乎不随 v_{DS} 增大而增加，管子进入饱和区，i_D 几乎仅由 v_{GS} 决定。

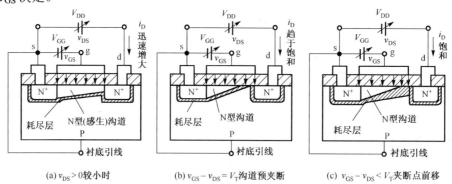

(a) $v_{DS}>0$ 较小时　　(b) $v_{GS}-v_{DS}=V_T$ 沟道预夹断　　(c) $v_{GS}-v_{DS}<V_T$ 夹断点前移

图 4.3.3　N 沟道增强型 MOS 管 v_{DS} 对 i_D 的影响

4.3.3　N 沟道增强型 MOS 管的特性曲线和电流方程

1. 输出特性曲线

N 沟道增强型 MOS 管的输出特性曲线如图 4.3.4(a)所示。与结型场效应管一样，输出特性描述当栅源电压 $|v_{GS}|=C$ 为常量时，漏电流 i_D 与漏源电压 v_{DS} 之间的关系。其输出特性曲线也可分为可变电阻区、饱和区、截止区和击穿区几部分。

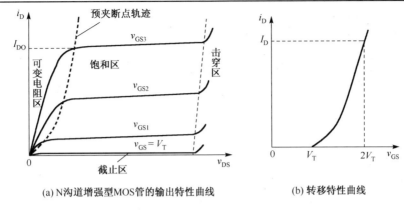

(a) N 沟道增强型 MOS 管的输出特性曲线　　　　　(b) 转移特性曲线

图 4.3.4　N 沟道增强型 MOS 管的特性曲线

2. 转移特性曲线

转移特性曲线如图 4.3.4(b) 所示，由于场效应管作放大器件使用时是工作在饱和区(恒流区)，此时 i_D 几乎不随 v_{DS} 而变化，即不同的 v_{DS} 所对应的转移特性曲线几乎是重合的，所以可用 v_{DS} 大于某一数值($v_{DS} > v_{GS} - V_T$)后的一条转移特性曲线代替饱和区的所有转移特性曲线。

3. 电流方程

与结型场效应管类似，N 沟道 MOS 管在饱和区内，i_D 与 v_{GS} 的近似关系式为

$$i_D = I_{DSS}\left(\frac{v_{GS}}{V_T} - 1\right)^2 \qquad (v_{GS} > V_T) \tag{4.3.1}$$

式中，I_{DSS} 是 $v_{GS} = 2V_T$ 时的漏极电流 i_D。

4.3.4　MOSFET 的主要参数

MOS 管的主要参数与结型场效应管基本相同，只是增强型 MOS 管中不用夹断电压 V_P，而用开启电压 V_T 表征管子的特性。

4.4　N 沟道耗尽型 MOS 管

4.4.1　基本结构

N 沟道耗尽型 MOS 管与 N 沟道增强型 MOS 管基本相似，如图 4.4.1(a) 所示。区别之处在于耗尽型 MOS 管在 $v_{GS} = 0$ 时，漏源极间已有导电沟道产生，通过施加负的栅源电压(夹断电压)使沟道消失，耗尽型 NMOS 截止；增强型 MOS 管在 $v_{GS} \geqslant V_T$ 时才出现导电沟道。图 4.4.1(b)和(c)分别是 N 沟道和 P 沟道耗尽型 MOS 管的表示符号。

4.4.2　工作特性

制造 N 沟道耗尽型 MOS 管时，在 SiO_2 绝缘层中掺入了大量的正离子（制造 P 沟道耗尽型 MOS 管时掺入负离子），所以即使 $v_{GS} = 0$，在这些正离子产生的电场作用下，漏源极间的 P 型衬底表面已感应生成 N 沟道，只要加上正向电压 v_{DS}，就有电流 i_D。

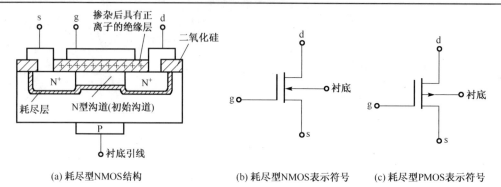

(a) 耗尽型NMOS结构　　　　　　　(b) 耗尽型NMOS表示符号　　(c) 耗尽型PMOS表示符号

图 4.4.1　N 沟道耗尽型 MOS 管

　　如果加上正的 v_{GS}，栅极与 N 沟道间的电场将在沟道中吸引更多的电子，沟道加宽，沟道电阻变小，i_D 增大；反之，v_{GS} 为负时，沟道变窄，沟道电阻变大，i_D 减小。当 v_{GS} 负向增加到某一数值时，导电沟道消失，i_D 趋于零，管子截止；使沟道消失时的栅源电压称为夹断电压，仍用 V_P 表示。与 N 沟道 JFET 相同，N 沟道耗尽型 MOS 管的夹断电压 V_P 也为负值，但是，前者只能在 $v_{GS}<0$ 的情况下工作。而后者在 $v_{GS}=0$，$v_{GS}>0$，$V_P<v_{GS}<0$ 的情况下均能实现对 i_D 的控制，而且仍能保持栅源极间有很大的绝缘电阻，使栅极电流为零。这是 NMOS 管与 N 沟道 JFET 的差别。

　　电流方程：在饱和区内，耗尽型 MOS 管的电流方程与结型场效应管的电流方程相同，即

$$i_D = I_{DSS}\left(1 - \frac{v_{GS}}{V_P}\right)^2 \qquad (|v_{GS}| \leqslant |V_P|) \tag{4.4.1}$$

4.5　各种场效应管特性比较及注意事项

4.5.1　各类 FET 的特性

　　各类场效应管特性如表 4.5.1 所示。

表 4.5.1　各类场效应管特性比较

结构种类	工作方式	符号	电压极性		转移特性 $i_D = f(v_{GS})$	输出特性 $i_D = f(v_{DS})$
			V_P 或 V_T	V_{DS}		
N 沟道 MOSFET	耗尽型		(−)	(+)		
	增强型		(+)	(+)		

续表

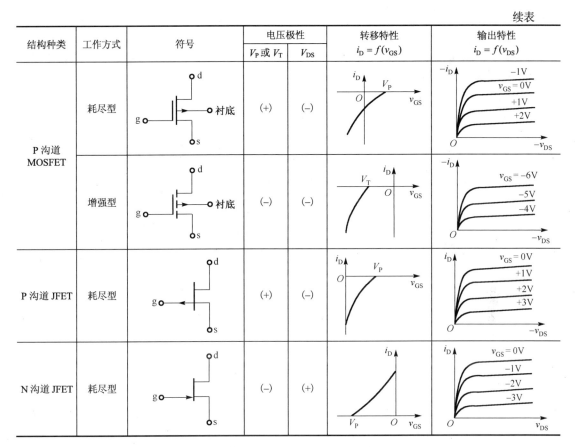

结构种类	工作方式	符号	电压极性 V_P 或 V_T	电压极性 V_{DS}	转移特性 $i_D = f(v_{GS})$	输出特性 $i_D = f(v_{DS})$
P 沟道 MOSFET	耗尽型		(+)	(−)		
P 沟道 MOSFET	增强型		(−)	(−)		
P 沟道 JFET	耗尽型		(+)	(−)		
N 沟道 JFET	耗尽型		(−)	(+)		

4.5.2　使用场效应管的注意事项

(1) JFET 的栅源电压 v_{GS} 的极性不能接反，即 N 沟道管 v_{GS} 应小于零，P 沟道管 v_{GS} 应大于零；JFET 可开路保存；源极和漏极可以互换使用。

(2) 从 MOSFET 的结构上看，其源极和漏极是对称的，因此源极和漏极可以互换。但有些 MOSFET 在制造时已将衬底引线与源极连在一起，这种 MOSFET 的源极和漏极就不能互换了。当 MOSFET 的衬底引线单独引出时，应将其接到电路中的电位最低点(对 N 沟道 MOS 管而言)或电位最高点(对 P 沟道 MOS 管而言)，以保证沟道与衬底间的 PN 结处于反向偏置，使衬底与沟道及各电极隔离。

(3) MOSFET 的栅极是绝缘的，感应电荷不易泄放，而且绝缘层很薄，极易击穿，所以栅极不能开路，存放时应将各电极短路。焊接时，电烙铁必须可靠接地，或者断电利用烙铁余热焊接，并注意对交流电场的屏蔽。

4.5.3　场效应管与三极管的性能比较

(1) 场效应管的源极 s、栅极 g、漏极 d 分别对应于三极管的发射极 e、基极 b、集电极 c，它们的作用相似。

(2) 场效应管是电压控制电流器件，由 v_{GS} 控制 i_D，其跨导 g_m 一般较小，因此场效应管的放大能力较差；三极管是电流控制电流器件，由 i_B(或 i_E)控制 i_C。

（3）场效应管的输入电阻比三极管的输入电阻高。因此场效应管栅极几乎不取电流；而三极管工作时基极总要吸取一定的电流。

（4）场效应管只有多数载流子参与导电；三极管有多数载流子和少数载流子两种载流子参与导电，因少数载流子浓度受温度、辐射等因素影响较大，所以场效应管比三极管的噪声小很多，在低噪声放大电路的输入级及要求信噪比较高的电路中要选用场效应管。场效应管的温度稳定性好、抗辐射能力强。在环境条件（温度等）变化很大的情况下应选用场效应管。

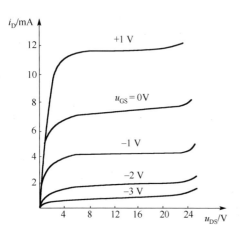

图 4.5.1　例 4.5.1 输出特性曲线

（5）场效应管在源极未与衬底连在一起时，源极和漏极可以互换使用，且特性变化不大；而三极管的集电极与发射极互换使用时，其特性差异很大，β 值将减小很多。

（6）场效应管制造工艺简单，且具有耗电少，工作电源电压范围宽等优点，因而场效应管易于集成，被广泛用于大规模和超大规模集成电路中。

例 4.5.1　已知某场效应管的输出特性曲线如图 4.5.1 所示，试判断：

（1）它是哪一种类型的场效应管？

（2）它的夹断电压 V_P 或开启电压 V_T 约为多少？

（3）它的饱和漏电流 I_{DSS} 约为多少？

本题目可练习根据输出特性曲线（也可根据转移特性曲线）来判断场效应管的类型。学习者在判断场效应管类型时常常会漏项。判断场效应管类型，应包括三个方面：沟道类型，是结型还是绝缘栅型，是增强型还是耗尽型。

还可练习识图，即能从特性曲线中读出场效应管的几个主要参数，例如，I_{DSS}、V_P、V_T 和 $V_{(BR)DSO}$。

解　（1）因 V_{DS} 和 I_D 均为正值，所以该管导电沟道为 N 型。因 V_{GS} 的取值范围可正、可负、可零，所以该管为绝缘栅耗尽型 MOS 管，即该管为 N 型沟道耗尽型 MOS 管。

（2）该管的夹断电压 V_P 为 -3V。

（3）该管的饱和漏极电流 I_{DSS} 为 7mA。

4.6　场效应管放大器及其静态分析

4.6.1　场效应管放大电路的三种组态

根据场效应管在放大电路中的连接方式，场效应管放大电路分为三种组态，分别是共源极电路、共栅极电路和共漏极电路。

共源极电路：栅极是输入端，漏极是输出端，源极是输入输出的公共电极，简称共源电路。共栅极电路：源极是输入端，漏极是输出端，栅极是输入输出的公共电极，简称共栅电路。共漏极电路：栅极是输入端，源极是输出端，漏极是输入输出的公共电极，简称共漏电路。

由于场效应管与 BJT 晶体管都有三个电极，FET 管的 G 极对应 BJT 管的 b 极、D 极对应 c 极、S 极对应 e 极，所以在放大电路中，共源对应共射、共栅对应共基、共漏对应共集。

以下分析均以 N 沟 JFET 为例，由于 JFET 管在不加栅源电压时沟道已存在，所以 JFET 均属于耗尽型 FET。

4.6.2　场效应管的直流通路及静态估算分析

场效应管组成的放大电路和三极管放大电路的主要区别在于：场效应管是电压控制型器件，靠栅源之间的电压变化来控制漏极电流的变化，放大作用以跨导 g_m 来体现；三极管是电流控制型器件，靠基极电流的变化来控制集电极电流的变化，放大作用由电流放大系数 β 来体现。

场效应管放大器的性能分析与双极型三极管相同，分为静态和动态；由场效应管组成的放大电路也和三极管放大电路类似，三极管放大电路基极回路需要一个偏置电流（偏流），而 FET 放大电路的场效应管栅极没有电流，所以 FET 放大电路的栅极回路需要一个合适的偏置电压（偏压）。一个交变信号通过耦合电容进入场效应管放大电路后，将使电路中各点电流电压出现"交直流共存现象"，为使信号能够不失真放大，场效应管放大电路与三极管放大电路一样要有合适的直流偏置。由于场效应管是电压控制器件，通过栅极电压可控制漏源电流，所以应有合适的栅极电压。场效应管的直流偏置电路有三种，分别是固定偏压电路、自偏压电路和分压器式自偏压电路。

1. 固定偏压电路

场效应管共源基本放大电路如图 4.6.1 所示，其直流偏置采用固定偏压电路，这和三极管的固定偏置电路非常相似。其中栅极偏压是由固定电源 V_{GG} 供给的，所以称为固定栅偏压电路。对于 N 沟 JFET，其栅源电压 $V_{GS} < 0$，且必须添加栅电阻 R_g，如果没有栅电阻 R_g，则其交流通路将输入信号短路，使输入信号永远加不进来。这种电路适用各种 FET 管，如增强型、耗尽型、N 沟道、P 沟道等。但由于它多用一个电源，所以不大实用。

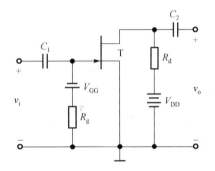

图 4.6.1　FET 固定偏压电路

下面估算静态工作点，在直流通路中由于栅流 $I_G = 0$，所以有

$$V_{GSQ} = -V_{GG} \tag{4.6.1}$$

转移特性方程

$$I_{DQ} = I_{DSS}\left(1 + \frac{V_{GG}}{V_P}\right)^2 \tag{4.6.2}$$

直流负载线方程：

$$V_{DSQ} = V_{DD} - I_{DQ}R_d \tag{4.6.3}$$

由式(4.6.1)、式(4.6.2)和式(4.6.3)可确定图 4.6.1 的静态工作点。

$$Q点为 \begin{cases} I_{DQ} = I_{DSS}\left(1 + \dfrac{V_{GG}}{V_P}\right)^2 \\[2mm] V_{GSQ} = -V_{GG} \\[2mm] V_{DSQ} = V_{DD} - I_{DQ}R_d \end{cases}$$

还需注意，在转移特性方程中，对于耗尽型场效应管分母用 V_P；对于增强型场效应管分母用 V_T 代入。那么该电路能否像三极管放大电路一样考虑共用一个电源呢？不能！因为 V_{GS} 必须反偏，若共用一个电源，则 V_{GS} 变为正偏。那么怎样才能省略一组电源呢？由此产生了自偏压电路。

2. 自偏压电路

图 4.6.2 为自偏压共源放大电路，其中直流偏压是靠源极电阻 R_S 上的直流压降建立的。

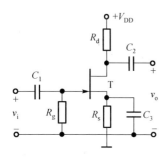

图 4.6.2 场效应管自偏压电路

因此，只有在接通电源时就存在漏极电流的情况下才能建立静态栅源电压 $V_{GSQ} = -I_D R_S$。所以，该偏置方式只适用于耗尽型场效应管组成的放大电路。

下面估算静态工作点，在直流通路中，由于栅流 $I_G = 0$，所以有

$$V_{GSQ} = V_G - V_S = 0 - I_{DQ} R_S = -I_{DQ} R_S \tag{4.6.4}$$

转移特性方程：

$$I_{DQ} = I_{DSS}\left(1 + \frac{V_{GG}}{V_P}\right)^2 \tag{4.6.5}$$

式中，$V_{GG} = -V_{GSQ}$。

直流负载线方程：

$$V_{DSQ} = V_{DD} - I_{DQ}(R_d + R_S) \tag{4.6.6}$$

由式(4.6.4)、式(4.6.5)和式(4.6.6)可确定图 4.6.2 的静态工作点。自偏压方式省略一组电源多接一个电阻 R_S，实现自给栅极反偏压；该电路和三极管射偏电路一样，电阻 R_S 会使 $\dot{A}_V$ 降低，只需在 R_S 上加一旁路电容 C，即可保持 $\dot{A}_V$ 不变，这个电路和射偏电路一样，具有自动稳定工作点的作用。

$$T\uparrow \to i_D\uparrow \to V_S\uparrow \to 使|V_{GS}|\uparrow 使沟道变窄$$
$$i_D\downarrow \longleftarrow \quad\quad\quad\quad\quad\quad\quad$$

该自偏压方式不适用于增强型 FET。这是因为增强型场效应管必须先有 $V_{GS} > V_T$，才能产生 I_D；而自偏压电路是先有 I_D 后有 V_{GS}，开启顺序正好相反。增强型场效应管开启前 $I_D = 0$，则使 $V_{GS} = 0$，管子不能开启。为寻找到适合增强型场效应管的偏置电路，产生了分压式自偏压电路。

3. 分压器式自偏压电路

分压式自偏压电路如图 4.6.3 所示，它是在自偏压的基础上，加上分压电阻 R_{g1}、R_{g2} 和 R_{g3} 构成的供给栅极的电压。直流偏置栅压是靠 R_{g1}、R_{g2} 和 R_{g3} 的分压和 R_S 上的自偏压共同建立的。

下面估算静态工作点，在直流通路中由于栅流 $I_G = 0$，所以有

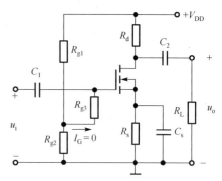

图 4.6.3 场效应管分压式自偏压电路

$$V_{\mathrm{G}} = \frac{R_{\mathrm{g2}}}{R_{\mathrm{g1}} + R_{\mathrm{g2}}} V_{\mathrm{DD}}$$

$$V_{\mathrm{GSQ}} = V_{\mathrm{G}} - V_{\mathrm{S}} = \frac{R_{\mathrm{g2}}}{R_{\mathrm{g1}} + R_{\mathrm{g2}}} V_{\mathrm{DD}} - I_{\mathrm{D}} R_{\mathrm{s}} \tag{4.6.7}$$

转移特性方程：

$$I_{\mathrm{DQ}} = I_{\mathrm{DSS}} \left(1 - \frac{V_{\mathrm{GSQ}}}{V_{\mathrm{P}}} \right)^2 \tag{4.6.8}$$

直流负载线方程：

$$V_{\mathrm{DSQ}} = V_{\mathrm{DD}} - I_{\mathrm{DQ}}(R_{\mathrm{d}} + R_{\mathrm{s}}) \tag{4.6.9}$$

对于 N 沟 JFET 管，工作在负栅源电压，$V_{\mathrm{GS}} < 0$，即 $I_{\mathrm{D}} R_{\mathrm{s}} > \dfrac{R_{\mathrm{g2}}}{R_{\mathrm{g1}} + R_{\mathrm{g2}}} V_{\mathrm{DD}}$。

该直流偏置电路适用于各种类型的 FET 管。因为可通过调节电路参数，使 V_{GS} 可正可负，所以该电路应用很广，这种偏置方式与三极管的射偏电路类似。

例 4.6.1 为何 FET 放大器的隔直电容一般只有 $0.01\,\mu\mathrm{F}$ 左右，而半导体三极管放大器中耦合电容 C_{b} 一般比较大？

解 三极管放大器的电容较大，如 $5\mu\mathrm{F}$ 左右，使其容抗 $\dfrac{1}{\mathrm{j}\omega C}$ 较小；又因为三极管放大器的输入阻抗 R_{i} 小，C_{b} 大，使得耦合电容上损耗的交流信号小，以保证交流信号尽可能多地加于三极管输入电路。

而 FET 放大器的输入阻抗 R_{i} 很高，栅极基本不取信号电流 $I_{\mathrm{g}} = 0$，即使 C_{b} 数值小，交流信号也能基本无衰减地输入场效应管进行放大。

与三极管放大电路的静态分析一样，静态分析方法分为估算法和图解分析法。前面讨论了估算法，静态工作点的图解分析法与三极管相似，在此不再赘述，可参考其他教材。

4.7 场效应管放大器的动态分析

如果输入信号很小，可以在小范围内把 FET 的特性曲线用直线来代替，这样，就把 FET 组成的非线性电路（和三极管一样），转化为线性电路来处理。下面讨论 FET 的小信号模型等效电路。与三极管 H 参数模型的建立过程相同，将管子看成一个双端口网络，如图 4.7.1 所示。

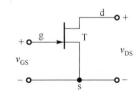

图 4.7.1 场效应管双端口网络

4.7.1 场效应管小信号模型等效电路

由于场效应管的栅电流 $i_{\mathrm{G}} = 0$，所以研究其输入特性没有意义，而输出特性和转移特性描述的是同一函数关系，其表达式为

$$i_{\mathrm{D}} = f(v_{\mathrm{GS}}, v_{\mathrm{DS}}) \tag{4.7.1}$$

对式 (4.7.1) 求全微分，可得

$$di_D = \frac{\partial i_D}{\partial v_{GS}}\bigg|_{v_{DS}=C} dv_{GS} + \frac{\partial i_D}{\partial v_{DS}}\bigg|_{v_{GS}=C} dv_{DS} \tag{4.7.2}$$

$$\frac{\partial i_D}{\partial v_{GS}}\bigg|_{v_{DS}=C} = g_m \tag{4.7.3}$$

$$\frac{\partial i_D}{\partial v_{DS}} = \frac{1}{r_d} \tag{4.7.4}$$

跨导 g_m 反映输入栅源电压控制漏电流的能力，r_d 为 FET 的漏极电阻。当信号幅度较小时，管子的工作状态处在静态工作点附近小范围，可认为是线性的。此时 g_m 和 r_d 为常数，这样，小信号也可用交流正弦量的有效值来表示，因此式(4.7.2)可变形为

$$\dot{I}_d = g_m \dot{V}_{gs} + \frac{1}{r_d} \dot{V}_{ds} \tag{4.7.5}$$

在低频小信号下，栅极(G)和源极(S)之间输入阻抗极高，因此可将它们近似为开路。从场效应管输出回路看，当特性曲线进入恒流区以后，i_D 几乎不随 v_{DS} 的变化而变化，处于恒流状态，但 i_D 受到 v_{GS} 的控制($\dot{I}_d = g_m \dot{V}_{gs}$)，所以场效应管输出回路可等效为受控恒流源 $g_m \dot{V}_{gs}$。r_d 一般为几十到上百欧姆，电流 $\frac{\dot{V}_{ds}}{r_d}$ 很小，在工程上忽略掉 r_d，所以场效应管小信号等效电路如图 4.7.2 所示。

注意：$g_m \dot{V}_{gs}$ 受控源，其大小和方向均受 $\dot{V}_{gs}$ 控制，当 $\dot{V}_{gs}$ 相对源为正时，电流源 $g_m \dot{V}_{gs}$ 的方向从漏极流向源极。

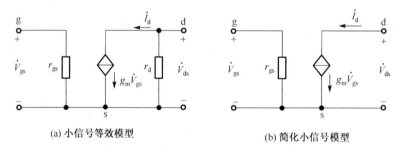

(a) 小信号等效模型　　　　　　　　　　　　(b) 简化小信号模型

图 4.7.2　场效应管微变等效模型

4.7.2　场效应管放大电路动态工作分析

场效应管也将分为三种组态。以分压式自偏压共源放大电路为例，使用小信号模型等效电路法分析其动态工作指标 $\dot{A}_V$、R_i 和 R_o。具体动态分析步骤与三极管放大电路相同，首先画出小信号模型等效电路，然后求 $\dot{A}_V$、R_i 和 R_o。

1.　共源放大电路小信号模型等效电路分析

首先画出共源小信号模型等效电路如图 4.7.3(b) 所示，求 $\dot{A}_V$ 关键是找出一个起纽带关系的物理量，即 $\dot{V}_{gs}$。

$$\dot{V}_i = \dot{V}_{gs}$$

$$\dot{V}_o = -g_m \dot{V}_{gs} \cdot R_d$$

$$\dot{A}_V = \frac{\dot{V}_o}{\dot{V}_i} = -g_m R_d \qquad (4.7.6)$$

式中，负号表示输出电压与输入电压反相。

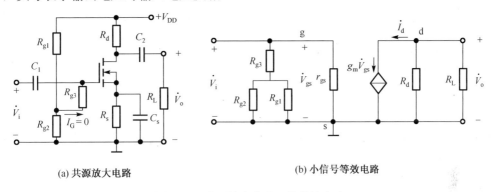

(a) 共源放大电路　　　　　　　　　　　　(b) 小信号等效电路

图 4.7.3　共源放大电路及其等效电路

求 R_i：由定义 $R_i = \dfrac{\dot{V}_i}{\dot{I}_i}$

$$\dot{V}_i = \dot{I}_i [R_{g3} + (R_{g1} // R_{g2})]$$

则

$$R_i = R_{g3} + (R_{g1} // R_{g2}) \qquad (4.7.7)$$

求 R_o：由求解输出电阻定义，信号源短路，保留内阻，负载开路，在输出端加电压源 $\dot{V}$，相应产生一个电流 $\dot{I}$，则输出电阻为

$$R_o = \frac{\dot{V}}{\dot{I}} = R_d \qquad (4.7.8)$$

2. 共漏放大电路小信号模型等效电路分析

共漏放大电路及其小信号模型等效电路如图 4.7.4 所示。

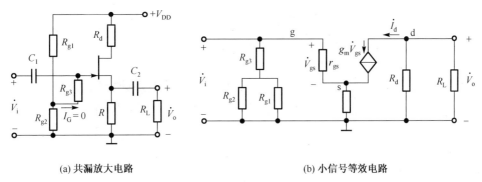

(a) 共漏放大电路　　　　　　　　　　　　(b) 小信号等效电路

图 4.7.4　共漏放大电路及其小信号等效电路

求解电压放大倍数：

$$\dot{V}_i = \dot{V}_{gs} + \dot{V}_o = \dot{V}_{gs} + g_m \dot{V}_{gs} \cdot R$$

$$\dot{V}_o = g_m \dot{V}_{gs} R$$

注意没有负号

$$\dot{A}_V = \frac{\dot{V}_o}{\dot{V}_i} = \frac{g_m R}{1 + g_m R} \tag{4.7.9}$$

求解输入电阻 $R_i = \dfrac{\dot{V}_i}{\dot{I}_i}$

$$\dot{V}_i = \dot{I}_i \left[R_{g3} + (R_{g1} // R_{g2}) \right]$$

$$R_i = R_{g3} + (R_{g1} // R_{g2}) \tag{4.7.10}$$

求输出电阻，输出电阻求解电路如图 4.7.5 所示。此图中 $\dot{V}_{gs}$ 是否为零呢？不为零，这是因为在 $\dot{V}_{gs}$ 的"+"端，$\dot{I}_g = 0$；在 $\dot{V}_{gs}$ 的"−"端，R，R_{g3} 的输入回路中无电流，得出的重点结论是 $\dot{V}_{gs} = -\dot{V}$。

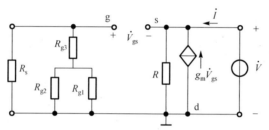

图 4.7.5　共漏输出电阻求解图

$$\dot{V} = (\dot{I} + g_m \dot{V}_{gs})R = (\dot{I} - g_m \dot{V})R$$

$$g_m \dot{V} R + \dot{V} = \dot{I} R$$

$$R_o = \frac{\dot{V}}{\dot{I}} = \frac{R}{1 + g_m R} = \frac{\dfrac{1}{g_m} \cdot R}{\dfrac{1}{g_m} + R} = \frac{1}{g_m} // R \tag{4.7.11}$$

3. 共栅放大电路小信号模型等效电路分析

共栅放大电路及其小信号模型等效电路如图 4.7.6 所示。

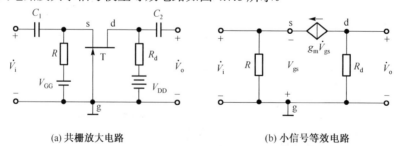

(a) 共栅放大电路　　　　　　　　　(b) 小信号等效电路

图 4.7.6　共栅放大电路及其小信号等效电路

求解电压放大倍数 $\dot{A}_\mathrm{V}$：

$$\dot{V}_\mathrm{i} = -\dot{V}_\mathrm{gs}$$

$$\dot{V}_\mathrm{o} = -g_\mathrm{m}\dot{V}_\mathrm{gs} \cdot R_\mathrm{d}$$

$$\dot{A}_\mathrm{V} = \frac{\dot{V}_\mathrm{o}}{\dot{V}_\mathrm{i}} = \frac{-g_\mathrm{m}\dot{V}_\mathrm{gs} \cdot R_\mathrm{d}}{-\dot{V}_\mathrm{gs}} = g_\mathrm{m}R_\mathrm{d} \tag{4.7.12}$$

求解输入电阻 R_i：

$$R_\mathrm{i} = \frac{\dot{V}_\mathrm{i}}{\dot{I}_\mathrm{i}}, \quad \dot{V}_\mathrm{i} = (\dot{I}_\mathrm{i} + g_\mathrm{m}\dot{V}_\mathrm{gs})R = \dot{I}_\mathrm{i} \cdot R + g_\mathrm{m}(-\dot{V}_\mathrm{i})R$$

$$\dot{V}_\mathrm{i}(1 + g_\mathrm{m}R) = \dot{I}_\mathrm{i}R$$

$$R_\mathrm{i} = \frac{\dot{V}_\mathrm{i}}{\dot{I}_\mathrm{i}} = \frac{R}{1 + g_\mathrm{m}R} = \frac{\dfrac{1}{g_\mathrm{m}} \cdot R}{\dfrac{1}{g_\mathrm{m}} + R} = \frac{1}{g_\mathrm{m}} /\!/ R \tag{4.7.13}$$

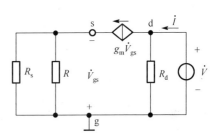

求解输出电阻 R_o：

理想恒流源内阻无穷大，如图 4.7.7 所示。

$$R_\mathrm{o} = R_\mathrm{d} /\!/ R_\mathrm{o}' = R_\mathrm{d} \tag{4.7.14}$$

图 4.7.7　共栅输出电阻求解图

例 4.7.1　如图 4.7.8 电路为 N 沟道 JFET，且已知 V_P 和 I_DSS。

(1) 确定静态工作点；

(2) 画出放大电路各处波形。

解　(1) 静态工作点 Q
$$\begin{cases} I_\mathrm{D} = I_\mathrm{DSS}\left(1 - \dfrac{V_\mathrm{GS}}{V_\mathrm{P}}\right)^2 \\ V_\mathrm{GS} = -V_\mathrm{GG} \\ V_\mathrm{DS} = V_\mathrm{DD} - I_\mathrm{D}R_\mathrm{d} \end{cases}$$

(2) 放大电路各处波形如图 4.7.9 所示。

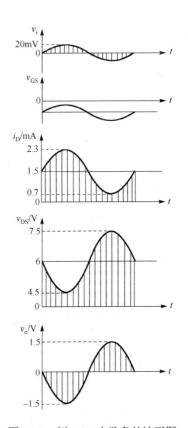

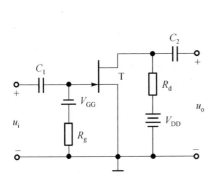

图 4.7.8　例 4.7.1 电路图

图 4.7.9　例 4.7.1 电路各处波形图

本 章 小 结

　　本章介绍了场效应管三种基本放大电路的组成和工作原理，共源、共漏和共栅放大电路的主要特点和参数。具体归纳如下。

　　(1)场效应管具有输入阻抗高、噪声低的优点，在实际中得到了广泛的应用。场效应管的导电沟道是一个可变电阻，通过外加电压改变导电沟道的几何尺寸，以改变其漏源间电阻的大小，达到控制电流的目的。所以场效应管是一种电压控制器件，由栅极电压来控制漏源工作电流。

　　(2)场效应管工作时，只有一种载流子参与导电，即多数载流子导电，或是带负电的电子，或是带正电的空穴，常称为单极型晶体管；BJT 三极管有两种载流子导电故称为双极型晶体管。

　　(3)场效应管根据沟道形成的情况分为增强型 FET 和耗尽型 FET。增强型 FET 是依靠外加电压形成导电沟道，形成沟道所加的栅电压称为开启电压 V_T；耗尽型 FET 是器件制成后，管内就有固定的沟道，外加栅电压将减小沟道宽度，最终沟道消失的栅电压称为夹断电压 V_P。

　　(4)场效应管在学习时可对应于三极管及其放大器来掌握，场效应管与三极管都有三个电极，分别是 G、D、S 和 b、c、e，其中 G 极对应 b 极、D 极对应 c 极、S 极对应 e极；场效应管分三个工作区域，即截止区、恒流区(饱和区)和可变电阻区，场效应管放大器工作在恒流区。在场效应管放大电路中，电路结构与三极管放大电路相对应，共源对应共射、共栅对应共基、共漏对应共集；场效应管放大器的分析方法仍然是图解法和小信号模型分析法。

习　题　4

客观检测题

　　1. 场效应管利用外加电压产生的电_____来控制漏极电流的大小，因此它是电_____控制器件。

　　2. 为了使结型场效应管正常工作，栅源间两 PN 结必须加_____电压来改变导电沟道的宽度，它的输入电阻比 MOS 管的输入电阻_____。结型场效应管外加的栅源电压应使栅源间的耗尽层承受_____向电压，才能保证其 R_{GS} 大的特点。

　　3. 场效应管漏极电流由_____载流子的漂移运动形成。N 沟道场效应管的漏极电流由载流子的漂移运动形成。JFET 管中的漏极电流_____穿过 PN 结(能，不能)。

　　4. 对于耗尽型 MOS 管，V_{GS} 可以为_____。

　　5. 对于增强型 N 型沟道 MOS 管，V_{GS} 只能为_____，并且只能当 V_{GS}_____时，才能有 I_d。

　　6. P 沟道增强型 MOS 管的开启电压为_____值。N 沟道增强型 MOS 管的开启电压为_____值。

　　7. 场效应管与晶体管相比较，其输入电阻_____；噪声_____；温度稳定性_____；饱和压降_____；放大能力_____；频率特性_____；输出功率_____。

　　8. 场效应管属于_____控制器件，而三极管属于_____控制器件。

　　9. 场效应管放大器常用偏置电路一般有_____和_____两种类型。

10. 由于晶体三极管_____，所以将它称为双极型的，由于场效应管_____，所以将其称为单极型的。

11. 跨导 g_m 反映了场效应管_____对_____控制能力，其单位为_____。

12. 若耗尽型 N 沟道 MOS 管的 V_{GS} 大于零，其输入电阻_____会明显变小。

13. 一个结型场效应管的转移特性曲线如图题 13 所示，则它是_____沟道的场效应管，它的夹断电压 V_P 是_____，饱和漏电流 I_{DSS} 是_____。

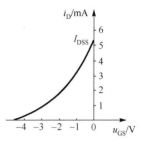

图题 13

主观检测题

1. 已知某结型场效应管的 $I_{DSS} = 2mA$，$V_P = -4V$，试画出它的转移特性曲线和输出特性曲线，并近似画出预夹断轨迹。

2. 某场效应管的漏极特性如图题 2 所示。

(1) 求 $I_{DSS} = ?$　$V_{GS(off)} = ?$

(2) 画出该场效应管的转移特性曲线。

(3) 在漏极特性上画出饱和区和可变电阻区的分界线。

3. 已知放大电路中一只 N 沟道增强型 MOS 管三个极①、②、③的电位分别为 4V、8V、12V，管子工作在恒流区。试判断①、②、③与 G、S、D 的对应关系。

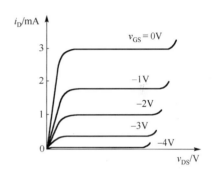

图题 2

4. 由图题 4 所示的特性曲线判断各管子的类型。

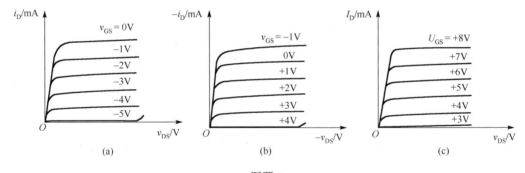

(a)　　　　　　　　　(b)　　　　　　　　　(c)

图题 4

5. 图题 5 所示曲线为某场效应管的输出特性曲线，试问：

(1) 它是哪一种类型的场效应管？

(2) 它的夹断电压 V_p（或开启电压 V_T）大约是多少？

(3) 它的 I_{DSS} 大约是多少？

6. 已知场效应管的输出特性曲线如图题 5 所示，画出它在恒流区 $v_{DS} = 8V$ 的转移特性曲线。

7. 分别判断图题 7 所示各电路中的场效应管是否有可能工作在放大区。

8. 试分析图题 8 所示各电路是否能够放大正弦交流信号，简述理由。设图中所有电容对交流信号均可视为短路。

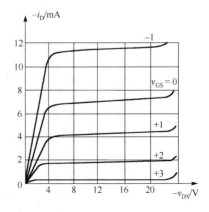

图题 5

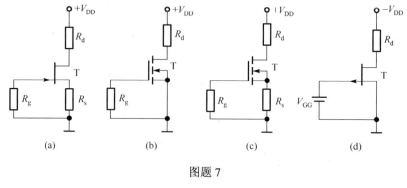

图题 7

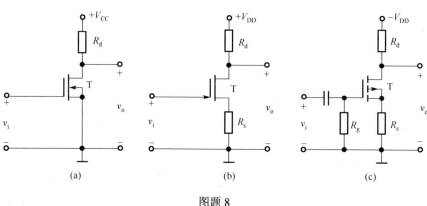

图题 8

9. 场效应管放大器如图题 9 所示，若 $V_{DD}=20V$ ，要求静态工作点满足 $I_{DQ}=2mA$ ， $V_{GSQ}=-2V$ ， $V_{DSQ}=10V$ ，试求 R_S 和 R_D 。

10. 增强型 MOS 管能否单独用自给偏置的方法来设置静态工作点？为什么？试画出用 P 沟道增强型 MOS 管构成的共源电路，并说明各元件作用。

11. 如图题 11(a) 所示是一个场效应管放大电路，图题 11(b) 是管子的转移特性曲线。设电阻 $R_G=1M\Omega$ ， $R_D=R_L=18k\Omega$ ，电容 C_1 、 C_2 、 C_3 足够大。试问：

(1) 所用的管子属于什么类型？什么沟道？管子的 I_{DSS} 、 V_P 或 V_T 是多少？

(2) R_G 、 R_S 、 C_3 的作用是什么？若要求 $V_{GS}=-2V$ ，则 R_S 应选多大？

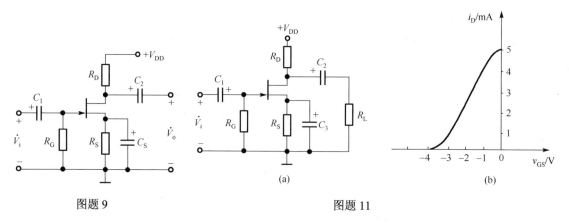

图题 9　　　　　　　　　　　　图题 11

12. 场效应管放大电路如图题 12 所示，电路参数 $V_{DD}=24V, R_D=56k\Omega$ ， $R_G=1M\Omega$ ， $R_2=4k\Omega$ ，场效应管的 $V_P=-1V$ ， $I_{DSS}=1mA$ ；若要求漏极电位 $V_D=10V$ ，试求 R_1 的值。

13. 已知如图题 13(a)所示电路中场效应管的转移特性和输出特性分别如图题 13(b)、(c)所示。

(1)利用图解法求解 Q 点。

(2)利用等效电路法求解 $\dot{A}_V$、R_i 和 R_o。

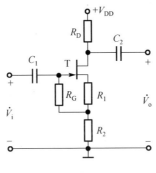

图题 12

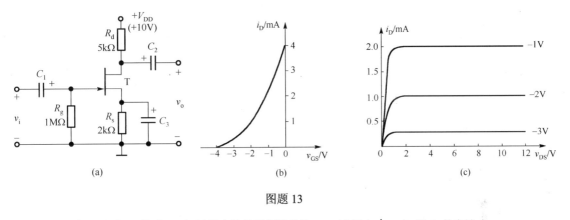

(a)　　　　　　　　　(b)　　　　　　　　　(c)

图题 13

14. 电路如图题 14 所示，已知场效应管的低频跨导为 g_m，试写出 $\dot{A}_V$、R_i 和 R_o 的表达式。

15. 设图题 15 电路中场效应管参数 $V_P = -4V$，$I_{DSS} = 2mA$，$g_m = 1.2mS$，试求放大器的静态工作点 Q、电压放大倍数 A_V、输入电阻 R_i 和输出电阻 R_o，并画出该电路的微变等效电路(电路中所有电容容抗可略去，r_{ds} 可看成无穷)。

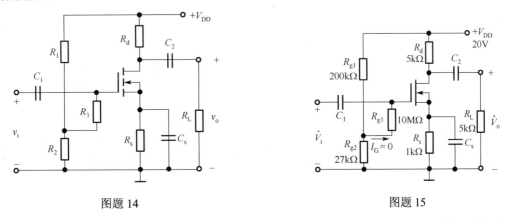

图题 14　　　　　　　　　　　　图题 15

16. 场效应管放大器如图题 16 所示，试画出其微变等效电路，写出 A_V、R_i、R_o 表达式。设管子 r_{ds} 极大，各电容对交流信号可视为短路。

17. 在图题 17 电路中，$V_{DD}=40V, R_g=1M\Omega, R_d\approx12k\Omega$，$R_{s1}=R_{s2}=500\Omega$，场效应管的 $V_P=-6V$，$I_{DSS}=6mA$，$r_{ds}\gg R_d$，各电容都足够大。(1)求电路的静态值 V_{GSQ}、I_{DQ}、V_{DSQ}；(2)求 $\dfrac{\dot{V}_{o1}}{\dot{V}_i}$、$\dfrac{\dot{V}_{o2}}{\dot{V}_i}$ 和输出电阻 R_{o1}、R_{o2}。

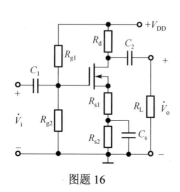 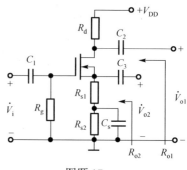

图题 16　　　　　　　　　　　图题 17

18. 共源放大电路及场效应管的输出特性曲线如图题 18(a)、(b)所示，电路参数为 $R_D=25k\Omega, R_S=1.5k\Omega, R_G=5M\Omega, V_{DD}=15V$，试用图解法和计算法求静态工作点 Q。

19. 图题 19 电路是由场效应管和晶体三极管组成的混合放大电路，已知场效应管的 $I_{DSS}=2mA$，$V_P=-4V$，晶体三极管的 $\beta=80, V_{BEQ}=0.7V$，$r_{bb'}=300\Omega$，所有电容容抗可以不计，试问：

(1)分别计算各极的静态工作点；

(2)画出电路微变等效电路；

(3)计算总的电压增益 A_V、输入电阻 R_i 和输出电阻 R_o。

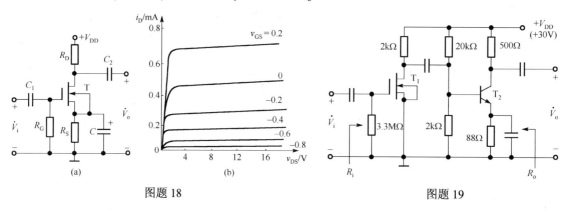

图题 18　　　　　　　　　　　图题 19

第5章 功率放大电路

内容提要：本章将首先引出功率输出级的任务、参数指标和分析方法、功率放大器类型，将重点讲述乙类和甲乙类互补对称功放电路的工作原理、参数计算及其功放电路的 BJT 三极管的选择，还介绍了双电源互补对称功率放大电路和单电源互补对称功率放大电路，最后简要介绍集成功率放大电路。

5.1 功率放大电路概述

前面介绍的放大电路主要用于增强电压幅度或电流幅度，因而称为电压放大电路或电流放大电路。在实际应用中，放大电路不是孤立的，在输入端应接入信号。同时末级要带动负载；例如，扬声器的音圈、电动机控制绕组和偏转线圈等。这就要求多级放大电路有一个能提供功率的输出级——功率放大电路(简称功放)。本书讨论的功率放大电路属于低频功率放大电路；高频功率放大电路属于高频电子线路的内容，本书不作介绍。

要注意收音机喇叭为 8～32Ω，电动机的阻值通常只有 0.1～3Ω，前面介绍的电压放大器——共射放大电路和共基放大电路的负载能力差，无法驱动低阻负载。负载能力最强的是共集电极放大电路，所以，功率放大电路的核心是共集电极电路。

5.1.1 功率放大电路的主要特点和指标参数

功率放大电路是电路的输出级，其主要特点如下。

(1)功率放大电路应能输出足够大的功率，推动低阻负载。电路的输出功率是交变电压和交变电流的乘积，即交流功率。

(2)晶体管处于大信号工作状态，甚至极限应用。所以小信号模型分析法不再适用，其动态工作分析应采用图解分析法。

(3)减小电路的非线性失真，是设计功率放大器必须考虑的问题。非线性失真与输出功率是一对矛盾。在功率放大电路中，输出功率过大，非线性失真将很严重。在不同的应用场合下处理这对矛盾的出发点是不同的。例如，音频设备对非线性失真的要求很高(HiFi 高保真音响)，在输出一定功率时，非线性失真要尽量小；而工控系统(如电机等)以输出功率为目的，对非线性失真的要求非常低。

(4)提高转换效率。所谓转换效率 η 是指负载上得到的有用信号平均功率 P_o 和电源供给的平均功率 P_V 之比。由于晶体管处于极限应用，消耗在管子上的功率较大，提高效率包含两层含义：有效地利用能源，提高输出功率；由于减小了管耗，有助于延长晶体管的使用寿命。转换效率定义为

$$\eta = \frac{P_o}{P_V} \tag{5.1.1}$$

（5）采取保护措施，使功率放大器处于安全工作区。由于晶体管处于极限工作情况，大电流、高电压、高功率是其特点，为使功率放大器处于安全工作区，应有过流、过压保护措施。由于放大管的大管耗以发热的形式被消耗，使集电结结温升高，所以实际应用时还必须采取适当的措施对功放管进行散热处理。

基于以上特点，功率放大器的主要技术指标：最大输出功率 P_{om}、转换效率 η、管耗 P_T。这与电压放大器大不相同。需要注意的是，最大输出功率 P_{om}、管耗 P_T 指的都是平均功率。

5.1.2　功率放大电路的类型

功放电路的输出功率 P_o、转换效率 η 和非线性失真等性能都和电路中放大管的偏置条件和工作状态有关。根据放大电路静态工作点在交流负载线上所处位置的不同，可将放大管的工作状态分为甲类、乙类、甲乙类和丙类四种。其中丙类工作状态的输出功率和效率最高。但丙类放大器的电流波形失真太大，因而不能用于低频功率放大，只能用于采用调谐回路作为负载的谐振功率放大。由于调谐回路具有滤波能力，回路电流与电压仍然接近于正弦波形，失真很小。丙类工作方式多用于高频功率放大器。本书仅讨论甲类、乙类、甲乙类工作方式的低频功率放大电路。

1.　甲类工作方式

静态工作点取在交流负载线的中点，如图 5.1.1 所示，电路中的放大管在输入信号的整个周期内都有电流流过，处于导通和线性放大的状态。即在一个信号周期内，放大管的导通角为 360°，放大电路的工作点始终处于线性区。这种工作方式通常称为甲类放大（A 类放大）。很显然，甲类功放在没有信号输入时也要消耗电源功率，这部分电源功率全部消耗在导通的放大管和偏置电阻上，并以热量的形式耗散掉，此时电路的转换效率为零；当有信号输入时，电源功率也只有部分转化为有用功率输出，另一部分仍损耗在器件本身；信号越大，输送给负载的功率越多，转换效率也就越高。

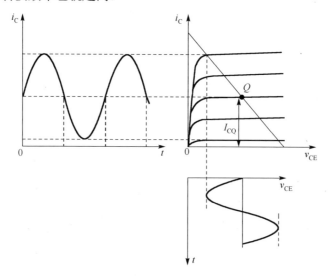

图 5.1.1　甲类工作方式图解

根据图 5.1.1，忽略管压降 V_{CES} 的前提下，直流电源供给的平均功率为

$$P_{\text{V}} = V_{\text{CC}} I_{\text{CQ}} \approx V_{\text{CC}} \times \frac{V_{\text{CC}}}{2R_{\text{L}}} = \frac{V_{\text{CC}}^2}{2R_{\text{L}}} \tag{5.1.2}$$

信号的最大不失真输出电压的幅值，忽略放大管饱和管压降 V_{CES} 下

$$V_{\text{om(max)}} = \frac{V_{\text{CC}} - V_{\text{CES}}}{2} \approx \frac{V_{\text{CC}}}{2} \tag{5.1.3}$$

负载电阻 R_{L} 上得到的最大有用平均功率为

$$P_{\text{om}} = \frac{V_{\text{om(max)}}^2}{2R_{\text{L}}} = \frac{V_{\text{CC}}^2}{8R_{\text{L}}} \tag{5.1.4}$$

此时，电路的转换效率也达到最高

$$\eta = \frac{P_{\text{om}}}{P_{\text{V}}} = 25\% \tag{5.1.5}$$

由式 (5.1.5) 可见，电阻负载的甲类功率放大电路最高效率也只能达到 25%，考虑管压降的因素，实际的甲类放大电路转换效率比理论值更低；变压器负载最多可以达到 50%。目前，甲类放大电路在功放电路较少使用。

从图 5.1.1 中可知，静态管耗是造成转换效率不高的原因。为了降低静态管耗，可以设法降低 Q 点，由此产生了甲乙类和乙类工作方式的功率放大器。

2. 乙类工作方式

为了克服甲类工作方式转换效率低的缺点，将电路的静态工作点 Q 下移至 $i_{\text{C}} = 0$ 处，如图 5.1.2 所示。这种工作方式称为乙类工作方式（B 类），相应的功放称为乙类功放。其特点是功率管在信号的正半周或负半周内导通，导通角为 $180°$。当不加输入信号（静态）或输入信号在功率管不导通的半个周期内，晶体管没有电流通过，此时管子功率损耗为零。乙类功放减少了静态功耗，所以效率与甲类功放相比较高（理论值可达 78.5%），但出现了严重的波形失真，是以牺牲线性为代价的。

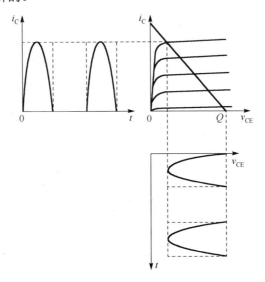

图 5.1.2　乙类工作方式图解

3. 甲乙类工作方式

乙类放大电路将工作点取在 I_{CQ} 为零的位置。此时放大器的效率虽然比较高，但会产生非常严重的非线性失真。为了减小非线性失真，将静态工作点 Q 略上移，设置在临界开启状态。使放大管在一个信号周期内，导通角略大于 $180°$，即所谓近乙类的甲乙类工作方式（AB 类）。

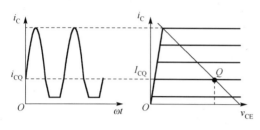

图 5.1.3　甲乙类工作方式图解

如图 5.1.3 所示，电路中只要有信号输入，三极管就开始工作。因静态偏置电流很小，在输出功率、功耗和转换效率等性能上与乙类十分相近，故分析方法与乙类相同。

从电路形式上看，功率放大电路可分为双电源互补对称功率放大电路——OCL 电路（Output Capacitorless，无输出电容的功率放大电路）、单电源互补对称功率放大电路——OTL 电路（Output Transformerless，无输出变压器的功率放大电路）、桥式推挽功率放大电路——BTL（Bridge-Tied-Load）电路。其中 OTL 电路和 OCL 电路应用广泛；BTL 电路在同样的直流电源条件下，输出功率可达到 OTL 和 OCL 电路的 4 倍，充分利用了系统电压，特别适用于电池供电的便携产品。下面首先以 OCL 电路为例来介绍乙类互补对称功率放大电路的工作原理以及性能指标的分析计算。

5.2　乙类互补对称功率放大电路

从以上分析得知，乙类和甲乙类功率放大电路虽然转换效率较高，但都存在非常严重的非线性失真。当具体应用对线性提出较高的要求时，就必须从电路结构上采取措施来消除电路的非线性失真。以下章节要介绍的互补对称输出电路较好地解决了乙类工作状态下提高效率与失真的矛盾，为实用电路的设计提供了思路。

5.2.1　电路及工作原理

工作在乙类方式下的放大电路，虽然管耗小，有利于提高效率，但存在严重的非线性失真，以至于输入信号的半个波形都被削掉了。但是如果使用两个参数相同的互补型晶体三极管，都工作在乙类方式下，但是一个在信号的正半周导通，另一个在信号的负半周导通。同时想办法让正、负半周的信号都能加载在负载上，就可以在负载上得到一个非线性失真有很大改善的完整的波形，其电路如图 5.2.1 所示。

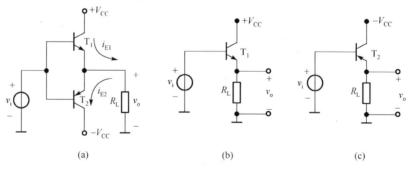

图 5.2.1　乙类双电源互补对称功率放大电路

　　乙类互补功率放大电路如图 5.2.1(a) 所示。T_1(NPN 型) 和 T_2(PNP 型) 是一对特性相同的互补对称三极管。T_1 和 T_2 的基极和发射极分别相互连接在一起。信号从基极输入，从射极输出送到负载 R_L，电路属于共集电极放大电路。

　　图 5.2.1(a) 乙类互补功率放大电路可以看成由图 5.2.1(b)、(c) 的两个射极输出器组合而成。图 5.2.1(b)、(c) 两个射极输出器的特点是输出电阻小、带负载能力强，适合作功率输出级。但是，因为没有偏置，它的输出电压只有半个周期的波形，造成输出波形严重失真。为了提高效率、减少失真，采用两个极性相反的射极输出器组成乙类互补功率放大电路。

　　图 5.2.1(a) 所示的放大电路实现了在静态时管子不取电流，减少了静态功耗。而在有输入信号时 T_1 和 T_2 轮流导电，称为推挽。由于两个管子互补对方的不足，工作性能对称，所以该电路称为双电源乙类互补对称功率放大电路 (乙类 OCL 功放)，因为在具体工作过程中，两个放大管在各自的半个信号周期内轮流导通、截止，这类结构又称为推挽式功率放大电路。

　　在理想情况下，假定 BJT 三极管的发射结导通电压 $V_{BE} = 0V$，当输入信号处于正半周时，且幅度大于三极管 T_1 的开启电压，此时 NPN 型三极管 T_1 导通，T_2 截止，电流按图 5.2.1(a) 中的方向，流过负载 R_L，与假定正方向相同，在负载上得到经 T_1 管放大后的正半周输出信号；当输入信号处于负半周，且幅度大于三极管 T_2 的开启电压时，PNP 型三极管 T_2 导电，而 T_1 截止，电流由下到上流过负载 R_L，与假定正方向相反，在负载上得到经 T_2 管放大后的负半周输出信号。于是两个三极管在正、负半周轮流导电、截止，在负载上将正半周和负半周结合在一起，得到一个较完整的波形，如图 5.2.2 所示。

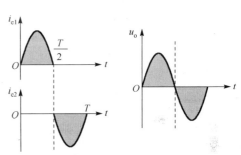

　　该放大电路实现了在静态时管子不取电流，减少了静态功耗；而在有一定输入信号时 T_1 和 T_2 轮流导通，推挽输出，虽然单独工作非线性失真严重，但管子可以互补对方的不足，在负载上得到了一个基本完整的输出，有效减小了电路的非线性失真。

图 5.2.2　乙类互补功率放大电路波形的合成

5.2.2　参数计算

　　乙类互补功率放大电路的参数包括输出功率、功率管的功率损耗和转换效率 η。下面分别就这三个主要性能指标展开理论计算，分析方法采用图解分析法。

1. 输出功率的计算

　　对图 5.2.1 所示电路的图解分析如图 5.2.3 所示。T_1 与 T_2 极性相反，但对称，即特性一致，所以在图中将两者的特性曲线按照对称的关系合成为一幅。

　　若输入为正弦波，则在负载电阻上的输出平均功率为

$$P_o = V_o I_o = \frac{V_{om}}{\sqrt{2}} \cdot \frac{I_{om}}{\sqrt{2}} = \frac{V_{om}^2}{2R_L} \tag{5.2.1}$$

式中，V_o 为输出电压的有效值；V_{om} 为输出电压幅值；I_o 为输出电流的有效值；I_{om} 为输出电流幅值。

　　由式 (5.2.1) 可知，输出信号的幅值越大，电路输出的有用平均功率越大。当输出信号幅

值最大时，可获得最大输出平均功率。电路中的 T_1、T_2 均可视为共集电极接法，$A_V \approx 1$。当输入信号足够大，满足 $V_{im} \approx V_{om} = V_{CC} - V_{CES}$ 时，电路在输出信号不明显失真的情况下输出有用平均功率最大。若忽略三极管的饱和压降，负载上最大输出电压幅值 $V_{om(max)} \approx V_{CC}$。此时负载上得到的最大不失真平均功率 P_{om} 为

$$P_{om} = \frac{V_{om(max)}^2}{2R_L} \approx \frac{V_{CC}^2}{2R_L} \tag{5.2.2}$$

电路实测的最大输出功率要比式(5.2.2)计算的数值小一些。一般在最大输出功率时，非线性失真也会大一些。

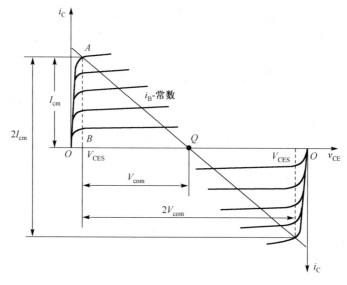

图 5.2.3　乙类互补功率放大电路的图解分析

2. 转换效率 η 计算

如前所述，转换效率定义为

$$\eta = \frac{P_o}{P_V} \tag{5.2.3}$$

为电源供给的直流功率 P_V 为

$$P_V = 2V_{CC}\frac{V_o}{R_L}$$

$$= 2V_{CC}\frac{1}{R_L}\frac{1}{T}\int_0^{\frac{T}{2}} V_{om}\sin(\omega t)\mathrm{d}t$$

$$= 2V_{CC}\frac{V_{om}}{R_L}\frac{1}{\omega T}\int_0^{\pi}\sin(\omega t)\mathrm{d}(\omega t)$$

$$P_V = \frac{2V_{CC}V_{om}}{\pi R_L} \tag{5.2.4}$$

所以转换效率为

$$\eta = \frac{P_o}{P_V} = \frac{\dfrac{V_{om}^2}{2R_L}}{\dfrac{2V_{CC}V_{om}}{\pi R_L}} = \frac{\pi V_{om}}{4V_{CC}} \tag{5.2.5}$$

显然，当 $V_{om} = V_{CC} - V_{CES}$ 时效率最高。若忽略放大管的饱和管压降，乙类双电源互补对称功放的最大效率可达

$$\eta = \frac{\pi}{4} \approx 78.5\% \tag{5.2.6}$$

3. 功率管的功率损耗 P_T 计算

功率放大电路的功率损耗实际上是 BJT 三极管的功率损耗，考虑 T_1 和 T_2 在一个信号周期内各导通 $180°$，且两管的电流和电压均相等，总管耗等于两管耗之和。BJT 晶体管 T_1 管耗主要是集电结上的功耗，则 BJT 晶体管 T_1 的某瞬时管耗为

$$\begin{aligned}
P_{T1}(t) &= v_{ce1}i_{c1} = (V_{CC} - v_o)\frac{v_o}{R_L} \\
&= (V_{CC} - V_{om}\sin\omega t)\frac{V_{om}\sin\omega t}{R_L}
\end{aligned}$$

一个信号周期内的平均管耗为

$$\begin{aligned}
P_{T1} &= \frac{1}{T}\int_0^{\frac{T}{2}}(V_{CC} - v_o)\frac{v_o}{R_L}\mathrm{d}t \\
&= \frac{1}{T}\int_0^{\frac{T}{2}}(V_{CC} - V_{om}\sin\omega t)\frac{V_{om}\sin\omega t}{R_L}\mathrm{d}t \\
&= \frac{1}{T}\int_0^{\frac{T}{2}}(V_{CC} - V_{om}\sin\omega t)\frac{V_{om}\sin\omega t}{R_L}\frac{\mathrm{d}(\omega t)}{\omega} \\
&= \frac{V_{om}}{\omega T R_L}\int_0^{\pi}(V_{CC} - V_{om}\sin x)\sin x\,\mathrm{d}x \\
&= \frac{V_{om}}{2\pi R_L}\int_0^{\pi}V_{CC}\sin x\,\mathrm{d}x - \frac{V_{om}}{2\pi R_L}\int_0^{\pi}V_{om}\sin^2 x\,\mathrm{d}x \\
&= \frac{V_{CC}V_{om}}{2\pi R_L}\int_0^{\pi}\sin x\,\mathrm{d}x - \frac{V_{om}^2}{2\pi R_L}\int_0^{\pi}\sin^2 x\,\mathrm{d}x \\
&= \frac{V_{CC}V_{om}}{\pi R_L} - \frac{V_{om}^2}{4R_L}
\end{aligned}$$

故两个功率管的总管耗为

$$P_T = 2P_{T1} = 2P_{T2} = \frac{2V_{CC}V_{om}}{\pi R_L} - \frac{V_{om}^2}{2R_L} \tag{5.2.7}$$

式 (5.2.7) 表明，电路中放大管管耗和输出电压的幅值有关，是 V_{om} 的函数。将 P_T 对 V_{om} 取导数求极值可知，放大管在 $V_{om} = \dfrac{2}{\pi}V_{CC} \approx 0.6V_{CC}$ 时达到最大

$$P_{\text{T(max)}} = 2P_{\text{T1(max)}} = \frac{4}{\pi^2}\frac{V_{\text{CC}}^2}{2R_{\text{L}}} \approx 0.4P_{\text{om}}$$

$$P_{\text{T1(max)}} \approx 0.2P_{\text{om}} \tag{5.2.8}$$

式 (5.2.8) 常用来作为乙类互补对称功率放大电路选择功率管的依据。

对常规坐标作线性变换，以 $V_{\text{om}}/V_{\text{CC}}$ 为横坐标轴 x ，$P/P_{\text{o(max)}}$ 为纵坐标轴 y 可以得到 P_{T1}、P_{V}、P_{o} 的相关曲线如图 5.2.4 所示。

$$P_{\text{V}}: \quad \frac{P_{\text{V}}}{P_{\text{om}}} = \frac{2V_{\text{CC}}V_{\text{om}}}{\pi R_{\text{L}}} \bigg/ \frac{V_{\text{CC}}^2}{2R_{\text{L}}} = \frac{4}{\pi}\frac{V_{\text{om}}}{V_{\text{CC}}} = \frac{4}{\pi}x \quad \text{为斜率} \frac{4}{\pi} \text{的直线。}$$

$$P_{\text{o}}: \quad \frac{P_{\text{o}}}{P_{\text{om}}} = \frac{V_{\text{om}}^2}{2R_{\text{L}}} \bigg/ \frac{V_{\text{CC}}^2}{2R_{\text{L}}} = \left(\frac{V_{\text{om}}}{V_{\text{CC}}}\right)^2 = x^2 \quad \text{为抛物线。}$$

$$P_{\text{T1}}: \quad \frac{P_{\text{T1}}}{P_{\text{om}}} = \left(\frac{V_{\text{CC}}V_{\text{om}}}{\pi R_{\text{L}}} - \frac{V_{\text{om}}^2}{4R_{\text{L}}}\right) \bigg/ \frac{V_{\text{CC}}^2}{2R_{\text{L}}} = \frac{1}{2}\left(\frac{4V_{\text{om}}}{\pi V_{\text{CC}}} - \left(\frac{V_{\text{om}}}{V_{\text{CC}}}\right)^2\right) = \frac{1}{2}\left(\frac{4}{\pi}x - x^2\right)$$

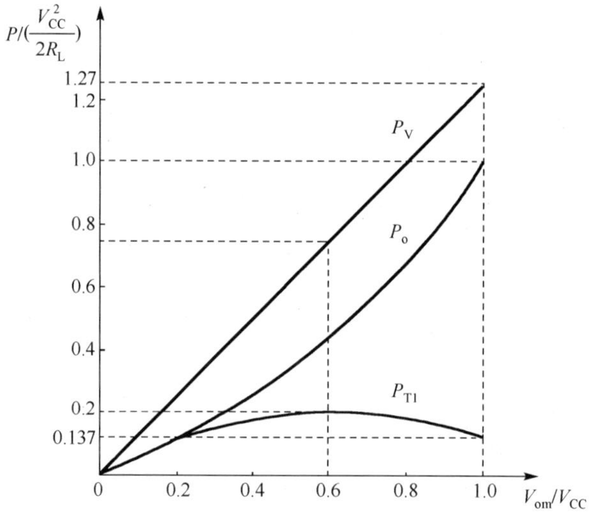

图 5.2.4　乙类互补对称功率放大电路 P_{T1}、P_{V}、P_{o} 对 $V_{\text{om}}/V_{\text{CC}}$ 的相关曲线

转化后的相关曲线能够非常直观地表达乙类互补对称功率放大电路各项性能指标的特征规律。

(1) P_{T1}、P_{V}、P_{o} 均与 $V_{\text{om}}/V_{\text{CC}}$ 相关，但 P_{T1} 和 P_{o} 与 $V_{\text{om}}/V_{\text{CC}}$ 不是线性的关系。

(2) $V_{\text{om}} = 0$ 时，P_{T1}、P_{V}、P_{o} 均为 0，这是乙类工作方式下放大电路的优势。

(3) $V_{\text{om}} = V_{\text{CC}}$ 时，P_{V}、P_{o} 都达到最大值，同时转换效率 η 也达到最大。

(4) 图中阴影部分即代表管耗 P_{T}，很显然，放大管管耗最大的时候并不是输出功率最大的时候，而是在中间的某个位置。

5.3　甲乙类互补对称功率放大电路

在图 5.2.1 (a) 的乙类互补对称功放电路中，实际上当输入信号很小时，因为达不到三极管的开启电压 $V_{\text{BE}} = 0.6\text{V}$，所以两个三极管均不导通，输出电压为零；当输入信号略大于开启电压时，三极管虽然能微导通，但输出波形仍会有一定程度的失真。这种输出信号正、负半周交替过零处，产生非线性失真，称为交越失真(cross-over distortion)，其波形图和示波器波形如图 5.3.1 所示。

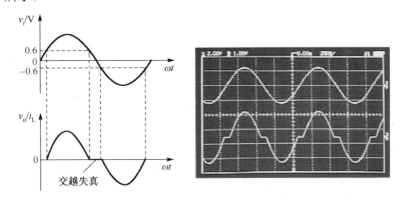

图 5.3.1　交越失真波形图

为消除交越失真，可使用二极管或三极管偏置电路，使之工作在近乙类的甲乙类方式下。常用的消除交越失真的简化互补功率放大电路有如下两种。

5.3.1　利用二极管提供偏置的互补对称电路

用二极管提供偏置的甲乙类互补功率放大电路如图 5.3.2 所示。图中 T_3 为前置放大器(偏置电路此处没有画出)，T_1、T_2 构成推挽输出的结构，二极管 D_1 和 D_2 就是三极管 T_1 和 T_2 的静态偏置电路，为两管提供一个较小的静态偏置，使之处于微导通状态。静态时，由于 T_1 和 T_2 互补对称，流入负载的静态输出电流为零，所以静态时输出电压 v_o 也为零。动态时，T_1 和 T_2 轮流导通，在负载上得到一个完整的正弦波。由于设置了偏置电压，即使在输入信号比较小的期间，输出也会有比较好的线性，基本上消除了交越失真。电路中的功率管导通角略大于 $180°$，故称近乙类的甲乙类推挽功率放大电路。由于偏置很小，各项指标的计算仍然可以按乙类推挽功率放大电路一般处理。

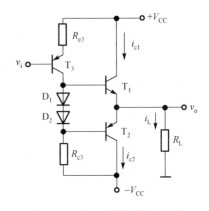

图 5.3.2　用二极管提供偏置的甲乙类互补功率放大电路

图 5.3.2 所示电路的偏置电压不易调整，由此产生了 V_{BE} 扩大电路为输出管提供静态偏置。

5.3.2　V_{BE} 扩大电路

采用 V_{BE} 扩大电路的甲乙类互补对称功率放大电路如图 5.3.3 所示，该电路采用电压倍增电路取代二极管，构成 V_{BE} 扩大电路。其中

$$V_{CE4} = \frac{V_{BE4}(R_1 + R_2)}{R_2}$$

三极管 T_4 的发射结结电压 V_{BE4} 基本不变$(0.6\sim0.7V)$，只要调整电阻 R_1、R_2 的阻值使 V_{CE4} 按 T_1、T_2 偏置电压的需要倍增就可以使交越失真大为改善。这种结构在集成功放中广为应用。

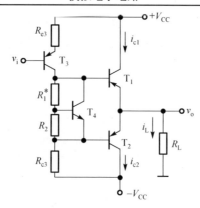

图 5.3.3　采用 V_{BE} 扩大电路的甲乙类互补功率放大电路

5.4　其他类型互补对称功率放大电路

除了前面介绍的用双电源直接带负载的互补功放（OCL 功放），还有一些其他类型的互补功率放大电路。下面将介绍其中的三种：单电源互补功率放大电路（OTL）、桥式推挽功率放大电路（BTL）以及采用复合管的互补功率放大电路。

5.4.1　单电源互补功率放大电路

甲乙类单电源互补功率放大电路如图 5.4.1 所示。它去掉了一组电源，在输出端与负载之间增加了一个大电容。当电路对称时，只要 R_1、R_2 取值恰当，就可以使 I_{C3}、V_{B1}、V_{B2} 达到所需大小，使输出端 K 的静态电位 V_K 等于 $V_{CC}/2$。从而使得一组电源和一个大电容，替代了正负两组电源。图中 T_3 起前置放大作用，T_1、T_2 构成推挽输出的结构。

在输入信号的负半周，T_1 导通，有电流流过负载，同时向电容 C 充电；在输入信号的正半周，T_2 导通，已充电到位的电容一方面因为在静态时就有 $V_{CC}/2$ 的偏置电压而充当 OCL 电路中的负电源，另一方面电容 C 通过负载将信号负半周时存储的电荷放掉。只要时间常数 R_LC 设置得足够大，即

$$\frac{1}{2\pi R_L C} \ll f_L \qquad C \gg \frac{1}{2\pi R_L f_L}$$

就可以保证电容两端电压降基本维持不变，此时，用 $+V_{CC}$ 单电源供电的 OTL 电路完全可以等效为一个由 $\pm\frac{1}{2}V_{CC}$ 双电源供电的 OCL 电路。即每个管子的工作电源电压为 $\pm\frac{1}{2}V_{CC}$。

通过分析可以发现，图 5.4.1 所示电路的实际输出明显小于理想的 $\frac{1}{2}V_{CC}$，改善的方法是引入自举升压电路，如图 5.4.2 所示。

必须指出的是，单电源供电的 OTL 电路，由于每个功率管的实际工作电压是 $\frac{1}{2}V_{CC}$，所以输出电压幅值充其量也只能达到约 $\frac{1}{2}V_{CC}$。前面导出的各性能指标的计算公式都必须通过用 $\frac{1}{2}V_{CC}$ 代替 V_{CC} 进行修正才能使用。

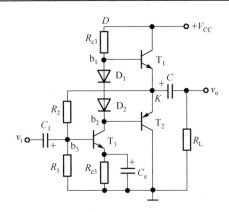

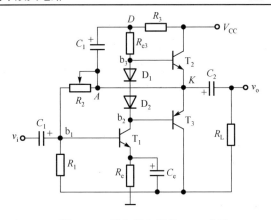

图 5.4.1　单电源互补功率放大电路　　　　　　图 5.4.2　带自举电容的 OTL 电路

5.4.2　采用复合管(达林顿管)的互补功率放大电路

1. 复合管

输出功率较大的电路,应采用较大功率的功率管。但大功率管的电流放大系数 β 往往较小,且异型管的大功率配对也比同型管困难得多,不容易选到特性一致的互补管。所以在实际应用中,通常采用复合管来解决功率互补管的配对问题。

把两个甚至多个三极管按一定方式组合起来等效成一只放大管,即构成复合管。组成复合管的原则是按照各电极的电流的流向进行连接。根据这个原则,复合管的连接方式有四种形式,如图 5.4.3 和图 5.4.4 所示。

对于同类型三极管的复合,NPN 三极管和 NPN 三极管、PNP 三极管和 PNP 三极管的复合如图 5.4.3 所示。

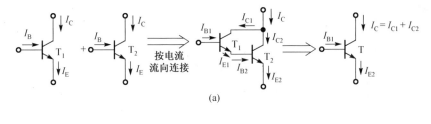

(a)

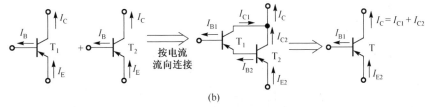

(b)

图 5.4.3　同类型三极管复合

(1)复合管的极性不变。即 i_B 向管内流者等效为 NPN 管,如图 5.4.3(a)所示。i_B 向管外流者等效为 PNP 管,如图 5.4.3(b)所示。

(2)复合管的电流放大系数 $\beta \approx \beta_1 \beta_2$。

(3)输入电阻 $r_{be} \approx r_{be1} + (1+\beta_1)r_{be2}$。

（4）组成复合管的各管各极电流应满足电流一致性原则，即串接点处电流方向一致，并接点处保证总电流为两管输出电流之和。

对于互补型三极管的复合，NPN 三极管和 PNP 三极管的复合如图 5.4.4 所示。PNP 三极管和 NPN 三极管的复合类似。

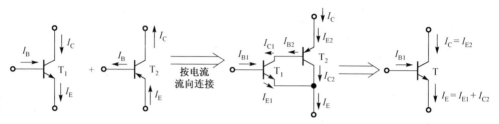

图 5.4.4　互补型三极管复合

（1）复合管的极性取决于前一只管子：即 i_B 向管内流者等效为 NPN 管，如图 5.4.4 所示。i_B 向管外流者等效为 PNP 管。

（2）复合管的电流放大系数 $\beta \approx \beta_1 \beta_2$。

（3）输入电阻 $r_{be} \approx r_{be1}$。

（4）组成复合管的各管各极电流应满足电流一致性原则，即串接点处电流方向一致，并接点处保证总电流为两管输出电流之和。

2. 采用复合管的互补对称功放

采用复合管组成的 OTL 功率放大器，是采用一对同型号的大功率管和一对异型号的互补的小功率管各自构成复合管来取代互补对称管，所以又称为准互补对称功率放大器。

图 5.4.5 为一实用的双电源准互补对称功放（OCL），用于高保真音频设备。电路中同型大功率管 T_7、T_9 组成的 NPN 型复合管与小功率管 T_8、T_{10} 组成的 PNP 型复合管共同构成了准互补的推挽式输出级。

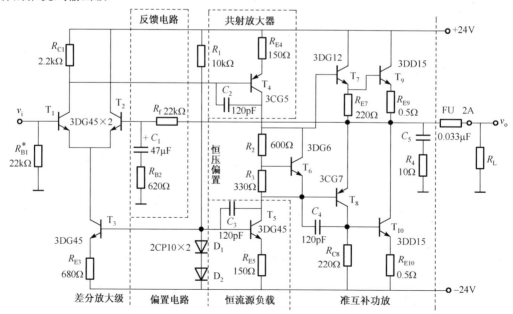

图 5.4.5　准互补推挽功率放大电路

5.4.3　桥式推挽功率放大电路

上述 OCL 和 OTL 两种功放电路的效率很高，但是它们对电源的利用率都不高。输入正弦信号时，在每半个信号周期中，电路只有一半晶体管和一半电源在工作。为了提高电源的利用率，也就是在较低电源电压的作用下，使负载获得较大的输出功率，一般采用桥式推挽功率放大电路，又称为 BTL 电路。电路如图 5.4.6 所示。

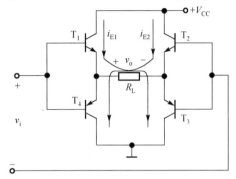

在输入信号 v_i 正半周时，T_1，T_4 导通，T_2，T_3 截止，负载电流由 V_{CC} 经 T_1，R_L，T_4 流到虚地端；在输入信号 v_i 负半周时，T_1，T_4 载止，T_2，T_3 导通，负载电流由 V_{CC} 经 T_2，R_L，T_3 流到虚地端。所以其特点如下。

图 5.4.6　桥式推挽功率放大电路(BTL 电路)

(1)该电路实质仍然为乙类推挽放大电路，利用互补对称的两个电路完成对输入信号的放大；单电源供电情况下，其输出电压的幅值为 $V_{om(max)} \approx V_{CC}$。

最大输出功率为

$$P_{om} \approx \frac{V_{CC}^2}{2R_L}$$

(2)同 OTL 电路相比，同样是单电源供电，在 V_{CC}，R_L 相同条件下，BTL 电路输出功率为 OTL 电路输出功率的 4 倍，电源利用率高。

(3)BTL 电路的效率在理想情况下，仍近似为 78.5%。

5.5　功率器件及其选用

在电路设计时，对分立器件主要从散热、极限电压、极限电流、最大管耗、二次击穿区域、工作频率、型号互换等方面考虑。

1. 散热

消耗在半导体器件本身的功耗会转变为热量引起功率器件管芯发热、半导体 PN 结的结温升高，结温的升高和半导体器件的热击穿关系很大。如果不能及时、有效地将此热量释放，就会给半导体带来不安全隐患，甚至损坏器件。使管子不发生热击穿的最高工作温度称为最高结温。散热设计的关键通常从两方面入手：通过优化设计等方式尽量减少损耗；通过散热器利用传导、对流、辐射的传热原理，将器件产生的热量快速释放到周围环境中去，以减少内部热累积。

2. 极限电压

半导体器件均有其耐压的极限值，如 BJT 的反向击穿电压 $V_{(BR)CEO}$ 等。当外加电压大于半导体器件的极限电压值时，就会出现可逆的瞬时电击穿甚至永久性的热击穿。前者引起器件电参数的暂时变化，但电路特性并不会变坏；后者则会使器件突发性失效。在选择半导体器件时，其极限值应该大于最坏条件下的工作电压(包括冲击电压在内)。所选半导体器件的额定值应该在此基础上扩大 1.2 倍。

3. 极限电流

极限电流是器件所承受的最大电流。如 BJT 的集电极最大允许电流 I_{CM}。在选择半导体器件时，其极限值应该大于最坏条件下的工作电流(包括冲击电流在内)。从可靠性和经济的角度出发，所选半导体器件的额定值还应该在此基础上扩大 1.2 倍。

4. 最大管耗

最大管耗是半导体器件允许损耗功率的最大值，超过此值就会使管子性能变坏甚至烧毁。如 BJT 的集电极最大允许功率损耗 P_{CM}。最大管耗同样与环境温度密切相关，基于可靠性和低成本的考虑，器件最大工作环境温度下的最大允许功耗应该大于最坏条件下(包括冲击功耗在内)的管耗。

5. 二次击穿现象

外加电压超过半导体器件的极限电压时发生电击穿，即一次击穿。当这种击穿出现时，管耗、工作电流和环境温度等因素不很恶劣的情况下，半导体器件短时间内并不会发生损毁。

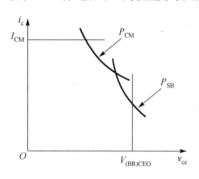

图 5.5.1　BJT 三极管的安全工作区

但是，如果出现一次击穿后，有些半导体器件的工作电流继续增大到某一数值后，将导致不可逆转的二次击穿。此时对应的管耗称为二次击穿功耗。和导致一次击穿的反向击穿电压类似，二次击穿点因偏置条件的不同而变化。通常把由这些不同的点连成的曲线称为二次击穿临界曲线或二次击穿功耗线。二次击穿是功率管失效的重要原因之一。

为保证管子正常工作，提出了功率管安全工作区的概念。但是功率管的安全工作区，除了满足极限电压、极限电流和最大管耗的条件外，还要受二次击穿临界曲线 P_{SB} 的限制。以功率 BJT 为例，其安全工作区域如图 5.5.1 所示。

6. 工作频率

由于 PN 结的电容效应，半导体器件有其工作频率的限制，一般多考虑上限频率的影响，工作频率超过该极限则器件的性能将下降甚至失效。另外也不宜用高频器件代替低频器件，那样噪声系数将增大。

7. 型号互换

型号互换时主要考虑参数的匹配，如额定工作电压、电流、功率、工作频率范围等。

10 年前，双极型功率晶体管在总的三极管功率器件中约占 34%，现在则降到了 13% 以下。虽然有制造工艺简单、基极控制电压小、同型管容易实现互补对称的优势，仍然有在中、低压应用场合被功率 MOSFET 取代、较高电压应用中被 IGBT 取代的趋势。

5.6 常用集成功率放大器

集成功率放大器不仅具有体积小、重量轻、成本低、外围元件少、安装调试简单、使用方便的优点，而且在性能上也优于分立元件，广泛应用于收录机、电视机、开关功率电路、伺服放大电路中，输出功率由几百毫瓦到几十瓦不等。

集成功率放大器是在集成运放的基础上发展起来的，其内部电路与集成运放相似。但是，由于功放在安全性、转换效率、输出功率和保真度方面有特殊的要求，电路内部通常引入的是深度负反馈，并有过热、过电流、过电压等保护电路。

本节将介绍一种常用的音频集成功放 TDA2030A 及其接成 OCL、OTL、BTL 电路的应用。

5.6.1 TDA2030A 简介

TDA2030A 是一块性能十分优良的单声道集成功率放大电路，属于低频甲乙类放大电路。实物和管脚排列如图 5.6.1 所示。

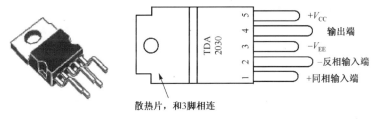

图 5.6.1 单声道集成功放 TDA2030A

TDA2030A 只有五只引脚，正电源、负电源、正向输入、反向输入和输出。因为 2030 的散热片是和负电源输入端 3 脚连通的，所以，用双电源供电时，要注意散热片千万不要和地线短接。

TDA2030A 集成电路的特点是输出功率大，而且保护性能比较完善。TDA2030A 的工作电压范围较广，从±6～±18V 都可以正常工作。TDA2030A 在电源电压±14V，负载电阻为 4Ω 时输出 18W 功率(失真度≤0.5%)；在电源电压±16V，负载电阻为 4Ω 时输出 18W 功率(失真度≤0.5%)。若使用两块电路组成 BTL 电路，输出功率可增至 35W。大功率集成块由于所用电源电压高、输出电流大，在使用中稍有不慎就会损坏，然而在 TDA2030 集成电路中，设计了较为完善的保护电路，一旦输出电流过大或管壳过热，集成块能自动地减流或截止，实现自我保护。

TDA2030A 集成电路的另一个特点是外围电路简单，使用方便。在现有的各种功率集成电路中，它的管脚属于最少的一类，总共才 5 端，外型如同塑封大功率管，这就给使用带来不少方便。

该电路由于价廉质优，使用方便，广泛地应用于各种款式收录机和高保真立体声设备中。

5.6.2 TDA2030A 的典型应用电路

下面给出 TDA2030A 接成 OCL 电路、OTL 电路和 BTL 电路的实例供学习和参考。TDA2030A 构成单电源互补对称功放如图 5.6.2 所示，TDA2030A 构成双电源互补对称功放如图 5.6.3 所示，TDA2030A 构成 BTL 功放如图 5.6.4 所示。

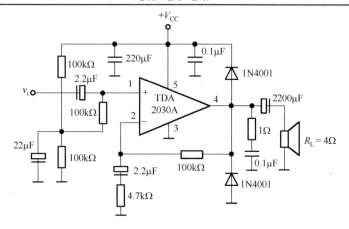

图 5.6.2 TDA2030A 构成单电源互补对称功放

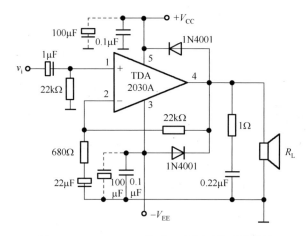

图 5.6.3 TDA2030A 构成双电源互补对称功放

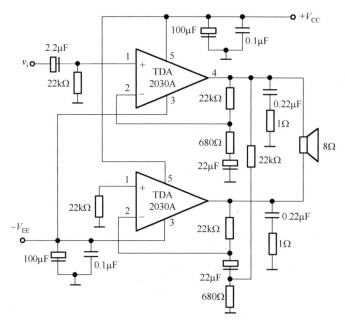

图 5.6.4 TDA2030A 构成桥式推挽功放

本 章 小 结

本章介绍了功率放大电路的工作原理和主要参数，包括乙类和甲乙类功率放大电路、双电源和单电源互补对称功率放大电路，具体归纳如下。

(1) 功率放大电路是在大信号下工作，通常采用图解法进行分析。研究的重点是如何在允许的失真情况下，尽可能提高输出功率和效率。

(2) 与甲类功率放大电路相比，乙类互补对称功率放大电路的主要优点是效率高，在理想情况下，其最大效率约为 78.5%。

(3) 为保证 BJT 安全工作，双电源互补对称电路工作在乙类时，器件的极限参数必须满足：$P_{CM} > P_{T1} \approx 0.2 P_{om}$，$|V_{(BR)CEO}| > 2V_{CC}$，$I_{CM} > V_{CC}/R_L$。

(4) 由于 BJT 输入特性存在导通电压 V_{BE}，工作在乙类的互补对称电路将出现交越失真，克服交越失真的方法是采用甲乙类(接近乙类)互补对称电路。通常可利用二极管或 V_{BE} 扩大电路进行偏置，使功放电路在静态时处于微导通，克服交越失真。参数计算可沿用乙类功率放大电路公式。

(5) 在单电源互补对称电路中，计算输出功率、效率、管耗和电源供给的功率，可借用双电源互补对称电路的计算公式，但要用 $V_{CC}/2$ 代替原公式中的 V_{CC}。

(6) 在集成功放日益发展，并获得广泛应用的同时，大功率器件也发展迅速，主要有达林顿管、功率 VMOSFET 和功率模块。由于功率管在使用中压降高、电流大，为了保证器件的安全运行，功放电路常设置保护电路、功率管的散热器等。

习 题 5

客观检测题

一、填空题

1. 功率放大电路的最大输出功率是在输入电压为正弦波时，输出基本不失真情况下，负载上可能获得的最大_____。(交流功率　直流功率　平均功率)

2. 与甲类功率放大器相比较，乙类互补推挽功放的主要优点是_____。(无输出变压器　能量效率高　无交越失真)

3. 所谓功率放大电路的转换效率是指_____之比。

4. 在 OCL 乙类功放电路中，若最大输出功率为 1W，则电路中功放管的集电极最大功耗约为_____。

5. 在选择功放电路中的晶体管时，应当特别注意的参数有_____。

6. 若乙类 OCL 电路中晶体管饱和管压降的数值为 $|V_{CES}|$，则最大输出功率 P_{OM}=_____。

7. 电路如图题 7 所示，已知 T_1 和 T_2 的饱和管压降 $|V_{CES}|$=2V，直流功耗可忽略不计。R_3、R_4 和 T_3 的作用是_____。负载上可能获得的最大输出功率 P_{om}_____和电路的转换效率 η_____。设最大输入电压的有效值为 1V。为了使电路的最大不失真输出电压的峰值达到 16V，电阻 R_6 至少应取_____千欧。

8. 甲类功率放大电路的能量转换效率最高是_____。甲类功率放大电路的输出功率越大，则功放管的管耗_____，则电源提供的功率_____。

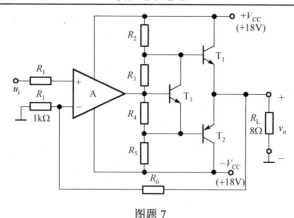

图题7

9. 乙类互补推挽功率放大电路的能量转换效率最高是_____。若功放管的管压降为 V_{CES}，乙类互补推挽功率放大电路在输出电压幅值为_____，管子的功耗最小。乙类互补功放电路存在的主要问题是_____。在乙类互补推挽功率放大电路中，每只管子的最大管耗为_____。设计一个输出功率为 20W 的功放电路，若用乙类互补对称功率放大，则每只功放管的最大允许功耗 P_{CM} 至少应有_____。双电源乙类互补推挽功率放大电路最大输出功率为_____。

10. 为了消除交越失真，应当使功率放大电路工作在_____状态。

11. 单电源互补推挽功率放大电路中，电路的最大输出电压为_____。

12. 由于功率放大电路工作信号幅值_____，所以常常是利用_____分析法进行分析和计算的。

二、问答题

1. 功率放大电路与电压放大电路有什么区别？

2. 晶体管按工作状态可以分为哪几类？各有什么特点？

3. 会估算乙类互补推挽功率放大电路的最大输出功率和最大效率吗？在已知输入信号、电源电压和负载电阻的情况下，如何估算电路的输出功率和效率？

4. 什么是交越失真？怎样克服交越失真？

5. 在乙类互补推挽功放中，晶体管耗散功率最大时，电路的输出电压是否也最大？

6. 以运放为前置级的功率放大电路有什么特点？

7. 常用的功率器件有哪些，各有什么特点？选择功率器件要考虑哪些因素？

8. 什么是热阻？如何估算和选择功率器件所用的散热装置？

主观检测题

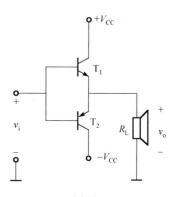

图题1

1. 电路如图题1所示。已知电源电压 $V_{CC}=15V$，$R_L=8\Omega$，$V_{CES}\approx 0$，输入信号是正弦波。试问：

(1) 负载可能得到的最大输出功率和能量转换效率最大值分别是多少？

(2) 当输入信号 $v_i=10\sin\omega t\,(V)$ 时，求此时负载得到的功率和能量转换效率。

2. 图题1为一 OCL 电路，已知 $V_{CC}=12V$，$R_L=8\Omega$，输入信号是正弦波。求：

(1) $V_{CES}\approx 0$ 的情况下，负载可能得到的最大输出功率；

(2) 选择晶体管实现该电路，每个管子的管耗 P_{CM} 至少应为多少？

(3)选择晶体管每个管子的耐压 $\left|V_{(BR)CEO}\right|$ 至少应该为多少?

3. 图题 1 所示电路为一 OCL 电路,输入信号是正弦波,$R_L = 16\Omega$。要求最大输出功率为 10W。试在晶体管饱和压降可以忽略不计的条件下,求出下面各值:

(1)正、负电源 V_{CC} 的最小值(取整数);

(2)根据 V_{CC} 的最小值,选择晶体管实现该电路,耐压 $\left|V_{(BR)CEO}\right|$ 和晶体管 I_{CM} 的最小值;

(3)当输出功率最大(10W)时,电源供给的功率?

(4)每个管子的管耗 P_{CM} 至少应为多少?

4. 功率放大电路如图题 4 所示。已知 $V_{CC} = 12V$,$R_L = 8\Omega$,静态时的输出电压为零,在忽略 V_{CES} 的情况下,试问:

(1)电路的最大输出功率是多少?

(2)T_1 和 T_2 的最大管耗 P_{T1m} 和 P_{T2m} 是多少?

(3)电路的最大效率是多少?

(4)T_1 和 T_2 的耐压 $\left|V_{(BR)CEO}\right|$ 至少应为多少?

(5)二极管 D_1 和 D_2 的作用是什么?

5. 双电源互补推挽功率放大电路如图题 5 所示。

(1)试分别标出三极管 $T_1 \sim T_4$ 的管脚(b、c、e)及其类型(NPN、PNP);

(2)试说明三极管 T_5 的作用。

(3)调节可变电阻 R_2 将会改变什么?

(4)$V_{CC} = 12V$,$R_L = 8\Omega$,假设晶体管饱和压降可以忽略,试求 P_{om} 的值。

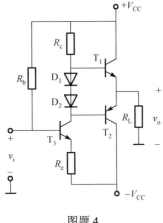

图题 4

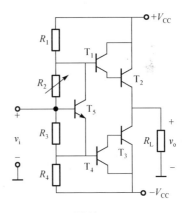

图题 5

6. 某集成电路的输出级如图题 6 所示。

(1)为了克服交越失真,采用了由 R_1、R_2 和 T_4 构成的 V_{BE} 扩大电路,分析其工作原理。

(2)为了对输出级进行过载保护,图中接有三极管 T_5、T_6 和 R_3、R_4,试说明进行过流保护的原理。

7. OTL 放大电路如图题 7 所示,设 T_1、T_2 的特性完全对称,v_i 为正弦波,$V_{CC} = 10V$,$R_L = 16\Omega$。求:

(1)静态时,电容 C_2 两端的电压应是多少?调整哪个电阻能满足这一要求?

(2)动态时,若输出电压波形出现交越失真,应调整哪个电阻?如何调整?

(3)若 $R_1 = R_2 = 1.2k\Omega$,T_1、T_2 的 $\beta = 50$,$\left|V_{BE} = 0.7V\right|$,$P_{CM} = 200mW$,假设 D_1、D_2、R_2 中任意一个开路,将会产生什么后果?

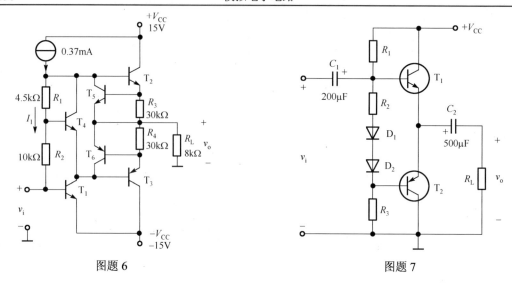

图题 6 图题 7

8. 如图题 8 所示为三种功率放大电路。已知图中所有晶体管的电流放大系数、饱和管压降的数值等参数完全相同，导通时 b、e 间电压可忽略不计；电源电压 V_{CC} 和负载电阻 R_L 均相等。试分析：

(1)下列各电路是何种功率放大电路。

(2)静态时，晶体管发射极电位 V_E 为零的电路有哪些？为什么？

(3)试分析在输入正弦波信号的正半周，图题 8(a)、(b)和(c)中导通的晶体管分别是哪个？

(4)负载电阻 R_L 获得的最大输出功率的电路为何种电路？

(5)何种电路的效率最低。

9. 若功率放大电路输出的最大功率 $P_{om} = 100mW$，负载电阻 $R_L = 80\Omega$，如采用单电源互补功率放大电路，试求电源电压 V_{CC} 的值。

10. TDA1556 为 2 通道 BTL 电路，图题 10 所示为 TDA1556 中一个通道组成的实用电路。已知 $V_{CC} = 15V$，放大器的最大输出电压幅值为 13V。

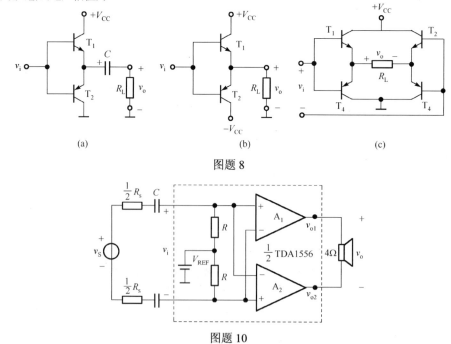

(a) (b) (c)

图题 8

图题 10

(1)为了使负载上得到的最大不失真输出电压幅值最大，基准电压 V_{REF} 应为多少伏？静态时 v_{o1} 和 v_{o2} 各为多少伏？

(2)若 v_i 足够大，则电路的最大输出功率 P_{om} 和效率 η 各为多少？

(3)若电路的电压放大倍数为 20，则为了使负载获得最大输出功率，输入电压的有效值约为多少？

11. TDA1556 为 2 通道 BTL 电路，图题 11 所示为 TDA1556 中一个通道组成的实用电路。已知 $V_{CC} = 15$，放大器的最大输出电压幅值为 13V。

(1)为了使负载上得到的最大不失真输出电压幅值最大，基准电压 V_{REF} 应为多少伏？静态时 v_{o1} 和 v_{o2} 各为多少伏？

(2)若 v_i 足够大，则电路的最大输出功率 P_{om} 和效率 η 各为多少？

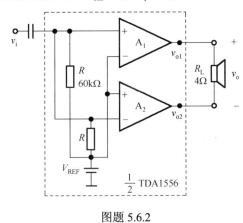

图题 5.6.2

第6章 集成运算放大器

内容提要：本章将讲述差分放大电路，包括差分放大电路的组成、差分放大电路的输入和输出方式、差分放大电路的静态计算和动态计算；然后介绍了常用的恒流源；最后将介绍集成电路的组成、工作原理、参数和指标等。

6.1 差分放大电路

在直接耦合电路中，前、后级的耦合直接用导线连接，这样既能放大交流信号，还能放大直流信号；由于电路中不存在大电容和电感，便于集成，集成电路广泛采用直接耦合电路。

人们在实验中发现，如果将直接耦合放大电路的输入端短路，同时用灵敏度较高的电压表或示波器测量输出端，可以看到有缓慢变化的输出信号存在。这种当放大器输入端短路时，输出端仍有缓慢变化的电压产生的现象，称为零点漂移现象。如果零点漂移现象严重，在输出端将无法输出真实信号。产生零点漂移的原因有很多，如电源电压的波动、元件老化、半导体器件参数随温度变化而变化等可以影响到电路参数的因素都是产生零点漂移的原因。但温度变化是产生零点漂移的主要原因，因而零点漂移也称为温度漂移(温漂)。

如何衡量温漂的大小？为了准确地分析温漂，做法是将输出端温漂信号大小折算到输入端，并用单位温度的变化率来表示。例如，某电路电压放大倍数为 $\dot{A}_V = 200$，当温度变化 $\Delta T = 5℃$ 时，输出电压变化 $\Delta V_o = 10\text{mV}$，则温漂为 $\dfrac{10}{5 \times 200} = 0.01\text{mV}/℃$。

综上所述，对于直接耦合多级放大器的输入级而言，一个重要任务就是要能够抑制零点漂移，另一个重要任务就是能够放大偏差信号。在集成运算放大器中采用差分放大电路来消除直接耦合方式所带来的温漂影响。

6.1.1 差模信号和共模信号

任何一个线性放大电路都可以看成是一个双端网络，对于输入端口所加的输入信号而言，总可以等效为差模信号和共模信号的线性叠加。

差模信号：大小相等，极性相反(变化规律相反)的一对信号，如图 6.1.1(a)所示。

共模信号：大小相等，极性相同(变化规律一致)的一对信号，如图 6.1.1(b)所示。

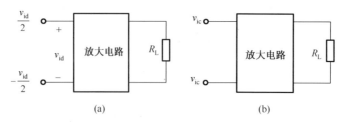

图 6.1.1 差模信号和共模信号

如图 6.1.2(a)所示，放大电路输入端所加信号分别为 v_{i1} 和 v_{i2}，观察图 6.1.2，假设

$$v_{i1} = v_{ic} + \frac{v_{id}}{2} \tag{6.1.1}$$

$$v_{i2} = v_{ic} - \frac{v_{id}}{2} \tag{6.1.2}$$

对式(6.1.1)和式(6.1.2)整理变换，可得

$$v_{id} = v_{i1} - v_{i2} \tag{6.1.3}$$

$$v_{ic} = \frac{v_{i1} + v_{i2}}{2} \tag{6.1.4}$$

通过上面推导可知，差模信号为两个输入信号之差；共模信号为两个输入信号之和的一半，等效电路如图 6.1.2(b)所示。

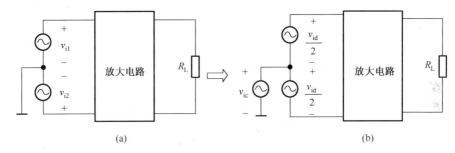

图 6.1.2　差模信号和共模信号等效

对于一对任意信号，设 $v_{i1} = 5\text{mV}$，$v_{i2} = 1\text{mV}$，可知

$$v_{id} = v_{i1} - v_{i2} = 4\text{mV}$$

$$v_{ic} = \frac{v_{i1} + v_{i2}}{2} = 3\text{mV}$$

差模电压放大倍数：放大电路对差模信号的电压放大倍数称为差模电压放大倍数，即

$$A_{VD} = \frac{v_{od}}{v_{id}} \tag{6.1.5}$$

共模电压放大倍数：放大电路对共模信号的电压放大倍数称为共模电压放大倍数，即

$$A_{VC} = \frac{v_{oc}}{v_{ic}} \tag{6.1.6}$$

放大电路总的输出电压为

$$v_o = A_{VD} \cdot v_{id} + A_{VC} \cdot v_{ic} \tag{6.1.7}$$

温漂信号和外加干扰信号对于放大电路的两个输入端的影响总是相同的，可以看成对放大电路输入了共模信号，因此希望共模电压放大倍数越小越好，理想差分放大电路的共模放大倍数 $A_{VC} = 0$，而有用信号以差模信号的方式出现。

6.1.2　射极偏置差分放大电路

1. 电路构成

射极偏置差分放大电路如图 6.1.3 所示，其中 T_1 和 T_2 管特性完全相同。从图中可以看出每个三极管都构成了共射极电路，且参数完全对称。电路从两个输入端输入信号，输出为两

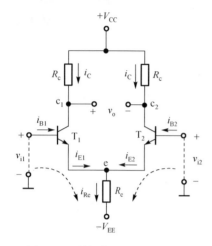

图 6.1.3　射极偏置差分放大电路

管集电极电位之差。电路采用了正负双电源，负电源保证三极管发射结的正向导通，使三极管能够正常放大；R_e电阻接在两管的发射极，具有负反馈的作用，能够稳定 Q 点，因此具有减小每一边电路的零点漂移的作用。

2. 静态工作点分析

静态时电路输入为 $v_{i1} = v_{i2} = 0$，两个输入端可看成对地短路，如图 6.1.3 虚线所示。由于电路对称，有

$$V_E = 0 - V_{BE} = -V_{BE}$$

$$I_{E1} = I_{E2} = I_E = \frac{I_{Re}}{2} = \frac{V_E - (-V_{EE})}{R_e} = \frac{V_{EE} - V_{BE}}{R_e}$$

$$V_{C1} = V_{C2} = V_C = V_{CC} - I_C R_c \approx V_{CC} - I_E R_c$$

$$V_{CEQ1} = V_{CEQ2} = V_{CEQ} = V_C - V_E$$

因此，输出电压

$$V_o = V_{C1} - V_{C2} = 0$$

3. 动态性能分析

1）输入信号为差模信号

设输入信号为 $v_{i1} = -v_{i2} = \dfrac{v_{id}}{2}$，由于两输入端信号大小相等，方向相反，一端输入信号增加多少，另一端就减少多少；由于电路参数对称，集电极电流变化两管大小相等方向相反，即 $\Delta i_{C1} = -\Delta i_{C2}$ 从而使得 $\Delta v_{C1} = -\Delta v_{C2}$，输出 $v_{od} = \Delta v_{C1} - \Delta v_{C2} = 2\Delta v_{C1}$，用 v_{o1} 表示 Δv_{C1} 有

$$A_{VD} = \frac{v_{od}}{v_{id}} = \frac{v_{o1} - v_{o2}}{v_{i1} - v_{i2}} = \frac{2v_{o1}}{2v_{i1}} = A_{VD1} \tag{6.1.8}$$

从上述分析可以知道，输入差模信号时，电路输出电压为电路两管集电极电位变化的 2 倍；差模信号是电路的有效输入信号，差分放大电路对差模信号具有放大作用；且差模放大倍数等于单边电路的电压放大倍数，多使用了一个三极管并没有提高电压放大倍数。

2）输入信号为共模信号

设输入信号为 $v_{i1} = v_{i2} = v_{ic}$，由于两输入端信号大小相等，方向相同，一端输入信号增加多少，另一端就同样增加多少；由于电路参数对称，输入信号引起的集电极电流变化两管大小相等，方向也相同，即 $\Delta i_{C1} = \Delta i_{C2}$ 从而使得 $\Delta v_{C1} = \Delta v_{C2}$，输出 $v_o = \Delta v_{C1} - \Delta v_{C2} = 0$。用 v_{o1} 表示 Δv_{C1} 有

$$A_{VC} = \frac{v_{oc}}{v_{ic}} = \frac{v_{o1} - v_{o2}}{v_{i1} - v_{i2}} = \frac{0}{2v_{i1}} = 0 \tag{6.1.9}$$

从上述分析可以知道，输入共模信号时，电路输出为 0，理想情况下，电路完全抑制共模信号，可以看出电路利用对称性抑制了零点漂移。

3）电路抑制温漂的作用

若温度变化、电源电压波动或外部对两输入端产生同样的干扰而引起电路参数变化，由

于电路完全对称，对 T_1 和 T_2 必然会产生同样的影响，所以都可以看成在电路输入端输入了共模信号。在理想情况下，不会使得电路输出发生变化，从而达到抑制温漂、稳定电路性能的目的。

从前面分析可以看出，差分放大电路是放大差模信号，抑制共模信号。希望差模放大倍数尽可能大，共模放大倍数最好为 0，而抑制共模信号主要是利用电路的对称性。实际电路中，由于电路难以达到完全理想对称，所以完全抑制温漂是不可能的，但是能使温度漂移影响极大降低。

为了科学地衡量差动放大电路性能的优劣，检验电路抑制共模信号的能力和放大差模信号的能力，提出了共模抑制比 K_{CMR}。共模抑制比定义为

$$K_{CMR} = \left| \frac{A_{VD}}{A_{VC}} \right| \tag{6.1.10}$$

或用分贝表示，$K_{CMR} = 20\lg \left| \dfrac{A_{VD}}{A_{VC}} \right| \text{dB}$。电路 A_{VD} 越大，A_{VC} 越小，K_{CMR} 越大，电路性能就越好。

6.1.3 差分放大电路交流性能指标分析

由于实际需要，差分放大电路不仅可以从两端同时输入，还可以一端接地，构成单端输入，输出时也可以从一端输出，这样差分放大电路可以形成四种连接方式：双端输入双端输出(双入双出)、双端输入单端输出(双入单出)、单端输入双端输出(单入双出)和单端输入单端输出(单入单出)。

1. 双入双出

差模输入情况下的交流通路如图 6.1.4(a)所示。由于电路参数对称，i_{E1} 上升则 i_{E2} 下降，$\Delta i_{E2} = -\Delta i_{E1}$，从而维持 i_{Re} 电流不变，R_e 支路上交流电流 $\Delta i_{Re} = 0$，因此 R_e 上的交流压降 $\Delta v_{Re} = \Delta i_{Re} \cdot R_e = 0$，可以看成交流短路，则 e 点可认为交流接地；$c_1$ 和 c_2 的电位大小相等方向相反，负载电阻 R_L 的中点也可以看成交流接地。综上所述，电路可以改画为图 6.1.4(b)。

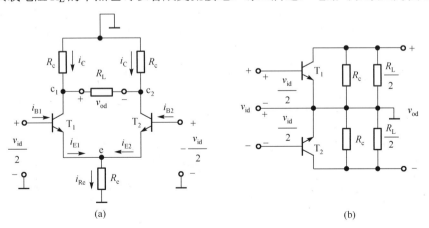

(a)   (b)

图 6.1.4 双入双出差模交流通路

从图 6.1.4(b)可以看出，电路上下两部分完全一样，因此差模电压放大倍数为

$$A_{VD} = \frac{v_{od}}{v_{id}} = \frac{\frac{1}{2}v_{od}}{\frac{1}{2}v_{id}} = A_{VD1} = -\frac{\beta \cdot \left(R_c // \frac{R_L}{2} \right)}{r_{be}} \tag{6.1.11}$$

分析可知，电路输入共模信号时共模输出电压 $v_{oc} = 0$，因此共模电压放大倍数 $A_{VC} = 0$，电路对共模信号无放大作用。

由此可见，双入双出电路抑制温漂的能力很强，多用一个三极管并没有提高电路的差模电压信号放大能力，和单管共射极电路一样。

由于电路为双入双出，电路的输入电阻为

$$R_{id} = 2r_{be} \tag{6.1.12}$$

电路的输出电阻为

$$R_o = 2R_c \tag{6.1.13}$$

输入输出电阻为单管共射极电路的两倍。

共模抑制比为

$$K_{CMR} = \infty \tag{6.1.14}$$

电路处于理想工作状态。

2. 双入单出

1) 输入差模信号

双入单出情况下的差模交流通路如图 6.1.5（a）所示。由于电路参数在输入信号回路中仍然对称，i_{E1} 和 i_{E2} 的变化量仍然大小相等方向相反，同样维持 i_{Re} 电流不变，R_e 支路仍可看成交流开路，e 点可认为交流接地。电路可以改画为图 6.1.5（b）。

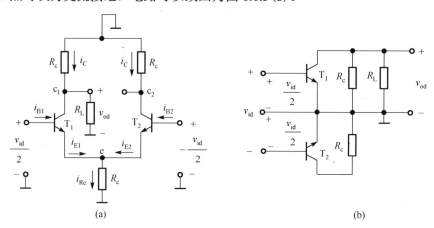

(a)　　　　　　　　　　　　　　　　　　　　(b)

图 6.1.5　双入单出差模交流通路

差模电压放大倍数为

$$A_{VD} = \frac{v_{od}}{v_{id}} = \frac{v_{od}}{v_{id1} - v_{id2}}$$

$$= \frac{v_{od1}}{2v_{id1}} = \frac{1}{2}A_{VD1}$$

$$A_{VD} = -\frac{1}{2} \cdot \frac{\beta \cdot (R_c /\!/ R_L)}{r_{be}} \tag{6.1.15}$$

由此可见，双入单出的差模电压放大倍数是双入双出的一半。

双端输入电路的差模输入电阻

$$R_{id} = 2r_{be} \tag{6.1.16}$$

单端输出电路的输出电阻

$$R_o = R_c \tag{6.1.17}$$

为双端输出的一半。

2) 输入共模信号

单端输出时，共模电压输出信号为一端集电极对地电位，因而不为 0。图 6.1.6 为输入共模信号时的交流通路。

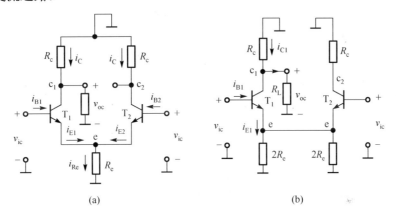

图 6.1.6　双入单出共模交流通路

共模输入情况，电路参数对称，$\Delta i_{E1} = \Delta i_{E2}$，$\Delta i_{Re} = 2\Delta i_{E1}$，在画图 6.1.6 (b) 的等效电路时，为了维持 e 点电位不变，在图 6.1.6 (b) 中接在三极管发射极的电阻必须等效为原来 R_e 的两倍。这样，电路就可以转化为单管共射极电路来计算。

电路的共模电压放大倍数为

$$A_{VC} = \frac{v_{oc}}{v_{ic}} = -\frac{\beta(R_c /\!/ R_L)}{r_{be} + 2(1+\beta) \cdot R_e} \tag{6.1.18}$$

由此可见，双入单出时共模电压放大倍数不为 0，由于 R_e 的存在，A_{VC} 值较小，同样具有较强的共模信号抑制能力。

共模抑制比为

$$K_{CMR} = \left| \frac{A_{VD}}{A_{VC}} \right| = \frac{r_{be} + 2(1+\beta)R_e}{2r_{be}} \approx \frac{(1+\beta)R_e}{r_{be}} \tag{6.1.19}$$

3. 单端输入

单端输入有两种方式：单入双出和单入单出，如图 6.1.7 所示。不管哪种方式都可以将其转化为双端输入，然后按照前面分析进行计算。

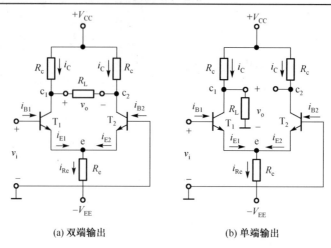

(a) 双端输出   (b) 单端输出

图 6.1.7 单端输入的差分放大电路

1) 输入分解为差模信号和共模信号的线性叠加

单端输入时，$v_{i1} = v_i$，$v_{i2} = 0$，则电路输入可分解为差模信号和共模信号，分别为

$$v_{id} = v_{i1} - v_{i2} = v_i$$

$$v_{ic} = \frac{v_{i1} + v_{i2}}{2} = \frac{v_i}{2}$$

这样就可以采用双端输入的分析方法进行分析，然后进行叠加，总的输出电压为

$$v_o = A_{VD} \cdot v_{id} + A_{VC} \cdot v_{ic} = A_{VD} \cdot v_i + A_{VC} \cdot \frac{v_i}{2}$$

2) 双端输出

双端输出可以类似双入双出情况分析。

在 R_e 很大时，可认为 R_e 所在支路交流开路，输入电阻为

$$R_i \approx 2r_{be} \tag{6.1.20}$$

输出电阻为

$$R_o = 2R_c \tag{6.1.21}$$

差模电压放大倍数为

$$A_{VD} = \frac{v_{od}}{v_{id}} = -\frac{\beta\left(R_c // \dfrac{R_L}{2}\right)}{r_{be}} \tag{6.1.22}$$

共模电压放大倍数为

$$A_{VC} = 0 \tag{6.1.23}$$

输出电压为

$$v_o = A_{VD} \cdot v_i$$

共模抑制比为

$$K_{CMR} = \infty$$

3) 单端输出

单端输出时，可以类似双入单出情况分析。

和单入单出情况一样，输入电阻为

$$R_i \approx 2r_{be} \tag{6.1.24}$$

输出电阻为

$$R_o = R_c \tag{6.1.25}$$

差模电压放大倍数为

$$A_{VD} = \frac{v_{od}}{v_{id}} = -\frac{1}{2} \cdot \frac{\beta(R_c /\!/ R_L)}{r_{be}} \tag{6.1.26}$$

共模电压放大倍数为

$$A_{VC} = \frac{v_{oc}}{v_{ic}} = -\frac{\beta(R_c /\!/ R_L)}{r_{be} + 2(1+\beta)R_e} \tag{6.1.27}$$

输出电压为

$$v_o = A_{VD} \cdot v_{id} + A_{VC} \cdot v_{ic} = A_{VD} \cdot v_i + \frac{1}{2} \cdot A_{VC} \cdot v_i$$

$$v_o = -\frac{1}{2} \cdot \left[\frac{\beta(R_c /\!/ R_L)}{r_{be}} + \frac{\beta(R_c /\!/ R_L)}{r_{be} + 2(1+\beta)R_e} \right] \cdot v_i$$

共模抑制比

$$K_{CMR} = \left| \frac{A_{VD}}{A_{VC}} \right| = \frac{r_{be} + 2(1+\beta)R_e}{2r_{be}} \approx \frac{(1+\beta)R_e}{r_{be}} \tag{6.1.28}$$

可以看出，R_e 越大，共模抑制比越大，电路性能越好。因而前面所介绍的差分放大电路也称为长尾式差分放大电路。

6.1.4　改进的差分放大电路

1. 带电流源的差分放大电路

从单端输出的共模抑制比表达式来看，R_e 越大，抑制共模信号的能力越强；但由于电阻不能无限增加，且集成电路不适合制作大电阻，所以可以采用恒流源替代 R_e，图 6.1.8 (a) 为带电流源的差分放大电路。恒流源的等效交流电阻很大，且利于集成电路制作，理想恒流源的等效内阻为无穷大，可以认为单端输出时的共模电压放大倍数也为 0。

例 6.1.1　试分析图 6.1.8 (a) 所示电路，T_1 和 T_2 参数对称，电路参数为 $V_{CC} = 24V$，$-V_{EE} = -24V$，$I = 2mA$，$\beta = 100$，$V_{BE} = 0.7V$，$r'_{bb} = 100\Omega$，$R_b = 1k\Omega$，$R_c = 10k\Omega$，$R_L = 10k\Omega$。

(1) 试估算 Q 点；

(2) 试计算在差模输入信号下的输入电阻 R_{id}、输出电阻 R_o 和差模电压放大倍数 A_{VD}；

(3) 试求 $v_i = -10mV$ 时 v_o 的值。

解　(1) 估算 Q 点：由于输入回路参数对称，两管静态发射极电流相等，即

$$I_{E1} = I_{E2} = I_E = \frac{I}{2} = 1\text{mA}$$

$$I_{B1} = I_{B2} = \frac{I_E}{1+\beta} \approx 0.01\text{mA}$$

$$V_E = 0 - I_{B1}R_b - V_{BE} \approx -0.7\text{mV}$$

$$I_{C1} + \frac{V_{C1}}{R_L} = \frac{V_{CC} - V_{C1}}{R_C}$$

$$V_{C1} = 7\text{V}$$

$$V_{CE1} = V_{C1} - V_E = 7.7\text{V}$$

(2)图 6.1.8(b)为差模等效电路的一半。由此求输入电阻和输出电阻为

$$r_{be} = 100 + (1+\beta)\frac{V_T}{I_E} \approx 2.7\text{k}\Omega$$

$$R_i = 2(R_b + r_{be}) = 7.4\text{k}\Omega$$

$$R_o = R_c = 10\text{k}\Omega$$

差模电压放大倍数为

$$A_{VD} = -\frac{\beta(R_c /\!/ R_L)}{2(R_b + r_{be})} \approx -68$$

(3)采用理想恒流源时，共模电压放大倍数为 0，则

$$v_o = A_{VD} \cdot v_{id} = -0.68\text{V}$$

注意：如果差模输入信号的正端和输出不在同一边，则两者同极性。

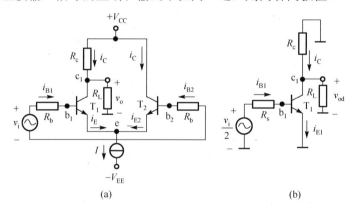

图 6.1.8　恒流源差分放大电路

2. 带调零电阻的差分放大电路

在实际电路中，由于电路参数不可能完全一致，差分放大电路在输入为 0 时，仍然有一定的输出。为了保证输入为 0 输出为 0，就需要在差分放大电路中加入调零电阻，如图 6.1.9 所示的可调电阻 R_W。在输入为 0 时，调节调零电阻 R_W 的动端使得输出为 0。具体电路读者可以自行分析。

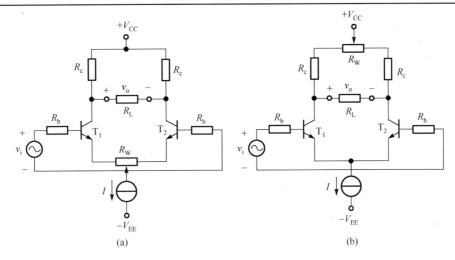

图 6.1.9　带调零电阻的差分放大电路

6.1.5　差分放大电路的电压传输特性

电压传输特性描绘了输出电压如何跟随输入电压的变化而变化，其函数表达式为 $v_o = f(v_i)$。若要测量差分放大电路的电压传输特性，可以在输入端加入一个变化的信号源，在调节输入信号大小和极性的同时测量此时电路输出电压，在得到足够的数据后，可以绘制出电压传输特性曲线，如图 6.1.10(b) 所示。图中虚线所示特性为输入极性改变后的特性曲线。

可以看到，当增加输入电压幅值大于 $|2V_T|$ 后，输出电压将不能和输入电压保持线性关系，从而产生了电路失真，进入了差动放大电路的非线性区域，电路的输出将基本不变，出现了限幅特性。利用限幅特性可以构成比较电路和方波发生电路等。差分放大电路工作在线性区域时，输入电压数值较小，输出电压跟随输入电压线性变化，其斜率就是差分放大电路的差模电压放大倍数。

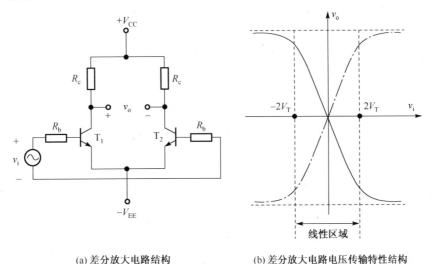

(a) 差分放大电路结构　　　　　(b) 差分放大电路电压传输特性结构

图 6.1.10　差分放大电路电压传输特性

6.2　集成运算放大器的电流源

集成电路中某些放大电路往往要求提供微弱的偏置电流，以提高输入阻抗，减小失调等。而集成电路工艺不允许使用高阻值电阻，在前面就利用电流源来替代大电阻。同时，在集成运算放大电路中广泛使用电流源给放大电路提供偏置电流，使其有合适的静态工作点。另外还可以利用电流源作为放大电路的有源负载以提高放大电路的放大倍数。模拟集成电路中的电流源具有三个特点：直流电阻小、交流电阻大及输出电流恒定。下面就讨论集成运算放大器中较为常见的几种电流源电路。

6.2.1　基本镜像电流源

基本镜像电流源电路如图 6.2.1 所示，T_1 和 T_2 参数完全相同，T_1 和 T_2 的基极相连，且发射极相连，T_1 为偏置管，T_2 为工作管，I_{C2} 为电路的输出电流。电路分析如下：

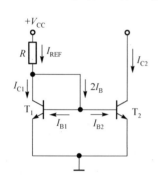

图 6.2.1　基本镜像电流源

$$V_{BE1} = V_{BE2} = V_{BE}$$

$$I_{B1} = I_{B2} = I_B$$

$$\beta_1 = \beta_2 = \beta$$

$$I_{C1} = I_{C2} = I_C$$

$$I_{C1} + 2I_B = \frac{\beta+2}{\beta}I_{C1} = I_{REF}$$

$$I_{C1} = \frac{\beta}{\beta+2}I_{REF}$$

$$I_{REF} = \frac{V_{CC} - V_{BE}}{R} \tag{6.2.1}$$

I_{REF} 为电流源基准电流，当 $V_{CC} \gg V_{BE}$ 时，$I_{REF} \approx \dfrac{V_{CC}}{R}$。

若 $\beta \gg 2$，则

$$I_{C2} = I_{C1} \approx I_{REF} \approx \frac{V_{CC}}{R} \tag{6.2.2}$$

从上述分析可以看出，电流源的输出电流 I_{C2} 由基准电流 I_{REF} 决定，I_{REF} 的大小仅由电路元件参数决定。

电路还具有温度补偿效应。

当温度升高时，$T \uparrow \rightarrow I_{C2} \uparrow \rightarrow I_{C1} \uparrow \rightarrow I_B \downarrow \rightarrow I_{C2} \downarrow$；

当温度降低时，$T \downarrow \rightarrow I_{C2} \downarrow \rightarrow I_{C1} \downarrow \rightarrow I_B \uparrow \rightarrow I_{C2} \uparrow$。

但是要注意：首先，I_{REF} 的精度由直流电源和电阻精度决定，两者必须稳定；其次，在 β 值较小时不能忽略 β 的影响。另外，若需要微小输出电流时，电路必须采用大电阻，而在集成电路中难以制作大电阻，这时可以采用后面所介绍的微电流源。

6.2.2　比例电流源

比例电流源电路如图 6.2.2 所示，其增加了两个射极电阻 R_{e1} 和 R_{e2}，若 R_{e1} 不等于 R_{e2}，则 $I_{C1} \neq I_{C2}$。分析如下。

T_1、T_2 基极相连，则

$$V_{BE1} + I_{E1}R_{e1} = V_{BE2} + I_{E2}R_{e2}$$

令 $\Delta V_{BE} = V_{BE1} - V_{BE2}$，则

$$I_{E2} = \frac{\Delta V_{BE} + I_{E1}R_{e1}}{R_{e2}}$$

若 β 较大，则 $I_{C2} = \dfrac{\Delta V_{BE} + I_{REF}R_{e1}}{R_{e2}}$。

当 I_{E1} 和 I_{E2} 相差不大或 $I_{REF}R_{e1}$ 的值较大时，ΔV_{BE} 均可忽略，则

$$I_{C2} \approx \frac{R_{e1}}{R_{e2}} \cdot I_{REF} \qquad (6.2.3)$$

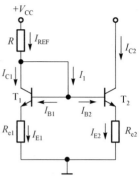

图 6.2.2 比例电流源

此时输出电流 I_{C2} 和 I_{REF} 成比例关系，比例系数由 $\dfrac{R_{e1}}{R_{e2}}$ 的值确定，因而可以调整 R_{e1} 和 R_{e2} 的比值来调节输出电流 I_{C2} 的大小。

6.2.3 微电流源

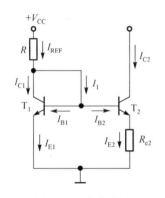

图 6.2.3 微电流源

若将比例电流源中 T_1 射极电阻 R_{e1} 去掉就构成了微电流源，电路如图 6.2.3 所示。和比例电流源一样，T_1 和 T_2 基极相连，则

$$V_{BE1} = V_{BE2} + I_{E2}R_{e2}$$

若 β 较大，则

$$I_{C2} = I_{E2} = \frac{\Delta V_{BE}}{R_{e2}} \qquad (6.2.4)$$

由于 ΔV_{BE} 的数值较小，所以可以利用较小的电阻就达到微小的输出电流，从而克服了镜像电流源需要大电阻来得到微小输出电流的缺点。

6.2.4 多路电流源

在集成运算放大电路中，由于存在多级的放大电路，需要多个偏置电流，而且集成运算放大器常常采用电流源作有源负载，因而需要多个电流源。这种情况下经常采用多路电流源，在一个基准电流下得到多个不同的输出电流。图 6.2.4 为一种多路电流源，采用比例电流源的形式，只要调整各个输出三极管的发射极电阻和 T_1 发射极电阻的比值，就可以得到不同的输出。

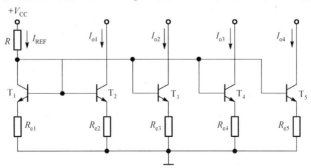

图 6.2.4 多路电流源

6.2.5　使用电流源作为有源负载

利用电流源代替放大电路中的负载，就构成有源负载放大电路。这种放大电路不仅单级电路电压放大倍数高，还可以改善放大电路的其他性能。因此，这种有源负载放大电路已成为模拟集成电路设计特色之一。

1. 提高共射极电路的放大倍数

从前面放大电路的知识可以知道，基本共射极电路的集电极电阻越大，电压放大倍数就越大；而在集成电路中不便于制作大电阻。为了解决这个问题，一般可以利用场效应管或三极管构成的电流源代替，因为电流源的交流内阻很大，而直流压降较小。图 6.2.5(a) 为使用镜像电流源作有源负载的共射极电路，图 6.2.5(b) 为等效电路。

可以认为电流源有很大的交流内阻 R'_o，其计算公式为式(3.6.12)，恒流源支路可看成开路，这样电路的电压放大倍数

$$A_V = \frac{-\beta(R'_o /\!/ R_L)}{R_b + r_{be}} \approx \frac{-\beta \cdot R_L}{R_b + r_{be}}$$

2. 提高单端输出差分放大电路的放大倍数

图 6.2.6 为单端输出的差分放大电路，其集电极电阻由镜像电流源代替。T_1 和 T_2 组成差分放大电路，T_3 和 T_4 组成镜像电流源，作为有源负载。

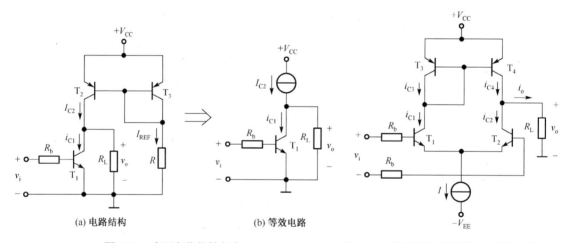

(a) 电路结构　　　　　(b) 等效电路

图 6.2.5　有源负载共射电路　　　　　　图 6.2.6　带有源负载单端输出差分放大电路

静态时，输入 $v_i = 0$，

$$i_{C1} = i_{C2}$$

$$i_{C3} = i_{C4}$$

忽略 T_3 和 T_4 基极电流，则可得

$$i_{C1} = i_{C2} \approx i_{C3} = i_{C4}$$

$$i_o = i_{C4} - i_{C2} \approx 0$$

则 $v_o \approx 0$。

动态时，输入 $v_i \neq 0$ ，设此时 i_{C1} 产生了 Δi_{C1} 的变化量，则 i_{C2} 变化量

$$\Delta i_{C2} = -\Delta i_{C1}$$

忽略 T_3 和 T_4 基极电流的变化量，则 i_{C4} 变化量

$$\Delta i_{C4} = \Delta i_{C3} = \Delta i_{C1}$$

因此，输出变化量为

$$\Delta i_o = \Delta i_{C4} - \Delta i_{C2} = \Delta i_{C1} - (-\Delta i_{C1}) = 2\Delta i_{C1}$$

由此可见，普通的单端输出差分放大电路的输出电流只能反映输出端的三极管集电极电流的变化；而利用镜像电流源作有源负载后，使输出电流提高了一倍，从而提高了放大倍数。其电压放大倍数计算如下。

当输入产生 Δv_i 变化量时，T_1 发射极交流电位为 0，由图 6.2.6(b) 所示的差分放大电路的交流等效电路可知

$$\Delta i_{B1} = \frac{\frac{1}{2}\Delta v_i}{R_b + r_{be}}$$

$$\Delta i_{C1} = \beta \Delta i_{B1} = \frac{1}{2} \cdot \frac{\beta \Delta v_i}{R_b + r_{be}}$$

$$\Delta v_i = \frac{2(R_b + r_{be})}{\beta} \Delta i_{C1}$$

则

$$A_V = \frac{\Delta v_o}{\Delta v_i} = \frac{\Delta i_o R_L}{\Delta v_i} = \frac{2\Delta i_{C1} R_L}{\Delta v_i} = \frac{\beta \cdot R_L}{R_b + r_{be}}$$

从上面分析可以看出，加入有源负载后，单端输出的差分放大电路的电压放大倍数提高了近一倍，和双端输出差分放大电路的电压放大倍数接近，提高了电路性能。

6.3　集成运算放大器

集成电路是利用氧化、光刻、扩散、外延和蒸铝等集成工艺，把三极管、电阻和导线等集中制作在一小块半导体基片上，构成一个完整的电路。随着集成电路的高速发展，性能不断提高，功能不断增强，体积不断缩小，价格不断下降，集成电路在大部分电子领域已经取代了分立器件电路。

集成电路的工艺特点如下。

(1) 元器件具有良好的对称性。同一片半导体基片上制作出的元器件，其参数具有同向偏差，容易制作相同参数的器件，因而特别有利于实现需要对称结构的电路。

(2) 集成电路的芯片面积小，集成度高，所以功耗很小，在毫瓦以下。

(3) 不易制造高阻值电阻。集成电路制作高阻值电阻所需基片面积较大，在需要高阻值电阻时，往往使用半导体器件构成的电流源电路代替。

(4) 只能制作几十 pF 以下的小电容。因此，集成放大器都采用直接耦合方式。如需大电容，一般采用外接电容。

（5）不能制造电感，如需电感，也只能外接。

（6）集成电路中的二极管一般由三极管的发射结来代替。

（7）集成电路中电路的复杂性不会导致制作工艺的复杂性，对成本影响较小，因此在集成电路中往往采用复杂的电路来提高性能。

集成电路按功能可分为模拟集成电路和数字集成电路两大类。模拟集成电路的种类很多，大致可分为运算放大器、功率放大器、D/A 转换器、A/D 转换器以及模拟乘法器等。其中集成运算放大器是模拟集成电路中应用最广泛的，它实质上是一个直接耦合多级放大电路，具有高输入电阻、高放大倍数和低输出电阻等特点，最初多用于模拟信号的运算放大，现广泛用于各种模拟电路，已取代分立元件电路。

6.3.1　概述

1. 集成运算放大器的组成

集成运算放大器一般由输入级、中间级、输出级和偏置电路组成，如图 6.3.1 所示。

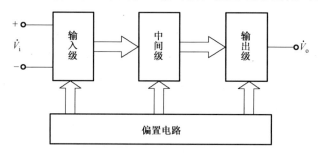

图 6.3.1　集成运算放大器的组成

输入级又称前置放大级，常常采用三极管或场效应管组成的差分放大电路，具有高差模放大倍数和高输入电阻，同时获得尽可能低的零点漂移和尽可能高的共模抑制比，其性能好坏往往直接影响集成运算放大器的整体性能。

中间级由多级共射极或共源放大器组成，为集成运算放大器提供高电压放大倍数。为了提高电压放大倍数，经常采用复合管结构，使用电流源作集电极负载。

输出级一般由电压跟随器或互补对称电压跟随器构成，具有较低的输出电阻和较强的带负载能力，同时需要一个较宽的线性输出范围。输出级往往还带有保护电路。

偏置电路为各级电路设置合适和稳定的静态工作点，往往采用电流源电路为三极管或场效应管的各极提供合适的偏置电流。

除了上述主要部分外，集成运算放大器一般还具有保护电路、电平偏移电路和高频补偿环节等。

2. 集成运算放大器的符号

集成运算放大器的电路符号如图 6.3.2 所示。其中图 6.3.2（a）是国家标准（GB4728·13—85）规定的符号；图 6.3.2（b）是常用符号。输入端标"＋"号表示同相输入端 v_p（也可用 v_+ 表示），标"－"号表示反相输入端 v_n（也可用 v_- 表示）。

3. 集成运算放大器的两个工作区

集成运算放大器的电压传输特性表示为 $v_o = f(v_p - v_n)$，对于采用正、负电源供电的集成运算放大器，其电压传输特性曲线如图 6.3.3 所示，类似于差分放大电路的电压传输特性。图中的中间部分为线性放大区，此时电压放大倍数为图中斜线的斜率；而其他部分为非线性区（饱和区），这时输出电压只有两种情况：$+V_{OM}$ 和 $-V_{OM}$。

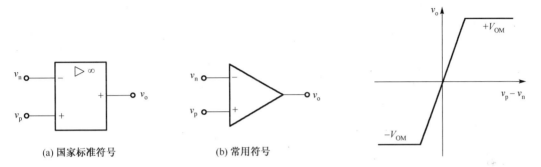

(a) 国家标准符号　　　　　　　　　(b) 常用符号

图 6.3.2　集成运算放大器的电路符号　　　　　图 6.3.3　　集成运算放大器的电压传输特性

在线性放大区电压传输特性表示为 $v_o = A_{VD}(v_p - v_n)$，A_{VD} 指的是开环差模电压放大倍数，通常也用 A_{vo} 表示。一般来说集成运算放大器的 A_{vo} 很大，可以有几十至上百分贝，也就是说数十万倍，而输出受电源电压的限制，不可能超出电源电压，因此集成运算放大器的线性区非常窄。假设某个集成运算放大器的 A_{vo} 为 10^5，电源电压为 15V，最大输出电压为 ±14 V，差模输入电压 $|v_p - v_n| > 0.14$mV 时就进入非线性区；若电压更大，集成运算放大器的线性区就更窄。

6.3.2　集成运算放大器的性能参数

为了在电路中选择合适的集成运算放大器，就需要了解所选集成运算放大器的性能参数。下面就集成运算放大器的一些主要性能参数进行介绍，更多的其他参数需要读者查阅相关芯片手册。

1. 电源电压

电源电压作用于集成运算放大器的电源端。集成运算放大器有双电源供电和单电源供电两种形式，正电源用 V_{CC} 表示，负电源用 V_{EE} 表示。

2. 开环差模电压放大倍数 A_{vo}

集成运算放大器工作在线性区及开环情况下的输出电压与输入差模信号电压之比称为开环差模电压放大倍数 A_{vo}，常用分贝值(dB)表示。

3. 差模输入电阻 r_{id}

r_{id} 是集成运算放大器开环工作时，输入端输入差模信号的动态等效阻抗。r_{id} 越大从信号源索取的电流就越小，r_{id} 一般为兆欧级。

4. 输出电阻 r_o

r_o 是开环时输出等效阻抗。r_o 越小，运放的带负载能力越强。

5. 最大差模输入电压 V_{idmax}

V_{idmax} 是运放输入端所能承受的最大差模信号电压值。当输入差模电压，输入级总有 PN 结会承受反向电压，若超过 V_{idmax}，会使输入级的管子被反向击穿。

6. 最大共模输入电压 V_{icmax}

V_{icmax} 是在线性工作范围内集成运算放大器所能承受的最大共模输入电压。若超过此值，集成运算放大器的共模抑制比将下降。

7. 共模抑制比 K_{CMR}

K_{CMR} 是差模电压放大倍数和共模电压放大倍数之比的绝对值，即 $K_{CMR} = A_{VD} / A_{VC}$，其值越高越好。

8. 输入偏置电流 I_{IB}

I_{IB} 是输出电压为零时，流入运放两输入端静态电流的平均值，即 $I_{IB} = (I_{BP} + I_{BN}) / 2$，$I_{BP}$ 和 I_{BN} 分别为此时集成运算放大器同相端和反相端的静态电流。I_{IB} 越小，信号源对集成运算放大器的静态工作点的影响越小。

9. 输入失调电压 V_{IO} 及其温漂 $\Delta V_{IO} / \Delta T$

作为理想集成运算放大器，其输入电压为 0 时输出电压为 0。但实际上由于集成运算放大器难以做到差分输入级完全对称，当输入电压为零时，为了使输出电压也为零，需在集成运算放大器两输入端额外补偿电压，该补偿电压称为输入失调电压 V_{IO}。实际上是指输入电压 $V_I = 0$ 时，输出电压折算到输入端的负值，即 $V_{IO} = -(V_O\big|_{V_I=0} / A_{VO})$，$V_{IO}$ 越小集成运算放大器的电路参数对称性越好。当输入为 0 时可以通过调零电阻使输出为 0。

V_{IO} 是随温度的变化而变化的。$\Delta V_{IO} / \Delta T$ 就是 V_{IO} 的温度系数，其不能靠调零电阻来补偿。

10. 输入失调电流 I_{IO} 及其温漂 $\Delta I_{IO} / \Delta T$

I_{IO} 是当运放输出电压为零时，两个输入端的偏置电流之差，即 $I_{IO} = |I_{BP} - I_{BN}|$。它反映了输入级对管的参数对称性程度，$I_{IO}$ 越小越好。

11. 开环带宽 BW(f_H)

开环带宽是指开环差模电压放大倍数下降到 3dB 时的频率 f_H，也称为–3dB 带宽。由于补偿电容的存在，741 的带宽约为 7Hz，但可以通过负反馈扩展频带数百 kHz 以上。

12. 单位增益带宽 BW$_G$(f_T)

单位增益带宽是指 A_{vo} 下降到 0dB 时的信号频率 f_T。

13. 最大输出电流 I_{omax}

指集成运算放大器输出的正向或负向的最大电流，通常给出的是输出端的短路电流。

14. 转换速率 S_R

转换速率表明了集成运算放大器对信号变化速度的适应能力，是指在放大电路闭环，输入为大信号时，放大电路输出电压随时间的最大变化率 $S_R = \mathrm{d}V_o(t)/\mathrm{d}t$，常用输出电压每微秒变化多少来表示。当输入信号变化率的绝对值小于 S_R 时，输出电压才能随输入电压线性增长。

在实际的分析和计算中，常将集成运算放大器看成理想运放，其 A_{vo}、r_{id}、K_{CMR} 和 f_H 均视为无穷大，而 r_o 为 0。

6.3.3　集成运算放大器的种类及使用

集成运算放大器的种类有很多，按照集成运算放大器的参数来分，集成运算放大器可分为如下几类。

1. 通用型集成运算放大器

通用型集成运算放大器就是以通用为目的而设计的。这类器件的主要特点是价格低廉、产品量大面广，其性能指标能适合于一般性使用，是目前应用最为广泛的集成运算放大器。如μA741（单运放）、LM358（双运放）、LM324（四运放）及以场效应管为输入级的 LF356 都属于通用运放。

2. 高阻型集成运算放大器

这类集成运算放大器的特点是差模输入阻抗非常高，输入偏置电流非常小，一般 $r_{id} > (10^9 \sim 10^{12})\Omega$，$I_{IB}$ 为几皮安到几十皮安，也称为低输入偏置电流型。实现这些指标的主要措施是利用场效应管高输入阻抗的特点，用场效应管组成运算放大器的差分输入级。用 FET 作输入级，不仅输入阻抗高，输入偏置电流低，而且具有高速、宽带和低噪声等优点，但输入失调电压较大。常见的集成器件有 LF356、LF355、LF347（四运放）及更高输入阻抗的 CA3130、CA3140 等。

3. 低温漂型集成运算放大器

在精密仪器、弱信号检测等自动控制仪表中，总是希望集成运算放大器的失调电压要小且不随温度的变化而变化。低温漂型集成运算放大器就是为此而设计的。目前常用的高精度、低温漂集成运算放大器有 OP07、OP27、AD508 及由 MOSFET 组成的斩波稳零型低漂移器件 ICL7650 等。

4. 高速型集成运算放大器

在快速 A/D 和 D/A 转换器和视频放大器中，要求集成运算放大器的转换速率 S_R 一定要高，单位增益带宽 BW_G 一定要足够大，通用型集成运算放大器是不能适合于高速应用的场合的。高速型集成运算放大器主要特点是具有高的转换速率和宽的频率响应。常见的集成运算放大器有 LM318 和μA715 等，其 $S_R = 50 \sim 70\text{V/ms}$，$BW_G > 20\text{MHz}$。

5. 低功耗型集成运算放大器

由于电子电路集成化的最大优点是能使复杂电路小型轻便，所以随着便携式仪器应用范围的扩大，必须使用低电源电压供电、低功率消耗的运算放大器。常用的集成运算放大器有

TL022C、TL060C 等，其工作电压为±2～±18V，消耗电流为 50～250mA。目前有的产品功耗已达微瓦级，例如，ICL7600 的供电电源为 1.5V，功耗为 10mW，可采用单节电池供电。

　　6. 高压大功率型集成运算放大器

　　集成运算放大器的输出电压主要受供电电源的限制。在普通的运算放大器中，输出电压的最大值一般仅几十伏，输出电流仅几十毫安。若要提高输出电压或增大输出电流，集成运算放大器外部必须要加辅助电路。高压大电流集成运算放大器外部不需附加任何电路，即可输出高电压和大电流。例如，D41 集成运算放大器的电源电压可达±150V，μA791 集成运算放大器的输出电流可达 1A。

　　除了上面介绍的集成运算放大器外，按工作原理还可分为电压放大型(等效为受输入电压控制的电压源)、电流放大型(等效为受输入电流控制的电流源)、跨导型(等效为受输入电压控制的电流源)、互阻型(等效为受输入电流控制的电压源)；按可控性可分为可变增益型(电压增益可控，外加电压控制和数字编码控制)和选通控制型(多通道输入，单通道输出)。

6.3.4　典型集成运算放大器 HA741 分析

　　下面将介绍一种通用集成运算放大器 HA741，图 6.3.4 是 HA741 的电路原理图。

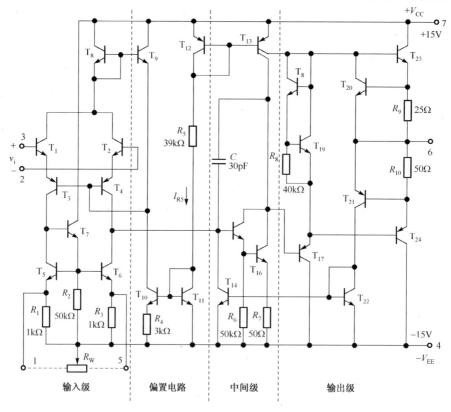

图 6.3.4　HA741 电路原理图

　　1. 偏置电路

　　集成运算放大器 HA741 的偏置电路由+V_{CC} →T_{12}→R_5→T_{11}→−V_{EE} 构成的支路提供总的基准参考电流 I_{R5}，其值

$$I_{R5} = \frac{V_{CC} - V_{BE12} - V_{BE111} + V_{EE}}{R_5}$$

T_{10}、T_{11} 构成微电流源，提供 T_3 和 T_4 的静态基极电流，并通过 T_8 和 T_9 所构成的镜像电流源提供 T_1 和 T_2 的静态集电极电流。另外，这部分电路还具有稳定输入级静态工作点的作用，若在某种情况下，使得 $(I_{C1} + I_{C2}) \uparrow \rightarrow I_{E8} \uparrow \rightarrow I_{E9} \uparrow$，而 T_{10}、T_{11} 为电流源，I_{C10} 恒定，由于 $I_{C10} = (I_{B3} + I_{B4}) + I_{E9}$，若 $(I_{B3} + I_{B4}) \downarrow \rightarrow (I_{C1} + I_{C2}) \downarrow \rightarrow I_{E9} \downarrow \rightarrow (I_{B3} + I_{B4}) \uparrow$；反之亦然。通过上述分析可知，输入级的静态电流能够保持基本稳定，减小零点漂移。需要注意的是，T_8 和 T_9 为横向 PNP 管，横向 PNP 管耐压值较高，但 β 值较小，计算 T_8 的电流时不能忽略 β 的影响。

T_{12} 和 T_{13} 也为横向 PNP 管，它们构成了多路输出的镜像电流源，T_{13} 采用多集电极输出。其中一路接在 T_{15} 和 T_{16} 的集电极，提供 T_{15} 和 T_{16} 的静态集电极电流，并作为中间级的有源负载，以提高中间级的电压放大倍数；另一路接在 T_{23} 的基极，提供给输出级静态偏置电流。

若将偏置电路用电流源符号代替，并不考虑保护电路，可得图 6.3.5。

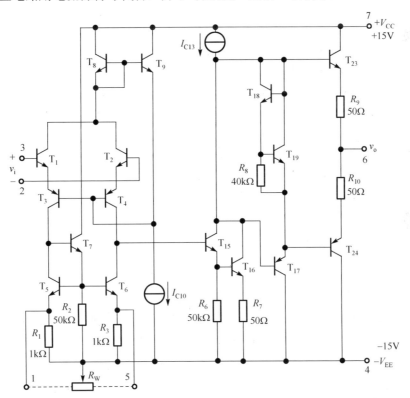

图 6.3.5　HA741 简化电路原理图

2. 输入级

该集成运算放大器的输入级由 $T_1 \sim T_4$ 组成共集—共基复合差分放大电路，其中 T_1 和 T_2 为参数对称的纵向 NPN 管，β 值较大；T_3 和 T_4 为参数对称的横向 PNP 管，β 值较小，耐压值较高。这样，输入级既保证了较大的输入电阻和放大倍数，同时又具有承受较大输入电压的能力和较好的频率响应。

$T_5 \sim T_7$ 构成了带缓冲级的镜像电流源电路，作为输入级差分放大电路的有源负载。由于差分放大电路采用单端输出，采用电流源有源负载，提高了单端输出的电压放大倍数，使其和双端输出一样，同时也能提高抑制共模信号的能力。

3. 中间级

中间级电路由 T_{15} 和 T_{16} 构成电压放大级，其采用带有源负载的复合管共射电路，以保证较高的电压放大倍数。

4. 输出级

输出级由 T_{17} 电压跟随器以及 T_{23} 和 T_{24} 互补对称电路构成，T_{23} 和 T_{24} 均接成共集电路，具有较小的输出电阻、较大的输出电压峰值、较大输出功率和较高效率等特点。为了使输出级电路工作在甲乙类状态，减小交越失真，通过 T_{18} 和 T_{19} 提供给基极偏压，提高 T_{23} 和 T_{24} 的静态工作点。

5. 保护电路

该集成运算放大器具有输出端的过流保护功能。当 T_{23} 正向输出电流过大时，R_9 电阻上的电压增加，使 T_{20} 的发射结电压增加，从而使 T_{20} 导通，T_{23} 基极电流减小，限制了 T_{23} 的发射极电流增加。当 T_{24} 负向输出电流过大时，R_{10} 电阻上的电压增加，使 T_{21} 导通，从而使 T_{22} 导通，由于 T_{14} 和 T_{22} 构成镜像电流源，所以 T_{14} 导通，T_{15} 基极电流减小，限制了 T_{24} 的发射极电流增加。

除了上述分析的集成运算放大器的主要电路部分外，电路还具有 R_W 外接调零电阻，通过调整外接可调电位器 R_W 的调节端，以保证输入为零时输出为零。电容 C 的作用为相位补偿。

6.3.5 集成运算放大器的保护及扩展

1. 保护电路

为了保护集成运算放大器，在使用时需要增加相关的保护电路。一般来说，有下列几种类型的保护：输入端保护、输出端保护和电源端保护。

输入端保护包括差模电压过压保护和共模电压过压保护。它们都是利用电压过高时稳压管击穿或二极管导通来实现的，电源端保护主要是防止电源极性反接，保护电路如图 6.3.6～图 6.3.9 所示。

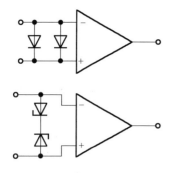

图 6.3.6 差模电压保护电路

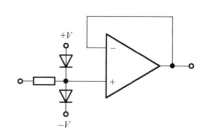

图 6.3.7 共模电压保护电路

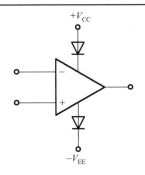

图 6.3.8　电源端保护电路

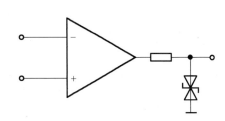

图 6.3.9　输出端保护电路

2. 输出电流扩展电路

有时所使用的集成运算放大器的输出电流不能满足要求，这时可以通过外加射极跟随器或互补输出电路来扩展输出电流，如图 6.3.10 所示。

3. 输出电压扩展电路

集成运算放大器的最大输出电压受集成运算放大器所加电源电压的限制，不能随意增加集成运算放大器的电源电压，可以通过图 6.3.11 的电路扩展输出电压。

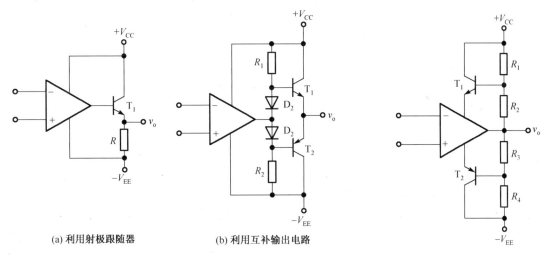

(a) 利用射极跟随器　　　(b) 利用互补输出电路

图 6.3.10　输出电流扩展电路　　　　图 6.3.11　输出电压扩展电路

本 章 小 结

(1) 集成运算放大器是用集成工艺制成的、具有高增益的直接耦合多级放大电路。它一般由输入级、中间级、输出级和偏置电路四部分组成。为了抑制温漂和提高共模抑制比，常采用差分式放大电路作输入级；电压增益级作中间级；互补对称电压跟随电路作输出级；电流源构成偏置电路。

(2) 电流源是模拟集成电路的基本单元电路，其特点是直流电阻小、交流电阻很大并具有温度补偿作用。它常用做放大电路的有源负载和提供放大电路各级的静态偏置。

（3）差分式放大电路是集成运算放大器的重要组成单元，它既能放大直流信号，又能放大交流信号；它对差模信号具有很强的放大能力，而对共模信号却具有很强的抑制能力。由于电路输入、输出方式的不同组合，共有四种典型电路；分析这些电路时，要分别考虑电路差模和共模信号的作用，将双边电路转换为单边电路进行计算。

（4）集成运算放大器是应用最为广泛的模拟集成电路。对于内部电路的工作原理只作定性了解，重点掌握它的外特性；学会根据电子系统的要求，正确地选择元器件和典型应用电路。

习　题　6

客观检测题

一、填空题

1. 差动放大电路采用了_____的三极管来实现参数补偿，其目的是克服_____。

2. 集成放大电路采用直接耦合方式的原因是_____，选用差分放大电路作为输入级的原因是_____。

3. 差分放大电路的差模信号是两个输入端信号的_____，共模信号是两个输入端信号的_____。

4. 用恒流源取代长尾式差分放大电路中的发射极电阻 R_e，将提高电路的_____。

5. 三极管构成的电流源之所以能为负载提供恒定不变的电流，是因为三极管工作在输出特性的_____区域；三极管电流源具有输出电流_____、直流等效电阻_____、交流等效电阻_____的特点。

6. 在放大电路中，采用电流源作有源负载的目的是_____电压放大倍数，在含有电流源的放大电路中，判断电路是放大电路还是电流源电路的方法：电流源是一个_____网络，而放大电路是一个_____网络。

二、选择题

1. 在多级放大电路中，既能放大直流信号，又能放大交流信号的是_____多级放大电路。

　　A. 阻容耦合　　　　　　B. 变压器耦合　　　C. 直接耦合　　　　D. 光电耦合

2. 在多级放大电路中，不能抑制零点漂移的_____多级放大电路。

　　A. 阻容耦合　　　　　　B. 变压器耦合　　　C. 直接耦合　　　　D. 光电耦合

3. 集成运算放大器是一种高增益的、_____的多级放大电路。

　　A. 阻容耦合　　　　　　B. 变压器耦合　　　C. 直接耦合　　　　D. 光电耦合

4. 通用型集成运算放大器的输入级大多采用_____。

　　A. 共射极放大电路　　　B. 射极输出器　　　C. 差分放大电路　　D. 互补推挽电路

5. 通用型集成运算放大器的输出级大多采用_____。

　　A. 共射极放大电路　　　B. 射极输出器　　　C. 差分放大电路　　D. 互补推挽电路

6. 差分放大电路能够_____。

　　A. 提高输入电阻　　　　B. 降低输出电阻　　　C. 克服温漂　　　　D. 提高电压放大倍数

7. 典型的差分放大电路是利用_____来克服温漂。

　　A. 直接耦合　　　　　　　　　　　　　　　B. 电源

　　C. 电路的对称性和发射极公共电阻　　　　　D. 调整元件参数

8. 差分放大电路的差模信号是两个输入信号的_____。

　　A. 和　　　　　　　　　B. 差　　　　　　　C. 乘积　　　　　　D. 平均值

9. 差分放大电路的共模信号是两个输入信号的_____。

    A. 和　　　　　　　　B. 差　　　　　　　　C. 乘积　　　　　　　　D. 平均值

10. 共模抑制比 K_{CMR} 越大，表明电路_____。

    A. 放大倍数越稳定　　　　　　　　　　　　B. 交流放大倍数越低

    C. 抑制零漂的能力越强　　　　　　　　　　D. 输入电阻越高

11. 差分放大电路由双端输出变为单端输出，则差模电压增益_____。

    A. 增加　　　　　　　　B. 减小　　　　　　　　C. 不变

12. 电流源电路的特点：_____。

    A. 端口电流恒定，交流等效电阻大，直流等效电阻小

    B. 端口电压恒定，交流等效电阻大

    C. 端口电流恒定，交流等效电阻大，直流等效电阻大

13. 在差分放大电路中，用恒流源代替差分管的公共射极电阻 R_e 是为了_____。

    A. 提高差模电压放大倍数　　　　　　　　　B. 提高共模电压放大倍数

    C. 提高共模抑制比　　　　　　　　　　　　D. 提高偏置电流

主观检测题

1. 试分析图题 1 电路，设电路参数完全对称，请分别写出电位器动端位于最左端、最右端和中点时的差模电压放大倍数的表达式。

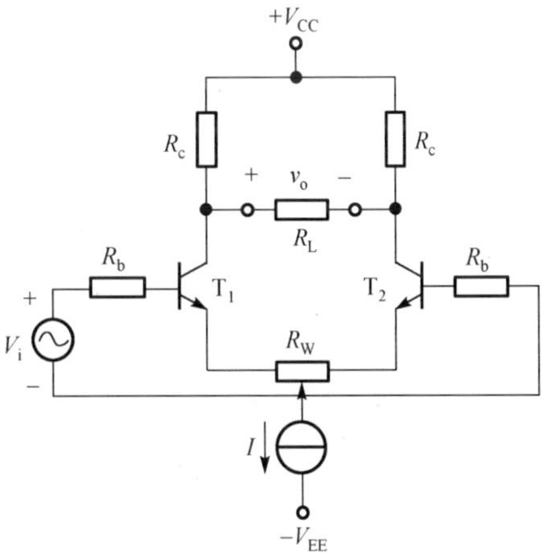

2. 试分析图题 2 电路，T_1 和 T_2 的参数完全对称，$\beta_1 = \beta_2 = 100$，$r_{bb'1} = r_{bb'2} = 100\Omega$，$V_{BE1} = V_{BE2} = 0.7V$，$R_W$ 动端位于中点。

  (1) 试求静态时 V_{C2} 和 I_{C2}；

  (2) 试求差模电压放大倍数 A_{Vd}、差模输入电阻 R_{id} 和输出电阻 R_o；

  (3) 试求共模电压放大倍数 A_{VC} 和共模抑制比 K_{CMR}；

  (4) 若输入信号 $v_{i1} = 10mV$，$v_{i2} = 2mV$，则 T_2 管集电极电位为多少？

图题 1

3. 试分析图题 3 电路，T_1 和 T_2 的参数完全对称，$\beta_1 = \beta_2 = 50$，$r_{bb'1} = r_{bb'2} = 200\Omega$，$V_{BE1} = V_{BE2} = 0.7V$。

  (1) 试求静态时 I_{B1} 和 V_{CE1} 和 I_{C1}；

  (2) 试求差模电压放大倍数 A_{Vd}、差模输入电阻 R_{id} 和输出电阻 R_o。

4. 电路如图题 4 所示，T_1 和 T_2 的参数完全对称，$\beta_1 = \beta_2 = 50$，$r_{bb'1} = r_{bb'2} = 200\Omega$，$V_{BE1} = V_{BE2} = 0.7V$。

  (1) 试求静态时 V_{C2} 和 I_{C2}；

  (2) 试求差模电压放大倍数 A_{Vd}、差模输入电阻 R_{id} 和输出电阻 R_o；

  (3) 试求共模电压放大倍数 A_{VC} 和共模抑制比 K_{CMR}；

  (4) 若输入信号 $v_{i1} = 10mV$，$v_{i2} = 2mV$，则 T_2 管集电极电位为多少？

5. 电路如图题 5 所示，$T_1 \sim T_4$ 的参数完全相同，$\beta = 100$，$r_{bb'} = 200\Omega$，$V_{BE1} = V_{BE2} = 0.7V$。

  (1) 试求静态时 V_{C1} 和 I_{C1}；

  (2) 试求电压放大倍数 A_V、输入电阻 R_i 和输出电阻 R_o；

  (3) 试求静态时 V_o 值，若要使静态 $V_o = 0$，R_3 应为多大。

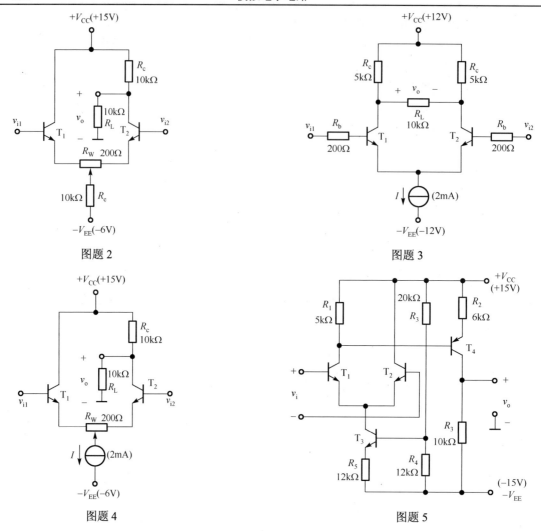

图题2

图题3

图题4

图题5

6. 电路如图题6所示，T_1 和 T_2 的参数完全相同，试写出电路差模电压放大倍数 A_{Vd}、输入电阻 R_i 和输出电阻 R_o 的表达式。

7. 在图题7所示的电路中，T_1、T_2、T_3 的特性完全相同，且 $\beta_1 = \beta_2 = \beta_3$ 很大，$V_{BE1} = V_{BE2} = V_{BE3} = 0.7V$。请计算 $V_1 - V_2 = ?$

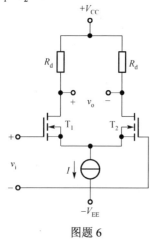

图题6

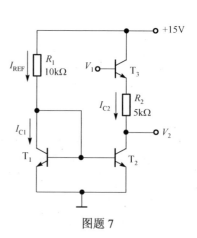

图题7

8．在图题 8 所示的电平移动电路中，$V_{BE1}=V_{BE2}=V_{BE3}=0.7V$，所有管子的 β 值均很大，且 T_2、T_3 的特性完全相同，为使静态时（$v_i=8V$）输出电压 $v_o=0V$，电阻 R_2 的数值应为多大？

9．试导出图题 9 所示 PNP 构成威尔逊电流源的 I_o 的表达式。

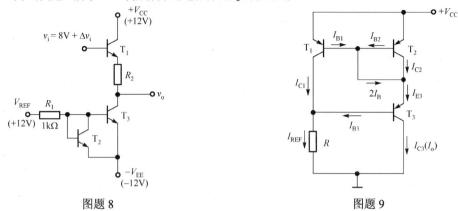

图题 8　　　　　　　　　　图题 9

10．比较图题 10 中的三种电流源电路，试指出在一般情况下，哪种形式的电路更接近理想恒流源？哪个电路的输出电阻可能最小？图题 10(a) 和图题 10(b) 相比，哪个电路受温度的影响更大些？

11．试说明集成运算放大器中输入偏置电流 I_{IB} 为何越小越好？采用什么措施可以减小 I_{IB} 的值？

12．试说明集成运算放大器中由哪几部分构成？它们的作用是什么？

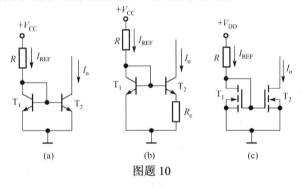

(a)　　　　　(b)　　　　　(c)

图题 10

13．图题 13 所示为简化的集成运算放大器电路原理图，试分析：

(1)该运算放大器电路由几级放大电路组成？每级各是何电路？作用是什么？

(2)两个输入端中哪个是同相输入端，哪个是反相输入端？

(3)电流源 I_2 的作用；

(4)D_1 与 D_2 的作用。

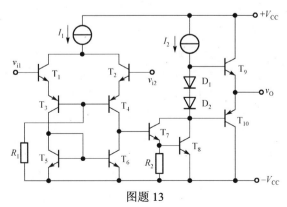

图题 13

第 7 章　放大电路的频率响应

内容提要：对于不同频率的信号，放大器的放大倍数是不同的。本章将讲述放大电路的频率响应的概念，并介绍频率响应的主要指标通频带、上限截止频率和下限截止频率，以及描述频率响应的"波特图"绘制。

7.1　频率响应的基本概念

为什么要研究频率响应问题呢？在实际应用中，电子电路所处理的信号，如语音信号、电视信号等都不是简单的单一频率信号，它们都是由幅度及相位都有固定比例关系的多频率分量组合的复杂信号，即具有一定的频谱。如音频信号的频率范围为 20Hz～20kHz，而视频信号从直流到几十兆赫。

在放大电路及放大元件中常常含有电抗元件(如管子的极间电容、电路的负载电容、分布电容、耦合电容和射极旁路电容等)；而电抗元件的电抗值在不同频率下是不同的，因而放大器对不同频率信号的放大倍数不一致，这样输出电压信号就不能完全重现输入电压信号的波形，即在放大过程中产生了失真。所以，为实现信号不失真放大需要研究放大器的频率响应，电子工程师有必要掌握频率响应的基本概念和基本分析方法。

7.1.1　频率响应定义

什么是频率响应呢？放大器对不同频率正弦信号的稳态响应称为频率响应。频率响应表达式为

$$\dot{A}_V = A_V(f) \angle \varphi(f) \tag{7.1.1}$$

$A_V(f)$ 表示幅度与 f 的关系，称为幅频响应；$\varphi(f)$ 表示 $\dot{V}_o$ 与 $\dot{V}_i$ 之间相位差，称为相频响应。式(7.1.1)表明，频率响应可以分为幅频响应和相频响应。

7.1.2　频率失真与非线性失真

如放大电路对不同频率信号的幅值放大不同，就会引起幅度失真，如果放大电路对不同频率信号产生的相移不同就会引起相位失真。放大器对不同频率的信号产生的幅度放大倍数和引起的相位变化是不一样的，因此，如果加到放大器输入端为多频率成分的信号，在放大器输出端得到的电压信号很可能不能重现输入电压信号的波形，即在放大过程中产生了失真。幅度失真和相位失真总称为频率失真，由于此时放大电路仍然工作在线性工作区，所以频率失真属于线性失真。频率失真如图 7.1.1 所示。

频率失真和非线性失真都是使输出信号产生畸变，但两者在实质上是不同的，具体体现在以下两点。

(1)起因不同。频率失真是由电路中的线性电抗元件对不同信号频率的响应不同而引起的，此时电路的非线性元件(如 BJT、FET)的工作轨迹在线性工作区；非线性失真由电路的非线性元件(如 BJT、FET)的工作轨迹进入非线性工作区引起。

(2)结果不同。频率失真只会使各频率分量信号的比例关系和时间关系发生变化，或滤掉某些频率分量信号；对于单一频率的正弦波信号，频率失真并不会引起波形失真；但非线性失真，会将正弦波信号变为非正弦波信号，它不仅包含输入信号的频率成分(基波)，而且产生许多新的谐波成分，对于单一频率的正弦波信号，非线性失真将引起信号波形失真。

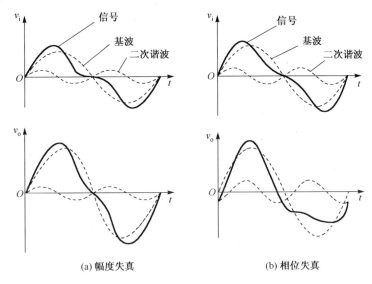

(a) 幅度失真　　　　　　　　　(b) 相位失真

图 7.1.1　放大器的频率失真

7.1.3　放大电路的耦合与幅频响应

电抗元件如何影响幅频响应特性？中频区范围内，耦合电容、射极旁路电容视为短路，器件极间电容视为开路，电抗元件的影响可忽略不计，放大倍数不随信号频率的变化而改变，维持一个定值；在高频区范围内，当信号频率升高时，器件内部的极间电容和引线电容影响不可忽略，放大倍数随频率的升高而减少；在低频区范围内，当信号频率降低时，耦合电容和射极旁路电容的影响不可忽略，放大倍数随频率的降低而减少。

如前所述，RC 耦合方式就是将前一级电路的输出通过电容连接到后一级的输入，直接耦合方式就是将前一级电路的输出直接连接到后一级的输入。RC 耦合放大器频率响应与直接耦合放大器频率响应如图 7.1.2 所示。RC 耦合放大器频率响应在高、低频率处都出现了下降，而直接耦合放大器频率响应在低频区将保持不变，仅在高频区出现下降；请分析原因。

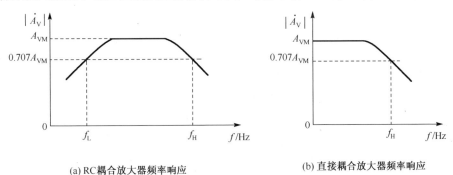

(a) RC耦合放大器频率响应　　　　　　　(b) 直接耦合放大器频率响应

图 7.1.2　放大器的频率响应曲线

7.1.4　截止频率与通频带

如图 7.1.2 所示,频率响应曲线平坦部分称为中频区,放大倍数用 $\dot{A}_{\mathrm{VM}}$ 表示。当 $\dot{A}_{\mathrm{V}}$ 下降到 0.707 $\dot{A}_{\mathrm{VM}}$ 时,所确定的两个频率 f_{H} 和 f_{L} 分别称为上限频率和下限频率。在 f_{H} 与 f_{L} 之间的频率范围(中频区)又称为放大器的通频带或带宽 BW。

通频带:　BW = $f_{\mathrm{H}} - f_{\mathrm{L}}$;若 $f_{\mathrm{H}} \gg f_{\mathrm{L}}$,则 BW $\approx f_{\mathrm{H}}$。

中频区:　$f_{\mathrm{L}} < f < f_{\mathrm{H}}$ 区域。

高频区:　$f > f_{\mathrm{H}}$ 区域。

低频区:　$f < f_{\mathrm{L}}$ 区域。

7.2　对数频率响应——折线波特图

7.2.1　分贝表示放大倍数

由于放大电路的频率范围通常从几赫兹到上百兆赫兹,且放大电路的放大倍数可从几倍到上万倍,为了在一个坐标图中将宽范围的变化表示出来,电压放大倍数的值常采用对数单位来表示,此对数单位称为"分贝"(dB)。

电压放大倍数转换分贝表示,

$$A_{\mathrm{V}}(\mathrm{dB}) = 20\lg\left|\dot{A}_{\mathrm{V}}\right|(倍) = 20\lg\left|\frac{\dot{V}_{\mathrm{o}}}{\dot{V}_{\mathrm{i}}}\right| \tag{7.2.1}$$

若放大倍数 $\left|\dot{A}_{\mathrm{V}}\right| = 100$,则用分贝表示 $20\lg100 = 40\mathrm{dB}$。

在上限截止频率和下限截止频率处有 $\left|\dot{A}_{\mathrm{V}}\right| = 0.707A_{\mathrm{VM}}$。

用分贝表示 $20\lg\left|\dot{A}_{\mathrm{V}}\right| = 20\lg0.707 + 20\lg A_{\mathrm{VM}} = -3\mathrm{dB} + 20\lg A_{\mathrm{VM}}$。

即上限频率 f_{H} 和下限频率 f_{L} 是对应中频放大倍数下降 3dB 的地方。

放大倍数采用分贝表示优点在于:①可将放大倍数的相乘化为相加;②在绘制频率响应图时,采用对数坐标,有利于扩大视野;③较符合人耳对声音的感觉状况,如输出功率从10mW变到1000mW 增大了 100 倍,但人耳感觉只增大了两倍。

7.2.2　波特图

为压缩坐标,扩大视野,在画幅度频率特性曲线时,频率坐标采用对数刻度,而幅值采用 dB 表示。在画相位频率特性曲线时,频率坐标采用对数刻度,而相角 φ 用线性刻度。这种半对数坐标特性曲线称为对数频率特性或波特图。

7.2.3　波特图绘制步骤

波特图可采用折线法近似作出。如前所述,频率响应特性分为幅频响应特性和相频响应特性,因此放大电路频率响应波特图由幅频响应波特图和相频响应波特图组成,对于阻容耦合放大电路,绘制步骤如下。

$$\dot{A}_{\mathrm{V}} = A_{\mathrm{V}}(f)\angle\varphi(f) \tag{7.2.2}$$

（1）分析放大电路中频区的频率响应，各种电容影响忽略不计，绘制纯电阻放大电路，求出中频电压放大倍数 A_{VM} 和中频附加相移 φ。

（2）分析放大电路低频区的频率响应，考虑耦合电容和旁路电容影响，用电路中学的 RC 高通电路模拟低频区放大电路，求出下限截止频率 f_L。

（3）分析放大电路高频区的频率响应，考虑极间电容和引线电容影响，用电路中学的 RC 低通电路模拟高频区放大电路，求出上限截止频率 f_H。

将上述步骤总结成表 7.2.1，利用参数 A_{VM}、φ、f_L 和 f_H 即可绘制完整的频率响应波特图。

表 7.2.1　分频区分别绘制 RC 耦合放大器频率特性波特图

低频区	中频区	高频区
考虑耦合电容和旁路电容影响 用电路中学的 RC 高通电路模拟	各种电容影响忽略不计 纯电阻电路	考虑极间电容和引线电容影响 用电路中学的 RC 低通电路模拟
求 f_L	求中频电压放大倍数 A_{VM} 输出电压相对输入电压相移 φ	求 f_H
采用折线法近似，绘制幅频响应波特图，半对数坐标； 采用折线法近似，绘制相频响应波特图，半对数坐标		

7.3　RC 电路的频率响应

RC 电路的频率响应是研究放大电路频率响应的基础，最简单的是一阶 RC 低通滤波电路和一阶 RC 高通滤波电路。通常一阶 RC 低通电路用于描述放大电路的高频响应，计算上限截止频率 f_H，而一阶 RC 高通滤波电路用于描述放大电路的低频响应，计算下限截止频率 f_L。

7.3.1　RC 低通电路——高频响应

RC 低通电路如图 7.3.1 所示，电路特点：电阻在前，电容在后；频率越高容抗越小；$\dot{V}_i$ 在 C 上的分量越小，$\dot{A}_{VH}$ 越小；相位滞后，其电压放大倍数 $\dot{A}_{VH}$ 为

$$\dot{A}_{VH} = \frac{\dot{V}_o}{\dot{V}_i} = \frac{\dfrac{1}{j\omega C_1}}{R_1 + \dfrac{1}{j\omega C_1}} = \frac{1}{1 + j\omega R_1 C_1} = \frac{1}{1 + j 2\pi f R_1 C_1}$$

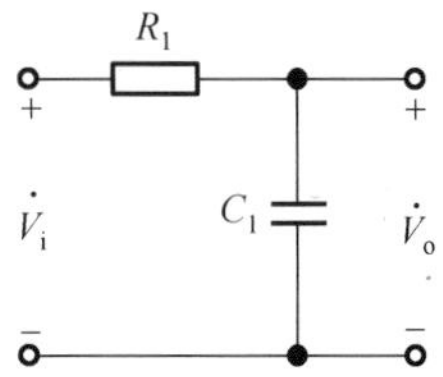

$$\dot{A}_{VH} = \frac{1}{1 + j\dfrac{f}{\left(\dfrac{1}{2\pi R_1 C_1}\right)}}$$

图 7.3.1　RC 低通电路

令 $f_H = \dfrac{1}{2\pi R_1 C_1}$，得

$$\dot{A}_{VH} = \frac{1}{1 + j\left(\dfrac{f}{f_H}\right)} \qquad (7.3.1)$$

其幅频响应为

$$\left|\dot{A}_{VH}\right| = \frac{1}{\sqrt{1+\left(\dfrac{f}{f_H}\right)^2}} \tag{7.3.2}$$

其相频响应为

$$\varphi_H = -\arctan\left(\frac{f}{f_H}\right) \tag{7.3.3}$$

1. 幅频响应分析

$$\left|\dot{A}_{VH}\right| = \frac{1}{\sqrt{1+\left(\dfrac{f}{f_H}\right)^2}}$$

(1) 当 $f \ll f_H$ 时，$\left|\dot{A}_{VH}\right| = \dfrac{1}{\sqrt{1+\left(\dfrac{f}{f_H}\right)^2}} \approx 1$，$20\lg\left|\dot{A}_{VH}\right| = 20\lg 1 = 0\mathrm{dB}$。

(2) 当 $f \gg f_H$ 时，$\left|\dot{A}_{VH}\right| = \dfrac{1}{\sqrt{1+\left(\dfrac{f}{f_H}\right)^2}} \approx \dfrac{f_H}{f}$，$20\lg\left|\dot{A}_{VH}\right| = 20\lg\dfrac{f_H}{f}$，当 $f = 10f_H$ 时，

$20\lg\left|\dot{A}_{VH}\right| = -20\mathrm{dB}$，这是一条斜线，其斜率为–20dB/十倍频，它将与零分贝线在 $f = f_H$ 处相交。

由以上两条直线构成的折线就是折线波特图的幅频响应，如图 7.3.2 所示。

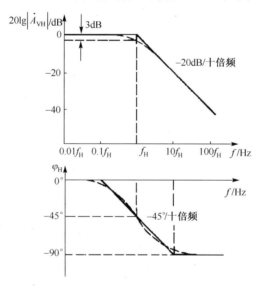

图 7.3.2　RC 低通电路的频率响应波特图

(3) f_H 称为转折频率，当 $f = f_H$，$\left|\dot{A}_{VH}\right| = 0.707$，$20\lg\left|\dot{A}_{VH}\right| = -3\mathrm{dB}$ 时产生最大误差；f_H 是放大器的上限频率。

2. 相频响应分析

$$\varphi_H = -\arctan\left(\frac{f}{f_H}\right)$$

(1)当 $f \ll f_H$ 时，$f = 0.1 f_H$，$\varphi_H = -\arctan 0.1 = -5.7°$，近似用 $\varphi_H = 0°$ 的一条直线表示。

(2)当 $f \gg f_H$ 时，$f = 10 f_H$，$\varphi_H = -\arctan 10 = -84.3°$，近似用 $\varphi_H = -90°$ 的一条直线表示。

(3)当 $f = f_H$ 时，$\varphi_H = -45°$，所以在 $f = 0.1 f_H$ 和 $f = 10 f_H$ 之间用一条斜率为 $-45°/$十倍频的直线近似表示。

由上可见，RC 低通电路相角始终为负，它具有相位滞后、低频信号可以通过的特点。

7.3.2　RC 高通电路——低频响应

RC 高通电路如图 7.3.3 所示。电路特点：电容在前，电阻在后，频率越低容抗越大，相位超前。其电压放大倍数 $\dot{A}_{VL}$ 为

$$\dot{A}_{VL} = \frac{\dot{V}_o}{\dot{V}_i} = \frac{R_2}{R_2 + \dfrac{1}{j\omega C_2}} = \frac{1}{1 - j\left(\dfrac{1}{\omega R_2 C_2}\right)}$$

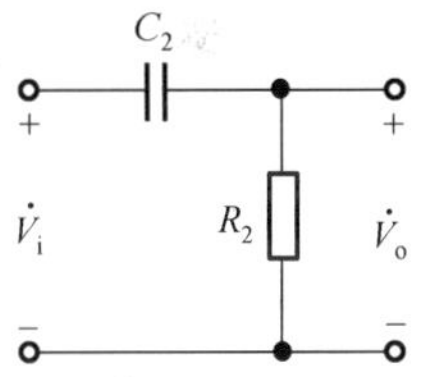

令 $\omega = 2\pi f$，有

$$\dot{A}_{VL} = \frac{1}{1 - j\dfrac{1}{2\pi f R_2 C_2}} = \frac{1}{1 - j\dfrac{\left(\dfrac{1}{2\pi R_2 C_2}\right)}{f}}$$

图 7.3.3　RC 高通电路

令 $f_L = \dfrac{1}{2\pi R_2 C_2}$，有

$$\dot{A}_{VL} = \frac{1}{1 - j\left(\dfrac{f_L}{f}\right)} \tag{7.3.4}$$

其幅频响应

$$\left|\dot{A}_{VL}\right| = \frac{1}{\sqrt{1 + (f_L / f)^2}} \tag{7.3.5}$$

其相频响应

$$\varphi_L = \arctan\left(\frac{f_L}{f}\right) \tag{7.3.6}$$

由此可作出如图 7.3.4 所示的 RC 高通电路的近似频率特性曲线——折线波特图。

1. 幅频响应分析

$$\left|\dot{A}_{VL}\right| = \frac{1}{\sqrt{1 + \left(\dfrac{f_L}{f}\right)^2}}$$

(1) 当 $f \gg f_L$ 时，$|\dot{A}_{VL}| = 1$，$20\lg|\dot{A}_{VL}| = 0\text{dB}$，这是一条直线。

(2) 当 $f \ll f_L$ 时，$|\dot{A}_{VL}| = \dfrac{f}{f_L}$，若 $f = 0.1f_L$，则 $|\dot{A}_{VL}| = \dfrac{1}{10}$，$20\lg|\dot{A}_{VL}| = -20\text{dB}$，这是一条斜线，斜率为 20dB/十倍频。

(3) f_L 称为转折频率，当 $f = f_L$ 时，$|\dot{A}_{VL}| = 0.707$，$20\lg|\dot{A}_{VL}| = -3\text{dB}$，产生最大误差。

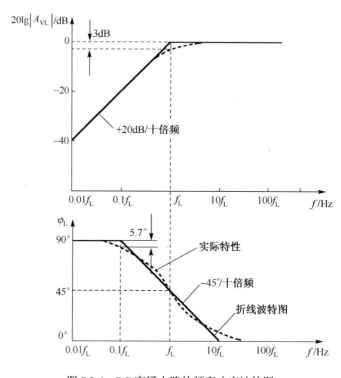

图 7.3.4　RC 高通电路的频率响应波特图

2. 相频响应分析

$$\varphi_L = \arctan\left(\frac{f_L}{f}\right)$$

(1) 当 $f \ll f_L$ 时，若 $f = 0.1f_L$，$\varphi = \arctan 10 = 84.3°$，近似用 $\varphi_L = 90°$ 的一条直线表示。

(2) 当 $f \gg f_L$ 时，若 $f = 10f_L$，$\varphi = \arctan 0.1 = 5.7°$，近似用 $\varphi_L = 0°$ 的一条直线表示。

(3) 当 $f = f_L$ 时，$\varphi_L = 45°$；在 $f = 0.1f_L$ 与 $f = 10f_L$ 之间用一条斜率为 $-45°$/十倍频的直线近似表示。

由上可见，RC 高通电路相角始终为正，所以高通电路具有相位超前、高频信号可以通过的特点。

若将这两张图综合到一起，可得到的 RC 耦合放大电路全频带特性波特图，如图 7.3.5 所示。从中可以看出，低频响应具有高通相位超前的特点，而高频响应具有低通相位滞后的特点。

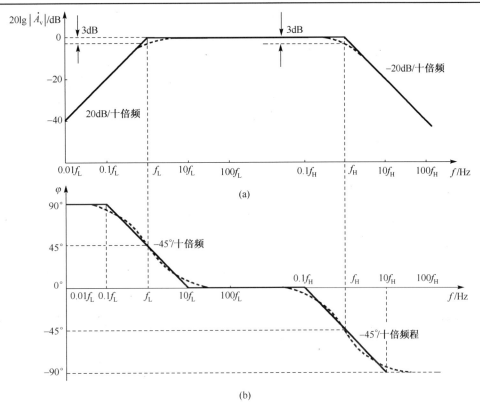

(a)

(b)

图 7.3.5　RC 耦合放大电路的全频带响应波特图

7.4　单级放大器的高频响应

基本共射放大电路如图 7.4.1 所示，当信号频率进入高频区时，考虑极间电容和引线电容的影响，画出三极管的高频π型等效电路；求出电路的上限截止频率 f_H。其分析思路如下。

(1) 当信号频率进入高频区时，画出管子结构在高频区的高频π型等效电路。

(2) 利用密勒定理，将π型电路化为互不联系的输入输出回路。

(3) 将输入输出电路等效成 RC 低通电路的形式。

(4) 求出高频电路 $\dot{A}_{VH}$ 的表达式。

(5) 求出上限频率 f_H。

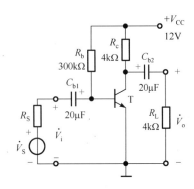

图 7.4.1　RC 耦合基本共射放大电路

7.4.1　密勒定理

由于分析中要用到密勒定理，首先介绍密勒定理。

设有一个任意的包含 N 个独立节点 $(1, 2, \cdots, N)$ 的网络，如图 7.4.2(a) 所示；可以取其中任意一个节点作为该网络的公共点——参考电位。

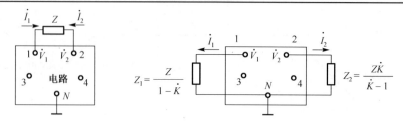

(a) N节点网络有跨接阻抗Z　　　　　(b) 阻抗Z的等效变换

图 7.4.2　密勒定理

如取节点 N 为公共点，令 $\dot{V}_N = 0$；假设在节点 1 和节点 2 之间接有阻抗 Z，并设节点 1 和节点 2 相对 N 的电压为 $\dot{V}_1$ 和 $\dot{V}_2$；且已知这两节点电压之比 $\dot{K}_V = \dfrac{\dot{V}_2}{\dot{V}_1}$，则由节点 1 流向节点 2 的电流 $\dot{I}_1$ 为

$$\dot{I}_1 = \frac{\dot{V}_1 - \dot{V}_2}{Z} = \frac{\dot{V}_1 - \dot{V}_1 \dot{K}_V}{Z} = \frac{\dot{V}_1}{\left(\dfrac{Z}{1 - \dot{K}_V}\right)} \tag{7.4.1}$$

令

$$Z_1 = \frac{Z}{1 - \dot{K}_V} \tag{7.4.2}$$

则

$$\dot{I}_1 = \frac{\dot{V}_1}{Z_1} \tag{7.4.3}$$

式(7.4.3)说明了什么物理意义呢？即从 $\dot{V}_1$ 流过阻抗 Z 的电流就等于从节点 1 出发流过 Z_1 到公共点 N 的电流。同理可以得到从节点 2 上的 $\dot{V}_2$ 出发，流过 Z 的电流 $\dot{I}_2$ 为

$$\dot{I}_2 = \frac{\dot{V}_2 - \dot{V}_1}{Z} = \frac{\dot{V}_2 - \dfrac{\dot{V}_2}{\dot{K}_V}}{Z} = \frac{\dot{V}_2}{\left(\dfrac{Z}{1 - \dfrac{1}{\dot{K}_V}}\right)} \tag{7.4.4}$$

令

$$Z_2 = \frac{Z}{\left(1 - \dfrac{1}{\dot{K}_V}\right)} \tag{7.4.5}$$

则

$$\dot{I}_2 = \frac{\dot{V}_2}{Z_2} \tag{7.4.6}$$

即从 $\dot{V}_2$ 流过阻抗 Z 的电流为从节点又出发流过阻抗 Z_2 到公共点 N 的电流。

所以得出结论:跨接在节点 1 和节点 2 阻抗 Z,可等效到输入输出回路,分别为 $Z_1 = \dfrac{Z}{1 - \dot{K}_V}$

和 $Z_2 = \dfrac{Z}{1 - \dfrac{1}{\dot{K}_V}}$,称为电路的单向化。单向化处理后的网络如图 7.4.2(b)所示。

密勒定理可以将联系输入输出回路的公共元件转化到输入输出回路,实现电路的单向化,使输入输出回路不要互相影响,电路的分析变得十分简单。

7.4.2　三极管的高频等效电路及简化

当信号进入高频区时,三极管由于结电容的存在,它对信号有一个适应的过程,对于共射电路而言,频率过快时 $\dot{I}_c$ 跟不上 $\dot{I}_b$ 的变化。

(1)用 PN 结高频电路代替三极管的集电结和发射结。

(2)用 $r_{bb'}$ 表示基区体电阻,发射区集电区体电阻很小($< 10\Omega$)忽略不计。

(3)用 r_{ce} 表示电流源的电阻,用 $g_m \dot{V}_{b'e}$ 表示三极管的电流放大作用。

于是可以得到三极管的高频等效的电路如图 7.4.3 所示。

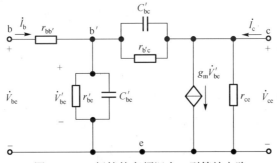

图 7.4.3　三极管的高频混合 π 型等效电路

在图 7.4.3 中,b' 点是基区内的一个端点,它与基极引出端 b 是不同的。这个电路很像"π"字,所以称为混合参数 π 型等效电路。在中频和低频时,$C_{b'e}$ 和 $C_{b'c}$ 可视为开路,但在高频时,其影响不可忽略。三极管的参数通常计算如下:

$$r_{be} = r_{bb'} + r_{b'e} \tag{7.4.7}$$

式中,$r_{b'e} = (1+\beta)r_e = (1+\beta)\dfrac{26(\mathrm{mV})}{I_E(\mathrm{mA})}$ 。

集电结结电阻 $r_{b'c}$ 很大,工程上常忽略掉;$r_{b'c}$ 忽略掉后,电路由三个网孔组成,由于 $C_{b'c}$ 跨接在输入与输出回路之间,求解起来非常麻烦,如图 7.4.4 所示。

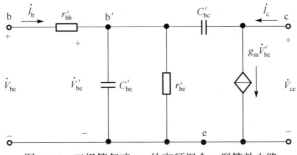

图 7.4.4　三极管忽略 $r_{b'e}$ 的高频混合 π 型等效电路

　　为消除跨接在输入和输出回路之间的电容 $C_{b'c}$，使用密勒定理实现电路单向化，即将电容 $C_{b'c}$ 等效到输入输出回路中去。$C_{b'c}$ 的阻抗为 $X_{C_{b'c}} = \dfrac{1}{j\omega C_{b'c}}$，将其等效到输入回路。

$$Z_1 = X_{C1} = \frac{X_C}{1 - \dot{K}_V} = \frac{1}{j\omega C_{b'c}(1 - \dot{K}_V)}$$
$$C_1 = C_{b'c}(1 - \dot{K}_V) \tag{7.4.8}$$
$$Z_2 = XC_2 = \frac{X_C \dot{K}_V}{\dot{K}_V - 1} = \frac{\dot{K}_V}{j\omega C_{b'c}(\dot{K}_V - 1)}$$
$$C_2 = \frac{C_{b'c}(\dot{K}_V - 1)}{\dot{K}_V} \tag{7.4.9}$$

其中 $\dot{K}_V = \dfrac{\dot{V}_{ce}}{\dot{V}_{b'e}}$，又因为 $|\dot{V}_{ce}| \gg |\dot{V}_{b'e}|$，所以 $|\dot{K}_V| \gg 1$。

$$\begin{cases} C_1 = C_{b'e}(1 - \dot{K}_V) \\ C_2 = C_{b'e} \end{cases} \tag{7.4.10}$$

　　电路单向化后，图 7.4.1 所示的基本共射放大电路高频等效电路如图 7.4.5(a) 所示，耦合电容 C_{b1} 和 C_{b2} 由于容值大，且工作频率高，容抗较小，视为短路。C_2 仅几 pF，容抗很大；而射随器所接负载 R'_L 较低 2kΩ，有 $X_{C_2} = \dfrac{1}{j\omega C_2} \gg R_L$；与负载阻抗相比，电容 C_2 可视为开路忽略掉，此时高频等效电路如图 7.4.5(b) 所示。合并电阻最终得到的输入电路是一个电阻在前、电容在后的低通电路，如图 7.4.5(c) 所示。

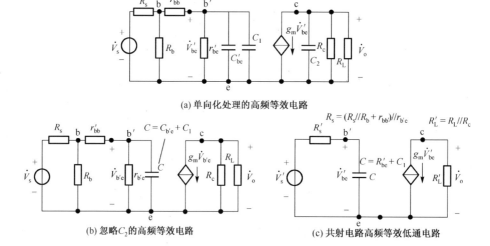

(a) 单向化处理的高频等效电路

(b) 忽略 C_2 的高频等效电路　　　　　　(c) 共射电路高频等效低通电路

图 7.4.5　基本共射放大电路高频响应等效电路的简化

7.4.3　高频响应及上限频率

$$\dot{V}_o = -g_m \dot{V}_{b'e} R'_L$$

$$\dot{V}_{b'e} = \frac{\dfrac{1}{j\omega C}}{\dfrac{1}{j\omega C} + R'_S} \dot{V}'_S = \frac{1}{1 + j\omega R_S' C} \dot{V}'_S = \frac{1}{1 + j\omega R'_S C} \cdot \frac{(r_{bb'} + r_{b'e})//R_b}{R_S + (r_{bb'} + r_{b'e})//R_b} \cdot \frac{r_{b'e}}{r_{bb'} + r_{b'e}} \dot{V}_S$$

$$\dot{A}_{\text{VHS}} = \frac{\dot{V}_{\text{o}}}{\dot{V}_{\text{s}}} = -g_{\text{m}}R'_{\text{L}} \frac{1}{1 + j\omega R'_{\text{S}}C} \cdot \frac{(r_{\text{bb}'} + r_{\text{b}'\text{e}})//R_{\text{b}}}{R_{\text{S}} + (r_{\text{bb}'} + r_{\text{b}'\text{e}})//R_{\text{b}}} \cdot \frac{r_{\text{b}'\text{e}}}{r_{\text{bb}'} + r_{\text{b}'\text{e}}}$$

令

$$f_{\text{H}} = \frac{1}{2\pi R'_{\text{S}}C} \tag{7.4.11}$$

$$\dot{A}_{\text{VHS}} = -g_{\text{m}}R'_{\text{L}} \cdot \frac{(r_{\text{bb}'} + r_{\text{b}'\text{e}})//R_{\text{b}}}{R_{\text{S}} + (r_{\text{bb}'} + r_{\text{b}'\text{e}})//R_{\text{b}}} \cdot \frac{r_{\text{b}'\text{e}}}{r_{\text{bb}'} + r_{\text{b}'\text{e}}} \cdot \frac{1}{1 + j\left(\dfrac{f}{f_{\text{H}}}\right)}$$

$$\dot{A}_{\text{VHS}} = \dot{A}_{\text{VM}} \frac{1}{1 + j\left(\dfrac{f}{f_{\text{H}}}\right)} \tag{7.4.12}$$

其中

$$\dot{A}_{\text{VM}} = -g_{\text{m}}R'_{\text{L}} \cdot \frac{(r_{\text{bb}'} + r_{\text{b}'\text{e}})//R_{\text{b}}}{R_{\text{S}} + (r_{\text{bb}'} + r_{\text{b}'\text{e}})//R_{\text{b}}} \cdot \frac{r_{\text{b}'\text{e}}}{r_{\text{bb}'} + r_{\text{b}'\text{e}}} \tag{7.4.13}$$

$\dot{A}_{\text{VM}}$ 为中频电压放大倍数，即当 $f << f_{\text{H}}$ 时，$\dot{A}_{\text{VHS}} = \dot{A}_{\text{VM}}$。

又因为

$$\begin{cases} g_{\text{m}} = \dfrac{\beta}{r_{\text{b}'\text{e}}} \\ r_{\text{be}} = r_{\text{bb}'} + r_{\text{b}'\text{e}} \end{cases} \tag{7.4.14}$$

将式(7.4.14)代入式(7.4.13)，得

$$\dot{A}_{\text{VM}} = -\frac{\beta R'_{\text{L}}}{R_{\text{S}} + r_{\text{be}}} \tag{7.4.15}$$

中频电压放大倍数与 3.4 节计算结果相同。

上限频率

$$f_{\text{H}} = \frac{1}{2\pi R'_{\text{S}}C} \tag{7.4.16}$$

其中

$$R'_{\text{S}} = (R_{\text{S}}//R_{\text{b}} + r_{\text{bb}'})//r_{\text{b}'\text{e}} \tag{7.4.17}$$

$$C = C_1 + C_{\text{b}'\text{e}} \tag{7.4.18}$$

当 $f = f_{\text{H}}$ 时，由式(7.4.12)得

幅频响应

$$\left|\dot{A}_{\text{VHS}}\right| = 0.707\left|\dot{A}_{\text{VM}}\right| \tag{7.4.19}$$

相频响应

$$\varphi = -\arctan\left(\frac{f}{f_{\text{H}}}\right) = -45° \tag{7.4.20}$$

即在上限截止频率处，电压放大倍数相对于中频电压放大倍数相位滞后 45°。

7.5　单级放大器的低频响应

射极偏置共射放大电路如图 7.5.1 所示，当信号进入低频区时，耦合电容和旁路电容不能忽略，画出低频等效电路，求出电路的下限截止频率 f_L。其分析思路如下。

(1) 当信号频率进入低频区时，画出放大电路的低频等效电路。

(2) 将输入输出电路等效成 RC 高通滤波电路的形式。

(3) 求出低频电路 $\dot{A}_{VL}$ 的表达式。

(4) 求出下限截止频率 f_L。

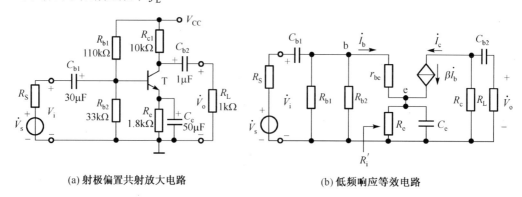

(a) 射极偏置共射放大电路　　　　　　　　(b) 低频响应等效电路

图 7.5.1　射极偏置共射放大电路及其低频响应等效电路

7.5.1　低频等效电路及简化

(1) 图 7.5.1(b) 电路可以直接分析，但很困难，在工程上作合理简化是必要的。

① 由于 $R_{b1}//R_{b2} \gg R_i'$，忽略 $R_b = R_{b1}//R_{b2}$ 的分流。

② $R_e = 1.8k\Omega$，若考虑低频时工作频率为 $f = 20Hz$，则容抗为 $\dfrac{1}{2\pi f C_{e}} = \dfrac{10^6}{6 \times 20 \times 50} = 160\Omega$，即 $R_e \gg X_{C_e}$，从而忽略 R_e 的影响。

(2) 因此 RC 低频等效电路转化为图 7.5.2(a)。图 7.5.2(a) 中电容 C_e 处于输入输出回路之间，为将 C_e 分别转化到输入和输出回路，消除共有元件，使用折合观念。

① 将 C_e 折算到基极回路，保持压降不变，电流由 $\dot{i}_e \to \dot{i}_b$ 则应将容抗扩大 $(1+\beta)$ 倍，容抗扩大 $(1+\beta)$ 倍，意味着电容减少 $(1+\beta)$ 倍。低频电路转化为图 7.5.2(b)。

② C_e 折算到输出回路保持压降不变，电流由 $\dot{i}_e \to \dot{i}_c$ 基本不变，即容抗不变，电容不变，而 $C_e \gg C_{b2}$，$\dfrac{1}{j\omega C_e} \ll \dfrac{1}{j\omega C_{b2}}$，则在输出回路中忽略掉 C_e。低频电路进一步转化为图 7.5.2(c)；其中 $\dfrac{1}{C_1} = \dfrac{1}{C_{b1}} + \dfrac{1+\beta}{C_e}$。

将电流源转换成电压源，使输出回路转换成 RC 高通电路；即电容在前，电阻在后。低频电路最终转化为图 7.5.2(d)。

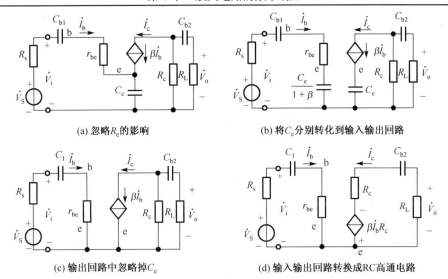

(a) 忽略 R_c 的影响　　　　　(b) 将 C_e 分别转化到输入输出回路

(c) 输出回路中忽略掉 C_e　　　(d) 输入输出回路转换成RC高通电路

图 7.5.2　低频等效电路的转化

7.5.2　低频响应及下限频率

由定义 $\dot{A}_{VLS} = \dfrac{\dot{V}_o}{\dot{V}_s}$

$$\dot{V}_{be} = \frac{r_{be}}{R_S + r_{be} + \dfrac{1}{\sqrt{2\pi f C_1}}} \cdot \dot{V}_s$$

$$\dot{I}_b = \frac{\dot{V}_{be}}{r_{be}} = \frac{\dot{V}_s}{R_S + r_{be} + \dfrac{1}{j2\pi f C_1}}$$

$$\dot{V}_o = -\frac{R_L \cdot \beta \dot{I}_b R_C}{R_C + R_L + X_{b2}} = -\frac{\beta R_C R_L}{R_C + R_L + X_{b2}} \cdot \frac{\dot{V}_s}{R_S + r_{be} + \dfrac{1}{j2\pi f C_1}} \tag{7.5.1}$$

式 (7.5.1) 分子分母同除 $R_C + R_L$，得

$$\dot{V}_o = -\frac{\beta \cdot \dfrac{R_C R_L}{R_C + R_L}}{1 + \dfrac{X_{b2}}{R_C + R_L}} \cdot \frac{\dot{V}_s}{(R_S + r_{be})\left[1 + \dfrac{1}{j2\pi f C_1 (R_S + r_{be})}\right]}$$

$$\dot{A}_{VLS} = -\frac{\beta R_L'}{R_S + r_{be}} \cdot \frac{1}{1 + j\dfrac{1}{2\pi f C_1 (R_S + r_{be})}} \cdot \frac{1}{1 - j\dfrac{1}{2\pi f C_{b2}(R_C + R_L)}} \tag{7.5.2}$$

由式 (7.5.2) 得，图 7.5.1 共射放大电路的低频电压放大倍数是 3 部分的乘积：中频电压增益、输入回路高通网络衰减和输出回路高通网络衰减。其中，中频增益为

$$\dot{A}_{VM} = -\frac{\beta R_L'}{R_S + r_{be}}$$

$$\dot{A}_{\mathrm{VLS}} = \dot{A}_{\mathrm{VM}} \frac{1}{1 - \mathrm{j}\dfrac{f_{\mathrm{L1}}}{f}} \cdot \frac{1}{1 - \mathrm{j}\dfrac{f_{\mathrm{L2}}}{f}}$$

$$\dot{A}_{\mathrm{VLS}} = \frac{\dot{A}_{\mathrm{VM}}}{\left(1 - \mathrm{j}\dfrac{f_{\mathrm{L1}}}{f}\right)\left(1 - \mathrm{j}\dfrac{f_{\mathrm{L2}}}{f}\right)} \tag{7.5.3}$$

输入回路高通网络的截止频率为

$$f_{\mathrm{L1}} = \frac{1}{2\pi C_1 (R_{\mathrm{S}} + r_{\mathrm{be}})} \tag{7.5.4}$$

由式(7.5.4)可见，输入回路时间常数确定其截止频率。

输出回路高通网络的截止频率为

$$f_{\mathrm{L2}} = \frac{1}{2\pi C_{\mathrm{be}} (R_{\mathrm{C}} + R_{\mathrm{L}})} \tag{7.5.5}$$

由式(7.5.5)可见，输出回路时间常数确定其截止频率。

结论：RC 耦合单级放大器在满足式 $X_{\mathrm{ce}} \ll R_{\mathrm{e}}$ 下，低频响应具有两个转折频率 f_{L1}、f_{L2}；如果两截止频率相差四倍以上，则取大者作为放大器的下限频率。若 f_{L1}、f_{L2} 相差不到四倍，则画波特图求解低频截止频率，求解原则是截止频率处的电压增益为中频时的 0.707 倍。

以上针对于多转折频率求解截止频率的方法还适用于多级放大器截止频率的求解与分析。

7.6　多级放大器的频率响应

一个多级放大器总的电压放大倍数等于各单级放大器的乘积

$$\dot{A}_{\mathrm{V}} = \dot{A}_{\mathrm{V1}} \cdot \dot{A}_{\mathrm{V2}} \cdots\cdots \dot{A}_{\mathrm{V}n}$$

各单级电路电压放大倍数计算公式为

$$\dot{A}_{\mathrm{Vi}} = \frac{\dot{V}_{\mathrm{oi}}}{\dot{V}_{\mathrm{ii}}}$$

如 $\dot{V}_{\mathrm{o2}}$ 是考虑后级输入电阻 R_{i3} 作负载时的输出电压(注意将后级输入电阻作为本级的负载)。初学者在多级放大电路计算中常常会犯一个典型错误，有的同学既考虑了后级作为负载 (R_{i3})，同时还考虑了前级输出电阻 R_{o1} 作为后级电路信号源的内阻 $R_{\mathrm{S}} = R_{\mathrm{o1}}$，这是不对的，属于重复考虑错误。正确做法：只考虑后级输入电阻作为本级负载，而不考虑前级的输出电阻作信号源的内阻；或者只考虑前级作信号源内阻，而不考虑后级作负载。

多级放大器的频率响应分析方法，它的绘制步骤和单级放大器相同，同 7.2.3，即分频段来讨论。

表 7.6.1　多级放大器的频率响应分析思路

低　频	中　频	高　频
多个高通网络 多个下限频率 $f_{\mathrm{L1}} f_{\mathrm{L2}} f_{\mathrm{L3}}$ 若 $f_{\mathrm{L1}} < f_{\mathrm{L2}} < f_{\mathrm{L3}}$ 取大者；且 $f_{\mathrm{L3}} \geqslant 4f_{\mathrm{L2}}$， 取 f_{L3} 作下限频率 $f_{\mathrm{L}} = f_{\mathrm{L3}}$	求解各单级放大器的电压增益，可得到 多级放大器总的电压增益 $\dot{A}_{\mathrm{VM}} = \dot{A}_{\mathrm{VM1}} \dot{A}_{\mathrm{VM2}} \dot{A}_{\mathrm{VM3}}$	多个低通网络 多个上限频率 $f_{\mathrm{H1}} f_{\mathrm{H2}} f_{\mathrm{H3}}$ 若 $f_{\mathrm{H1}} < f_{\mathrm{H2}} < f_{\mathrm{H3}}$ 取小者； 且 $4f_{\mathrm{H1}} \leqslant f_{\mathrm{H2}}$，取 f_{H1} 作上限频率 $f_{\mathrm{H}} = f_{\mathrm{H1}}$
通频带 BW $= f_{\mathrm{H}} - f_{\mathrm{L}} = f_{\mathrm{H1}} - f_{\mathrm{L3}} \rightarrow$ 频带比任何一级都窄		

　　若不是相差 4 倍以上,上限频率和下限频率怎样取呢? 应按定义求取,中频放大倍数的 0.707 倍。如一个两级完全相同的单级放大器连在一起,每级的频率特性一样,$\dot{A}_{VM1}=\dot{A}_{VM2}$,$f_{L1}=f_{L2}$,$f_{H1}=f_{H2}$; 则总的电压放大倍数计算如下(图 7.6.1)。

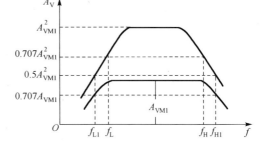

图 7.6.1　两级相同放大器的幅频响应曲线

　　对应于单级上下限频率 f_{L1} 和 f_{H1} 处,$\dot{A}_V=(0.707\dot{A}_{VM1})(0.707\dot{A}_{VM1})=0.5(\dot{A}_{VM1})^2$。

　　对应于正确的上下限频率 f_L、f_H,$\dot{A}_V=0.707A_{VM1}^2$,$f_H-f_L<f_{H1}-f_{L1}$。

　　结论:将几级放大电路串接起来后,放大倍数虽然提高了,但通频带变窄了。前面分析了 RC 耦合的放大器的频率响应,它有一个上限频率和一个下限频率。

$$BW=f_H-f_L\approx f_H$$

　　当多级放大器各级的上下限频率不同时,波特图如何绘制?

　　例 7.6.1　已知两级共射放大电路的电压放大倍数

$$\dot{A}_V=\frac{200\cdot jf}{\left(1+j\dfrac{f}{5}\right)\left(1+j\dfrac{f}{10^4}\right)\left(1+j\dfrac{f}{10^5}\right)}$$

试求解:(1) $\dot{A}_{VM}=?$　$f_L=?$　$f_H=?$

　　　　　(2)画出波特图。

　　解　(1)参考式(7.4.12)和式(7.5.3),变换电压放大倍数的表达式,求出 $\dot{A}_{VM}$、f_L、f_H。

$$\dot{A}_V=\frac{10^3\cdot j\dfrac{f}{5}}{\left(1+j\dfrac{f}{5}\right)\left(1+j\dfrac{f}{10^4}\right)\left(1+j\dfrac{f}{10^5}\right)}$$

$$\dot{A}_V=\frac{10^3}{\left(1-j\dfrac{5}{f}\right)\left(1+j\dfrac{f}{10^4}\right)\left(1+j\dfrac{f}{10^5}\right)}$$

$$\dot{A}_{VM}=10^3,\ f_L=5\text{Hz},\ f_H=10^4\text{Hz},\ f_{H2}=10^5\text{Hz}$$

　　(2)波特图如图 7.6.2 所示。

　　请考虑直接耦合放大器的频率响应,是否还是有一个上限频率和一个下限频率呢? 不,直接耦合放大器无耦合电容和旁路电容,即低频范围内电压放大倍数和中频时一样,维持一个常数不变,它在低频时放大倍数不再下降。所以它只有一个上限频率 f_H,无下限频率;且 $BW=f_H$。再请考虑集成运放频率响应,由于它是直接耦合方式,所以它只有一个上限频率 f_H,无下限频率;且 $BW=f_H$;注意集成运放有多个上限转折频率,其中最低上限频率很低,只有 10Hz 左右,它的开环增益很高,大约为 10^5;要想测低频时的开环增益,应将信号频率调得很低。

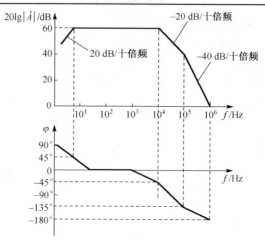

图 7.6.2　例 7.6.1 波特图

本 章 小 结

本章介绍了三极管的放大电路频率特性的基本概念、波特图绘制方法、放大电路的高频等效电路和低频等效电路，具体归纳如下。

(1) 频率响应是放大电路的重要特性之一。由于电路中的电抗元件存在，低频段电压增益下降；由于三极管的极间电容的存在，高频段电压增益下降。

(2) 为了描述频率响应特性常采用波特图，其关键参数有中频增益 $\dot{A}_{VM}$ 和中频相移 ϕ_M、下限截止频率 f_L、上限截止频率 f_H、通频带 BW。

(3) 多级放大器电压增益提高，但是多级放大器的通频带将减小；若各级上限截止频率和下限截止频率相差较大，总电路的上限频率为最低的上限频率，总电流的下限截止频率为最高的下限截止频率。

习 题 7

客观检测题

1. 放大器的频率特性表明放大器对_____适应程度。表征频率特性的主要指标是_____和_____。

2. 放大器的频率特性包括_____和_____两个方面，产生频率失真的原因是_____。

3. 频率响应是指在输入正弦信号的情况下，_____。

4. 放大器有两种不同性质的失真，分别是_____失真和_____失真。

5. 幅频响应的通带和阻带的界限频率被称为_____。

6. 阻容耦合放大电路加入不同频率的输入信号时，低频区电压增益下降的原因是存在_____；高频区电压增益下降的原因是存在_____。

7. 单级阻容耦合放大电路加入频率为 f_H 和 f_L 的输入信号时，电压增益的幅值比中频时下降了_____dB，高、低频输出电压与中频时相比有附加相移，分别为_____和_____。

8．在单级阻容耦合放大电路的波特图中，幅频响应高频区的斜率为_____，幅频响应低频区的斜率为_____；附加相移高频区的斜率为_____，附加相移低频区的斜率为_____。

9．一个单级放大器的下限频率为 $f_L = 100\text{Hz}$，上限频率为 $f_H = 30\text{kHz}$，$\dot{A}_{VM} = 40\text{dB}$，如果输入一个 $15\sin(100000\pi t)\ \text{mV}$ 的正弦波信号，该输入信号频率为_____，该电路_____产生波形失真。

10．多级放大电路与组成它的各个单级放大电路相比，其通频带变_____，电压增益_____，高频区附加相移_____。

主观检测题

1．若放大器的放大倍数 A_v、A_i、A_p 均为 540，试分别用分贝数表示它们。

2．某放大电路的对数幅频特性如图题 2 所示，并已知中频段相移 $\varphi_M = -180°$。

(1)写出 $\dot{A}_v$ 频率特性表达式；

(2)画出相频特性，并写出相频特性 $\varphi(f)$ 的表达式。

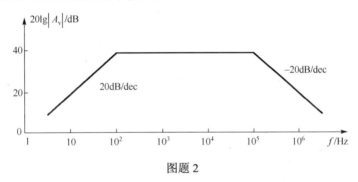

图题 2

3．已知某电路的幅频特性如图题 3 所示，试问：

(1)该电路的耦合方式；

(2)该电路由几级放大电路组成；

(3)当 $f = 10^4\text{Hz}$ 时，附加相移为多少？当 $f = 10^5\text{Hz}$ 时，附加相移又约为多少？

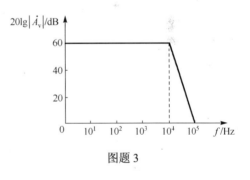

图题 3

4．已知某共射电路的电压放大倍数

$$\dot{A}_V = \frac{-32}{\left(1 + \dfrac{10}{\text{j}f}\right)\left(1 + \text{j}\dfrac{f}{10^5}\right)}$$

试求解中频电压放大倍数、下限截止频率、上限截止频率；并画出其波特图。

5．在图题 5 所示电路中，已知晶体管的 $r_{bb'} = 100\Omega$，$r_{be} = 1\text{k}\Omega$，静态电流 $I_{EQ} = 2\text{mA}$，$C'_\pi = 800\text{pF}$；$R_s = 2\text{k}\Omega$，$R_b = 500\text{k}\Omega$，$R_c = 3.3\text{k}\Omega$，$C = 10\mu\text{F}$。试求该电路的上限截止频率。

6．已知某电路的波特图如图题 6 所示，试写出 $\dot{A}_v$ 的表达式。

7．已知单级共射放大电路的电压放大倍数

$$\dot{A}_v = \frac{200 \cdot \text{j}f}{\left(1 + \text{j}\dfrac{f}{5}\right)\left(1 + \text{j}\dfrac{f}{10^4}\right)}$$

(1) $\dot{A}_{vm} = ?$　$f_L = ?$　$f_H = ?$

(2)画出波特图。

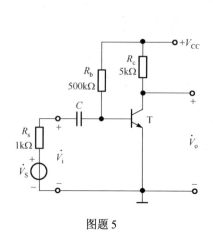

图题 5

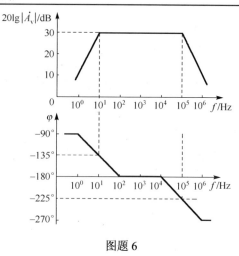

图题 6

8. 图题 8 是某放大电路在低频段的等效电路。

(1)求下限频率 f_L;

(2)若中频电压增益为 40dB,试画出低频段的对数幅频特性和相频特性。

9. 两级 RC 耦合放大器中,第一级和第二级对数幅频特性 $A_{V1}(dB)$ 和 $A_{V2}(dB)$ 如图题 9 所示,试画出该放大器总对数幅频特性 $A_V(dB)$,并说明该放大器中频的 A_V 是多少?在什么频率下该放大器的电压放大倍数下降为 A_V 的 $\dfrac{1}{\sqrt{2}}$?

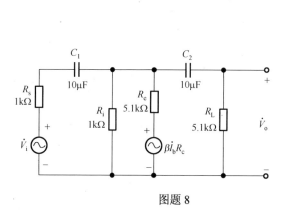

图题 8

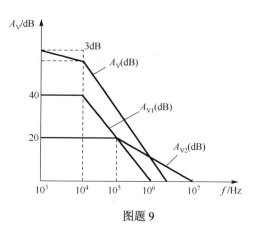

图题 9

10. 由两个完全相同的单级所组成的 RC 放大器其总上限截止频率 $f_H = 20\text{kHz}$,总下限截止频率 $f_L = 20\text{Hz}$,试求各级的上限截止频率 f_{H1} 和下限截止频率 f_{L1}。

第8章　负反馈放大电路

内容提要：本章将首先讲述反馈的基本概念和反馈的基本类型、负反馈对放大电路性能的改善、负反馈对输入电阻和输出电阻的影响、负反馈放大电路的分析方法，最后将介绍负反馈放大电路的自激。

8.1　反馈的基本概念

在欣赏立体声音乐时，要获得好的临场效果，就得有高保真的放大器。有一种电路能够降低噪声、稳定增益、抑制电路参数等变化的影响，这就是负反馈电路。反馈在电子电路和设备中得到了极为广泛的应用。在实际电子线路中，常常都要引入这样或那样的负反馈用于改善工作性能。

8.1.1　反馈放大器

反馈(Feedback)是电子系统重要基本概念，电子系统的反馈就是把输出量(电压或电流)的全部或一部分按照一定的方式送回到输入回路，从而影响输入量(电压或电流)和输出量的过程。

反馈放大器由基本放大器、反馈网络和比较环节⊗构成，如图8.1.1所示；当开关SW断开时，放大电路为基本放大器，信号仅有正向传输通路，称为开环放大器，前面学习的就是开环放大器内容；当开关SW闭合时，放大器由完成正向传输的基本放大器和完成反向传输的反馈网络构成，形成了闭合环路，称为闭环放大器或反馈放大器。

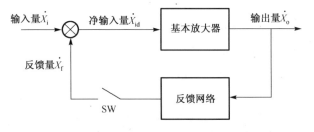

图 8.1.1　反馈放大电路方框图

在反馈放大器中，反馈网络把输出电量 $\dot{X}_o$ (输出电压或输出电流)的一部分或全部取出来送回到输入回路。基本放大器的输入信号称为净输入信号 $\dot{X}_{id}$，它不仅决定于输入量 $\dot{X}_i$，还与反馈量 $\dot{X}_f$ 有关。

8.1.2　有无反馈的判断

判断一个电路是否存在反馈，可分析电路是否存在联系输出回路与输入回路的电路，该电路称为反馈网络，该电路中的元件称为反馈元件。

例 8.1.1　判断图8.1.2所示电路中是否存在反馈。

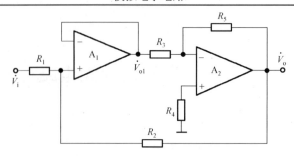

图 8.1.2　例 8.1.1 的两级放大电路

解　图 8.1.2 为两级放大电路，其中每一级放大电路都存在反馈网络，第一级的输出端和反相输入端之间由导线连接；第二级的输出端和反相输入端之间由电阻 R_5 连接。此外，从第二级的输出到第一级的输入也有一条反馈网络，由 R_2 构成。通常称各级内部的反馈为局部（或本级）反馈，称跨级的反馈为整体（或级间）反馈。故该电路既存在本级反馈也存在级间反馈；其中级间反馈为主要反馈，本级反馈为次要反馈。

8.1.3　反馈极性的判断

反馈按极性可分为负反馈和正反馈。

负反馈：输出反馈到输入回路的信号，削弱了外加输入信号的作用，使净输入信号减小，从而使增益下降，使输出量减小。负反馈使系统输出与系统目标的误差减小，系统趋于稳定；对负反馈的研究是电子系统的核心问题。

正反馈：输出反馈信号增强了外加输入信号的作用，使净输入信号增加，从而提高了增益，使输出量增大。正反馈使系统偏差不断增大，使系统振荡，正反馈多用于振荡电路，因为它的工作状态不稳定，因此在放大电路中很少采用。

放大电路常常要引入负反馈，但负反馈会降低电压放大倍数。实际上，由于这种减小可以通过选用高 β 晶体管或增大放大级数来补偿，所以负反馈电路是减小失真、提高稳定性的重要电路。

正反馈和负反馈的判别采用瞬时极性法。瞬时极性法是指利用电路中各点对"地"的交流电位的瞬时极性来判断反馈极性的方法。具体做法如下。

(1) 假设输入端电压处于正的瞬时极性，并用⊕号标出。

(2) 沿着放大通路逐级推出各级输出信号电位的瞬时极性，直至反馈网络所在之处。

(3) 然后沿着反馈回路判断反馈信号至输入回路的瞬时极性。

(4) 若反馈信号使电路净输入信号加大则为正反馈，若反馈信号使电路净输入信号减小则为负反馈。

在判断过程中，设信号的频率在中频区，电容视为短路，然后根据各种基本放大电路（如共射、共源、共基、共集、共漏电路，差分放大电路及运算放大器等）的输出信号与输入信号间的相位关系，再确定从输出回路到输入回路的反馈信号的瞬时极性。

在 3.6 节中，为了稳定静态工作点，加入射极偏置电阻 R_e，产生了射极偏置共射放大电路，如图 8.1.3(a)所示，这里 R_e 就起到了反馈作用。其反馈过程：当环境温度 T 升高时，输出电流 I_C 增大，射极电阻 R_e 上的电压 V_E 将增大，当 V_E 回送到放大器的输入回路时，将减小 V_{BE} 和 I_B，由此抵消输出电流 I_C 的增大，从而稳定了工作点 I_C。由于反馈元件 R_e 稳定了静态工作点，故称为直流负反馈。

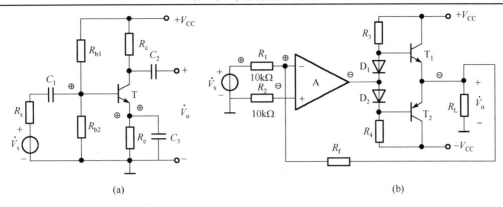

(a)   (b)

图 8.1.3 射极偏置共射放大电路及其负反馈

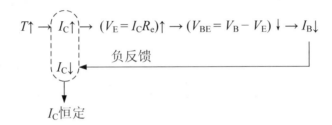

利用瞬时极性法判断如下。

图 8.1.3(a) 在基极输入端加入正的瞬时极性，用 ⊕ 号标出；反馈网络为 R_e，信号传送到三极管 T 的射极，瞬时极性为正 ⊕；由此可以得出反馈的结果是使得 V_{BE} 减小，减小了净输入电压，因此为负反馈。

图 8.1.3(b) 在输入端加入正的瞬时极性，用 ⊕ 号标出；经过 R_1 后，瞬时极性为正 ⊕；通过运算放大器的反相输入端送入，因此输出瞬时极性为负 ⊖；经过甲乙类功放(共集电极电路)输出瞬时极性为负 ⊖；再经反馈网络 R_f 回送到输入回路，电阻网络不会改变信号的相位，因此回送到运算放大器的反相输入端的瞬时极性为负 ⊖；减小了净输入电流，因此为负反馈。

8.1.4 交直流反馈判断

反馈的交直流性质可根据反馈网络是否存在于直流通路或交流通路来判别。

有些反馈通路只能传输直流量，这种反馈称为直流反馈。如图 8.1.4(a) 所示，该电路中反馈元件 R_e 两端并接了射极旁路电容，对交流信号短路，但可传输直流信号，属于直流反馈。直流反馈影响电路的直流性能——静态工作点，引入直流负反馈的目的是稳定静态工作点。

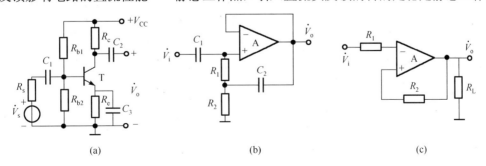

(a)   (b)   (c)

图 8.1.4 直流反馈和交流反馈电路

有些反馈通路只能传输交流信号，这类反馈称为交流反馈，如图 8.1.4(b)所示，该电路有两条反馈通路，其中下端的反馈通路为电容 C_2，仅能反馈交流量。

有些电路同时包含直流反馈和交流反馈，既影响电路的直流性能，又影响电路的交流性能，如图 8.1.4(c)电路中的 R_2。

例 8.1.2　在图 8.1.5 所示的两级放大电路中，

(1)哪些是直流负反馈？

(2)哪些是交流负反馈？并说明其反馈极性；

(3)如果 R_F 右端不接在 T_2 的集电极，而是接在 C_2 和 R_L 之间，两者有何不同？

(4)如果 R_F 的左端不是接在 T_1 的发射极，而是接在它的基极，有何不同？是否会变为正反馈？

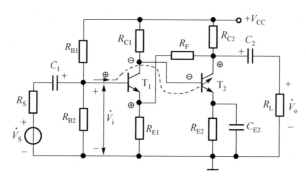

图 8.1.5　例 8.1.2 的两级放大电路

解　(1)直流反馈。R_{E1} 上有两种直流负反馈：一是由本级电流 I_{E1} 产生的；二是由后级集电极直流电位 V_{C2}（即 T_2 管集电极与"地"间直流电压）经 R_F 和 R_{E1} 分压而产生的。

R_{E2} 上有射级电流 I_{E2} 产生的直流负反馈，因 R_{E2} 被交流旁路，故无交流负反馈。

(2)交流反馈。R_{E1} 上有两种交流负反馈：一是由本级电流 i_{E1} 产生的反馈；二是由后级集电极交流电位 v_{c2}（即 C_2 与"地"间交流电压）经 R_F 和 R_{E1} 分压而产生的反馈。

利用瞬时极性来判断第二种反馈的极性。在输入电压 v_i 的正半周，晶体管各极交流电位的正负如下：

$$B_1\oplus \to C_1\ominus \to B_2\ominus \to C_2\oplus \to E_1\oplus$$

由此反馈到 T_1 的发射极 E_1 的反馈信号提高了 E_1 的交流电位，因而削弱了净输入电压 v_{be1}，故为负反馈。

(3)在图 8.1.5 中，如果将 R_F 右端接在电容 C_2 与负载电阻 R_L 之间，则因输出电压 v_o 中没有直流分量，由此反馈到 T_1 的发射极 E_1，R_F 上不存在直流负反馈。

(4)如果将 R_F 的左端接在 T_1 的基极 B_1，则反馈到 B_1 的反馈信号提高了 B_1 的交流电位，因而增强了输入电压 V_{be1}，这不是负反馈，而是正反馈。

8.1.5　反馈放大器组态的判断

判断反馈放大器的组态步骤如下。

(1)判断是否存在反馈网络，如果存在反馈网络，继续(2)；否则判断结束。

(2)判断反馈极性，如果是负反馈，继续(3)；若是正反馈判断结束。

(3)判断输出回路的反馈性质，反馈信号 $\dot{X}_f$ 取样于输出电压还是输出电流，如果取样于输出电压，则为电压反馈；如果取样于输出电流，则为电流反馈。

(4)判断输入回路的反馈性质，若输入信号 $\dot{X}_i$、反馈信号 $\dot{X}_f$ 和净输入信号 $\dot{X}_{id}$ 三者满足电压相加减，则为串联负反馈。若输入信号 $\dot{X}_i$、反馈信号 $\dot{X}_f$ 和净输入信号 $\dot{X}_{id}$ 三者满足电流相加减，则为并联负反馈。

因此在负反馈放大器中，还应讨论以下两个问题。

(1)从输出回路来看，稳定的输出量或是稳定输出电压，或是为了稳定输出电流。若为了稳定输出电压，反馈将对输出电压进行采样，这种负反馈称为电压负反馈。这时反馈信号是输出电压的一部分或全部，即反馈信号与输出电压成正比（$\dot{X}_f = \dot{F}\dot{V}_o$）。若为了稳定输出电流，反馈将对输出电流进行采样，这种负反馈称为电流负反馈。反馈信号是输出电流的一部分或全部，即反馈信号与输出电流成正比（$\dot{X}_f = \dot{F}\dot{I}_o$）。

判断电压反馈与电流反馈的简单方法：利用反馈信号和输出信号成正比的特点，输出短路法，即假设负载短路（$R_L=0$），使输出电压 $\dot{V}_o = 0$，观察反馈信号是否还存在，如果反馈信号存在，则说明反馈信号不是与输出电压成比例，而是和输出电流成比例，是电流反馈；若反馈信号不存在，则说明反馈信号与输出电压成比例，是电压反馈。

(2)从输入回路来看，若输入信号 $\dot{X}_i$、反馈信号 $\dot{X}_f$ 和净输入信号 $\dot{X}_{id}$ 三者满足电压相加减，则为串联负反馈。若输入信号 $\dot{X}_i$、反馈信号 $\dot{X}_f$ 和净输入信号 $\dot{X}_{id}$ 三者满足电流相加减，则为并联负反馈。

串联反馈和并联反馈的判断方法：根据反馈信号是否和输入信号接于放大电路同一端来简单确定。若反馈量和输入量接于放大电路不同输入端，为串联反馈，如图 8.1.6(b)电路；若反馈量和输入量接于放大电路同一输入端，为并联反馈。

这样负反馈放大器共有四种类型：电压串联负反馈、电压并联负反馈、电流串联负反馈和电流并联负反馈。

例 8.1.3　判断图 8.1.6(a)、(b)所示电路中交流反馈的反馈类型。

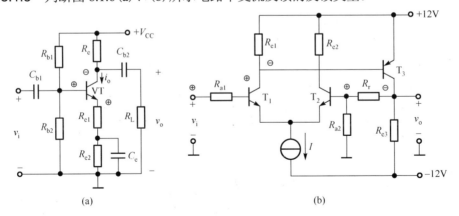

图 8.1.6　例 8.1.3 电路

解　在图 8.1.6(a)所示电路的输入回路中，反馈信号是电阻 R_{e1} 上的交流电压，它加在三极管 T 的发射极，输入信号 $\dot{V}_i$ 加在 T 的基极，反馈信号与输入信号不是接至同一个节点，显然不是以电流形式求和，而是以电压形式求和，因而是串联反馈。

在图 8.1.6(a) 所示电路中,送回到输入回路的交流反馈信号是电阻 R_{e1} 上的信号电压,且有 $\dot{V}_f = \dot{I}_o R_{e1} = \dot{I}_c R_{e1}$。用输出短路法,设负载电阻 $R_L=0$,则 $\dot{V}_o = 0$,但此时 $\dot{I}_c = \dot{I}_o \neq 0$,因此,反馈信号 $\dot{V}_f$ 仍然存在,说明反馈信号与输出电流成正比,是电流反馈。因此图 8.1.6(a) 所示电路中交流反馈为输入电流串联负反馈。

图 8.1.6(b) 所示电路中,输入信号 $\dot{V}_i$ 加在 T_1 的基极,反馈到输入回路的交流反馈信号是电阻 R_{b2} 上的信号电压 $\dot{V}_f$,且有 $\dot{V}_f = \dfrac{R_{b2}}{R_{b2} + R_f} \dot{V}_o$。反馈信号与输入信号不是接至同一个节点,是以电压形式求和,故是串联反馈。设输出短路,即令 $\dot{V}_o = 0$,则有 $\dot{V}_f = 0$(反馈信号不存在),说明反馈信号与输出电压成正比,是电压反馈。因此图 8.1.6(b) 所示电路中交流反馈为输入电压串联负反馈。

8.2　负反馈放大电路的四种基本组态

8.2.1　电压串联负反馈

在图 8.2.1 电压串联负反馈放大电路中,设输入信号为交流信号。对交流反馈而言,图中

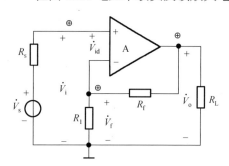

图 8.2.1　电压串联负反馈放大电路

的电阻 R_f 与 R_1 组成反馈网络,R_1 上的电压是反馈信号。用瞬时极性法判断反馈极性,即令 $\dot{V}_i$ 的瞬时极性为 ⊕,经同相放大后,$\dot{V}_o$ 也为 ⊕,经电阻网络相位不变,因此 $\dot{V}_f$ 也为 ⊕;于是该放大电路的净输入电压 $\dot{V}_{id} = \dot{V}_i - \dot{V}_f$ 减小了,是负反馈。

输出回路的反馈性质判断,用输出短路法判断其反馈取样方式,即令 $R_L = 0$($\dot{V}_o = 0$),则有 $\dot{V}_f = 0$,反馈信号不存在,所以是电压反馈。

输入回路的反馈性质判断,反馈信号与输入信号接于不同输入端,则是以电压形式求和,因而是串联反馈。或者输入信号 $\dot{X}_i$、反馈信号 $\dot{X}_f$ 和净输入信号 $\dot{X}_{id}$ 三者满足电压相加减,$\dot{V}_{id} = \dot{V}_i - \dot{V}_f$,则为串联负反馈。

综合上述分析,图 8.2.1 是电压串联负反馈放大电路。

由图 8.2.1 可知,该电路可将输出的交、直流信号反馈到输入端,所以,该电路为交直流电压串联负反馈放大电路。

电压负反馈的重要特点是具有稳定输出电压的作用。例如,在图 8.2.1 电路中,当 $\dot{V}_i$ 大小一定,负载电阻 R_L 减小,欲使 $\dot{V}_o$ 下降时,该电路能自动进行以下稳压调节过程:

$$R_L \downarrow \rightarrow \dot{V}_o \downarrow \rightarrow \dot{V}_f \downarrow \rightarrow \dot{V}_{id} = \dot{V}_i - \dot{V}_f \uparrow$$
$$\dot{V}_o \uparrow \longleftarrow$$

可见,通过电压负反馈能使 $\dot{V}_o$ 不受 R_L 变化的影响,这说明电压负反馈放大电路具有较好的恒压输出特性。为增强负反馈作用,一般串联反馈宜采用内阻 R_S 小的信号源,即恒压源或

近似恒压源，理想情况下其内阻应为 0。综合电压串联负反馈放大电路输入恒压与输出恒压的特性，可将其称为压控电压源。

8.2.2 电压并联负反馈

电压并联负反馈放大电路如图 8.2.2 所示。图中的电阻 R_f 为反馈网络。用瞬时极性法判断反馈极性，即令 $\dot{V}_i$ 的瞬时极性为 ⊕，经反相放大后，$\dot{V}_o$ 为 ⊖，经反馈电阻网络相位不变，因此返回输入回路也为 ⊖；因为反馈与输入信号在同一端，信号以电流形式相加减，于是该放大电路的净输入电流 $\dot{I}_{id} = \dot{I}_i - \dot{I}_f$ 减小了，是负反馈。

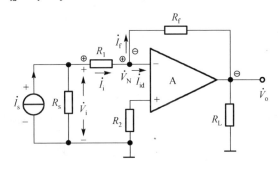

图 8.2.2 电压并联负反馈放大电路

输出回路的反馈性质判断，用输出短路法判断其反馈取样方式，即令 $R_L = 0$（$\dot{V}_o = 0$），则反馈网络消失，反馈信号不存在，所以是电压反馈。

输入回路的反馈性质判断，反馈信号与输入信号接于同一输入端，则是以电流形式相加减，因而是并联反馈。输入信号 $\dot{X}_i$、反馈信号 $\dot{X}_f$ 和净输入信号 $\dot{X}_{id}$ 三者满足电流相加减，$\dot{I}_{id} = \dot{I}_i - \dot{I}_f$，则为并联负反馈。

综合上述分析，图 8.2.2 是电压并联负反馈放大电路。

该反馈属于交直流负反馈，对交流信号而言，R_f 为反馈元件。流过 R_f 的反馈电流 $\dot{I}_f = \dfrac{\dot{V}_N - \dot{V}_o}{R_f}$，一般有 $\dot{V}_o \gg \dot{V}_N$，因此 $\dot{I}_f \approx -\dfrac{\dot{V}_o}{R_f}$。

该电路是电压负反馈，因此也具有稳定输出电压的作用。例如，当 $\dot{I}_i$ 大小一定，由于负载电阻 R_L 减小而使 $\dot{V}_o$ 下降时，该电路能自动进行以下调节过程：

$$R_L \downarrow \rightarrow \dot{V}_o \downarrow \rightarrow \dot{I}_f \downarrow \rightarrow \dot{I}_{id} = \dot{I}_i - \dot{I}_f \uparrow$$

$$\dot{V}_o \uparrow \longleftarrow \quad\quad\quad\quad$$

为增强负反馈的效果，电压并联负反馈放大电路宜采用内阻很大的信号源，即电流源或近似电流源。理想情况下其内阻应为无穷大。综合电压并联负反馈放大电路的输入恒流与输出恒压的特性，可将其称为电流控制的电压源，或电流-电压变换器。

8.2.3 电流串联负反馈

电流串联负反馈放大电路如图 8.2.3 所示。图中的电阻 R 为反馈网络。用瞬时极性法判断反馈极性，即令 $\dot{V}_i$ 的瞬时极性为 ⊕，经同相放大后，$\dot{V}_o$ 仍为 ⊕，经反馈电阻网络相位不变，因

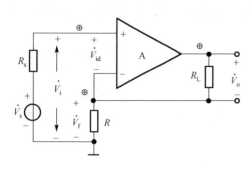

图 8.2.3　电流串联负反馈放大电路

此返回输入回路也为⊕；因为反馈信号与输入信号不在同一端，信号以电压形式相加减，放大电路的净输入电压 $\dot{V}_{id} = \dot{V}_i - \dot{V}_f$ 减小，是负反馈。

输出回路的反馈性质判断，用输出短路法判断其反馈取样方式，即令 $R_L = 0$（$\dot{V}_o = 0$），因 $\dot{I}_o \neq 0$，所以反馈信号 $\dot{V}_f = 0$，即反馈信号与输出电流成比例。可见通过 R_f 引入电流反馈。

输入回路的反馈性质判断，反馈信号与输入信号接于不同输入端，则是以电压形式求和，因而是串联反馈。或者输入信号 $\dot{X}_i$、反馈信号 $\dot{X}_f$ 和净输入信号 $\dot{X}_{id}$ 三者满足电压相加减，$\dot{V}_{id} = \dot{V}_i - \dot{V}_f$，则为串联负反馈。

综合上述分析，图 8.2.3 是电流串联负反馈放大电路。

电流负反馈的特点是维持输出电流基本恒定，例如，当 $\dot{V}_i$ 一定，由于负载电阻 R_L 变动（或 β 值下降）使输出电流减小时，引入负反馈后，电路将进行如下自动调整过程：

$$R_L(\beta) \downarrow \rightarrow \dot{I}_o \downarrow \rightarrow \dot{V}_f \downarrow \rightarrow \dot{V}_{id} = \dot{V}_i - \dot{V}_f \uparrow$$

$$\dot{I}_o \uparrow \longleftarrow$$

上述分析说明电流负反馈具有近似于恒流的输出特性，即在 $\dot{V}_i$ 不变（$R_S = 0$，$\dot{V}_i = \dot{V}_S$）的情况下，当 R_L 变化时，$\dot{I}_o$ 基本不变，放大电路的输出电阻趋于无穷大。由于是串联反馈，故宜采用内阻 R_S 小的信号源，即恒压源或近似恒压源，因此，可将电流串联负反馈放大电路称为电压控制的电流源，或电压-电流变换器。

8.2.4　电流并联负反馈

电流并联负反馈放大电路如图 8.2.4 所示。图中的电阻 R_f 和 R_1 构成反馈网络。用瞬时极性法判断反馈极性，即令 $\dot{V}_i$ 的瞬时极性为⊕，经反相放大后，$\dot{V}_o$ 为⊖，经反馈电阻网络相位不变，因此返回输入回路也为⊖；因为反馈与输入信号在同一端，信号以电流形式相加减，由此可标出 $\dot{I}_i$、$\dot{I}_o$、$\dot{I}_f$ 及 $\dot{I}_{id}$ 的瞬时流向，该放大电路的净输入电流 $\dot{I}_{id} = \dot{I}_i - \dot{I}_f$ 减小，是负反馈。

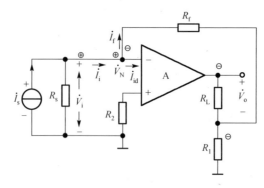

图 8.2.4　电流并联负反馈放大电路

输出回路的反馈性质判断，用输出短路法判断其反馈取样方式，即令 $R_L = 0$（$\dot{V}_o = 0$），因 $\dot{I}_o \neq 0$，所以反馈信号 $\dot{V}_f = 0$，即反馈信号与输出电流成比例。可见通过 R_f 引入电流反馈。

输入回路的反馈性质判断，反馈信号与输入信号接于同一输入端，则是以电流形式相加减，因而是并联反馈。输入信号 $\dot{X}_i$、反馈信号 $\dot{X}_f$ 和净输入信号 $\dot{X}_{id}$ 三者满足电流相加减，$\dot{I}_{id} = \dot{I}_i - \dot{I}_f$，则为并联负反馈。

综合上述分析，图 8.2.4 是电流并联负反馈放大电路。

电流并联负反馈放大电路特点是能维持输出电流基本恒定，电路宜采用内阻很大的信号源，即电流源或近似电流源负反馈效果更好，也可称为电流控制的电流源。

$$R_L \uparrow \rightarrow \dot{I}_o \downarrow \rightarrow \dot{I}_F \downarrow \rightarrow \dot{I}_{id} \uparrow$$
$$\dot{I}_o \uparrow \longleftarrow \underline{\hspace{2cm}}$$

为了达到稳定输出量的目的，负反馈放大器通常对输出量的变化进行采样，再反馈到输入回路，控制其净输入 $\dot{X}_{id} = \dot{X}_i - \dot{X}_f$，达到稳定输出量的目的。这就是"欲稳先取"的方法。

例如，要制作直流稳压电源，内部将采用电压负反馈；若要设计直流恒流源，内部将采用电流负反馈。

8.3　负反馈放大电路增益分析

从前面可知，不同的组态其电路结构是不同的，任何反馈放大电路都可以抽象为一个模型来分析，为了研究负反馈放大电路的共同规律，提出用方框图法来描述反馈放大电路。

8.3.1　负反馈放大电路的方框图

负反馈放大电路的一般形式可用图 8.3.1 所示方框图表示。图 8.3.1 中上面的方框表示基本放大电路，为了改善基本放大器的性能，从基本放大器的输出端到输入端引入一条反向的信号通路，构成这条通路的网络称为反馈网络，该反向传输的信号称为反馈信号。下面的方框即表示能够把一部分或全部输出信号送回到输入电路的反馈网络；箭头线表示信号的传输方向。

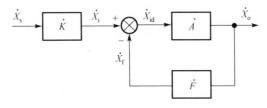

图 8.3.1　负反馈放大电路的方框图

图 8.3.1 中符号 ⊗ 表示信号叠加（比较）环节，$\dot{A}$ 为基本放大电路的增益，$\dot{F}$ 为反馈网络的传输系数，$\dot{K}$ 为变换网络的变换系数，图中的箭头表示信号传输的方向。$\dot{X}_S$ 为信号源信号，$\dot{X}_i$ 为反馈放大电路的输入信号，$\dot{X}_f$ 是反馈信号，它是由反馈网络送回到输入端的信号，$\dot{X}_{id}$ 为净输入信号；"+"和"−"表示 $\dot{X}_i$ 和 $\dot{X}_f$ 参与叠加时的运算符号，$\dot{X}_o$ 称为输出信号。通常，把输出信号的一部分取出的过程称为"取样"；把 $\dot{X}_i$ 与 $\dot{X}_f$ 叠加的过程称为比较。

引入反馈后，按照信号的传输方向，基本放大电路和反馈网络构成一个闭合环路，称为反馈环。由一个反馈环组成的放大电路称单环反馈放大电路。

8.3.2　负反馈放大电路增益的一般表达式

由图 8.3.1 可知，反馈放大电路的输入信号、反馈信号与净输入信号之间的关系为

$$\dot{X}_{\mathrm{id}} = \dot{X}_{\mathrm{i}} - \dot{X}_{\mathrm{f}} \tag{8.3.1}$$

基本放大电路的增益（开环增益）为

$$\dot{A} = \frac{\dot{X}_{\mathrm{o}}}{\dot{X}_{\mathrm{id}}} \tag{8.3.2}$$

反馈系数为

$$\dot{F} = \frac{\dot{X}_{\mathrm{f}}}{\dot{X}_{\mathrm{o}}} \tag{8.3.3}$$

负反馈放大电路的增益（闭环增益）为

$$\dot{A}_{\mathrm{F}} = \frac{\dot{X}_{\mathrm{o}}}{\dot{X}_{\mathrm{i}}} \tag{8.3.4}$$

将式（8.3.1）、式（8.3.2）、式（8.3.3）代入式（8.3.4），可得负反馈放大电路增益的一般表达式为

$$\dot{A}_{\mathrm{F}} = \frac{\dot{X}_{\mathrm{o}}}{\dot{X}_{\mathrm{i}}} = \frac{\dot{X}_{\mathrm{o}}}{\dot{X}_{\mathrm{f}} + \dot{X}_{\mathrm{id}}} = \frac{\dot{A}\dot{X}_{\mathrm{id}}}{\dot{X}_{\mathrm{id}} + \dot{A}\dot{F}\dot{X}_{\mathrm{id}}} \tag{8.3.5}$$

$$\dot{A}_{\mathrm{F}} = \frac{\dot{A}}{1 + \dot{A}\dot{F}} \tag{8.3.6}$$

式（8.3.6）是反馈放大器增益的一般表达式，它是分析反馈问题的基础。另外，图 8.3.1 中信号源信号 $\dot{X}_{\mathrm{s}}$ 和 $\dot{X}_{\mathrm{i}}$ 两者的关系是 $\dot{X}_{\mathrm{i}} = \dot{K}\dot{X}_{\mathrm{s}}$。

所以，负反馈放大电路对信号源的增益为

$$\dot{A}_{\mathrm{FS}} = \frac{\dot{X}_{\mathrm{o}}}{\dot{X}_{\mathrm{s}}} = \dot{K}\dot{A}_{\mathrm{F}} \tag{8.3.7}$$

式（8.3.6）表明，引入负反馈后，放大电路的闭环增益 $\dot{A}_{\mathrm{F}}$ 为无反馈时的开环增益 $\dot{A}$ 的 $\frac{1}{1 + \dot{A}\dot{F}}$ 倍。$1 + \dot{A}\dot{F}$ 越大，闭环增益下降得越多，所以 $1 + \dot{A}\dot{F}$ 是衡量反馈程度的重要指标。通常把 $\left|1 + \dot{A}\dot{F}\right|$ 称为反馈深度，用其表征反馈的强弱。将 $\dot{A}\dot{F}$ 称为环路增益，当输入信号为 0 时，信号绕反馈环路传输一次的放大倍数。下面分几种情况对 $\dot{A}_{\mathrm{F}}$ 的表达式进行讨论。

（1）当 $\left|1 + \dot{A}\dot{F}\right| > 1$ 时，$\left|\dot{A}_{\mathrm{F}}\right| < \left|\dot{A}\right|$，即引入反馈后，增益下降了，这种反馈是负反馈。在 $\left|1 + \dot{A}\dot{F}\right| \gg 1$，即 $\left|\dot{A}\dot{F}\right| \gg 1$ 时，$\left|\dot{A}_{\mathrm{F}}\right| \approx \frac{1}{\left|\dot{F}\right|}$，这是深度负反馈状态，此时闭环增益几乎只取决于反馈系数，而与开环增益的具体数值无关。一般认为 $\dot{A}\dot{F} \geqslant 10$ 就是深度负反馈。

（2）当 $\left|1 + \dot{A}\dot{F}\right| < 1$ 时，$\left|\dot{A}_{\mathrm{F}}\right| > \left|\dot{A}\right|$，增益增加了，这种反馈为正反馈。正反馈会使放大电路的性能不稳定，所以很少在放大电路中引入。

（3）当 $\left|1 + \dot{A}\dot{F}\right| = 0$ 时，$\left|\dot{A}\dot{F}\right| \to \infty$，这就是说，放大电路在没有输入信号时，也会有输出信号，产生了自激振荡。通常在放大电路中，自激振荡现象是要设法消除的。在信号发生器中利用自激振荡产生信号。

必须指出，上面分析的反馈放大电路只是一个抽象模型，对于不同的输入、输出信号 $\dot{X}_i$、$\dot{X}_{id}$、$\dot{X}_f$ 及 $\dot{X}_o$，负反馈放大电路的 $\dot{A}$、$\dot{A}_F$、$\dot{F}$ 相应地具有不同的含义和量纲。

在图 8.2.1 电压串联负反馈放大电路中，$\dot{A}$、$\dot{F}$ 和 $\dot{A}_F$ 物理意义更明确，分别为 $\dot{A}_V = \dfrac{\dot{V}_o}{\dot{V}_{id}}$，表示输出电压与净输入电压之比，称为开环电压增益；其 $\dot{F}_V = \dfrac{\dot{V}_f}{\dot{V}_o}$ 是反馈电压与输出电压之比，为电压反馈系数。显然图中，$\dot{A}_{VF} = \dfrac{\dot{V}_o}{\dot{V}_i} = \dfrac{\dot{A}_V}{1 + \dot{A}_V \dot{F}_V}$，是输出电压与输入电压之比，称为闭环电压增益。

在图 8.2.2 电压并联负反馈放大电路中开环增益 $\dot{A}$、反馈系数 $\dot{F}$ 和闭环增益 $\dot{A}_F$ 具有不同的含义，分别为 $\dot{A}_R = \dfrac{\dot{V}_o}{\dot{I}_{id}}$，是输出电压与净输入电流之比，称为开环互阻增益；其反馈系数是反馈电流与输出电压之比，$\dot{F}_G = \dfrac{\dot{I}_F}{\dot{V}_o}$ 称为互导反馈系数；$\dot{A}_{RF} = \dfrac{\dot{V}_o}{\dot{I}_i} = \dfrac{\dot{A}_R}{1 + \dot{A}_R \dot{F}_G}$，是输出电压与输入电流之比，称为闭环互阻增益。

对图 8.2.3 电流串联负反馈放大电路而言，$\dot{A}_G = \dfrac{\dot{I}_o}{\dot{V}_{id}}$，是输出电流与净输入电压之比，为开环互导增益；反馈系数是反馈电压与输出电流之比，$\dot{F}_R = \dfrac{\dot{V}_F}{\dot{I}_o}$ 为互阻反馈系数；$\dot{A}_{GF} = \dfrac{\dot{I}_o}{\dot{V}_i}$，是输出电流与输入电压之比，称为闭环互导增益。

对图 8.2.4 电流并联负反馈放大电路而言，$\dot{A}_I = \dfrac{\dot{I}_o}{\dot{I}_{id}}$，是输出电流与净输入电流之比，为开环电流增益；$\dot{F}_I = \dfrac{\dot{I}_f}{\dot{I}_o}$ 是反馈电流与输出电流之比，为电流反馈系数；$\dot{A}_{IF} = \dfrac{\dot{I}_o}{\dot{I}_i}$，是输出电流与输入电流之比，称为闭环电流增益。

现归纳如表 8.3.1 所示，其中 $\dot{A}_V$、$\dot{A}_I$ 分别表示电压增益和电流增益(无量纲)；$\dot{A}_R$、$\dot{A}_G$ 分别表示互阻增益(量纲为欧姆)和互导增益(量纲为西门子)，相应的反馈系数 $\dot{F}_V$、$\dot{F}_I$、$\dot{F}_G$、$\dot{F}_R$ 的量纲也各不相同，但环路增益 $\dot{A}\dot{F}$ 总是无量纲的，四种典型负反馈放大器的增益和反馈系数具体含义见表 8.3.1。

表 8.3.1　不同反馈放大电路 $\dot{A}_F$、$\dot{F}$ 的含义和量纲

交流负反馈类型	输出回路 $\dot{X}_o$	输入回路 $\dot{X}_i$ $\dot{X}_f$ $\dot{X}_{id}$	开环增益 $\dot{A} = \dfrac{\dot{X}_o}{\dot{X}_{id}}$	反馈系数 $\dot{F} = \dfrac{\dot{X}_f}{\dot{X}_o}$	闭环增益 $\dot{A}_F = \dfrac{\dot{X}_o}{\dot{X}_i}$
电压串联	电压	电压	$\dot{A}_V = \dfrac{\dot{V}_o}{\dot{V}_{id}}$ 无量纲	$\dot{F}_V = \dfrac{\dot{V}_f}{\dot{V}_o}$ 无量纲	$\dot{A}_{VF} = \dfrac{\dot{V}_o}{\dot{V}_i}$ 无量纲
电压并联	电压	电流	$\dot{A}_R = \dfrac{\dot{V}_o}{\dot{I}_{id}}$ 欧姆	$\dot{F}_G = \dfrac{\dot{I}_f}{\dot{V}_o}$ 西门子	$\dot{A}_{RF} = \dfrac{\dot{V}_o}{\dot{I}_i}$ 欧姆
电流串联	电流	电压	$\dot{A}_G = \dfrac{\dot{I}_o}{\dot{V}_{id}}$ 西门子	$\dot{F}_R = \dfrac{\dot{V}_f}{\dot{I}_o}$ 欧姆	$\dot{A}_{GF} = \dfrac{\dot{I}_o}{\dot{V}_i}$ 西门子
电流并联	电流	电流	$\dot{A}_I = \dfrac{\dot{I}_o}{\dot{I}_{id}}$ 无量纲	$\dot{F}_I = \dfrac{\dot{I}_f}{\dot{I}_o}$ 无量纲	$\dot{A}_{IF} = \dfrac{\dot{I}_o}{\dot{I}_i}$ 无量纲

8.4　负反馈对放大电路性能的改善

稳定性是放大电路的重要指标之一。放大电路引入交流负反馈后，其性能会得到改善；如稳定放大倍数、减小非线性失真、展宽频带、改变输入电阻和输出电阻等。

8.4.1　提高增益的稳定性

在输入一定的情况下，放大电路由于各种因素的变化(晶体管参数及电源电压等的变化)，输出电压或电流会随之变化，因而引起增益的改变。引入负反馈后，如果输出电压(或电流)增大，则反馈信号也增大，结果使净输入信号减小，输出也趋于减小，从而起到自动调节输出的作用。可以稳定输出电压或电流，进而使增益稳定。

分析反馈放大器增益的一般表达式，在深度负反馈下，即 $\left|1+\dot{A}\dot{F}\right|\gg 1$，

$$\dot{A}_{\mathrm{F}}=\frac{\dot{A}}{1+\dot{A}\dot{F}}\approx\frac{1}{\dot{F}} \tag{8.4.1}$$

式中，$\dot{A}$ 为开环增益、$\dot{F}$ 为反馈参数和 $\dot{A}_{\mathrm{F}}$ 为闭环增益。

式(8.4.1)表明，引入深度负反馈的情况时，负反馈放大器的增益只与反馈系数 $\dot{F}$ 有关，因此有很高的稳定性。从增益的相对变化量更可以看出引入负反馈后放大电路的稳定度。考虑增益的稳定性用相对变化量来表示。设 $\dfrac{\mathrm{d}\dot{A}}{\dot{A}}$ 和 $\dfrac{\mathrm{d}\dot{A}_{\mathrm{F}}}{\dot{A}_{\mathrm{F}}}$ 分别表示开环和闭环增益的相对变化量，对反馈放大器增益的一般表达式(8.3.6)求导：

$$\mathrm{d}\dot{A}_{\mathrm{F}}=\left[\frac{1}{1+\dot{A}\dot{F}}-\frac{\dot{A}\dot{F}}{(1+\dot{A}\dot{F})^2}\right]\mathrm{d}\dot{A}=\frac{1}{(1+\dot{A}\dot{F})^2}\mathrm{d}\dot{A}$$

因此 $\dot{A}_{\mathrm{F}}$ 的绝对变化量为

$$\mathrm{d}\dot{A}_{\mathrm{F}}=\frac{1}{(1+\dot{A}\dot{F})^2}\mathrm{d}\dot{A} \tag{8.4.2}$$

$\dot{A}_{\mathrm{F}}$ 的相对变化量为

$$\mathrm{d}\dot{A}_{\mathrm{F}}=\frac{\dot{A}}{(1+\dot{A}\dot{F})^2}\frac{\mathrm{d}\dot{A}}{\dot{A}}=\dot{A}_{\mathrm{F}}\frac{1}{1+\dot{A}\dot{F}}\frac{\mathrm{d}\dot{A}}{\dot{A}}$$

$$\frac{\mathrm{d}\dot{A}_{\mathrm{F}}}{\dot{A}_{\mathrm{F}}}=\frac{1}{1+\dot{A}\dot{F}}\frac{\mathrm{d}\dot{A}}{\dot{A}} \tag{8.4.3}$$

式(8.4.3)表明：引入负反馈以后，增益的稳定度提高了 $1+\dot{A}\dot{F}$ 倍，即 $\dot{A}_{\mathrm{F}}$ 的相对变化量比 $\dot{A}$ 的相对变化量减小了 $1+\dot{A}\dot{F}$ 倍。反馈越深，$\dfrac{\mathrm{d}\dot{A}_{\mathrm{F}}}{\dot{A}_{\mathrm{F}}}$ 越小，闭环增益的稳定性越好。当然放大电路为此付出的代价是 $\dot{A}_{\mathrm{F}}$ 减小到了 $\dot{A}$ 的 $\dfrac{1}{1+\dot{A}\dot{F}}$ 倍。

例 8.4.1　一个电压串联负反馈放大器，$\dot{A}_{\mathrm{V}}=10^3$，$\dot{F}_{\mathrm{V}}=0.01$。(1)求闭环增益 $\dot{A}_{\mathrm{VF}}$；(2)$\left|\dot{A}_{\mathrm{V}}\right|$ 下降了 20%，此时的闭环增益是多少？

解　(1)闭环增益

$$\dot{A}_{\mathrm{VF}} = \frac{\dot{A}_{\mathrm{V}}}{1 + \dot{A}_{\mathrm{V}}\dot{F}_{\mathrm{V}}} = \frac{10^3}{1 + 10^3 \times 0.01} = 90.9$$

可见，负反馈使闭环增益下降了 $1 + \dot{A}\dot{F}$ 倍。

(2)由 $\dfrac{\mathrm{d}\dot{A}_{\mathrm{VF}}}{\dot{A}_{\mathrm{VF}}} = \dfrac{1}{1 + \dot{A}_{\mathrm{V}}\dot{F}_{\mathrm{V}}} \dfrac{\mathrm{d}\dot{A}_{\mathrm{V}}}{\dot{A}_{\mathrm{V}}}$，得闭环增益的变化量

$$\Delta\dot{A}_{\mathrm{VF}} = \frac{1}{1 + \dot{A}_{\mathrm{V}}\dot{F}_{\mathrm{V}}} \cdot \frac{\Delta\dot{A}_{\mathrm{V}}}{\dot{A}_{\mathrm{V}}} \cdot \dot{A}_{\mathrm{VF}}$$

变化后的闭环增益

$$\dot{A}'_{\mathrm{VF}} = \dot{A}_{\mathrm{VF}} + \Delta\dot{A}_{\mathrm{VF}} = \dot{A}_{\mathrm{VF}}\left(1 + \frac{1}{1 + \dot{A}_{\mathrm{V}}\dot{F}_{\mathrm{V}}} \cdot \frac{\Delta\dot{A}_{\mathrm{V}}}{\dot{A}_{\mathrm{V}}}\right)$$

$\left|\dot{A}_{\mathrm{V}}\right|$ 下降 20%，意指：$\dfrac{\Delta\dot{A}_{\mathrm{V}}}{\dot{A}_{\mathrm{V}}} = -\dfrac{20}{100}$，将其代入上式，得

$$\dot{A}'_{\mathrm{VF}} = \dot{A}_{\mathrm{VF}}\left(1 + \frac{1}{1 + \dot{A}_{\mathrm{V}}\dot{F}_{\mathrm{V}}} \cdot \frac{\Delta\dot{A}_{\mathrm{V}}}{\dot{A}_{\mathrm{V}}}\right) = 90.9\left[1 + \frac{1}{11} \cdot \left(-\frac{20}{100}\right)\right] \approx 89.25$$

可见，闭环增益变化很小，这表明了负反馈具有稳定增益的性能。

8.4.2　减少非线性失真

　　由于放大电路中存在非线性器件(三极管、场效应管等)，所以即使输入信号 $\dot{X}_{\mathrm{i}}$ 为正弦波，输出也不可能是标准的正弦波，而会产生一定的非线性失真。非线性元件引起波形失真如图 8.4.1 所示。

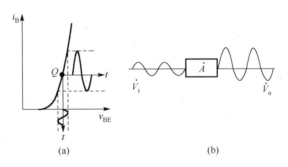

图 8.4.1　非线性元件引起波形失真

　　引入负反馈后，非线性失真将会减小。这一点可以用图 8.4.2 所示的电路来加以说明。若放大电路的输入信号 $\dot{X}_{\mathrm{i}}$ 为正弦波 $\dot{V}_{\mathrm{i}}$，假定由于放大器存在非线性，电路的输出信号 $\dot{V}_{\mathrm{o}}$ 正半周幅度大、负半周幅度小。引入负反馈后，由于反馈信号 $\dot{V}_{\mathrm{f}}$ 和输出信号 $\dot{V}_{\mathrm{o}}$ 成正比，故反馈信号的正、负半周幅度同样是上大下小，反馈信号和输入信号相减后净输入信号 $\dot{V}_{\mathrm{id}}$ 将减小，于是在输入信号不变的情况下，净输入信号 $\dot{V}_{\mathrm{id}}$ 变为正半周幅度小、负半周幅度大的正弦波，该正弦波通过放大器，并利用放大器的非线性可将其波形校正为正、负半周幅度接近相等的正弦波，减小了非线性失真。

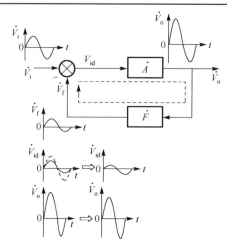

图 8.4.2　引入负反馈后放大电路的非线性失真将减小

设 r 为无反馈时的非线性失真系数，可证明，引入负反馈后，放大电路的非线性失真将减小到 $r/(1+AF)$。

对于放大电路来说，除了输入有用信号(称为 S)外，不可避免还会有噪声信号(称为 N)，如图 8.4.3 所示。噪声是有害的。衡量电路的指标之一就是信噪比 S/N。若信噪比越高，电路或说输出的质量就优越。如电视信号中的信噪比越大，画面的"雪花"就越少。

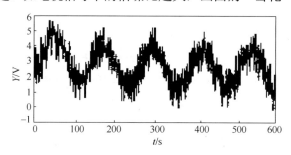

图 8.4.3　示波器上观察到的正弦波叠加上噪声后的波形

对于开环电路来说，有用信号 $\dot{V}_S$ 与噪声 $\dot{V}_N$ 都得到放大。对于开环电路来说，输出信号与输入信号的信噪比是一样的。为了抑制噪声，通常加一级低噪声放大并引入负反馈。

值得注意的是，负反馈减少非线性失真和抑制噪声是指反馈环内的失真和噪声。负反馈只能减小本级放大器自身产生的非线性失真和噪声，对输入信号存在的非线性失真和噪声负反馈无能为力。

8.4.3　负反馈对放大器频率特性的影响

加了负反馈后，对于同样大小的输入信号，在中频区由于输出信号较大，因而反馈信号也较大，于是输入信号被削弱得较多，从而使输出信号降低较多，在高频区和低频区，由于输出信号较小，反馈信号也较小，输入信号也被削弱得较少，输出信号也降低较少。这样一来，在高、中、低三个频区上的放大倍数就比较均匀，放大区的通频带也就被展宽了。对单级负反馈放大器，其中频区和高频区增益分别为

$$\dot{A}_{\mathrm{F}} = \frac{\dot{A}}{1+\dot{A}\dot{F}}$$

$$\dot{A}_{\mathrm{H}} = \frac{\dot{A}_{\mathrm{M}}}{1+\mathrm{j}\dfrac{f}{f_{\mathrm{H}}}}$$

当反馈系数 $\dot{F}$ 不随频率变化时，引入负反馈后的高频特性为

$$\dot{A}_{\mathrm{HF}} = \frac{\dot{A}_{\mathrm{M}}}{1+\mathrm{j}\dfrac{f}{f_{\mathrm{H}}}} = \frac{\dfrac{\dot{A}_{\mathrm{M}}}{1+\mathrm{j}\dfrac{f}{f_{\mathrm{H}}}}}{1+\dot{F}\cdot\dfrac{\dot{A}_{\mathrm{M}}}{1+\mathrm{j}\dfrac{f}{f_{\mathrm{H}}}}} = \frac{\dot{A}_{\mathrm{M}}}{1+\dot{A}_{\mathrm{M}}\dot{F}+\mathrm{j}\dfrac{f}{f_{\mathrm{H}}}} = \frac{\dfrac{\dot{A}_{\mathrm{M}}}{1+\dot{A}_{\mathrm{M}}\dot{F}}}{1+\mathrm{j}\dfrac{f}{(1+\dot{A}_{\mathrm{M}}\dot{F})f_{\mathrm{H}}}} = \frac{\dot{A}_{\mathrm{MF}}}{1+\mathrm{j}\dfrac{f}{(1+\dot{A}_{\mathrm{M}}\dot{F})f_{\mathrm{H}}}}$$

于是其高频特性为

$$f_{\mathrm{HF}} = (1+\dot{A}_{\mathrm{M}}\dot{F})f_{\mathrm{H}} \tag{8.4.4}$$

对低频区，同理可得到其低频特性为

$$f_{\mathrm{LF}} = \frac{1}{1+\dot{A}_{\mathrm{M}}\dot{F}}f_{\mathrm{L}} \tag{8.4.5}$$

比较 f_{H} 和 f_{L}，可见加了负反馈后，将使放大器的上限频率提高，下限频率降低，结果使整个通频带得到展宽。

一般放大器的 $f_{\mathrm{H}} \gg f_{\mathrm{L}}$，所以通频带 BW 可近似用上限频率表示，没加负反馈前，放大器的通频带为 BW $= f_{\mathrm{H}} - f_{\mathrm{L}} \approx f_{\mathrm{H}}$，加了负反馈后，放大器的通频带 $\mathrm{BW_F}$ 为 $\mathrm{BW_F} \approx (1+\dot{A}\dot{F})\mathrm{BW}$。这说明引入负反馈后，放大器的通频带扩展了 $1+\dot{A}\dot{F}$ 倍。从本质上说，频带限制是由于放大电路对不同频率的信号呈现出不同的增益。负反馈具有稳定闭环增益的作用，因而对于频率增大(或减小)引起的增益下降，同样具有稳定作用。也就是说，它能减小频率变化对闭环增益的影响，从而展宽闭环增益的频率。对于电压串联负反馈情况，展宽的是电压增益的频带 $1+\dot{A}\dot{F}$ 倍。对于另外三种类型负反馈能否展宽电压增益的频带则与其他条件有关。

8.4.4　负反馈对输入电阻输出电阻的影响

1. 负反馈对放大器输入电阻的影响

负反馈对放大器输入电阻的影响，取决于反馈网络在电路输入端的连接方式，即反馈信号在放大器的输入端与净输入信号是串联还是并联，而与输出端的取样信号无关。

1) 串联负反馈对输入电阻的影响

在串联负反馈放大电路中，如图 8.4.4 所示，按照输入电阻的定义，由该图可得

$$R_{\mathrm{if}} = \frac{\dot{V}_{\mathrm{i}}}{\dot{I}_{\mathrm{i}}} = \frac{\dot{V}_{\mathrm{id}}+\dot{V}_{\mathrm{f}}}{\dot{I}_{\mathrm{i}}} = \frac{\dot{V}_{\mathrm{id}}+\dot{A}\dot{F}\dot{V}_{\mathrm{id}}}{\dot{I}_{\mathrm{i}}} = \frac{\dot{V}_{\mathrm{id}}}{\dot{I}_{\mathrm{i}}}(1+\dot{A}\dot{F}) = (1+\dot{A}\dot{F})R_{\mathrm{i}} \tag{8.4.6}$$

式(8.4.6)表明，串联负反馈使放大器的输入电阻比未加反馈时增大了 $(1+\dot{A}\dot{F})$ 倍，其中

$\dot{A}$、$\dot{F}$ 的含义与反馈类型有关，若是电压串联负反馈，则 $R_{\text{if}} = (1 + \dot{A}_{\text{V}}\dot{F}_{\text{V}})R_{\text{i}}$，若是电流串联负反馈，则 $R_{\text{if}} = (1 + \dot{A}_{\text{G}}\dot{F}_{\text{R}})R_{\text{i}}$。

2）并联负反馈对输入电阻的影响

在并联负反馈放大电路中，如图 8.4.5 所示，其输入电阻为

$$R_{\text{if}} = \frac{\dot{V}_{\text{i}}}{\dot{I}_{\text{i}}} = \frac{\dot{V}_{\text{i}}}{\dot{I}_{\text{di}} + \dot{I}_{\text{f}}} = \frac{\dot{V}_{\text{i}}}{\dot{I}_{\text{di}} + \dot{A}\dot{F}\dot{I}_{\text{id}}} = \frac{\dot{V}_{\text{i}}}{(1 + \dot{A}\dot{F})\dot{I}_{\text{id}}} = \frac{R_{\text{i}}}{(1 + \dot{A}\dot{F})} \tag{8.4.7}$$

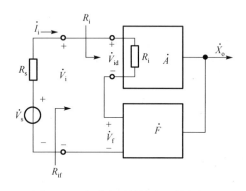
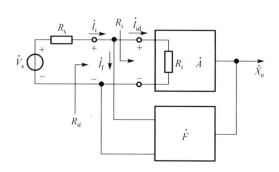

图 8.4.4　串联负反馈放大器的方框图　　　　　　　图 8.4.5　并联负反馈放大器的方框图

所以，并联负反馈放大器的输入电阻比未加反馈时减小了 $1/(1 + \dot{A}\dot{F})$ 倍。在需要低输入电阻的电路中，可以采用并联负反馈。$\dot{A}$、$\dot{F}$ 的含义同样与反馈类型有关，若是电压并联负反馈，则 $R_{\text{if}} = \dfrac{R_{\text{i}}}{(1 + \dot{A}_{\text{R}}\dot{F}_{\text{G}})}$；若是电流并联负反馈，则 $R_{\text{if}} = \dfrac{R_{\text{i}}}{(1 + \dot{A}_{\text{i}}\dot{F}_{\text{i}})}$。

2. 负反馈对输出电阻的影响

负反馈对放大器输出电阻的影响，取决于对输出信号的取样是电流还是电压，而与输入端的连接形式无关。由于电压负反馈是对输出电压取样，所以这种反馈能使输出电压保持稳定。也就是说，引入电压负反馈后，放大器的输出电阻变小了。当负载 R_{L} 发生变化时，输出电压就能保持稳定。而电流负反馈是对输出电流取样，这种反馈能使输出电流保持稳定。也就是说，引入电流负反馈后，放大器的输出电阻变大了。当负载 R_{L} 发生变化时，输出电流就能保持稳定。

1）电压负反馈对输出电阻的影响

在电压负反馈放大电路中，如图 8.4.6 所示为求电压负反馈放大器输出电阻的方框图。

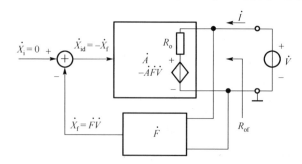

图 8.4.6　电压负反馈放大器输出电阻的方框图

图中令信号源短路（$\dot{X}_i = 0$），放大器不接负载 R_L，在放大器的输出端外加信号 $\dot{V}$ 后，由此产生电流 $\dot{I}$，求得加负反馈的输出电阻

$$R_{of} = \frac{\dot{V}}{\dot{I}} = \frac{\dot{V}}{\dfrac{\dot{V} - (-\dot{A}\dot{F}\dot{V})}{R_o}}$$

因此，电压负反馈放大器的输出电阻为

$$R_{of} = \frac{\dot{V}}{\dot{I}} = \frac{R_o}{(1 + \dot{A}\dot{F})} \tag{8.4.8}$$

若不加负反馈，则 $\dot{X}_f = 0$，$\dot{X}_{id} = -\dot{X}_f = 0$。所以输出电阻为 $R_o = \dfrac{\dot{V}}{\dot{I}}$。

由式（8.4.8）可以看出，电压负反馈使输出电阻降低了 $(1 + \dot{A}\dot{F})$ 倍。其中 $\dot{A}$、$\dot{F}$ 的含义与反馈类型有关，若是电压串联负反馈，则 $R_{of} = \dfrac{R_o}{(1 + \dot{A}_V \dot{F}_V)}$；若是电压并联负反馈，则 $R_{of} = \dfrac{R_o}{(1 + \dot{A}_R \dot{F}_G)}$。当 $(1 + \dot{A}\dot{F})$ 趋于无穷大时，R_{of} 趋于零，电路的输出等效为恒压源。

2）电流负反馈对输出电阻的影响

在电流负反馈放大电路中，如图 8.4.7 所示为求解电流负反馈输出电阻的方框图。

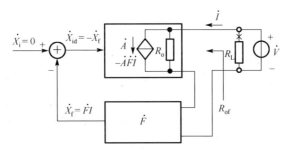

图 8.4.7　电流负反馈放大器输出电阻的方框图

图 8.4.7 中令信号源短路（$\dot{X}_i = 0$），放大器不接负载 R_L，在放大器的输出端外加信号 $\dot{V}$ 后，由此产生电流 $\dot{I}$，求得加负反馈产生电流 $\dot{I}$

$$\dot{I} = \frac{\dot{V}}{R_o} + (-\dot{A}\dot{F}\dot{I})$$

$$\dot{I} = \frac{\dfrac{\dot{V}}{R_o}}{1 + \dot{A}\dot{F}}$$

因此，电流负反馈放大器的输出电阻为

$$R_{of} = \frac{\dot{V}}{\dot{I}} = (1 + \dot{A}\dot{F})R_o \tag{8.4.9}$$

式（8.4.9）说明，电流负反馈使放大器的输出电阻比未加负反馈时增加了 $(1 + \dot{A}\dot{F})$ 倍。$\dot{A}$、$\dot{F}$ 的含义同样与反馈类型有关，若是电流串联负反馈，则 $R_{of} = (1 + \dot{A}_G \dot{F}_R)R_o$，若是电流并联

负反馈，则 $R_{of} = (1 + \dot{A}_I \dot{F}_I) R_o$。当 $(1 + \dot{A}\dot{F})$ 趋于无穷大时，R_{of} 也趋于无穷大，电路的输出等效为恒流源。

负反馈对各类放大电路性能的影响总结在表 8.4.1 中。

表 8.4.1　负反馈对各类放大电路性能的影响

交流性能	电压串联负反馈	电压并联负反馈	电流串联负反馈	电流并联负反馈
输入电阻	增大	减小	增大	减小
输出电阻	减小	减小	增大	增大
稳定性	稳定输出电压，提高增益稳定性	稳定输出电压，提高增益稳定性	稳定输出电流，提高增益稳定性	稳定输出电流，提高增益稳定性
通频带	展宽	展宽	展宽	展宽
环内非线性失真	减小	减小	减小	减小
环内噪声、干扰	抑制	抑制	抑制	抑制

8.4.5　引入负反馈的原则

引入不同方式的负反馈，对放大电路的性能产生不同的影响。因此，可以根据具体要求在放大电路中引入合适的负反馈。

(1)为了稳定静态工作点，应引入直流负反馈；为了改善电路的动态性能，应引入交流反馈。

(2)为了稳定输出电压(即减小输出电阻，增强带负载能力)，应引入电压负反馈。

(3)为了稳定输出电流(即增大输出电阻)，应引入电流负反馈。

(4)为了提高输入电阻(即减小放大电路下信号源所取的电流)，应引入串联负反馈。

(5)为了减小输入电阻，应引入并联负反馈。

例 8.4.2　一个放大电路，其基本放大器的非线性失真系数为 8%，要将其减至 0.4%，同时要求该电路的输入阻抗提高，负载变化时，输出电压尽可能稳定。

(1)电路中应当引入什么类型的负反馈？

(2)如果基本放大器的放大倍数 $|\dot{A}_v| = 10^3$，反馈系数 $|\dot{F}_v|$ 应为多少？

(3)引入反馈后，电路的闭环增益 $|\dot{A}_{vf}|$ 是多少？

解　(1)因串联反馈可以提高电路的输入电阻，电压反馈可以稳定输出电压，所以电路中应当引入交流电压串联负反馈。

(2)反馈深度

$$1 + \dot{A}_v \dot{F}_v = \frac{8/100}{0.4/100} = 20$$

反馈系数

$$|\dot{F}_v| = \left| \frac{19}{\dot{A}_v} \right| = \frac{19}{10^3} = 0.019$$

(3)电路的闭环增益

$$|\dot{A}_{vf}| = \frac{|\dot{A}_v|}{1 + \dot{A}_v \dot{F}_v} = \frac{10^3}{20} = 50$$

例 8.4.3　电路如图 8.4.8 所示。(1)分别说明由 R_{f1}、R_{f2} 引入的两路反馈的类型及各自的主要作用；(2)指出这两路反馈在影响该放大电路性能方面可能出现的矛盾是什么？(3)为了消除上述可能出现的矛盾，有人提出将 R_{f2} 断开，此办法是否可行？为什么？你认为怎样才能消除这个矛盾？

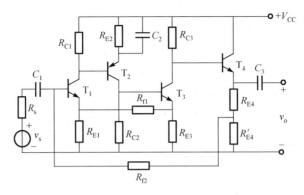

图 8.4.8　例 8.4.3 图

解　(1) R_{f1} 在第一、第三级之间引入了交、直流电流串联负反馈。直流负反馈可稳定静态工作点；电流串联负反馈可提高输入电阻，稳定输出电流。

R_{f2} 在第一、第四级之间引入了交、直流电压并联负反馈。直流负反馈可稳定各级静态工作点，并为输入级 T_1 提供直流偏置；电压并联负反馈可稳定输出电压，同时也降低了整个电路的输入电阻。

(2) 在所引入的两路反馈中，R_{f1} 提高输入电阻，R_{f2} 降低输入电阻。

(3) 若将 R_{f2} 断开，输入级 T_1 将无直流偏置。因此，应保留 R_{f2} 反馈支路的直流负反馈，但应消除其交流负反馈的影响，具体做法：在 R'_{E4} 两端并联一大电容。

例 8.4.4　电路如图 8.4.9 所示，试根据下列要求正确引入负反馈。(1) 要求输入电阻增大；(2) 要求输出电流稳定；(3) 要求改善由负载电容 C_L 引起的振幅频率失真和相位频率失真。

解　(1) 要求输入电阻大，必须要引入串联负反馈，由图分析可知：应引入电压串联负反馈，如图 8.4.10 中的 R_{f1}、C_{f1} 支路所示。

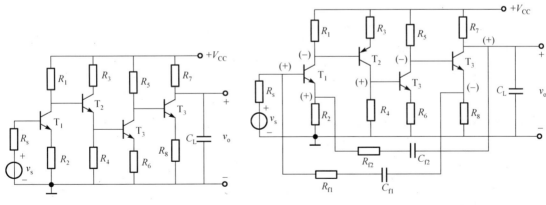

图 8.4.9　例 8.4.4 图　　　　　　　　　　图 8.4.10　例 8.4.4 图解

(2) 要求输出电流稳定，必须要引入电流负反馈，由图分析可知：应引入电流并联负反馈，如图 8.4.10 中的 R_{f2}、C_{f2} 支路所示。

(3) 为改善由负载电容 C_L 引起的频率失真，必须要引入电压负反馈，应引入电压串联负反馈，如图 8.4.10 中的 R_{f1}、C_{f1} 支路所示。

8.5　负反馈放大电路的增益计算

分析负反馈放大电路常用的方法有近似计算法和方框图法。由集成运放组成的负反馈放大电路，由于开环增益高，一般能满足深度负反馈的条件，利用近似计算法计算放大电路各项性能指标十分方便。如果需要对放大电路作全面的定量分析，可采用方框图法。本节只讲述深度负反馈条件下放大电路的分析估算方法。

在深度负反馈条件下的放大电路增益的近似估算方法通常有两种：一种是利用虚短近似估算；另一种是利用反馈系数近似估算。下面分别进行讨论。

8.5.1　利用虚短近似估算

在深度负反馈条件下，$\left|1+\dot{A}\dot{F}\right| \gg 1$，由方框图

$$\frac{\dot{X}_{\text{id}}}{\dot{X}_{\text{i}}} = \frac{\dot{X}_{\text{id}}}{\dot{X}_{\text{id}}+\dot{X}_{\text{f}}} = \frac{\dot{X}_{\text{id}}}{\dot{X}_{\text{id}}+\dot{A}\dot{F}\dot{X}_{\text{id}}} = \frac{1}{1+\dot{A}\dot{F}}$$

可得虚短概念

$$\dot{X}_{\text{id}} \approx 0$$
$$\dot{X}_{\text{i}} \approx \dot{X}_{\text{f}} \tag{8.5.1}$$

为何称为"虚短和虚断"呢？在深度负反馈放大电路(或者运算放大器)中，对于串联负反馈，输入端和反馈端电位近似相等 $\dot{V}_{\text{i}} \approx \dot{V}_{\text{f}}$，$\dot{V}_{\text{id}} \approx 0$，为虚假短路状态，简称"虚短"。对于并联负反馈，输入电流和反馈电流近似相等有 $\dot{I}_{\text{i}} \approx \dot{I}_{\text{f}}$，$\dot{I}_{\text{id}} \approx 0$，输入端相当于断路但不是真正的断路，称为虚假断路，简称"虚断"。

在深度负反馈条件下，利用"虚短"、"虚断"的特性，$\dot{X}_{\text{i}} \approx \dot{X}_{\text{f}}$ 近似计算闭环增益的步骤如下。

(1)判断反馈类型。

(2)写出输入回路电量关系：$\dot{X}_{\text{s}} \overset{\dot{K}=1}{\approx} \dot{X}_{\text{i}} \overset{\text{虚短}}{\approx} \dot{X}_{\text{f}}$。

(3)求出 $\dot{X}_{\text{f}} \propto \dot{X}_{\text{o}}$ 关系。

(4)求电压增益 $\dot{A}_{\text{VSF}} = \dfrac{\dot{V}_{\text{o}}}{\dot{V}_{\text{s}}}$ 或 $\dot{A}_{\text{VF}} = \dfrac{\dot{V}_{\text{o}}}{\dot{V}_{\text{i}}}$。

8.5.2　利用放大倍数近似估算

负反馈放大电路的小信号动态分析，常用深度负反馈条件下的近似计算法。

深度负反馈条件：$\left|1+\dot{A}\dot{F}\right| \gg 1$。

深度负反馈下的闭环增益近似计算公式为

$$\dot{A}_{\text{F}} = \frac{\dot{A}}{1+\dot{A}\dot{F}} \approx \frac{1}{\dot{F}}$$

即在深度负反馈条件下，闭环增益与有源器件的参数无关，基本由反馈网络的参数决定，故闭环增益的稳定性好。下面利用公式 $\dot{A}_{\text{F}} \approx \dfrac{1}{\dot{F}}$ 近似计算增益。

这里的 $\dot{A}_{F}$ 是广义的，其含义因反馈组态而异，见表 8.3.1。如果要计算电路的电压增益，除电压串联负反馈外，其他几种增益都要转换。其一般步骤如下。

(1) 判断反馈类型。

(2) 求解不同量纲的反馈系数 $\dot{F}$。

(3) 计算闭环增益 $\dot{A}_{F}$。

(4) 转换为电压增益 $\dot{A}_{VF}$。

电压串联：

$$\dot{A}_{VF} = \frac{\dot{V}_o}{\dot{V}_i} \approx \frac{1}{\dot{F}_V}$$

电压并联：

$$\dot{A}_{RF} = \frac{\dot{V}_o}{\dot{I}_i} \approx \frac{1}{\dot{F}_G} \quad ; \quad \dot{A}_{VF} = \frac{\dot{V}_o}{\dot{V}_i} = \frac{\dot{V}_o}{\dot{I}_i R_s} \approx \frac{\dot{A}_{RF}}{R_s}$$

电流串联：

$$\dot{A}_{GF} = \frac{\dot{I}_o}{\dot{V}_i} \approx \frac{1}{\dot{F}_R} \quad ; \quad \dot{A}_{VF} = \frac{\dot{V}_o}{\dot{V}_i} = \frac{\dot{I}_o R'_L}{\dot{V}_i} \approx \dot{A}_{GF} R'_L$$

电流并联：

$$\dot{A}_{IF} = \frac{\dot{I}_o}{\dot{I}_i} \approx \frac{1}{\dot{F}_I} \quad ; \quad \dot{A}_{VF} = \frac{\dot{V}_o}{\dot{V}_i} = \frac{\dot{I}_o R'_L}{\dot{I}_i R_s} \approx \dot{A}_{IF} \frac{R'_L}{R_s}$$

在分析计算时，一般设放大电路工作在中频区，除放大电路本身的相移外，其余相移都可忽略不计。

例 8.5.1　试求图 8.5.1 所示电路的闭环增益和闭环电压增益。

解　根据图中所标各电流的瞬时极性可知该电路中引入了负反馈。由输出短路法及输入求和方式可判断该电路是电流并联负反馈放大电路。

对于输入回路电量关系，并联负反馈有 $\dot{I}_i \approx \dot{I}_f$，$\dot{I}_{id} \approx 0$，由此可求得

$$\dot{I}_i = \frac{\dot{V}_i}{R_1} = \dot{I}_f$$

对于反馈信号与输出信号之间关系有

$$\dot{I}_f = \frac{R_2}{R_2 + R_f} \dot{I}_o = \frac{R_2}{R_2 + R_f} \cdot \frac{-\dot{V}_o}{R_L}$$

最后求得

$$\dot{A}_{VF} = \frac{\dot{V}_o}{\dot{V}_i} = -\frac{(R_1 + R_2) R_L}{R_1 R_2}$$

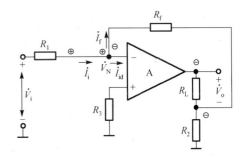

图 8.5.1　例 8.5.1 电路

由上述例题的求解过程可以看出，在深度负反馈条件下，利用"虚短"（$\dot{V}_i \approx \dot{V}_f$，$\dot{V}_{id} \approx 0$）和"虚断"（$\dot{I}_i \approx \dot{I}_f$，$\dot{I}_{id} \approx 0$）概念求闭环增益或闭环电压增益确实方便。

例 8.5.2　试求图 8.5.2 所示电路的闭环增益和闭环电压增益。

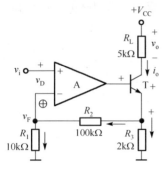

图 8.5.2　例 8.5.2 电路

解　图 8.5.2 所示电路中 R_2、R_1 组成反馈网络。运放 A 的开环增益很大，能够满足深度负反馈的条件。

由瞬时极性法（各有关点的电位的瞬时极性已在图中标出）判断为负反馈。又从反馈网络在电路输出端的取样方式（电流取样）和在输入端的求和方式（电压求和）可知，该电路是一个电流串联负反馈放大电路。

其闭环增益为 $\dot{A}_{GF} \approx \dfrac{1}{\dot{F}_R}$。

由虚短 $\dot{V}_{id} \approx 0$，$\dot{F}_R = \dfrac{\dot{V}_f}{\dot{I}_o} = \dfrac{\dfrac{R_3 \dot{I}_o}{R_1 + R_2 + R_3} \cdot R_1}{\dot{I}_o} = \dfrac{R_3 \cdot R_1}{R_1 + R_2 + R_3}$。

闭环增益

$$\dot{A}_{GF} \approx \frac{1}{\dot{F}_R} = \frac{R_1 + R_2 + R_3}{R_1 R_3} = \frac{112}{20} = 5.6 \text{(mS)}$$

电路的闭环电压增益

$$\dot{A}_{VF} = \frac{\dot{V}_o}{\dot{V}_i} = \frac{-\dot{I}_o R_L}{\dot{V}_i} = -\dot{A}_{GF} R_L = -\frac{R_1 + R_2 + R_3}{R_1 R_3} \cdot R_L = -\frac{112}{20} \times 5 = -28$$

电流串联负反馈电路一般用做电压-电流变换器。因其具有输入电阻高的特点，有时也可作为多级放大电路的输入级使用。

8.6　负反馈放大电路产生自激振荡的原因及条件

在 8.4 节中，曾分析过交流负反馈能够改善放大电路的许多性能，且改善的程度由负反馈的深度 $1 + \dot{A}\dot{F}$ 决定。那么是否能一味追求性能，而加深反馈深度呢？不行，反馈过深，反而易使放大电路产生自激振荡。

所谓自激振荡是指在放大电路不加入任何输入信号的情况下，其输出端也会产生一定频率的信号输出。自激振荡破坏了放大电路的正常工作状态，使其不能稳定地工作，应尽量避免。自激振荡的原因是什么？如何消除自激振荡？本节将就这些问题进行讨论。

8.6.1　产生自激振荡的原因

前面分析的负反馈放大电路都是假定其工作在中频区，这时电路中电容等各电抗性元件的影响可以忽略。按照负反馈的定义，引入负反馈后，净输入信号 $\dot{X}_{id}$ 减小，因此，$\dot{X}_f$ 与 $\dot{X}_i$ 必须是同相的，即有 $\varphi_A + \varphi_F = 2n\pi$，$n = 0$，1，2，$\cdots$（$\varphi_A$、$\varphi_F$ 分别为 $\dot{A}$、$\dot{F}$ 的相角）。

但是在高频区或低频区时，电路中各种电抗性元件的影响不能被忽略。$\dot{A}$、$\dot{F}$ 是频率的函数，因而 $\dot{A}$、$\dot{F}$ 的幅值和相位都会随频率而变化。相位的改变，使 $\dot{X}_f$ 和 $\dot{X}_i$ 不再相同，产生了附加相移（$\Delta\varphi_A + \Delta\varphi_F$）。在某一频率下，$\dot{A}$、$\dot{F}$ 的附加相移有可能达到 $180°$，即这时，$\dot{X}_f$ 与 $\dot{X}_i$ 必然由中频区的同相变为反相，使放大电路的净输入信号由中频时的减小而变为增加，于是放大电路就由负反馈变成了正反馈。

8.6.2　产生自激振荡的条件

由图 8.3.1 负反馈放大电路的方框图可知，负反馈放大器增益的一般表达式为

$$\dot{A}_F = \frac{\dot{X}_o}{\dot{X}_i} = \frac{\dot{A}}{1 + \dot{A}\dot{F}}$$

当分母为零 $|1 + \dot{A}\dot{F}| = 0$ 时，电路将产生自激振荡；得出自激振荡条件为

$$\dot{A}\dot{F} = -1 \tag{8.6.1}$$

即使输入端不加信号（$\dot{X}_i = 0$），因正反馈较强，且 $\dot{X}_{id} = -\dot{X}_f = -\dot{A}\dot{F}\dot{X}_{id}$，输出端也会产生输出信号，电路发生自激振荡。这时，电路将失去正常的放大作用而处于一种不稳定的状态。

负反馈放大电路产生自激振荡的条件是环路增益 $\dot{A}\dot{F} = -1$，改写为幅值条件和相位条件如下：

幅值条件

$$|\dot{A}\dot{F}| = 1 \tag{8.6.2}$$

相位条件

$$\varphi_A + \varphi_F = (2n+1)\pi \tag{8.6.3}$$

为了分析附加相移，上述自激振荡的相位条件也常写成

$$\Delta\varphi_A + \Delta\varphi_F = \pm 180° \tag{8.6.4}$$

幅值条件 (8.6.2) 和相位条件 (8.6.3) 同时满足时，负反馈放大电路就会产生自激。在 $\Delta\varphi_A + \Delta\varphi_F = \pm 180°$ 及 $|\dot{A}\dot{F}| > 1$ 时，电路将进入增幅振荡，更加容易产生自激振荡。即使没有加入任何输入信号，在外界干扰源的作用下，微弱频率信号 f_o 就会在正反馈的作用下逐步由环路增幅振荡直至进入电路平衡振荡。

8.6.3　负反馈放大电路稳定性的定性分析

直接耦合反馈放大电路，若反馈网络由纯电阻构成，则 $\dot{F}$ 为实数；这类电路只能产生高频段的自激振荡，而且附加相移只能由基本放大电路产生。

由 7.4 节可知，单级放大电路在高频时，可以等效成一级 RC 低通网络，相位滞后，当其频率为无穷大时，其最大相移为 90°，所以单级放大电路是稳定的，不会产生自激振荡。两级放大电路在高频时，可以等效成两级 RC 低通网络，相位滞后，当其频率为无穷大时，其最大相移为 180°，但此时的增益 $\dot{A}_V = 0$，故两级放大电路在高频时也是稳定的，不会产生自激振荡。三级放大电路在高频时，可以等效成三级 RC 低通网络，相位滞后，当其频率为无穷大时，其最大相移为 270°，所以一定存在一个频率点 f_o，使得其相移为 180°，且此时的增益 $\dot{A}_V \neq 0$，故三级放大电路在高频时可能不稳定，有可能产生自激振荡。

可以推知，超过三级以后，放大电路的级数越多，引入负反馈后越容易产生高频自激振荡。因此，实用放大电路中级数不宜太多，常以三级放大电路为最常见。

通常放大电路的级数越多，引入负反馈后越容易产生高频自激振荡。同理，若耦合电容和旁路电容数量越多，引入负反馈后越容易产生低频自激振荡。

负反馈的深度 $1+\dot{A}\dot{F}$ 越深，越容易满足幅值振荡条件，产生自激振荡的可能性越大。

由前面的分析可知，要使放大电路稳定工作，必须设法破坏产生自激振荡的两个条件，即不能使放大电路同时满足自激振荡的幅值条件和相位条件。

8.6.4　负反馈放大电路稳定工作条件

多级负反馈放大电路稳定的工作条件是

$$\varphi_A + \varphi_F = (2n+1)\pi , \quad |\dot{A}\dot{F}| < 1 \text{ 或 } \varphi_A + \varphi_F < (2n+1)\pi , \quad |\dot{A}\dot{F}| \geqslant 1$$

为了方便对放大电路稳定性的分析、判断，工程上常用环路增益 $\dot{A}\dot{F}$ 的波特图分析负反馈放大电路能否稳定地工作。

如图 8.6.1 分别是两个直接耦合式负反馈放大电路的环路增益 $\dot{A}\dot{F}$ 的波特图。图中 f_o 是满足相位条件 $\varphi_A + \varphi_F = 180°$ 时的频率，f_c 是满足幅值条件 $|\dot{A}\dot{F}| = 1$ 时的频率。

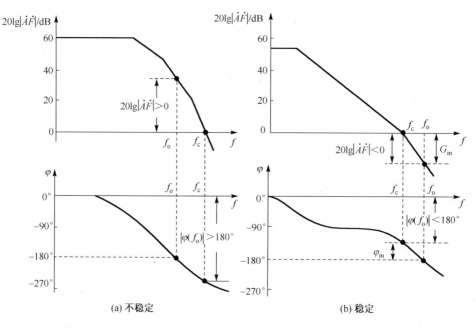

图 8.6.1　两个直接耦合式负反馈放大电路的环路增益 $\dot{A}\dot{F}$ 的波特图

在图 8.6.1(a) 所示波特图中，当 $f = f_o$，即 $\varphi_A + \varphi_F = 180°$ 时，有 $20\lg|\dot{A}\dot{F}| > 0$ dB，即 $|\dot{A}\dot{F}| > 1$，说明相位条件和幅值条件同时能满足。同样，当 $f = f_c$，即 $20\lg|\dot{A}\dot{F}| = 0$，$|\dot{A}\dot{F}| = 1$ 时，有 $\varphi_A + \varphi_F > 180°$。因此图 8.6.1(a) 负反馈放大电路不能稳定地工作。

在图 8.6.1(b) 所示波特图中，当 $f = f_o$，即 $\varphi_A + \varphi_F = 180°$ 时，有 $20\lg|\dot{A}\dot{F}| < 0$dB，即 $|\dot{A}\dot{F}| < 1$；而当 $f = f_c$，$20\lg|\dot{A}\dot{F}| = 0$dB，即 $|\dot{A}\dot{F}| = 1$ 时，有 $\varphi_A + \varphi_F < 180°$。说明相位条件和幅值条件不会同时满足。所以图 8.6.1(b) 负反馈放大电路是稳定的，不会产生自激振荡。

综上所述，可得到由环路增益的频率特性判断负反馈放大电路是否稳定的方法：比较 f_o 与 f_c 的大小。若 $f_c < f_o$，则电路稳定；若 $f_c > f_o$，则电路会产生自激振荡。

为了保证负反馈放大电路不但在一定条件下能稳定工作，而且即使在温度、电源电压等

参数发生波动时也能正常工作，在设计负反馈放大电路时通常都会使其稳定性留有一定的余量，以保证电路有足够的可靠性。该余量用幅值裕度和相位裕度来定义。幅值裕度指的是 $20\lg\left|\dot{A}\dot{F}\right|$ 的值，用 G_m 表示，即

$$G_m = 20\lg\left|\dot{A}\dot{F}\right| \tag{8.6.5}$$

稳定负反馈放大电路的幅值裕度小于 0，且 $\left|G_m\right|$ 越大电路越稳定。

相位裕度指的是 $\left|\varphi_A + \varphi_F\right|$ 与 $180°$ 的差值，用 φ_m 表示。

$$\varphi_m = 180° - \left|\varphi_A + \varphi_F\right| \tag{8.6.6}$$

稳定负反馈放大电路的相位裕度大于 0，且 φ_m 越大电路越稳定。

在设计负反馈放大电路时一般要求 $G_m \leqslant -10\text{dB}$，$\varphi_m \geqslant 45°$，以保证负反馈放大电路可靠稳定地工作。

8.6.5　负反馈放大电路中自激振荡的消除方法

放大电路的自激振荡是有害的，必须设法消除。最简单的方法是减少其反馈系数或反馈深度，使放大电路当附加相移 $\left|\varphi_a + \varphi_f\right| = 180°$ 时，$\left|\dot{A}\dot{F}\right| < 1$。这种做法虽然能够达到消振的目的，但是由于反馈深度下降，不利于放大电路其他性能的改善。

为了解决这个矛盾，常采用相位校正的办法。所谓校正指的是在放大电路或反馈网络中加入若干由 C 或 RC 元件组成的校正网络，以改变 $\dot{A}\dot{F}$ 的频率特性，破坏自激振荡的条件，使其在反馈量较大的情况下也能稳定工作。校正的方法有很多，通常分为滞后校正、超前校正和超前-滞后校正。无论哪种校正其思路都是人为将放大电路的各个转折频率的间距拉开，使之满足稳定条件，保证在三级或三级以上的负反馈电路中，既能引入一定深度的负反馈，又能正常稳定工作。

1. 滞后校正

电容滞后校正。凡是在放大电路中插入元件，使回路增益的附加相移增大的相位校正均称为滞后校正。常用的滞后校正有电容滞后校正、RC 电容滞后校正和反馈电容滞后校正。这里只介绍电容滞后校正和 RC 电容滞后校正。设反馈网络为纯电阻网络，电容滞后校正是在反馈环内的基本放大电路中插入一个含有电容 C 的电路，使开环增益 $\dot{A}$ 的相位滞后，以达到稳定负反馈放大电路的目的。由前面的分析及对稳定裕度的要求可知，若 $\dot{A}\dot{F}$ 的幅频特性在 0dB 以上只有一个转折频率，且下降斜率为 -20dB/十倍频，则属于只有一个 RC 回路的频率响应，最大相移不超过 $-90°$。若在它的第二个转折频率处对应的 $20\lg\left|\dot{A}\dot{F}\right| = 0\text{dB}$，且此处的最大相移为 $-135°$（有 $45°$ 的相位裕度），这样的负反馈放大电路就是稳定的，电容滞后校正正是按此思路进行处理的。这种校正往往将电容并接在基本放大电路中时间常数最大的回路里，即前级的输出电阻和各级的输入电阻都比较大的地方，使它的时间常数更大。

现以一个三级放大电路加以说明，设该电路第一级的输出回路时间常数最大，因此在第一级的输出端与地之间并联一只校正电容 C，如图 8.6.2（a）所示。图 8.6.2（b）是该校正电路的高频等效电路。其中 R_{o1} 为前级的输出电阻，R_{i2} 为后级的输入电阻，C_{i2} 为后级的输入电容。未加电容前该反馈放大电路环路增益 $\dot{A}\dot{F}$ 的幅频特性如图 8.6.2（c）虚线所示，此时的转折频率为

$$f_{H1} = \frac{1}{2\pi(R_{o1}//R_{i2})C_{i2}}$$

加校正电容 C 后的转折频率为

$$f_{H1} = \frac{1}{2\pi(R_{o1}//R_{i2})(C_{i2}+C)}$$

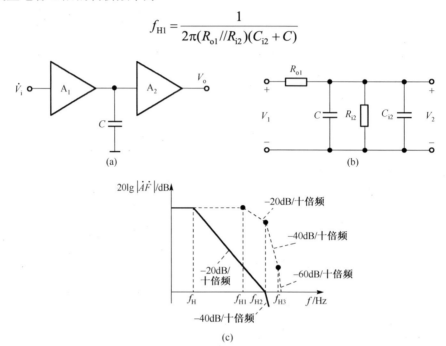

图 8.6.2 电容滞后校正

只要选择合适的电容 C，使得修改后的幅频特性曲线上以–20dB/十倍频斜率下降的这一段曲线与横轴的交点刚好在第二个转折频率 f_{H2} 处，此处的 $20\lg|\dot{A}\dot{F}|=0$dB，如图 8.6.2(c)中的实线所示，此时的 $(\varphi_A + \varphi_F)$ 趋于–135°，即可保证 $\varphi_m \geq 45°$，负反馈放大电路一定不会产生自激振荡，这种方法简单可靠。由图 8.6.2(c)可知，虽然该校正使放大电路稳定，但放大电路的开环带宽大大变窄了，使其闭环带宽随之变窄，这是电容滞后校正的缺点。

RC 滞后校正。电容滞后校正虽然可以消除自激振荡，但使通频带变得太窄。采用 RC 滞后校正不仅可以消除自激振荡，而且可使带宽得到一定的改善。具体电路如图 8.6.3 所示，图 8.6.3(b)是它的高频等效电路。通常应选择 $R \ll (R_{o1}//R_{i2})$，$C \geq R_{i2}$，所以可将图 8.6.3(b)简化为图 8.6.3(c)的形式，其中

$$\dot{V}_i' = \frac{R_{i2}}{R_{o1}+R_{i2}}\dot{V}_1$$

它的电压传输函数为

$$\dot{A}_{RC} = \frac{\dot{V}_2}{\dot{V}_1'} = \frac{R+\dfrac{1}{j\omega C}}{R'+R+\dfrac{1}{j\omega C}} = \frac{1+j\omega RC}{1+j\omega(R'+R)C} = \frac{1+j\dfrac{f}{f_{H2}'}}{1+j\dfrac{f}{f_{H1}'}}$$

式中，$f_{H1}' = \dfrac{1}{2\pi(R'+R)C}$； $f_{H2}' = \dfrac{1}{2\pi RC}$； $R' = R_{o1}//R_{i2}$。

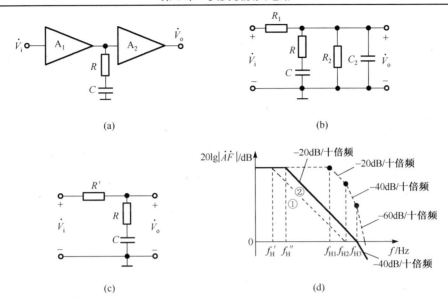

图 8.6.3 RC 滞后校正

设未加 RC 校正电路前，反馈放大电路的环路增益的表达式为

$$\dot{A}\dot{F} = \frac{\dot{A}_m\dot{F}}{\left(1+\mathrm{j}\dfrac{f}{f_{H1}}\right)\left(1+\mathrm{j}\dfrac{f}{f_{H2}}\right)\left(1+\mathrm{j}\dfrac{f}{f_{H3}}\right)}$$

其幅频特性如图 8.6.3(d)中虚线所示。

只要选择合适的 RC 参数，使 $f'_{H2} = f_{H2}$，那么加入 RC 校正电路后，环路增益的表达式即变为

$$\dot{A}\dot{F} = \frac{\dot{A}_m\dot{F}\left(1+\mathrm{j}\dfrac{f}{f'_{H2}}\right)}{\left(1+\mathrm{j}\dfrac{f}{f''_{H1}}\right)\left(1+\mathrm{j}\dfrac{f}{f_{H2}}\right)\left(1+\mathrm{j}\dfrac{f}{f_{H3}}\right)} = \frac{\dot{A}_m\dot{F}}{\left(1+\mathrm{j}\dfrac{f}{f'_{H1}}\right)\left(1+\mathrm{j}\dfrac{f}{f_{H3}}\right)}$$

上式说明，加入 RC 校正电路后环路增益的幅频特性曲线上只有两个转折频率，而且如果选择合适的 f'_{H1}，使得修改后的幅频特性曲线上以-20dB/十倍频斜率下降的这一段曲线与横轴的交点刚好在 f_{H3} 处，此处的 $201\lg\left|\dot{A}\dot{F}\right| = 0\mathrm{dB}$，如图 8.6.3(d)中实线②所示，此时的 $\left(\left|\varphi_A + \varphi_F\right|\right)$ 趋于-135°。所以加入 RC 滞后校正的负反馈放大电路一定不会产生自激振荡。

图 8.6.3(d)的虚线①是采用电容滞后校正的幅频特性，很显然，RC 滞后校正后的上限频率向右移了，说明带宽增加了。上述两种滞后校正电路中所需电容、电阻都较大，在集成电路中难以实现。通常可以利用密勒效应，将校正电容等元件跨接于放大电路中，这样用较小的电容同样可以获得满意的校正效果。关于该方法这里不再详述。

2. 超前校正

凡是在放大电路中插入元件，设法使 0dB 的相位向前移，使它不满足-180°条件的相位校正均称为超前校正。超前校正的作用是在满足条件 $\dot{A}(f)\dot{F}(f) = 1$ 的频率附近产生超前相

移来获得电路的稳定。因此，可以达到较宽的频带。通常将超前校正电路接于反馈网络中，图 8.6.4 为一个同相放大器进行外部校正的电路，它是利用并联在电阻 R_2 上的校正电容来实现超前校正的。

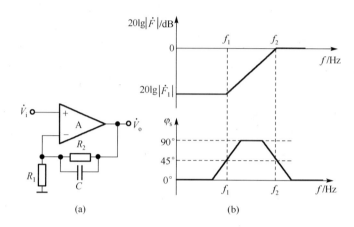

图 8.6.4　超前校正电路及补偿后的频率特性

未加校正电路前，该电路的反馈系数为

$$\dot{F}_0 = \frac{R_1}{R_1 + R_2}$$

加了校正电路后，电路的反馈系数为

$$\dot{F}_1 = \frac{R_1}{R_1 + R_2 // \dfrac{1}{j\omega C}} = \frac{R_1}{R_1 + R_2} \cdot \frac{1 + j\omega R_2 C}{1 + j\omega (R_1 // R_2)C} = \dot{F}_0 \cdot \frac{1 + \dfrac{f}{f_1}}{1 + \dfrac{f}{f_2}} \quad (f_1 < f_2)$$

由于 $f_1 < f_2$，故校正后的反馈系数具有超前相移。图 8.6.4 是 $\dot{F}_1$ 的波特图。从相频特性曲线可知，在 f_1、f_2 之间，相位超前，最大超前相移为 90°。超前校正同样可消除电路自激振荡，使放大电路稳定。其对放大电路带宽的影响在所述几种方法中最小。

本 章 小 结

(1)几乎所有实用的放大电路中都要引入负反馈。反馈是指把输出电压或输出电流的一部分或全部通过反馈网络，用一定的方式送回到放大电路的输入回路，以影响输入电量的过程。反馈网络与基本放大电路一起组成一个闭合环路。通常假设反馈环内的信号是单向传输的，即信号从输入到输出的正向传输只经过基本放大电路，反馈网络的正向传输作用被忽略；而信号从输出到输入的反向传输只经过反馈网络，基本放大电路的反向传输作用被忽略。判断、分析、计算反馈放大电路时都要用到这个合理的设定。

(2)在熟练掌握反馈基本概念的基础上，能对反馈进行正确判断尤为重要，它是正确分析和设计反馈放大电路的前提。

有无反馈的判断方法：看放大电路的输出回路与输入回路之间是否存在反馈网络(或反馈通路)，若有则存在反馈，电路为闭环的形式；否则就不存在反馈，电路为开环的形式。

　　交、直流反馈的判断方法：存在于放大电路交流通路中的反馈为交流反馈，引入交流负反馈是为了改善放大电路的性能；存在于直流通路中的反馈为直流反馈，引入直流负反馈的目的是稳定放大电路的静态工作点。

　　反馈极性的判断方法：用瞬时极性法，即假设输入信号在某瞬时的极性为(+)，再根据各类放大电路输出信号与输入信号间的相位关系，逐级标出电路中各有关点电位的瞬时极性或各有关支路电流的瞬时流向，最后看反馈信号是削弱还是增强了净输入信号，若是削弱了净输入信号，则为负反馈；反之则为正反馈。实际放大电路中主要引入负反馈。

　　电压、电流反馈的判断方法：用输出短路法，即设 $R_L = 0$ 或 $\dot{V}_o = 0$，若反馈信号不存在，则是电压反馈；若反馈信号仍然存在，则为电流反馈。电压负反馈能稳定输出电压，电流负反馈能稳定输出电流。

　　串联、并联反馈的判断方法：根据反馈信号与输入信号在放大电路输入回路中的求和方式判断。若 $\dot{X}_f$ 与 $\dot{X}_i$ 以电压形式求和，则为串联反馈；若 $\dot{X}_f$ 与 $\dot{X}_i$ 以电流形式求和，则为并联反馈。为了使负反馈的效果更好，当信号源内阻较小时，宜采用串联反馈；当信号源内阻较大时，宜采用并联反馈。

　　(3) 负反馈放大电路有四种类型：电压串联负反馈、电压并联负反馈、电流串联负反馈及电流并联负反馈放大电路。它们的性能各不相同。由于串联负反馈要用内阻较小的信号源即电压源提供输入信号，并联负反馈要用内阻较大的信号源即电流源提供输入信号，电压负反馈能稳定输出电压(近似于恒压输出)，电流负反馈能稳定输出电流(近似于恒流输出)，因此，上述四种组态负反馈放大电路又常被对应称为压控电压源、流控电压源、压控电流源和流控电流源电路。

　　(4) 引入负反馈后，虽然使放大电路的闭环增益 $\dot{A}_F$ 减小，但是放大电路的许多性能指标得到了改善，如提高了电路增益的稳定性，减小了非线性失真，抑制了干扰和噪声，扩展了通频带，串联负反馈使输入电阻提高，并联负反馈使输入电阻下降，电压负反馈降低了输出电阻，电流负反馈使输出电阻增加。所有性能的改善程度都与反馈深度 $|1 + \dot{A}\dot{F}|$ 有关。实际应用中，可依据负反馈的上述作用引入符合设计要求的负反馈。

　　(5) 对于简单的由分立元件组成的负反馈放大电路(如共集电极电路)，可以直接用微变等效电路法计算闭环电压增益等性能指标。对于由运放组成的深度(即 $|1 + \dot{A}\dot{F}| \gg 1$)负反馈放大电路，可利用"虚短"($\dot{V}_i \approx \dot{V}_f$，$\dot{V}_{id} \approx 0$)、"虚断"($\dot{I}_i \approx \dot{I}_f$，$\dot{I}_{id} \approx 0$)概念估算闭环电压增益。对于串联负反馈，有"虚短"概念，只要将 $\dot{V}_i \approx \dot{V}_f$ 中的 $\dot{V}_f$ 用含有 $\dot{V}_o$ 的表达式代替，即可求得闭环电压增益；对于并联负反馈，因为有 $\dot{I}_{id} \approx 0$，即流入放大电路的净输入电流为零，所以放大电路两个输入端(同相输入端与反相输入端)上的交流电位也近似相等，"虚短"也同时存在。利用这个条件，将 $\dot{I}_i \approx \dot{I}_f$ 中的 $\dot{I}_i$ 用含有 $\dot{V}_i$ 的表达式代替，$\dot{I}_f$ 用含有 $\dot{V}_o$ 的表达式代替，即可求得闭环电压增益。

　　(6) 引入负反馈可以改善放大电路的许多性能，而且反馈越深，性能改善越显著。但由于电路中有电容等电抗性元件存在，它们的阻抗随信号频率而变化，因而使 $\dot{A}\dot{F}$ 的大小和相位都随频率而变化，当幅值条件 $|\dot{A}\dot{F}| = 1$ 及相位条件 $\Delta\varphi_A + \Delta\varphi_F = \pm 180°$ 同时满足时，电路就会从原来的负反馈变成正反馈而产生自激振荡。通常用频率补偿法来消除自激振荡。

习　题　8

客观检测题

一、填空题

1. 为了稳定静态工作点，应在放大电路中引入_____负反馈。

2. 在放大电路中引入串联负反馈后，电路的输入电阻_____。

3. 欲减小电路从信号源索取的电流，增大带负载能力，应在放大电路中引入负反馈的类型是_____。

4. 欲从信号源获得更大的电流，并稳定输出电流，应在放大电路中引入负反馈的类型是_____。

5. 欲得到电流-电压转换电路，应在放大电路中引入_____负反馈。

6. 负反馈放大器自激振荡的条件为_____。

7. 欲将电压信号转换成与之成比例的电流信号，应在放大电路中引入负反馈的类型是_____。

二、选择题

1. 放大电路中有反馈的含义是_____。

 A．输出与输入之间有信号通路

 B．电路中存在反向传输的信号通路

 C．除放大电路以外还有信号通道

2. 根据反馈的极性，反馈可分为_____反馈。

 A．直流和交流　　　　B．电压和电流　　　C．正和负　　　　　D．串联和并联

3. 根据反馈信号的频率，反馈可分为_____反馈。

 A．直流和交流　　　　B．电压和电流　　　C．正和负　　　　　D．串联和并联

4. 根据取样方式，反馈可分为_____反馈。

 A．直流和交流　　　　B．电压和电流　　　C．正和负　　　　　D．串联和并联

5. 根据比较的方式，反馈可分为_____反馈。

 A．直流和交流　　　　B．电压和电流　　　C．正和负　　　　　D．串联和并联

6. 负反馈多用于_____。

 A．改善放大器的性能　　B．产生振荡　　　C．提高输出电压　　　D．提高电压增益

7. 正反馈多用于_____。

 A．改善放大器的性能　　B．产生振荡　　　C．提高输出电压　　　D．提高电压增益

8. 交流负反馈是指_____。

 A．只存在于阻容耦合电路中的负反馈　　　　B．交流通路中的负反馈

 C．变压器耦合电路中的负反馈　　　　　　　D．直流通路中的负反馈

9. 若反馈信号正比于输出电压，该反馈为_____反馈。

 A．串联　　　　　　　B．电流　　　　　　C．电压　　　　　　D．并联

10. 若反馈信号正比于输出电流，该反馈为_____反馈。

 A．串联　　　　　　　B．电流　　　　　　C．电压　　　　　　D．并联

11. 当电路中的反馈信号以电压的形式出现在电路输入回路的反馈称为_____反馈。

 A．串联　　　　　　　B．电流　　　　　　C．电压　　　　　　D．并联

12. 当电路中的反馈信号以电流的形式出现在电路输入回路的反馈称为_____反馈。

    A. 串联　　　　　　　B. 电流　　　　　　　C. 电压　　　　　　　D. 并联

13. 电压负反馈可以_____。

    A. 稳定输出电压　　　B. 稳定输出电流　　　C. 增大输出功率

14. 串联负反馈_____。

    A. 提高电路的输入电阻　　　　　　　　　B. 降低电路的输入电阻

    C. 提高电路的输出电压　　　　　　　　　D. 提高电路的输出电流

15. 电压并联负反馈_____。

    A. 提高电路的输入电阻　　　　　　　　　B. 降低电路的输入电阻

    C. 提高电路的输出电压　　　　　　　　　D. 提高电路的输出电流

16. 电流串联负反馈放大电路的反馈系数称为_____反馈系数。

    A. 电流　　　　　　　B. 互阻　　　　　　　C. 互导　　　　　　　D. 电压

17. 负反馈所能抑制的干扰和噪声是指_____。

    A. 输入信号所包含的干扰和噪声

    B. 反馈环外的干扰和噪声

    C. 反馈环内的干扰和噪声

18. 负反馈放大电路是以降低电路的_____来提高电路的其他性能指标。

    A. 通频带宽　　　　　B. 稳定性　　　　　　C. 增益

19. 引入反馈系数为 0.1 的并联电流负反馈，放大器的输入电阻由 $1k\Omega$ 变为 100Ω，则该放大器的开环和闭环电流增益分别为_____。

    A. 90 和 9　　　　　　B. 90 和 10　　　　　C. 100 和 9

主观检测题

1. 试判断图题 1 各电路中是否引入了反馈，哪些是反馈元件？

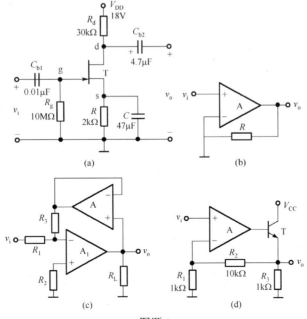

图题 1

2. 判断图题 2 所示各电路中是否引入了反馈，是直流反馈还是交流反馈，是正反馈还是负反馈。设图中所有电容对交流信号均可视为短路。

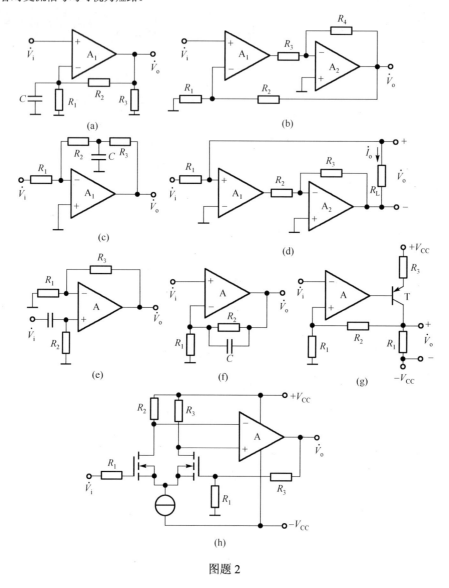

图题 2

3. 判断图题 3 所示各电路中是否引入了反馈；若引入了反馈，则判断是正反馈还是负反馈；若引入了交流负反馈，则判断是哪种组态的负反馈。

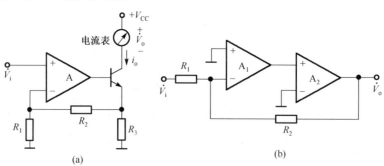

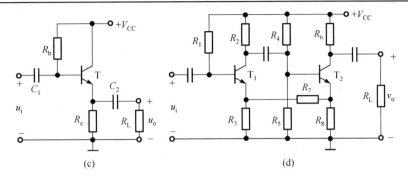

图题 3

4. 试判断图题 4 各电路的反馈类型和极性。

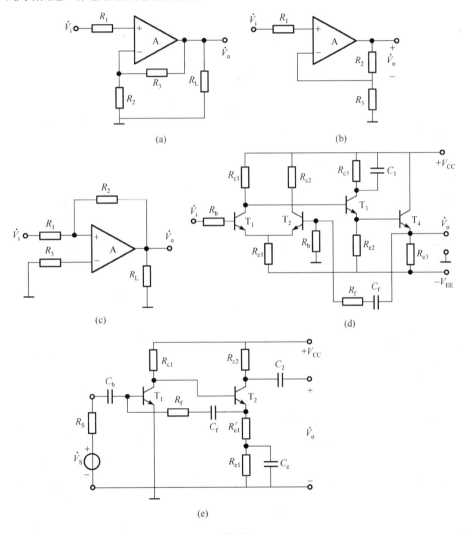

图题 4

5. 某负反馈放大电路的方框图如图题 5 所示，试推导其闭环增益 $\dot{X}_o / \dot{X}_i$ 的表达式。

6. 某负反馈放大电路的方框图如图题 6 所示，已知其开环电压增益 $\dot{A}_V = 2000$，反馈系数 $\dot{F}_V = 0.0495$。若输出电压 $\dot{V}_o = 2\text{V}$，求输入电压 $\dot{V}_i$、反馈电压 $\dot{V}_f$ 及净输入电压 $\dot{V}_{id}$ 的值。

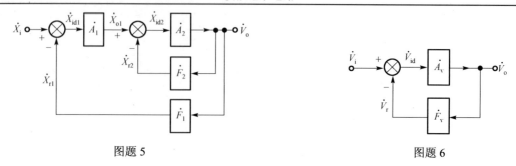

图题 5　　　　　　　　　　　　　　　　　　　　　图题 6

7. 指出下面说法是否正确，如果有错，错在哪里？

(1)既然在深度负反馈条件下，闭环增益 $\dot{A}_F \approx \dfrac{1}{\dot{F}}$ 与放大电路的参数无关，那么放大器件的参数就没有什么意义了，随便取一个管子或组件，只要反馈系数 $\dot{A}_F \approx \dfrac{1}{\dot{F}}$ 就可以获得恒定闭环增益。

(2)某人在做多级放大器实验时，用示波器观察到输出波形产生了非线性失真，然后引入了负反馈，立即看到输出幅度明显变小，并且消除了失真，你认为这就是负反馈改善非线性失真的结果吗？

8. 从反馈的效果来看，为什么说串联负反馈电路中，信号源内阻越小越好？而在并联负反馈电路中，信号源内阻越大越好？

9. 电路如图题9所示。(1)合理连线，接入信号源和反馈，使电路的输入电阻增大，输出电阻减小；(2)若 $|\dot{A}_{VF}| = \dfrac{\dot{V}_o}{\dot{V}_i} = 20$，则 R_f 应取多少千欧？

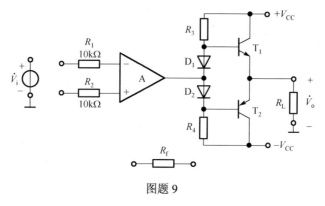

图题 9

10. 已知一个负反馈放大电路的 $\dot{A} = 10^5$，$\dot{F} = 2 \times 10^{-3}$。

(1) $\dot{A}_F = ?$

(2)若 $\dot{A}$ 的相对变化率为 20%，则 $\dot{A}_F$ 的相对变化率为多少？

11. 已知一个电压串联负反馈放大电路的电压放大倍数 $\dot{A}_{VF} = 20$，其基本放大电路的电压放大倍数 $\dot{A}_V$ 的相对变化率为 10%，$\dot{A}_{VF}$ 的相对变化率小于 0.1%，试问 F 和 $\dot{A}_V$ 各为多少？

12. 一个电压串联负反馈放大器，$\dot{A}_V = 10^3$，$\dot{F}_V = 0.01$。(1)求闭环放大倍数 $\dot{A}_{VF}$；(2)$|\dot{A}_V|$ 下降了 20%，此时的闭环放大倍数是多少？

13. 在图题13(a)、(b)电路中各引入什么反馈可使输出电压稳定，请把反馈电路补充完整。

14. 电路如图题14所示，试判断其中的级间反馈的类型，并推导出闭环电压增益的表达式。设运放是理想的。

15. 已知 A 放大器的电压增益 $A_V = -1000$。当环境温度每变化 1℃时，A_V 的变化为 0.5%。若要求电压增益相对变化减小至 0.05%，应引入什么反馈？求出所需的反馈系数 B 和闭环增益 A_f。

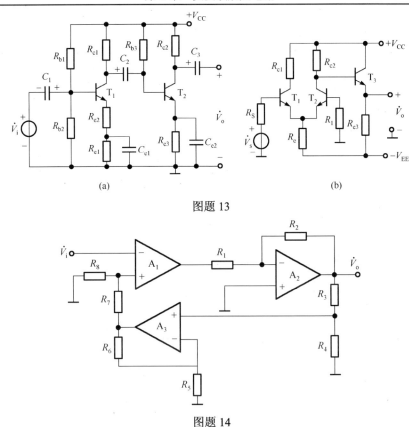

图题 13

图题 14

16. 若图题 3 各电路均满足深度负反馈条件，试列出反馈系数 F 和电压放大倍数 $\dot{A}_{VSF}$ 或 $\dot{A}_{VF}$ 表达式。设图中所有电容对交流信号均可视为短路。

17. 试估算图题 18 所示电路中开关 S 置于 b 端时的闭环电压增益。设 $|1+\dot{A}\dot{F}|\gg1$。

18. 电路如图题 18 所示，设运放的最大输出电压 $V_{opp}=\pm12V$，$R_2=R_1//R_f$。试求下列各种情况下的输出电压。(1) 正常工作；(2) R_1 开路；(3) R_1 短路；(4) R_f 开路；(5) R_f 短路。

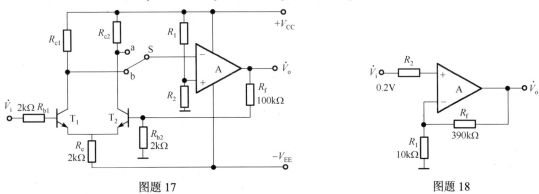

图题 17　　　　　　　　　　　　　　　图题 18

19. 图题 19 所示电路中的开环增益 $\dot{A}$ 很大。

(1) 指出电路中引入了什么类型的反馈。

(2) 写出输出电流 $\dot{I}_o$ 的表达式。

(3) 说明该电路的功能。

20. 图题 20 电路满足 $|1+\dot{A}\dot{F}|\gg1$ 的条件，试写出该电路的闭环电压增益表达式。

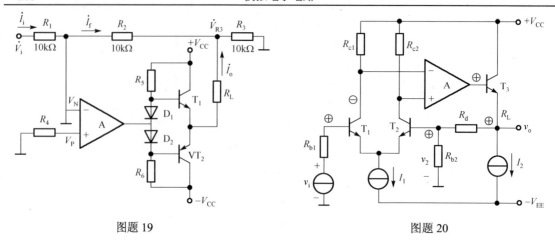

图题 19　　　　　　　　　　　　　　　图题 20

21．功率放大电路如图题 21 所示，假设运放为理想器件，电源电压为±12V。

(1)试分析 R_2 引入的反馈类型；

(2)试求 $A_{Vf} = V_o/V_i$ 的值；

(3)试求 $V_i = \sin\omega t$ (V)时的输出功率 P_o、电源供给功率 P_E 及能量转换效率 η 的值。

22．功率放大电路如图题 22 所示。假设晶体管 T_4 和 T_5 的饱和压降可以忽略，试问：

(1)该电路是否存在反馈？若存在反馈，请判断反馈类型；

(2)假设电路满足深度负反馈的条件，当 $V_i = 0.5V$ 时，V_o 等于多少？此时电路的 P_o, P_E 及 η 各等于多少？

(3)电路最大输出功率 P_{om}、最大效率 η_m 各等于多少？

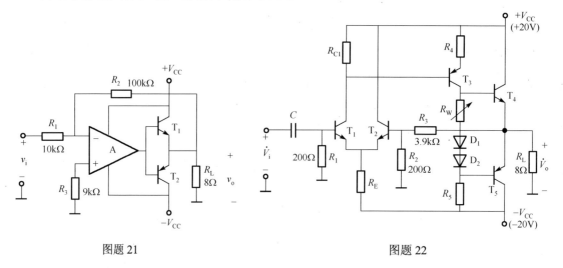

图题 21　　　　　　　　　　　　　　　图题 22

23．某负反馈放大电路的基本放大电路具有如下的频率特性：

$$\dot{A}_V = \cfrac{1}{\left(1+j\cfrac{f}{10^4}\right)\left(1+j\cfrac{f}{10^5}\right)\left(1+j\cfrac{f}{10^6}\right)} \quad \text{（频率的单位为 Hz）}$$

(1)画出 $\dot{A}_V$ 的对数幅频特性曲线(可用折线近似)；

(2)若 $\dot{F}_V = -0.1$，试分析电路是否会产生自激振荡？

(3)若要求该反馈放大电路有接近 45°的相位裕度而稳定工作，试画出采用电容滞后补偿后 $\dot{A}_V$ 的对数幅频特性曲线，并指出补偿后的上限频率是多少。

第9章 信号的运算与处理电路

内容提要：集成运算放大器的应用分为线性和非线性两大类，本章将首先讲述运算放大器的线性应用电路，主要包括各种比例运算电路、求和运算电路、微分和积分电路、对数与指数电路、模拟乘法器。随后讲述信号的变换和处理，包括信号的电流-电压变换器和电压-电流变换器、绝对值电路、特种放大器、滤波电路等。最后将讲述运算放大器的非线性应用电路，主要包括单门限比较器、过零比较器和迟滞比较器等内容。

9.1 概　　述

早期模拟电路是使用分立元件构建的，由于元器件参数的分散性，以及静态工作点设置，电路的调试较为困难。集成运算放大器的出现使电子电路设计进入了一个新阶段，集成运算放大器(简称运放)是由大量的半导体三极管和电阻组成的复杂电路，由于制造在同一块芯片上元器件的温度系数及参数的一致性较好，且通过设计芯片内部已经保证其静态工作点的合理设置，加之集成运算放大器的特性较为理想，在设计电路时可大大简化调试过程。

9.1.1 理想运放参数

在分析和综合运放应用电路时，通常可以将集成运放看成一个理想运算放大器。理想运放是其各项技术指标理想化。由于实际运放的技术指标比较接近理想运放，因此由理想化带来的误差非常小，在一般的工程计算中可以忽略。本书在第 9～11 章中，所有集成运放均为理想运放。理想运放具有以下参数。

(1)开环电压增益 $A_{\mathrm{VO}} = \infty$ 。

(2)输入电阻 $R_{\mathrm{i}} = \infty$ 。

(3) $R_{\mathrm{o}} = 0$ 。

(4) $\mathrm{BW} = \infty$ 。

(5) $v_{\mathrm{N}} = v_{\mathrm{P}}$ 时，$v_0 = 0$ 失调电压为零。

(6)零漂为零 $K_{\mathrm{CMR}} = \infty$ 。

集成运放的表示符号如图 9.1.1 所示，常见集成运放的管脚排列如图 9.1.2 所示。

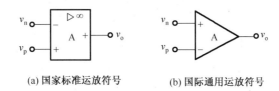

(a) 国家标准运放符号　　　　(b) 国际通用运放符号

图 9.1.1　运放表示符号

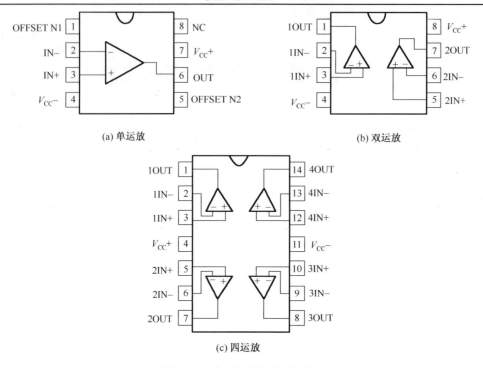

(a) 单运放　　　　　　　　　　　　　　　　　　(b) 双运放

(c) 四运放

图 9.1.2　典型通用运放的封装

9.1.2　运放的线性工作状态——虚短和虚断

运算放大器的线性应用是指运算放大器输出信号与输入信号间保持一定的线性函数关系；对于在线性区的运放，由理想参数可导出两条重要法则——虚短和虚断。

因为理想运放的电压放大倍数很大

$$A_{\mathrm{VO}} = \infty$$

而运放工作在线性区，输出电压 v_{o} 不能超出线性范围（即有限值），v_{o} 受电源电压 $+V_{\mathrm{CC}}$ 到 $-V_{\mathrm{CC}}$ 的限制，$-V_{\mathrm{CC}} < v_{\mathrm{o}} < V_{\mathrm{CC}}$ 变化。应满足

$$v_{\mathrm{o}} = A_{\mathrm{Vo}}(v_{\mathrm{p}} - v_{\mathrm{N}})$$

所以，运算放大器同相输入端与反相输入端的电位大约相等，这一特性称为"虚短"，即

$$v_{\mathrm{N}} = v_{\mathrm{P}} \tag{9.1.1}$$

但不是真正的短路，否则信号无法输入。例如，当运放供电电压为 ±15V 时，输出的最大值一般在 10～13 V。所以运放两输入端的电压差，在 1mV 以下，近似两输入端短路。

此外，由于运放的输入电阻一般都在几百千欧以上，近似无穷大。

$$R_{\mathrm{i}} = \infty$$

$$v_{\mathrm{N}} = v_{\mathrm{P}}$$

流入运放同相输入端和反相输入端中的电流十分微小，流入运放的电流往往可以忽略，即

$$i_{\mathrm{i}} \approx 0 \tag{9.1.2}$$

　　这相当于运放的输入端开路，理想运放两输入端不取用电流，这一特性称为"虚断"。显然，运放的输入端不能真正开路，否则信号无法输入。

　　运用"虚短"、"虚断"这两个概念，在分析运放线性应用电路时，可以简化应用电路的分析过程。如果运放不在线性区工作，也就没有"虚短"、"虚断"的特性。

　　由于集成运放的开环增益很高，直接使用必定超出其线性工作范围，所以当集成运放线性应用时，应引入负反馈，保证其处于线性工作区域。

9.1.2　运放的非线性工作状态

　　从电路上来说，当集成运放处于开环或正反馈状态时，集成运放将处于非线性工作区。由于集成运放的差模增益近似无穷大，当同相和反相输入端电压不等时，输出端电压或为正的最大值，或为负的最大值；集成运放的电压传输特性如图 9.1.3 所示，从图中可以看出，线性工作区很小，"虚短"不再成立，利用集成运放的此性质可构成电压比较器。

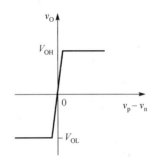

图 9.1.3　集成运算放大器的电压传输特性

　　由于运放的输入电阻近似无穷大，在非线性工作区同样满足"虚断"，流入运放电流永远为零。

9.2　运　算　电　路

　　本节介绍各种运算电路，比例运算、加法电路、减法电路、积分电路、微分电路、对数电路、反对数电路、模拟乘法器等。这些电路都属于集成运放的线性应用。

　　对于集成运算放大器的输入方式有三种：反相输入方式(又称反相放大器)，同相输入方式(又称同相放大器)，同反相输入(又称差动放大器)。

9.2.1　运算放大器的三种输入方式

　　运算电路的反馈是负反馈；对于单级运算放大器电路，不论是何种输入方式，负反馈一定是加在反相输入端上。

　　1. 反相输入方式

　　对于反相输入方式，信号从反相输入端输入，如图 9.2.1 所示。运放工作在线性工作区，所以"虚短"和"虚断"两条法则成立。运放同相端经电阻 R_p 接地，由于"虚断"，流经 R_p 的电流 $i_i \approx 0$，所以运放的同相端是地电位。

$$v_P = 0$$

　　又虚短概念 $v_N = v_p$，反相输入端电位虚地，$v_N = 0$；它不是真正的地，是虚地。

$$i_1 = \frac{v_s}{R_1}, \quad i_2 = -\frac{v_s}{R_f}$$

$$i_i = 0$$

$$i_1 = i_2$$

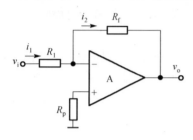

图 9.2.1　反相输入方式

$$\frac{v_s}{R_1} = -\frac{v_s}{R_f}$$

$v_0 \sim v_s$ 关系为

$$v_o = -\frac{R_f}{R_1}v_s \qquad (9.2.1)$$

若取 $R_f = KR_1$，则 $v_o = -Kv_s$，该电路将称为反相比例运算器。

反相输入方式特点如下。

(1) $v_o \sim v_s$ 关系为　　$v_o = -\dfrac{R_f}{R_1}v_s$。

(2)注意平衡电阻 R_p 电阻值的选取，因为运放的输入级为差放电路，为了保证运算放大器的两个差动输入端处于平衡的工作状态，避免输入偏流产生附加的差动输入电压。因此，应该使反相输入端和同相输入端对地的电阻相等，应保证 $R_p = R_1 // R_f$。

(3) $v_N = v_P = 0$ 称为"虚地"现象。虚地是反相输入端的电位近似等于地电位。此现象是反相运算电路的一个重要特点。由于虚地现象的存在，加在运放两输入端的共模电压为零。

(4)反相比例运算电路的输入电阻为 $R_i = R_1$ 很低，若要提高输入电阻，必须提高 R_1，为了保证增益 R_f 也将随之提高，将引入较大噪声，不适用于高精度运算。

2. 同相输入方式

对于同相输入方式，信号从同相输入端输入，如图9.2.2所示。同理由"虚短"和"虚断"两条法则有

$$v_N = v_P$$

$$v_P = v_i$$

$$v_N = v_f = \frac{R_1}{R_1 + R_f}v_o$$

$$v_S = \frac{R_1}{R_1 + R_f}v_o$$

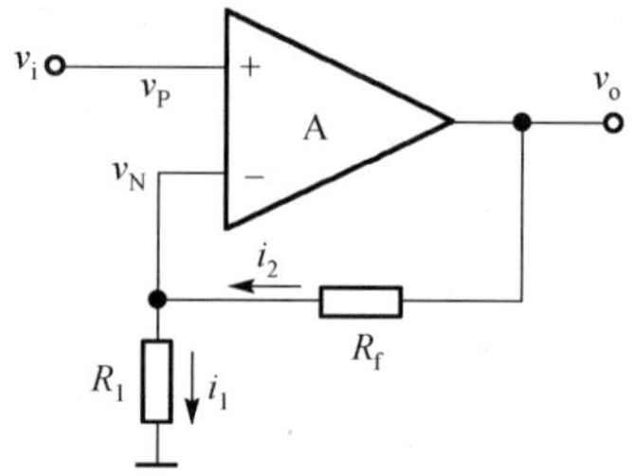

图 9.2.2　同相输入方式

$v_o \sim v_i$ 关系

$$v_o = \left(1 + \frac{R_f}{R_1}\right)v_i \qquad (9.2.2)$$

从式(9.2.2)可以看出，同相输入方式电路的电压增益可以大于、等于1，等于1相当于电压跟随器，具体数值由电阻 R_1 和 R_F 的比例关系确定。

同相输入方式特点。

(1) $v_o \sim v_i$ 关系为　$v_o = \left(1 + \dfrac{R_f}{R_1}\right)v_i$。

(2)同相比例运算电路的输入电阻大，一般情况下可视为无穷大；低输出电阻。

(3)有共模电压输入，因此运放应选择共模抑制比高的芯片。

当电路图如图 9.2.3 所示时，该图是同相放大器的特例电压跟随器。

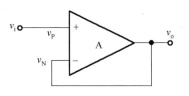

$$v_N = v_P$$

$$v_P = v_i, \quad v_N = v_o$$

$$A_v = \frac{v_o}{v_i} = \frac{v_N}{v_P} \approx 1$$

图 9.2.3　电压跟随器

所以，

$$v_o = v_i \tag{9.2.3}$$

虽然电压跟随器无放大作用，但其用途仍非常广泛，常用于前后级电路的隔离。注意：同相运放没有"虚地"点，$v_N = v_P = v_i \neq 0$，表示在运放的两输入端加上了大小相等，极性相同的信号共模信号；所以在选择运放作同相使用时，一定要选共模抑制比 K_{CMR} 大的运放，抑制共模信号，才能保证电路的运算精度。

3. 差动输入方式

对于差动输入方式，如图 9.2.4 所示，运放工作于线性区，线性电路的叠加原理适用于此处，即可求出 v_{i1} 和 v_{i2} 分别作用时 v_o 的结果，然后利用叠加原理，得出 v_{i1} 和 v_{i2} 同时作用的结果。

(1) v_{i1} 作用，$v_{i2} = 0$ 时，如图 9.2.5(a) 所示。

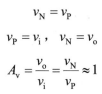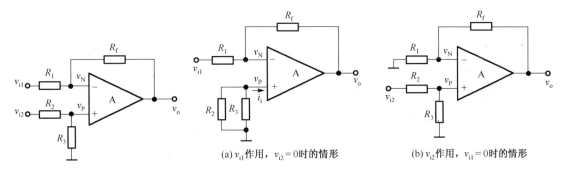

图 9.2.4　差动输入方式

(a) v_{i1} 作用，$v_{i2} = 0$ 时的情形　　(b) v_{i2} 作用，$v_{i1} = 0$ 时的情形

图 9.2.5　利用叠加原理求解差动输入方式

这是一个反相放大器
则

$$v_{o1} = -\frac{R_f}{R_1} v_{i1}$$

(2) v_{i2} 作用，$v_{i1} = 0$ 时，如图 9.2.5(b) 所示。这是一个同相放大器

$$v_P = \frac{R_3}{R_2 + R_3} v_{i2}$$

$$v_{o2} = \left(1 + \frac{R_f}{R_1}\right) v_P = \left(1 + \frac{R_f}{R_1}\right)\left(\frac{R_3}{R_2 + R_3}\right) v_{i2}$$

利用叠加原理，两电压同时作用时输出电压为

$$v_o = v_{o1} + v_{o2} = -\frac{R_f}{R_1} v_{i1} + \left(1 + \frac{R_f}{R_1}\right)\left(\frac{R_3}{R_2 + R_3}\right) v_{i2} \tag{9.2.4}$$

若取 $R_2 = R_1$　　$R_3 = R_f$　则得

$$v_o = \frac{R_f}{R_1}(v_{i2} - v_{i1})$$

差动放大器在自动控制和测量系统中用得特别多，例如，可以利用输出电压正负极性来控制电动机的转动方向。注意：在差动输入方式中，运放也没有"虚地"点，$v_N = v_P = v_i \neq 0$，表示在运放的两输入端加上了大小相等，极性相同的信号——共模电压信号；所以在选择运放时，同样要选用共模抑制比 K_{CMR} 高的运放，抑制共模信号，才能保证电路的运算精度。

9.2.2　基本运算电路

1. 比例运算

反相放大器如图 9.2.1 所示，有

$$v_o = -\frac{R_f}{R_1} \cdot v_i$$

若取 $R_f = KR_1$　，则

$$v_o = -Kv_i \tag{9.2.5}$$

同相放大器如图 9.2.2 所示，有

$$v_o = \left(1 + \frac{R_f}{R_1}\right)v_N$$

若取 $R_f = KR_1$，则

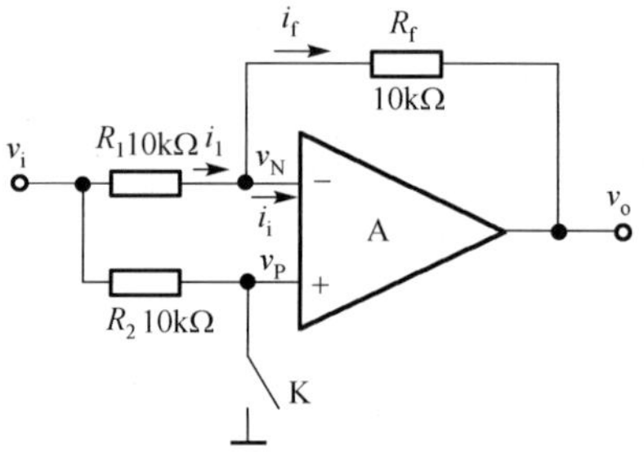

图 9.2.6　例 9.2.1 图

$$v_o = (1 + K)v_i \tag{9.2.6}$$

2. 反相运算

反相放大器如图 9.2.1 所示，输出表达式 (9.2.1) 中取 $R_f = R_1$，有

$$v_o = -v_i \tag{9.2.7}$$

这是一个反相器，可实现变号功能。

例 9.2.1　电路如图 9.2.6 所示，

求 (1) K 断开时的传递函数 $\dfrac{v_o}{v_i} = ?$

(2) K 闭合时的传递函数 $\dfrac{v_o}{v_i} = ?$

解　(1) 当 K 断开时，由虚断 $i_i = 0$，$v_p = v_i$。

由虚短 $v_N = v_p$，$v_N = v_i$，$i_1 = \dfrac{v_i - v_N}{R_1} = 0$。

由虚断 $i_i = 0$，$i_f = i_1 = 0$，$v_o = v_N = v_i$。

则传递函数有　$\dfrac{v_o}{v_i} = 1$

(2) 当 K 闭合时，$v_p = 0$，由虚短 $v_N = v_P = 0$，得

$$i_1 = \frac{v_i}{R_1}, \quad i_f = -\frac{v_o}{R_f}$$

由虚断 $i_i = 0$，则 $i_1 = i_f$，$\dfrac{v_i}{R_1} = -\dfrac{v_o}{R_f}$。

则传递函数有

$$\frac{v_o}{v_i} = -\frac{R_f}{R_1} = -\frac{10}{10} = -1$$

3．加法器

运放构成的加法器电路如图 9.2.7 所示，v_N 虚地，则 $v_N = 0$，列 N 点节点电流方程有

$$
\begin{cases}
i_1 = \dfrac{v_{i1}}{R_1} \\[2mm]
i_2 = \dfrac{v_{i2}}{R_2} \\[2mm]
i_3 = \dfrac{v_{i3}}{R_3} \\[2mm]
i_f = \dfrac{v_o}{R_f}
\end{cases}
$$

又 $i_i \approx 0, i_f = i_1 + i_2 + i_3$。

即

$$-\frac{v_o}{R_f} = \frac{v_{i1}}{R_1} + \frac{v_{i2}}{R_2} + \frac{v_{i3}}{R_3}$$

$$v_o = -\left(\frac{R_f}{R_1} v_{i1} + \frac{R_f}{R_2} v_{i2} + \frac{R_f}{R_3} v_{i3} \right) \tag{9.2.8}$$

可见图 9.2.7 加法器是一个反相求和电路。若取电路参数 $R_f = R_1 = R_2 = R_3$，则 $v_o = -v_{i1} - v_{i2} - v_{i3}$；若要实现同相求和电路 $v_o = v_{i1} + v_{i2} + v_{i3}$，只需再接一级反相器即可，如图 9.2.8 所示。实际中也常用同相比例求和电路实现加法器功能。

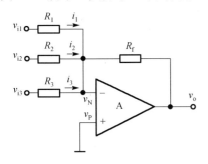

图 9.2.7　加法器电路

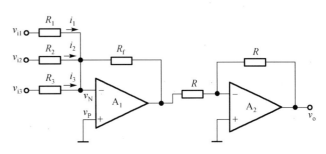

图 9.2.8　反相求和电路实现同相求和

4. 减法器

从差动输入方式的输出输入关系式 (9.2.4) 中看出该电路可构成减法器。若取电路参数 $R_f = R_1 = R_2 = R_3$，则有

$$v_o = -\frac{R_f}{R_1} v_{i1} + \left(\frac{R_3}{R_2 + R_3}\right)\left(1 + \frac{R_f}{R_1}\right) v_{i2}$$

$$v_o = v_{i2} - v_{i1} \tag{9.2.9}$$

式 (9.2.9) 实现了减法功能。除此之外，实际中还常用加法器电路，对其中一路输入信号用反相器反相，再与其他输入信号相加，如图 9.2.9 所示。

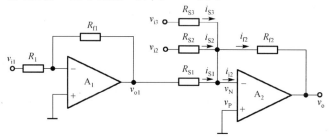

图 9.2.9　使用加法器电路实现减法器

例 9.2.2　求图 9.2.10 中 v_o 与 v_{i1}、v_{i2} 和 v_{i3} 的关系。

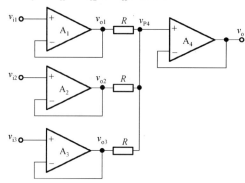

图 9.2.10　例 9.2.2 题图

解　运用叠加定理，先求三输入信号分别作用。

v_{i1} 作用，$v_{i2} = v_{i3} = 0$ 时；$v_{o1} = v_{i1}$；$v_{P4} = \dfrac{R//R}{R//R + R} v_{o1} = \dfrac{1}{3} v_{o1} = \dfrac{1}{3} v_{i1}$；$v'_{o1} = v_{P4} = \dfrac{1}{3} v_{i1}$。

v_{i2} 作用，$v_{i1} = v_{i3} = 0$ 时，同理 $v'_{o2} = \dfrac{1}{3} v_{i2}$。

v_{i3} 作用，$v_{i1} = v_{i2} = 0$ 时，同理 $v'_{o2} = \dfrac{1}{3} v_{i3}$。

$v_o = v'_{o1} + v'_{o2} + v'_{o3} = \dfrac{1}{3}(v_{i1} + v_{i2} + v_{i3})$。

其等效电路如图 9.2.11 所示。

$$v_o = \frac{1}{3}(v_{i1} + v_{i2} + v_{i3})$$

该电路与前电路等效，为何还要用运放呢？

如在 v_o 上接 R_L 则该运算关系不再满足，

由此例可知，运放有隔离作用，电阻代替运放。

5. 积分器

电路如图 9.2.12 所示，用电容 C 代替反馈电阻，利用"虚短"和"虚断"两条法则求 $v_o \sim v_i$ 的关系，有

$$v_N = v_P = 0，虚地$$

$$i_C = C\frac{dv_C}{dt} = C\frac{d(0 - v_o)}{dt} = -C\frac{dv_o}{dt}$$

节点电流法：$i_R = i_C$。

$$\frac{v_i}{R} = -C\frac{dv_o}{dt}$$

$$v_o = -\frac{1}{RC}\int v_i dt \tag{9.2.10}$$

表明，$v_o \sim v_i$ 为积分关系，负号表示输入和输出信号相位相反。

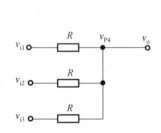

图 9.2.11　例 9.2.2 题等效电路

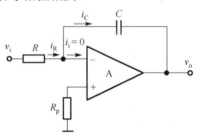

图 9.2.12　积分器

当 v_i 为定值时，电容将恒流充电，输出电压为

$$v_o = -\frac{v_i}{RC}t \tag{9.2.11}$$

可见 v_o 与 t 呈线性关系，该电路可作示波器的扫描电路，也可实现双积分 A/D 转换器，双积分 A/D 转换器是一种常用的高精度的 A/D 转换器。其中 R_1 为平衡电阻，使运放的输入级差动放大器平衡对称，提高运算精度；$R_1 = R//\frac{1}{\omega C}$。若积分器输入矩形波，其输出波形如图 9.2.13 所示。

积分电路是模拟电子计算机中关键的运算部件之一，这种计算机可以用来求解各种微分方程，该模拟计算机是由硬件实现的；而人们通常的 PC 机是数字计算机，用 PC 机求解各种微分方程通常通过软件编程实现，既要实现数字量化，又要执行指令，速度较慢，所以，模拟计算机的运算速度要远快于 PC 机。

例 9.2.3　试用运算放大器构成模拟计算电路，以求解微分方程，$\frac{d^2 v_o}{dt^2} + 2v_o - 5\sin\omega t = 0$

初始条件 $v_o(0) = -1V$，及 $\left.\frac{dv_o}{dt}\right|_{t=0} = 0$；利用正弦信号产生器以提供 $\sin\omega t$ 信号。

解　由题意知，$\sin\omega t$ 为给定信号，积分电路重画于图 9.2.14 知，输出与输入关系为

$$v_o = -\frac{1}{RC}\int v_i dt$$

反过来看 v_i 是 v_o 的微分，即

$$v_i = -\frac{dv_o}{dt}$$

初始条件 $v_o(0) = -1V$ 的实现。

加开关 K_1 和电压源 $E_1=1V$，并在 $t=0$ 时刻断开，如图 9.2.15 所示运放 A_1 的反馈电容 C 并联开关 K_1 和电压源 E_1；

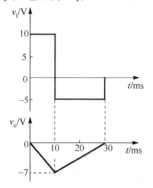

图 9.2.13　积分器工作波形图

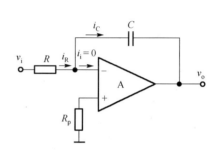

图 9.2.14　积分器

初始条件 $\left.\dfrac{dv_o}{dt}\right|_{t=0} = 0$ 的实现，加开关 K_2，并在 $t = 0$ 时刻断开，如图 9.2.15 所示运放 A_2 的反馈电容 C 并联开关 K_2。

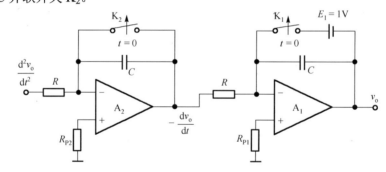

图 9.2.15　例 9.2.3 初始条件的实现

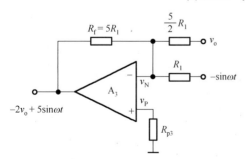

图 9.2.16　例 9.2.3 微分方程加法器的实现

微分方程变形得

$$\frac{d^2 v_o}{dt^2} = -2v_o + 5\sin\omega t = (-2v_o) + 5\sin\omega t$$

上式可用加法器实现，如图 9.2.16 所示。

求解微分方程模拟计算总电路如图 9.2.17 所示，该系统可用于导弹运行的制导控制系统。

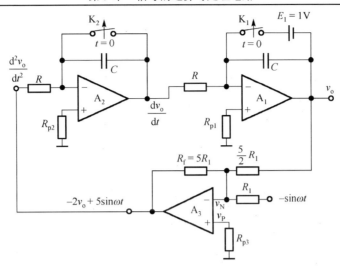

图 9.2.17　例 9.2.3 微分方程求解模拟计算电路

6. 微分器

将积分器阻容元件对调，得到如图 9.2.18 所示的电路，利用"虚短"和"虚断"两条法则求 $v_o \sim v_i$ 的关系，有

$$v_N = v_P = 0 ，虚地$$

节点电流法

$$i_R = i_C$$

$$i_C = C\frac{d(v_C - 0)}{dt} = C\frac{dv_i}{dt}$$

$$i_R = -\frac{v_o}{R} ，且 i_i = 0$$

$$i_C = i_R$$

$$-\frac{v_o}{R} = C\frac{dv_i}{dt}$$

$$v_o = -RC\frac{dv_i}{dt} \tag{9.2.12}$$

可以看出式(9.2.12)满足微分关系。在波形变换中，微分器可实现将方波变换成尖顶脉冲。微分器当输入信号频率高时，电容的容抗减小，放大倍数增大，因而对输入信号中的高频干扰非常敏感。所以微分器的抗干扰性能差，在输入电压产生阶跃变化或大幅度脉冲干扰时，微分器的运放易进入饱和截止区，即使信号消失，管子仍不能返回放大区，出现阻塞现象。为解决此问题，可在输入端串联一个小阻值电阻 R' 限流(但将影响微分器的运算精度)，同时在反馈电阻两端并联稳压二极管，限制输出电压，保证运放工作在放大区，消除阻塞现象。为了提高电路的稳定性，防止自激振荡，在反馈电阻 R 两端添加小电容 C' 进行相位补偿。一个实用的微分器如图 9.2.19 所示。

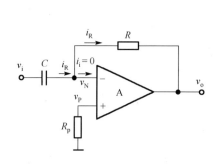

图 9.2.18　微分器

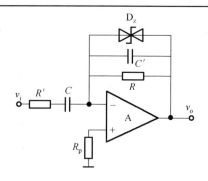

图 9.2.19　实用微分器

7. 运算电路的传递函数

以上运算的元件或是电阻，或是电容；可以用阻抗 Z_1 和 Z_f 代替原来的电阻 R 或电容 C，如图 9.2.20 所示。阻抗的引入赋予运算电路新的活力，即阻抗可以是 R、L、C 元件的串联或并联组合。引入阻抗为简化运算，使用拉普拉斯变换(拉氏变换)。

应用拉氏变换，将 Z_1 和 Z_f 写成运算阻抗的形式：$Z_1(S)$，$Z_f(S)$，其中 S 为复频率，$S = \dfrac{\mathrm{d}}{\mathrm{d}t}$，$\dfrac{1}{S} = \displaystyle\int \mathrm{d}t$。得出一个通解

$$v_o(S) = -\frac{Z_f(S)}{Z_1(S)} v_S(S) \tag{9.2.13}$$

运算放大器的一般数学表达式，若变换 $Z(S)$ 和 $Z_f(S)$ 的形式，即可实现各种不同的数学运算。将式 (9.2.13) 变形为输出电压与输入电压的比值

$$\frac{v_o(S)}{v_S(S)} = -\frac{Z_f(S)}{Z_1(S)} \tag{9.2.14}$$

式 (9.2.14) 常称为传递函数。

例 9.2.4　运算电路如图 9.2.21 所示，用拉氏变换求解其传递函数。

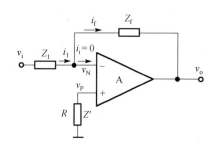

图 9.2.20　广义的运算电路

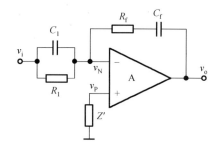

图 9.2.21　例 9.2.4 图

解

$$\frac{v_o(S)}{v_i(S)} = \frac{-\left(R_f + \dfrac{1}{SC_f}\right)}{R_1 // \dfrac{1}{SC_1}} = -\left(\frac{R_f}{R_1} + \frac{C_1}{C_f} + SR_fC_1 + \frac{1}{SR_1C_f}\right) \tag{9.2.15}$$

传递函数的第 1、2 项表示比例运算，第 3 项表示微分运算，第 4 项表示积分运算。此电路是自动控制系统中常用的 PID（Proportional-Integral-Differential）调节器。

例 9.2.5　阻抗运算电路如图 9.2.22 所示，运用拉氏变换求解其传递函数。

解　这是差动放大器，运用拉氏变换有

$$v_o(S) = \frac{Z_{C1}}{Z_{R1}} v_{i1}(S) + \left(1 + \frac{Z_{c1}}{Z_{R2} + Z_{C2}}\right) v_{i2}(S)$$

$$Z_{C1} = \frac{1}{SC_1}, \quad Z_{C2} = \frac{1}{SC_2}, \quad Z_{R1} = R_1, \quad Z_{R2} = R_2,$$

故

$$v_o(S) = -\frac{1}{SR_1 C_1} v_{i1}(S) + \left(1 + \frac{1}{SR_1 C_1}\right)\left(\frac{1}{1 + SC_2 R_2}\right) v_{i2}(S)$$

$$= -\frac{1}{SRC} v_{i1}(S) + \frac{1}{SRC} v_{i2}(S)$$

$$= -\frac{1}{RC}\int v_{i1} dt + \frac{1}{RC}\int v_{i2} dt$$

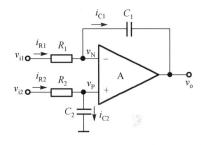

图 9.2.22　例 9.2.5 图

9.2.3　对数与指数运算电路

1.　对数电路

若反馈元件用非线性元件双极型晶体管代替，如图 9.2.23 所示。利用"虚短"和"虚断"两条法则求 $v_o \sim v_i$ 的关系。

由虚地，$v_P = v_N = 0$。

则双极型晶体管　$v_C \approx 0$，$v_{BC} = 0$。

所以可用二极管代替双极型晶体管 T

$$v_o = -v_{BE}$$

为了满足 NPN 管的电流正向，令 $v_i > 0$。

节点电流法：$i_R = i_C = i_E$；

又

$$i_E = I_{ES}(e^{\frac{v_{BE}}{V_T}} - 1) \approx I_{ES} e^{\frac{v_{BE}}{V_T}}$$

$$v_{BE} = V_T \ln \frac{i_E}{I_{ES}}$$

$$v_o = -v_{BE} = -V_T \ln \frac{i_C}{I_{ES}} = -V_T \ln \frac{i_R}{I_{ES}}$$

$$v_o = -V_T \ln \frac{v_i}{I_{ES} R} \tag{9.2.16}$$

$v_o \sim v_i$ 是对数运算关系。但由于 V_T 和饱和电流 I_{ES} 是温度的函数，电路的运算精度将受温度的影响。在集成对数运算电路中，为消除温度对精度的影响，应消除表达式（9.2.16）中 I_{ES}，如果把两个这样的对数运算电路的输出相减，由于对数相减等于取对数的值相除，即可消除

I_{ES}。根据差分电路的基本原理，利用热敏电阻和特性相同的两只晶体管进行补偿，消去V_T和I_{ES}对运算关系的影响。集成对数运算电路 ICL8048 的电路如图 9.2.24 所示。

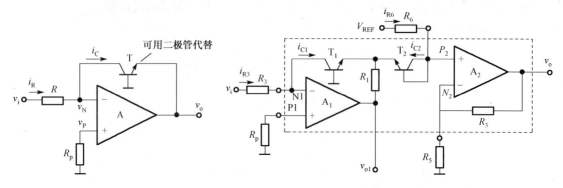

图 9.2.23 对数电路 　　　　图 9.2.24 实用集成对数运算电路 ICL8048

图 9.2.24 中 R_5 为热敏电阻，用以消除 V_T 对精度的影响；T_1 和 T_2 为参数相同的 BJT 晶体管，用以实现温度补偿，消除 I_{ES} 对精度的影响。A_2 为同相运放，则

$$v_o = \left(1 + \frac{R_2}{R_5}\right) v_{P2}$$

A_1 为反相运放，反相端 N1 虚地，$v_{N1} = v_{P1} = 0$，则

$$v_{P2} = v_{BE2} - v_{BE1}$$

节点 N1 有

$$i_{R3} = i_{C1} = \frac{v_i}{R_3} = I_{ES} e^{\frac{v_{BE1}}{V_T}}$$

$$v_{BE1} = V_T \ln \frac{v_i}{I_{ES} R_3}$$

节点 N2 有

$$i_{R6} = i_{C2} = \frac{V_{REF}}{R_6} = I_{ES} e^{\frac{v_{BE2}}{V_T}}$$

$$v_{BE2} = V_T \ln \frac{V_{REF}}{I_{ES} R_6}$$

$$v_o = \left(1 + \frac{R_2}{R_5}\right) v_{P2} = \left(1 + \frac{R_2}{R_5}\right)(v_{BE2} - v_{BE1}) = \left(1 + \frac{R_2}{R_5}\right) V_T \left(\ln \frac{V_{REF}}{I_{ES} R_6} - \ln \frac{v_i}{I_{ES} R_3}\right)$$

$$v_o = V_T \left(1 + \frac{R_2}{R_5}\right) \ln \frac{V_{REF} R_3}{v_i R_6} = -V_T \left(1 + \frac{R_2}{R_5}\right) \ln \frac{v_i R_6}{V_{REF} R_3} \tag{9.2.16}$$

外接热敏电阻 R_5，补偿 V_T 的温度特性，R_5 具有正温度系数，当环境温度升高时，R_5 阻值增大，使得 $\left(1 + \dfrac{R_2}{R_5}\right)$ 减小，补偿 V_T 增大。

2. 指数电路

将对数电路 R 和 BJT 的位置互换，运算电路如图 9.2.25 所示。利用"虚短"和"虚断"两条法则求 $v_o \sim v_i$ 的关系。

反相输入端虚地

$$v_N = v_P = 0$$

对于节点 N 有

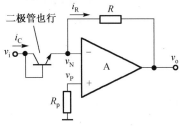

$$i_R = i_C = -\frac{v_o}{R} = I_{ES} e^{\frac{v_{BE}}{V_T}}$$

$$v_o = -I_{ES} R \cdot e^{\frac{v_{BE}}{V_T}} = -I_{ES} R \cdot e^{\frac{v_i}{V_T}} \qquad (9.2.18)$$

图 9.2.25　指数电路

由式 (9.2.18) 可以看出，输出电压是输入电压信号的指数，满足指数运算关系。

9.2.4　仪表放大器

仪表放大器电路如图 9.2.26 所示，是由三个运算放大器组成的通用放大器。其中 A_1 和 A_2 作为第一级接成同相比例运算，运放 A_3 作为第二级，接成差动比例运算。

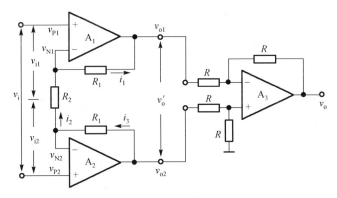

图 9.2.26　仪表放大器

v_{i1} 和 v_{i2} 为差模输入信号，所以 v_{o1} 和 v_{o2} 也是差模信号，由虚断得

$$i_1 = i_2 = i_3$$

由虚短得

$$i_2 = \frac{v_{N2} - v_{N1}}{R_2} = \frac{v_{i2} - v_{i1}}{R_2}$$

则

$$v_o' = v_{o2} - v_{o1} = i_2(R_2 + 2R_1) = \frac{R_2 + 2R_1}{R_2}(v_{i2} - v_{i1}) \qquad (9.2.19)$$

A_3 是差动输入放大电路，所以

$$v_o = v_{o2} - v_{o1}$$

则

$$v_o = \frac{R_2 + 2R_1}{R_2}(v_{i2} - v_{i1}) = \left(1 + \frac{2R_1}{R_2}\right)(v_{i2} - v_{i1}) \tag{9.2.20}$$

看出，调节 R_2 可以改变放大器的增益。仪表放大器芯片，连出 R_2 引线，同时 R_2 有一组不同阻值供选择，通过选择 R_2 数值，以获得不同的电压增益。

仪表放大器是一种高输入电阻、高共模抑制比、高增益的直接耦合放大器，具有差动输入、单端输出的形式，常用于传感器输出信号的放大。目前已有的集成仪表放大器芯片，其电路的核心部分与图 9.2.26 所示相同，具有十分优越的技术指标，如 AD624、AD521 等，但价格较昂贵。

9.2.5　电流-电压变换器和电压-电流变换器

电压-电流变换器和电流-电压变换器广泛应用于放大电路和传感器的连接处，是很有实用价值的电子电路。

1. 电流-电压变换器

图 9.2.27 所示是电流-电压变换器，由虚断可知

$$v_o = -i_S R_f \tag{9.2.21}$$

输出电压与输入电流成比例，实现电流电压变换。另外，输出端的负载电流

$$i_o = \frac{v_o}{R_L} = \frac{-i_S R_f}{R_L} = -\frac{R_f}{R_L} i_S \tag{9.2.22}$$

若 R_L 固定，则输出电流与输入电流成比例，此时该电路也可视为电流放大电路。

2. 电压-电流变换器

图 9.2.28 所示的电路为电压-电流变换器。图中负载不接地，由虚短和虚断可知

$$v_S = i_o R_1$$

则

$$i_o = \frac{1}{R_1} v_S \tag{9.2.23}$$

所以输出电流与输入电压成比例。

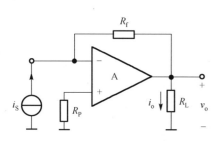

图 9.2.27　电流-电压变换器

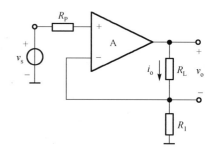

图 9.2.28　电压-电流变换器

9.3　有源滤波器

在电子电路中，输入信号的频率有很多，其中有些频率是需要的工作信号，有些频率是不需要干扰信号频率分量。如果这两个信号在频率成分上有较大的差别，就可以用滤波的方法将所需要的信号滤出。为了解决上述问题，可采用滤波电路。滤波器包括电抗性元件 L、C 构成的无源滤波器，由集成运算放大器组成的有源滤波器，以及晶体滤波器等。

9.3.1　基本概念

1. 滤波器的功能

滤波器是一种能使有用频率信号通过而同时抑制无用频率信号的电子电路。工程上常用它来作信号处理、数据传送和抑制干扰等。如图 9.3.1 所示。

图 9.3.1　滤波器示意图

2. 分类

从滤波处理的方法上，滤波器分为模拟滤波和数字滤波。例如，有一个较低频率的信号，其中包含一些较高频率成分的干扰，通过滤波器后，滤除了信号中无用的频率成分。这种滤波方式主要通过滤波器对有用信号产生放大，对无用信号不产生放大，从而实现对不同频率成分的信号增益(传递函数)不同，这种方式的滤波称为模拟滤波。其滤波过程如图 9.3.2 所示。

一种方法是将待滤波的信号通过傅里叶变换，得到对应的频域信号，将有用信号的频谱保留，将无用信号的频谱滤除；将滤波后的频谱信号通过傅里叶反变换得到时域信号，就完成了对信号的滤波，这种方法称为数字滤波。如图 9.3.3 所示。

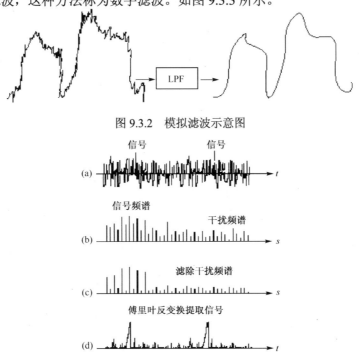

图 9.3.2　模拟滤波示意图

图 9.3.3　数字滤波示意图

　　按滤波器组成的元件不同分为无源滤波器和有源滤波器；以往模拟滤波器主要采用无源 R、L 和 C 组成，无源滤波器仅由无源元件——电阻、电容和电感(R、C、L)构成。20 世纪 60 年代以来，集成运放得到了迅速的发展，由它和 R、C 组成有源滤波电路，有源滤波器由无源元件与有源器件——双极型晶体管、单极型晶体管、集成运放构成。有源滤波器具有不用电感、体积小、重量轻等优点。R 和 C 可以采用分立的阻容元件，也可以采用集成工艺制作，例如，20 世纪八九十年代逐步发展起来的开关电容滤波器就是采用全集成工艺制作有源滤波器。此外，由于集成运放的开环电压增益和输入阻抗均很高，输出阻抗又很低，构成有源滤波器后还具有一定的电压放大和缓冲作用。但是，集成运放的带宽有限，所以有源滤波器的最高工作频率受运放的限制。

　　通常把能够通过的信号频率定义为通带；而把受阻或衰减的信号频率范围称为阻带。通带和阻带的界限频率称为截止频率。理想滤波器在通带内应具有零幅度衰减，而在阻带内应具有无限大的幅度衰减。按滤波器的频率特性不同，滤波器通常可以分为四类：低通有源滤波器、高通有源滤波器、带通有源滤波器和带阻有源滤波器。

　　(1) 低通滤波器 LPF(Low Pass Filter) 的功能是通过从零到某一截止角频率 ω_C 的信号，对超过此频率上限的所有频率分量全部加以抑制。低通滤波器的带宽为 $\mathrm{BW} = \omega_C$，如图 9.3.4 所示。它有一个通带、一个阻带。

　　(2) 高通滤波器 HPF(High Pass Filter) 的功能是通过高于某一截止角频率 ω_C 的信号，对低于此频率下限的所有频率分量则全部加以抑制。高通滤波器的带宽为 $\mathrm{BW} = \infty$，但实际受有源器件带宽限制，如图 9.3.5 所示。它有一个通带、一个阻带。

　　(3) 带通滤波器 BPF(Band Pass Filter) 的功能是能通过高于频率 ω_{CL} 且低于频率 ω_{CH} 的信号，频率从零到 ω_{CL} 以及频率从 ω_{CH} 到∞均为阻带，所以它有两个阻带、一个通带。带宽 $\mathrm{BW} = \omega_{CH} - \omega_{CL}$，$\omega_{CL}$ 到 ω_{CH} 之间中点 ω_o 称中心角频率。如图 9.3.6 所示。

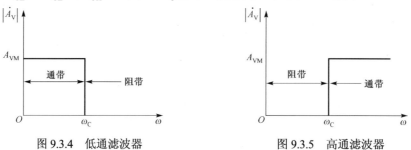

图 9.3.4　低通滤波器　　　　　　　　　　　图 9.3.5　高通滤波器

　　(4) 带阻滤波器 BEF(Band Elimination Filter) 的功能是能通过低于频率 ω_{CL} 或高于频率 ω_{CH} 的信号，衰减 ω_{CL} 到 ω_{CH} 之间的信号。所以它有两个通带，一个阻带，其抑制频带的中心 ω_o 也称中心角频率。如图 9.3.7 所示。

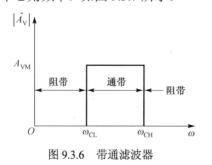
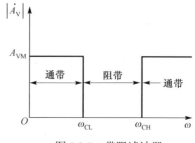

图 9.3.6　带通滤波器　　　　　　　　　　　图 9.3.7　带阻滤波器

3. 有源滤波器的分析方法——传递函数

在有源滤波器中，除集成运放外，常包含复杂的无源网络，它是 R、C 元件的组合。在分析时可通过拉普拉斯变换将电流和电压变换成"象函数"，同时引入运算阻抗代替无源元件 R、C，求解有源滤波器的传递函数，将信号从时域变换到频域。在此关心频率，输入信号可以分解成若干频率信号；输出信号可以分解成若干频率信号。

电路传递函数即

$$A_{\mathrm{V}}(S) = \frac{v_{\mathrm{o}}(S)}{v_{\mathrm{i}}(S)} = \left|A(\mathrm{j}\omega)\right|\mathrm{e}^{\mathrm{j}\varphi(\omega)} \tag{9.3.1}$$

它是一个复数量，可分别讨论其幅频特性 $\left|A(\mathrm{j}\omega)\right|$ 和相频特性 $\varphi(\omega)$。对于有源滤波器，运算放大器实现放大功能，所以实现滤波功能的是 RC 环节。有一个 RC 环节称为滤波器是一阶的，有几个 RC 环节滤波器就是几阶的。一般说阶数越多，滤波效果就越好。

9.3.2　一阶有源低通滤波器

1. 电路

在一阶无源 RC 低通滤波器(低通网络)后的输出端接一电压跟随器,可构成一阶有源滤波器。如图 9.3.8 所示，由于电压跟随器的输入阻抗很高，输出阻抗很低，电压跟随器的加入使 RC 低通滤波器与负载隔离，增强电路的带负载能力。若无运放隔离，则滤波器参数将受负载影响。

如果希望电路不仅有滤波功能，而且能起放大作用，则只要将电路中的电压跟随器改为同相比例放大电路即可。下面介绍它的性能。

2. 传递函数

运用拉氏变换有

$$v_{\mathrm{o}}(S) = \frac{\dfrac{1}{SC}}{R + \dfrac{1}{SC}}v_{\mathrm{i}}(S) = \frac{1}{1 + SRC}v_{\mathrm{i}}(S)$$

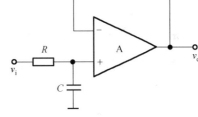

图 9.3.8　一阶有源低通滤波器

传递函数

$$A(S) = \frac{v_{\mathrm{o}}(S)}{v_{\mathrm{i}}(S)} = \frac{1}{1 + SRC} = \frac{1}{1 + \dfrac{S}{\omega_{\mathrm{H}}}} \tag{9.3.2}$$

其中 $\omega_{\mathrm{H}} = \dfrac{1}{RC}$，由于传递函数中分母为 S 的一次幂，故上述滤波电路称为一阶低通有源滤波电路。

3. 频率特性

$$A(\mathrm{j}\omega) = \frac{1}{1 + \mathrm{j}\dfrac{\omega}{\omega_{\mathrm{H}}}} \tag{9.3.3}$$

由式 (9.3.3) 可画出图 9.3.8 所示电路的幅频响应，如图 9.3.9 所示。这个 ω_{H} 就是 $\omega = \omega_{\mathrm{H}}$ 时下降 3dB 的截止频率 ω_{C}。

但这个一阶滤波器频率特性并没有理想特性——陡直下降。

如将一阶 RC 低通环节与一同相放大器串联，就可构成另一种一阶有源低通滤波器，如图 9.3.10 所示。

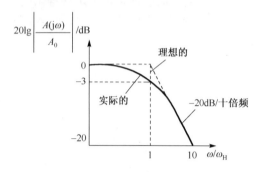

图 9.3.9　一阶有源低通滤波器幅频响应

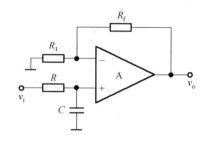

图 9.3.10　同相放大器构成的有源滤波器

$$A(S) = \frac{A_0}{1 + \dfrac{S}{\omega_H}} \qquad\qquad (9.3.4)$$

式中，$A_0 = A_{vF} = 1 + \dfrac{R_f}{R_1}$，同相放大器的电压放大倍数。

而且从上面两个一阶低通滤波器的传递函数来看，都是 S 的一次幂，即只能求出一个截止频率，因此称为一阶。一阶滤波器的不足：从幅频特性来看，一阶滤波器的效果还不够好，它的衰减率只是 20dB/十倍频，若要它下降得更快，如 40dB/十倍频、60dB/十倍频的斜率变化，则需采用二阶、三阶滤波器。通常高于二阶的滤波器可由一阶和二阶有源滤波器构成。因此只需重点研究一阶和二阶有源滤波器的组成和特性。

9.3.3　简单有源二阶低通滤波器

为了使输出电压在高频段以更快的速率下降，以改善滤波效果，再加一节 RC 低通滤波环节，称为二阶有源滤波电路。它比一阶低通滤波器的滤波效果更好。简单二阶低通滤波器 (LPF) 的电路图如图 9.3.11 所示，它由两节 RC 滤波器和同相放大电路组成。其中同相放大电路实际上就是所谓的压控电压源，它的电压增益就是低通滤波的通带电压增益，此时各电容器可视为开路，即 $A_0 = A_{vF} = 1 + \dfrac{R_f}{R_1}$。电路的幅频特性曲线如图 9.3.12 所示。

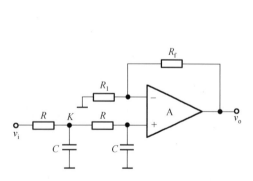

图 9.3.11　二阶有源低通滤波器

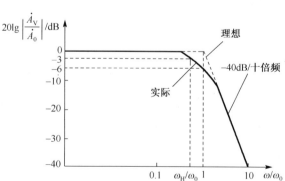

图 9.3.12　二阶 LPF 的幅频特性曲线

根据图 9.3.11 所示，二阶低通有源滤波器传递函数为

$$V_\mathrm{o}(S) = A_0 V_\mathrm{P}(S)$$

$$V_\mathrm{P}(S) = V_\mathrm{K}(S)\frac{1}{1+SCR}$$

$$V_\mathrm{K}(S) = \frac{\dfrac{1}{SC}//\left(R+\dfrac{1}{SC}\right)}{R+\left[\dfrac{1}{SC}//\left(R+\dfrac{1}{SC}\right)\right]}V_\mathrm{i}(S)$$

联立求解以上三式，可得二阶有源低通滤波器的传递函数

$$A_\mathrm{V}(S) = \frac{V_\mathrm{o}(S)}{V_\mathrm{i}(S)} = \frac{A_0}{1+3SCR+(SCR)^2} \tag{9.3.5}$$

求解通带截止频率。

将 S 换成 $\mathrm{j}\omega$，令 $\omega_0 = 2\pi f_0 = 1/(RC)$ 可得频率响应的表达式

$$A_\mathrm{V}(S) = \frac{A_0}{1+\mathrm{j}3\left(\dfrac{f}{f_0}\right)-\left(\dfrac{f}{f_0}\right)^2} \tag{9.3.6}$$

当 $f = f_\mathrm{H}$ 时，上式分母的模

$$\left|1+\mathrm{j}3\left(\frac{f}{f_0}\right)-\left(\frac{f}{f_0}\right)^2\right| = \sqrt{2}$$

解得截止频率

$$f_\mathrm{H} = \sqrt{\frac{\sqrt{53}-7}{2}}\,f_0 = 0.37 f_0 = \frac{0.37}{2\pi RC} \tag{9.3.7}$$

与理想的二阶波特图相比，在超过 f_0 以后，幅频特性以–40dB/十倍频的速率下降，比一阶下降快。但在通带截止频率 $f_\mathrm{H} \to f_0$ 幅频特性下降得还不够快。为了加快滤波器在 $f_\mathrm{H} \to f_0$ 幅频特性下降速率，产生了二阶压控型低通有源滤波器。

9.3.4　有源二阶压控型低通滤波器

1. 电路

二阶压控型低通有源滤波器如图 9.3.13 所示。其中的一个电容器 C_1 原来是接地的，现在改接到输出端，形成集成运放的正反馈。对于这个反馈，左边的电容 C_1 使相位超前，右边的 C_2 仍使相位滞后。只要参数选得合适，可使整个电路在 f_0 附近带有正反馈而又不造成自激振荡。这样，就可使滤波器在 $f = f_0$ 附近的电压增益提高，使 $f = f_0$ 附近的对数幅频特性接近理想的水平线。

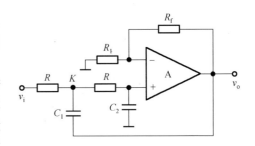

图 9.3.13　二阶压控型低通滤波器

2. 传递函数

$$V_o(S) = A_0 V_P(S)$$

$$V_P(S) = V_K(S) \frac{1}{1 + SCR}$$

$$V_K(S) = \frac{\dfrac{1}{SC} // \left(R + \dfrac{1}{SC} \right)}{R + \left[\dfrac{1}{SC} // \left(R + \dfrac{1}{SC} \right) \right]} V_i(S)$$

对于节点 K，可以列出下列方程

$$\frac{V_i(S) - V_K(S)}{R} - [V_K(S) - V_o(S)]SC - \frac{V_K(S) - V_P(S)}{R} = 0 \tag{9.3.8}$$

联立求解以上三式，可得图 9.3.13 中 LPF 的传递函数

$$A_V(S) = \frac{V_o(S)}{V_i(S)} = \frac{A_0}{1 + (3 - A_0)SCR + (SCR)^2} \tag{9.3.9}$$

上式表明，该滤波器的通带增益应小于 3，才能保障电路稳定工作。

3. 频率响应

由传递函数可以写出频率响应的表达式

$$A_V(S) = \frac{A_0}{1 + j(3 - A_0)\left(\dfrac{f}{f_0} \right) - \left(\dfrac{f}{f_0} \right)^2} \tag{9.3.10}$$

当 $f = f_0$ 时，上式可以化简为

$$A_V(S) = \frac{A_0}{j(3 - A_0)} \tag{9.3.11}$$

定义有源滤波器的品质因数 Q 值为 $f = f_0$ 时的电压放大倍数的模与通带增益之比，则品质因数为

$$Q = \frac{1}{3 - A_0} \tag{9.3.12}$$

此时，$f = f_0$ 处的电压放大倍数的模为

$$|A_V(S)|_{f=f_0} = QA_0 \tag{9.3.13}$$

以上两式表明，当 $2 < A_0 < 3$ 时，$Q > 1$，在 $f = f_0$ 处的电压增益将大于 A_0，幅频特性在 $f = f_0$ 处将抬高，如图 9.3.14 所示。当 $A_0 \geqslant 3$ 时，$Q = \infty$，有源滤波器自激。由于将 C_1 接到输出端，等于在高频端给 LPF 加了一点正反馈，所以在高频端的放大倍数有所抬高；但若正反馈过大，可能引起滤波器自激。

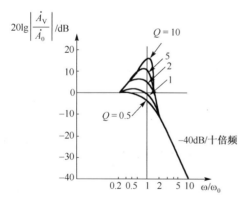

图 9.3.14　二阶压控型 LPF 的幅频特性

9.3.5 有源二阶反相型低通滤波器

二阶反相型 LPF 如图 9.3.15 所示，它是在反相比例积分器的输入端再加一节 RC 低通电路而构成。二阶反相型 LPF 的改进电路如图 9.3.16 所示。

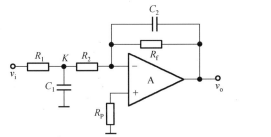

图 9.3.15 二阶反相型 LPF

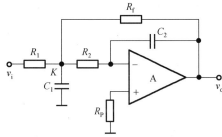

图 9.3.16 多路反馈二阶反相型 LPF

由图 9.3.16 可知

$$V_o(S) = -\frac{1}{SC_2R_2}V_N(S)$$

对于节点 K，可以列出下列方程

$$\frac{V_i(S) - V_K(S)}{R_1} - V_K(S)SC_1 - \frac{V_K(S)}{R_2} - \frac{V_K(S) - V_o(S)}{R_f} = 0$$

传递函数为

$$A_V(S) = \frac{V_o(S)}{V_i(S)} = \frac{-\dfrac{R_f}{R_1}}{1 + SC_2R_2R_f\left(\dfrac{1}{R_1} + \dfrac{1}{R_2} + \dfrac{1}{R_f}\right) + S^2C_1C_2R_2R_f} \tag{9.3.14}$$

频率响应为

$$A_V(S) = \frac{A_0}{1 + j\dfrac{1}{Q}\left(\dfrac{f}{f_0}\right) - \left(\dfrac{f}{f_0}\right)^2} \tag{9.3.15}$$

以上各式中， $A_0 = -\dfrac{R_f}{R_1}$ 。

$$f_0 = \frac{1}{2\pi\sqrt{C_1C_2R_2R_f}} \tag{9.3.16}$$

$$Q = (R_1//R_2//R_f)\sqrt{\frac{C_1}{C_2R_2R_f}} \tag{9.3.17}$$

若 $R_1 = R_2 = R_f = R$， $C_1 = C_2 = C$，则

$$A_0 = -1，\quad f_0 = \frac{1}{2\pi RC}，\quad Q = \frac{1}{3 - A_0} = \frac{1}{3}$$

若是高通，则只需将 RC 位置对调即可。

9.3.6 二阶压控型高通有源滤波器

1. 电路

二阶压控型高通有源滤波器(HPF)的电路图如图 9.3.17 所示。

2. 通带增益

$$A_0 = 1 + \frac{R_f}{R_1}$$

3. 传递函数

$$A_V(S) = \frac{V_o(S)}{V_i(S)} = \frac{(SCR)^2 A_0}{1 + (3 - A_0)SCR + (SCR)^2} \tag{9.3.18}$$

4. 频率响应

令 $f_0 = \dfrac{1}{2\pi RC}$，$Q = \dfrac{1}{3 - A_0}$，则可得出频率响应表达式

$$\dot{A}_V(S) = \frac{A_0}{1 + j\dfrac{1}{Q}\left(\dfrac{f}{f_0}\right) - \left(\dfrac{f}{f_0}\right)^2} \tag{9.3.19}$$

由此绘出的频率响应特性曲线如图 9.3.18 所示。

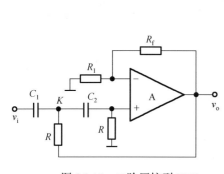

图 9.3.17 二阶压控型 HPF

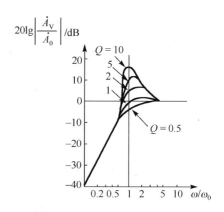

图 9.3.18 二阶压控型 HPF 频率特性

结论：当 $f \ll f_0$ 时，幅频特性曲线的斜率为 +40dB/十倍频；当 $A_0 \geqslant 3$ 时，电路自激。

9.3.7 有源带通滤波器和带阻滤波器

1. 有源带通滤波器电路

有源带通滤波器(BPF)原理框图如图 9.3.19 所示。带通滤波器是由低通 RC 环节和高通 RC 环节组合而成的。要将高通的下限截止频率 ω_2 设置为小于低通的上限截止频率 ω_1。有源带通滤波器电路如图 9.3.20 所示。

2. 有源带通滤波器频率响应

带通滤波电路的幅频响应如图 9.3.21 所示，由图可见，Q 值越高，通带越窄。带通滤波电路的传递函数分母虚部的绝对值为 1 时，有 $|A(j\omega)| = \dfrac{A_0}{\sqrt{2}}$，因此，利用 $\left|Q\left(\dfrac{\omega}{\omega_0} - \dfrac{\omega_0}{w}\right)\right| = 1$，取正根，可求出带通滤波电路的两个截止角频率，从而求出带通滤波电路的通带宽度 $\text{BW} = \dfrac{\omega_0}{2\pi Q} = \dfrac{f_0}{Q}$。

3. 有源带阻滤波器电路

带阻滤波电路是用来抑制或衰减某一频段的信号，而让该频段以外的所有信号通过。这种滤波电路

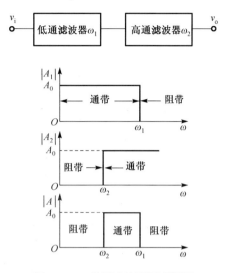

图 9.3.19　带通滤波器原理框图

也称陷波电路。若将高通的下限截止频率 ω_2 设置为大于低通的上限截止频率 ω_1 则为带阻滤波器。有源带阻滤波器原理框图如图 9.3.22 所示。实现带阻滤波的方法之一是从输入信号减去带通滤波电路处理过的信号。另一种方法是采用双 T 带阻滤波电路。双 T 带阻滤波器（BEF）电路如图 9.3.23 所示。

双 T 网络如图 9.3.24(a) 所示，是由一个低通电路和一个高通电路并联得到的。低通电路是由两个电阻 R 和一个电容 $2C$ 构成的 T 形网络。高通电路是由两个电容 C 和一个电阻 $R/2$ 构成的 T 形网络。因此称为双 T 网络。

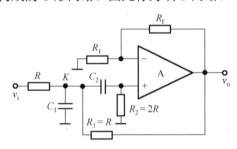

图 9.3.20　二阶压控型带通滤波器

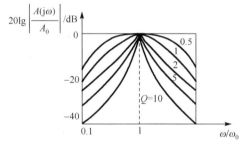

图 9.3.21　带通滤波器幅频响应

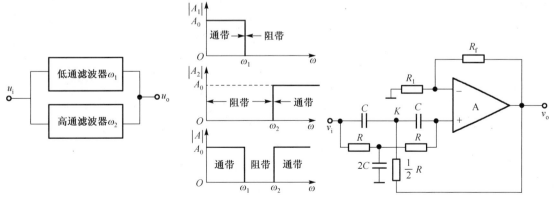

图 9.3.22　带阻滤波器原理框图　　　　图 9.3.23　二阶压控型带阻滤波器

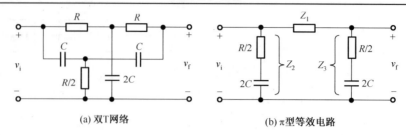

(a) 双T网络　　　　　　　　　(b) π型等效电路

图 9.3.24　双 T 网络及变换

利用星形-三角形变换原理将双 T 网络简化成π型等效电路如图 9.3.24(b)所示。因此有

$$Z_1 = \frac{2R(1+SRC)}{1+(SRC)^2} = \frac{2R(1+\mathrm{j}\omega RC)}{1-(\omega RC)^2} \tag{9.3.20}$$

$$Z_2 = Z_3 = \frac{1}{2}\left(R+\frac{1}{SC}\right) = \frac{1}{2}\left(R+\frac{1}{\mathrm{j}\omega C}\right) \tag{9.3.21}$$

$$F(\mathrm{j}\omega) = \frac{Z_3}{Z_1+Z_3} = \frac{1-(\omega RC)^3}{[1-(\omega RC)^2]+4\mathrm{j}\omega RC} = \frac{1-(\omega/\omega_n)^2}{[1-(\omega/\omega_n)^2+4\mathrm{j}\omega/\omega_n]} \tag{9.3.22}$$

4. 有源带阻滤波器频率特性

式(9.3.22)中 $\omega_n = \dfrac{1}{RC}$ 。当 $\omega = \omega_n$ 时，$v_f=0$，因此，ω_n 就是双 T 网络的特征角频率。由式 (9.3.22)可求出其幅、相频率响应的表达式分别为

$$\left.\begin{array}{l}|F(\mathrm{j}\omega)| = \dfrac{|1-(\omega/\omega_n)^2|}{\left[\sqrt{1-(\omega/\omega_n)^2}\,\right]^2+[4(\omega/\omega_n)]^2} \\[4mm] \varphi_f = -\arctan\dfrac{4(\omega/\omega_n)}{1-(\omega/\omega_n)^2} \quad (当(\omega/\omega_n)<1时) \\[4mm] \varphi_f = \pi-\arctan\dfrac{4(\omega/\omega_n)}{1-(\omega/\omega_n)^2} \quad (当(\omega/\omega_n)>1时)\end{array}\right\} \tag{9.3.23}$$

根据式(9.3.23)可画出双 T 网络的频率响应如图 9.3.25 所示。由图可知，当 $\omega/\omega_n=1$ 时，幅频响应的幅值等于零。

要想获得好的滤波特性，一般需要较高的阶数。滤波器的设计计算十分麻烦，需要时可借助工程计算曲线和有关计算机辅助设计软件。

例 9.3.1　要求二阶压控型 LPF 的 $f_c = 400\mathrm{Hz}$，Q 值为 0.7，试求如图 9.3.26 所示电路中的电阻、电容值。

解　根据 f_c，选取 C，再求 R 。

(1) C 的容量不易超过 $1\mu\mathrm{F}$。因大容量的电容器体积大，价格高，应尽量避免使用。取 $C = 0.1\mu\mathrm{F}$，$1\mathrm{k}\Omega < R < 1\mathrm{M}\Omega$，

$$f_c = \frac{1}{2\pi RC} = \frac{1}{2\pi R \times 0.1 \times 10^{-6}} = 400\mathrm{Hz}$$

计算出 $R = 3979\Omega$，取 $R = 3.9\mathrm{k}\Omega$ 。

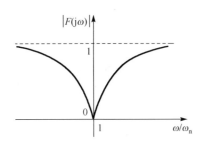

图 9.3.25 双 T 网络的频率响应

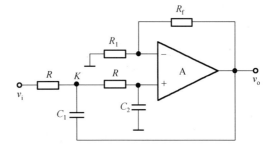

图 9.3.26 二阶压控型 LPF

(2) 根据 Q 值求 R_1 和 R_f，因为 $f = f_c$ 时，$Q = \dfrac{1}{3 - A_{vP}} = 0.7$，则 $A_{vP} = 1.57$。

根据 A_{vP} 与 R_1、R_f 的关系，集成运放两输入端外接电阻的对称条件

$$1 + \frac{R_f}{R_1} = A_{vP} = 1.57$$

$$R_1 // R_f = R + R = 2R$$

解得

$$R_1 = 5.51 \times R, \quad R_f = 3.14 \times R, \quad R = 3.9 \text{k}\Omega$$

$$R_1 = 5.51 \times R = 5.51 \times 3.9 \text{k}\Omega = 21.5 \text{k}\Omega$$

$$R_f = 3.14 \times R = 3.14 \times 3.9 \text{k}\Omega = 12.2 \text{k}\Omega$$

9.4 电压比较器

电压比较器是比较两个电压的大小，即输入电压信号和一个参考电压大小，并用输出高电平 V_{OH} 和低电平 V_{OL} 表示比较结果。电压比较器常用于将任意波形转换成方波，或用于波形整形。电压比较器在信号的测量、自动控制系统、信号处理和波形产生中得到了广泛的应用。

集成运放有两个工作区：线性工作区和非线性工作区。运算电路使用的是运放的线性区；电压比较器使用的是运放的非线性区。注意：在运算电路中所使用的"虚地"概念在非线性条件下不满足，只在临界状态时才可使用。

9.4.1 电压比较器概述

1. 电压比较器的功能

电压比较器是用来比较两个电压大小的电路，它的输入信号是模拟电压，输出信号一般只有高电平和低电平两个稳定状态的电压。利用电压比较器可将各种周期性信号转换成矩形波。

2. 运放的工作状态

电压比较器电路中的运放一般在开环或正反馈条件下工作，运放的输出电压只有正和负两种饱和值，即运放工作在非线性状态。在这种情况下，运放输入端"虚短"的结论不再适用，但"虚断"的结论仍然可用（由于运放的输入电阻很大）。

3. 电压比较器的类型

常用的电压比较器有零电平比较器、非零电平比较器、迟滞比较器和窗口比较器等。零

电平和非零电平比较器只有一个阈值电压称为单门限比较器；迟滞比较器和窗口比较器有两个阈值电压称为多门限比较器。

4. 电压比较器的性能指标

(1)阈值电压：比较器输出发生跳变时的输入电压称为阈值电压或门限电平 V_{th}。

(2)输出电平：输出电压的高电平 V_{OH} 和低电平 V_{OL}。

(3)回差电压：迟滞比较器两个阈值电压(正向阈值与负向阈值)之差 ΔV_T。

9.4.2　单门限电压比较器

1. 电路

单门限比较器如图 9.4.1 所示，将参考电压 V_R 加于运放的反相端，它可以是正值，也可以是负值。将输入信号 v_i 加于运放的同相端。这时运放处于开环工作状态，具有很高的开环增益，因受正负向电源电压的限制，输出电压为 $v_o \approx \pm V_{CC}$。

输入信号偏离参考电压时，输出电压将发生跃变。由图 9.4.1 可见，当输入信号 $v_i < V_R$ 时，$v_N > v_P$，输出低电平 $V_{OL} = -V_{CC}$；当输入信号 $v_i > V_R$ 时，$v_N < v_P$，输出高电平 $V_{OH} = +V_{CC}$。将输出电压发生跃变的现象称为比较器翻转。

2. 电压传输特性和阈值电压

电压传输特性曲线是反映输入电压 v_i 与输出电压 v_o 之间关系的曲线。电压比较器的阈值电压是指输出电压电平跳变时对应的输入电压值，常用 V_{th} 表示。图 9.4.1 所示电路的电压传输特性如图 9.4.2 所示。从电压传输特性中可以看出，此电压比较器的阈值电压 $V_{th} = V_R$；由于该电压比较器只有一个阈值，故称为单门限电压比较器。

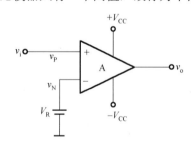

图 9.4.1　单门限比较器电路

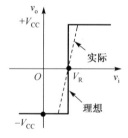

图 9.4.2　单门限比较器电压传输特性

若将参考电压 V_R 接同相端，v_i 接反相端，如图 9.4.3 所示，则电压传输特性如图 9.4.4 所示。

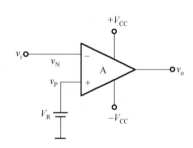

图 9.4.3　反相输入单门限比较器

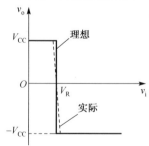

图 9.4.4　反相单门限比较器电压传输特性

3. 过零比较器

电路如图 9.4.5 所示，即反相端接地 $V_R = 0$，则 v_i 每次过零时输出要产生突然变化，通常称为过零比较器，其阈值电压 $V_{th} = 0$。

以上电路存在的问题：输出电压基本由电源电压确定；输出电平易受电源波动、饱和深度的影响。

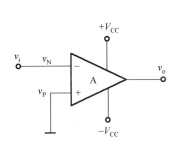

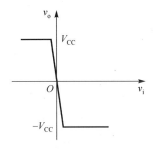

图 9.4.5　反相输入单门限比较器　　　　图 9.4.6　反相单门限比较器电压传输特性

4. 实用的电压比较器及应用

如图 9.4.7 所示为实用的过零比较器波形变换电路。图中 R_1、D_1 和 D_2 为输入保护电路，R_1 为限流电阻，防止 v_i 过大时损坏运放；D_1 和 D_2 为输入保护二极管，限制输入电压幅度。输出回路 R_2 为限流电阻，D_z 为双向稳压二极管，完成输出电压双向限幅，使得输出电压 v_{o2} 的幅度限制为 $\pm V_z$。

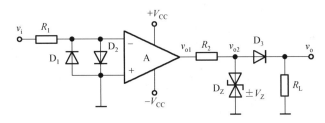

图 9.4.7　实用的单门限比较器

在 v_i 加上正弦波信号，经过零比较器波形变换，v_{o1} 输出方波信号，电压幅度为正负电源电压；v_{o2} 输出方波，但电压幅度为 $\pm V_z$；D_3 为二极管，与负载共同组成削波限幅电路，v_{o3} 仅输出波形的正半周，该波形可用于驱动数字电路。电路工作波形如图 9.4.8 所示。

例 9.4.1　比较器电路如图 9.4.9 所示。设运放是理想的，且 $V_{REF} = -1V$，$V_z = 5V$，试求门限电压值 V_{th}，画出比较器的传输特性 $v_o = f(v_i)$。

解　将 v_i 与固定参考电压 V_{REF} 进行比较，输出电压跳变的临界条件是 $v_N = v_P = 0$。在满足上述条件时，由图 9.4.9 得

$$\frac{V_{REF}}{R_2} + \frac{v_i}{R_1} = 0$$

因而有

$$v_i = -\frac{R_1}{R_2} V_{REF} = V_{th} = 1V$$

当 $v_i < V_{th}$ 时，v_N 为负，$v_N < v_P$，v_o 输出正饱和，D_z 击穿，$v_o = +V_z = 5V$。

当 $v_i > V_{th}$ 时，v_N 为正，$v_N > v_P$，v_o 输出负饱和，D_z 击穿，$v_o = -V_z = -5V$。

由此可画出比较器的电压传输特性如图 9.4.10 所示。

综上所述，电压比较器的输入和输出之间是非线性关系（开关特性），这是由于运放工作在开环或正反馈状态，它的两个输入端之间的电压与开环电压放大倍数的乘积通常超过它的最大输出电压。此时，运放内部的某些管子工作在饱和或截止状态。因此，集成运放的输出与输入呈非线性关系。

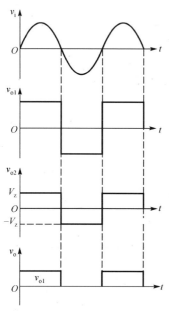

图 9.4.8　电路工作波形

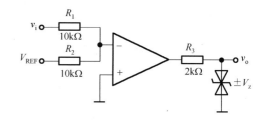

图 9.4.9　例 9.4.1 图

单门限电压比较器虽然电路简单，但其抗干扰能力差。在图 9.4.11 所示的波形图中，由于输入波形受到干扰，加之比较电压选择不合适，导致输出波形产生了干扰信号；当用该输出信号驱动负载时，负载将产生误动作。

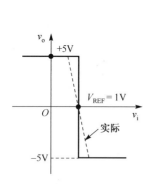

图 9.4.10　例 9.4.1 电压传输特性

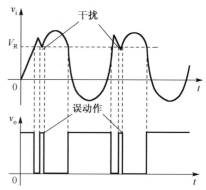

图 9.4.11　单门限比较器输出干扰波形

9.4.3　迟滞电压比较器

若在单门限电压比较器的基础上加上部分正反馈，就构成了迟滞电压比较器，如图 9.4.12 所示。由于正反馈的加入，它加速输出电压的翻转过程；同时它为比较器提供了双极性参考电平。它比单门限电压比较器多了一个电压串联正反馈，其中 R_1 为输入限流电阻，R_4 为双向稳压二极管 D_z 限流电阻，两个背靠背的稳压管。R_2 和 R_3 是输出电压 v_o 取样电路。

设 $|V_{OL}| = |V_{OH}| = 6V$，$R_2 = 1k\Omega$，$R_3 = 100\Omega$，参考电压 $V_R = 2V$，根据电压叠加定理，同相端电压为 v_p 为

$$v_P = \frac{R_2 V_R}{R_3 + R_2} + \frac{R_3 v_o}{R_3 + R_2} \tag{9.4.1}$$

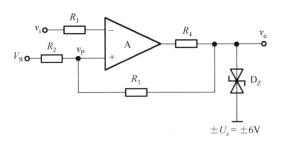

图 9.4.12　迟滞比较器

当 $V_{OH} = 6V$ 时

$$v_{P^+} = \frac{R_2 V_R}{R_3 + R_2} + \frac{R_3 V_{OH}}{R_3 + R_2} = 2 + \frac{0.1 \times 6}{1 + 0.1} = 2.6(V) = V_{th+} \tag{9.4.2}$$

当 $V_{OL} = -6V$ 时

$$v_{P^-} = \frac{R_2 V_R}{R_3 + R_2} + \frac{R_3 V_{OL}}{R_3 + R_2} = 1.4V = V_{th-} \tag{9.4.3}$$

当 v_i 为足够负时，$v_o = V_{OH} = +6V$，$v_p = 2.6V$；

当 v_i 从零逐渐增大，且 $v_i \leqslant V_{th+} = 2.6V$ 时，$v_o = V_{OH} = +6V$，V_{th+} 称为上限触发电平或称为上限阈值。V_{th+} 由式(9.4.2)求出。

当输入电压 $v_i \geqslant V_{th+} = 2.6V$ 时，$v_o = V_{OL} = -6V$。此时触发电平变为 $V_{th-} = 1.4V$，称为下限触发电平或下限阈值。$v_o \downarrow \rightarrow v_p \downarrow$ 正反馈过程，这时比较器翻转。V_{th-} 由式(9.4.3)求出。这是传输特性的正向部分。

当 v_i 为足够大的正值时，v_i 逐渐减小，且 $v_i > V_{th-} = 1.4V$ 时，始终满足 $v_o = V_{OL} = -6V$。当输入电压变化到 $v_i \leqslant V_{th-} = 1.4V$ 以后，$v_o = V_{OH} = +6V$。$v_o \uparrow \rightarrow v_p \uparrow$ 正反馈过程，这时比较器翻转。V_{th+} 由式(9.4.2)求出，这是传输特性的反向部分。

从以上分析得知，迟滞比较器输出端从高电平跳变到低电平对应的阈值电压 V_{TH-} 与从低电平跳变到高电平对应的阈值电压 V_{TH+} 不同。迟滞比较器存在两个阈值电平，分别是上限触发电平 V_{TH+} 和下限触发电平 V_{TH-}。定义二阈值之差 $\Delta V_T = V_{TH+} - V_{TH-} = 1.2V$ 为回差电压。迟滞比较器的电压传输特性如图 9.4.13(a)所示；若 v_i 加上正弦波，经迟滞比较器波形变换，v_{o1} 输出方波，工作波形如图 9.4.13(b)所示。

与单门限电压比较器的电压传输特性相对比特性曲线陡直，这是因为变化过程是正反馈过程。由于迟滞比较器具有回差特性，它具有较强的抗干扰能力，这是因为当输出电压一旦跳变后，只要在跳变点附近的输入干扰电压不超过迟滞宽度 ΔV_T 的值，输出电压值将稳定不变。因此，迟滞比较器常用于干扰较大的工作环境，如图 9.4.14 所示；还可用于波形变换与

整形，同样可以将周期信号转换成方波信号。迟滞比较器常称为施密特触发器。在数字电子技术中还将介绍用数字部件构成的施密特触发器。

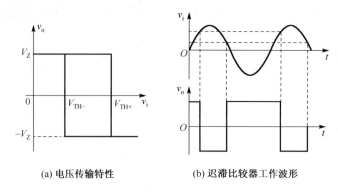

(a) 电压传输特性　　　　　(b) 迟滞比较器工作波形

图 9.4.13　迟滞比较器的传输特性和波形

例 9.4.2　同相输入的迟滞比较器如图 9.4.15 所示，设 $|V_z| = 6\text{V}$，$R_3 = 1\text{k}\Omega$，$R_2 = 100\Omega$，参考电压 $V_{\text{REF}} = 2\text{V}$，试求正向阈值电压 $V_{\text{th+}}$、负向阈值电压 $V_{\text{th-}}$ 和回差电压 ΔV_{T}，画出电压传输特性。

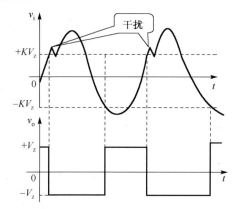

图 9.4.14　迟滞比较器抗干扰性能工作波形

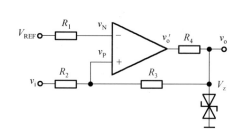

图 9.4.15　同相输入迟滞比较器

解　在临界跳变时，可使用虚断和虚短

$$i_i = 0，\quad v_N = v_P$$
$$v_N = V_{\text{REF}}$$

根据叠加原理有

$$v_p = \frac{R_2}{R_3 + R_2} v_o + \frac{R_3}{R_3 + R_2} v_i = V_{\text{REF}}$$

正向阈值电压

$$V_{\text{th+}} = \frac{(R_2 + R_3)V_{\text{REF}} + R_2 V_z}{R_3} = \frac{(0.1 + 1)2 + 0.1 \times 6}{1} = 2.8(\text{V})$$

负向阈值电压

$$V_{\text{th-}} = \frac{(R_2 + R_3)V_{\text{REF}} - R_2 V_z}{R_3} = 1.6\text{V}$$

回差电压

$$\Delta V_{\mathrm{T}} = V_{\mathrm{th+}} - V_{\mathrm{th-}} = \frac{2R_2 V_{\mathrm{z}}}{R_3} = 1.2\mathrm{V}$$

电压传输特性如图 9.4.16 所示。

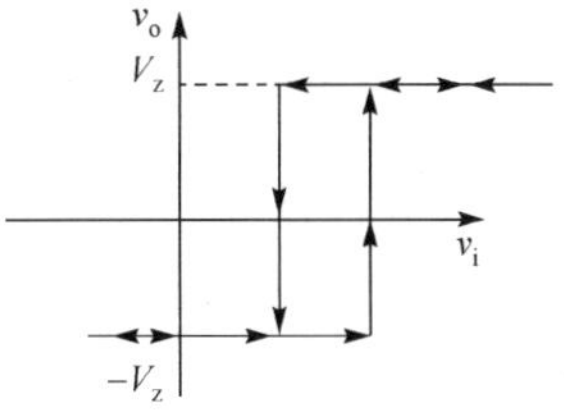

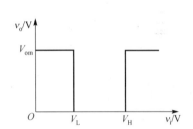

图 9.4.16　例 9.4.2 电压传输特性

9.4.4　窗口比较器

如果希望检测 v_i 是否在两给定电压之间就可以采用窗口比较器。窗口比较器的特点是 v_i 单方向变化时可以使 v_o 产生两次跳变。窗口比较器的电路如图 9.4.17 所示。电路由两个幅度比较器和一些二极管与电阻构成。D_1 和 D_2 是输入保护二极管，D_3 和 D_4 的作用是防止电流回流损坏运放。设 $R_1 = R_2$，二极管的正向导通电压为 V_D，则有

$$V_{\mathrm{L}} = \frac{(V_{\mathrm{CC}} - 2V_{\mathrm{D}})R_2}{R_1 + R_2} = \frac{1}{2}(V_{\mathrm{CC}} - 2V_{\mathrm{D}}) \tag{9.4.4}$$

$$V_{\mathrm{H}} = V_{\mathrm{L}} + 2V_{\mathrm{D}} \tag{9.4.5}$$

窗口比较器的电压传输特性如图 9.4.18 所示。

当 $v_i > V_{\mathrm{H}}$ 时，v_{o1} 为高电平 V_{OH}，D_3 导通；v_{o2} 为低电平，D_4 截止，$v_o = v_{o1} = V_{\mathrm{OH}}$。

当 $v_i < V_{\mathrm{L}}$ 时，v_{o2} 为高电平 V_{OH}，D_4 导通；v_{o1} 为低电平，D_3 截止，$v_o = v_{o2} = V_{\mathrm{OH}}$。

当 $V_{\mathrm{H}} > v_i > V_{\mathrm{L}}$ 时，v_{o1} 为低电平，v_{o2} 为低电平，D_3、D_4 截止，$v_o = V_{\mathrm{OL}} = 0\mathrm{V}$ 为低电平。

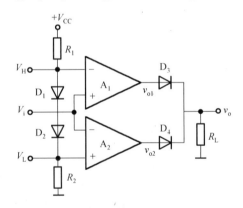

图 9.4.17　窗口比较器

图 9.4.18　窗口比较器的电压传输特性

9.4.5　方波发生器

常见的非正弦波有方波、矩形波、尖顶波、锯齿波、三角波等，如图 9.4.19 所示。利用比较器可构成方波发生器、矩形波发生器、尖顶波发生器、锯齿波发生器、三角波发生器等非正弦波发生器。

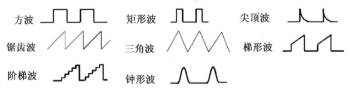

图 9.4.19　常见的非正弦波波形

非正弦波发生器组成原理：电路中必须有开关特性的器件，可以是电压比较器、集成模拟开关、TTL 与非门等；具有反馈网络，它的作用是通过输出信号的反馈，改变开关器件的状态；具有延迟环节，常用 RC 电路的充放电来实现；具有其他辅助部分如积分电路等。

首先来看方波发生器组成，利用施密特触发器，再增加少量阻容元件，由于方波或矩形波的频率成分非常丰富，含有大量的谐波，故方波发生器常称为多谐振荡器。如图 9.4.20 所示。R、C 组成积分负反馈电路。

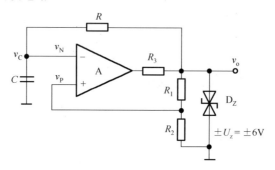

图 9.4.20　迟滞比较器构成的方波发生器

该发生器有负反馈和正反馈，其中电路的正反馈系数 $F = \dfrac{R_2}{R_1 + R_2}$ ，$v_{\mathrm{p}} = \dfrac{R_2}{R_1 + R_2} v_{\mathrm{o}}$ 。

在接通电源的瞬间，输出电压究竟是处于正向饱和还是负向饱和，这是随机的。设初始输出电压为负向饱和，$v_{\mathrm{o}} = V_{\mathrm{OL}}$，则加到运放同相端的电压为 $v_{\mathrm{p}} = \dfrac{R_2}{R_1 + R_2} V_{\mathrm{OL}}$，而加于反相端的电压由于电容器 C 上的电压 v_{C} 不能突变，只能由输出电压 v_{o} 通过负反馈电阻 R 按指数规律向 C 充电来建立，显然 $v_{\mathrm{C}} \downarrow < 0$，当 v_{C} 越来越负，直到比 FV_{OL} 还负时，输出电压立即从负饱和值 V_{OL} 迅速翻转到正饱和值 V_{OH}。

这时加到运放同相端的电压为 $v_{\mathrm{p}} = \dfrac{R_2}{R_1 + R_2} V_{\mathrm{OH}}$，而加于反相端的电压由于电容器 v_{C} 不能突变，只能由输出 V_{OH} 对电容反向充电 $v_{\mathrm{C}} \uparrow > 0$。当 v_{C} 越来越正直到比 FV_{OH} 还正时，输出电压立即从正的饱和值 V_{OH} 翻转到负饱和值 V_{OL}。

如此循环下去，形成方波输出，如图 9.4.21 所示。根据一阶 RC 电路的三要素法有

$$t_{\mathrm{po}} = \tau_{充} \ln \frac{v_{\mathrm{C}}(\infty) - v_{\mathrm{C}}(0^+)}{v_{\mathrm{C}}(\infty) - v_{\mathrm{C}}(t_{\mathrm{po}})}$$

输出方波高电平的时间间隔

$$T_1 = RC \ln \frac{V_{\mathrm{OH}} - FV_{\mathrm{OL}}}{V_{\mathrm{OH}} - FV_{\mathrm{OH}}}$$

$$T_1 = RC \ln \frac{V_{\mathrm{OH}} + FV_{\mathrm{OH}}}{V_{\mathrm{OH}} - FV_{\mathrm{OH}}} = RC \ln \frac{1 + F}{1 - F} \tag{9.4.6}$$

输出方波低电平的时间间隔

$$T_2 = RC \ln \frac{-|V_{\mathrm{OL}}| - FV_{\mathrm{OH}}}{-|V_{\mathrm{OL}}| + F|V_{\mathrm{OL}}|} = RC \ln \frac{1 + F}{1 - F} \tag{9.4.7}$$

周期和频率计算如下

$$T = T_1 + T_2 = 2RC \ln \frac{1+F}{1-F} \tag{9.4.8}$$

输出方波的幅度由背靠背稳压二极管双向限幅确定。$v_o = \pm(V_z + V_D)$，$|v_o| = |V_z + V_D|$。由于 $T = 2T_1 = 2T_2$，该方波的占空比固定为 1/2。如何使得输出方波的占空比可调？图 9.4.22 为占空比可调的方波产生器。它通过改变充放电的时间常数改变方波的占空比。

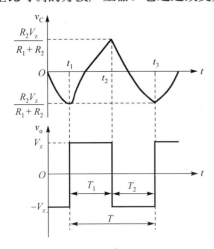

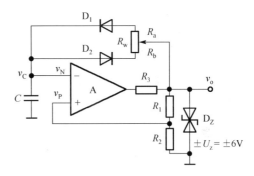

　　　　图 9.4.21　方波产生器工作波形　　　　　　　图 9.4.22　占空比可调的方波产生器

充电过程：

$$T_1 = R_a C \ln \frac{V_{OH} + FV_{OH}}{V_{OH} - FV_{OH}} = R_a C \ln \frac{1+F}{1-F} \tag{9.4.9}$$

放电过程：

$$T_2 = R_b C \ln \frac{-|V_{OL}| - FV_{OH}}{-|V_{OL}| + F|V_{OL}|} = R_b C \ln \frac{1+F}{1-F} \tag{9.4.10}$$

占空比：

$$q = \frac{T_1}{T_1 + T_2} \tag{9.4.11}$$

9.5　集成运算放大器件应用中应注意的问题

9.5.1　集成运放器件的选用

　　选用集成运放器件既要考虑性能方面的要求，又要考虑到可靠性、稳定性和价格以及是否购买得到等方面的要求与可能。总之，应根据系统对电路的功能和性能的要求来确定集成运放的种类。一般应选用售价较低、性能稳定，又容易购买到的通用型集成电路。要注意手册中给定指标所附加的条件。

9.5.2　集成运放器件的测试

　　在选定集成组件后，最好按照实际使用条件，对组件重新进行检测，以便得到较准确的参数值，使电路设计更加合理，并缩短电路的调试周期和保证电路的质量。

9.5.3　集成运放器件的调零

一般的集成运放都设置了调零端，可直接按规定调零，如果不能满足调零要求，可以：①适当增大调零电位器的阻值，加大调零范围；②引入如图 9.5.1 所示的辅助调零电路。其原理是通过引入一个补偿电流来实现电路的调零。

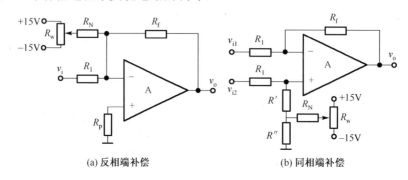

(a) 反相端补偿　　　　　(b) 同相端补偿

图 9.5.1　辅助调零电路

9.5.4　集成运放器件的保护

1. 电源极性保护电路

可利用具有单向导电特性的二极管来实现，如图 9.5.2 所示，二极管 D_1、D_2 串入集成电路直流电源电路中，当电源极性反接时，相应二极管便截止，从而保护了集成电路。

2. 输入保护电路

当输入的差模电压或共模电压超过规定值时，会造成内部输入级工作不正常，甚至损坏输入级。可采取图 9.5.3 所示利用二极管 D_1、D_2 和电阻 R_1 构成的双向限幅电路来进行输入保护。

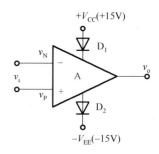

图 9.5.2　电源极性保护电路

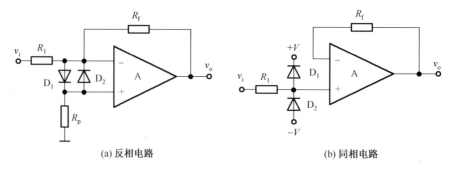

(a) 反相电路　　　　　(b) 同相电路

图 9.5.3　输入保护电路

3. 输出保护电路

稳压管箝位输出过压保护电路如图 9.5.4 所示，两个反向串联的稳压管并接于负反馈电路

中。当电路正常工作时，v_o 的幅值小于 V_z+V_D，D_{z1}、D_{z2} 截止。当 $|v_o|>(V_z+V_D)$ 时，一个稳压管击穿稳压，另一稳压管正向导通，电路负反馈加强，输出电压幅值限制在 $\pm(V_z+V_D)$ 范围内，起输出过压保护作用。

限流保护电路如图 9.5.5 所示，其中 T_1、T_3 和 T_2、T_4 分别构成两组镜像电流源电路，提供运放的正、负工作电流。当集成运放 A 输出电流增大时，则导致 I_{C_1}、I_{C_2} 增大，T_1、T_2 脱离饱和状态，进入放大区，管压降增大，$+V_{CCA}$ 和 $-V_{EEA}$ 的电压值下降，从而限制了输出电流的进一步增大，起限流保护作用。

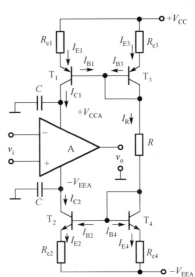

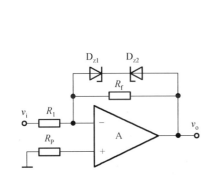

图 9.5.4　稳压管箝位输出过压保护电路　　　　　图 9.5.5　输出限流保护电路

本 章 小 结

本章介绍了集成运算放大器的工作特点：线性工作状态和非线性工作状态。在线性应用中，介绍了各种运算电路、模拟乘法器、有源滤波电路和各种典型的检测电路；在非线性应用中，介绍了电压比较器、精密整流电路和绝对值电路等。具体归纳如下。

(1) 理想集成运放电路在线性区工作导出虚短和虚断的特征，特别是反相端输入时还具有虚地的特征。视实际运放为理想运放，应用理想运放的这些条件，将大大简化电路的分析和计算。

(2) 反相输入和同相输入的比例运放电路是两种最基本的集成运算电路，分别为电压并联负反馈和电压串联负反馈。它们是构成集成运算、处理电路最基本的电路，在此基础上搭接取舍构成了加、减、微分、积分、对数、反对数运算电路等。

(3) 集成模拟乘法器是一种重要的模拟集成电路，在信号处理和频率变换方面得到了广泛的应用，特别注意在通信技术中的应用。应熟练掌握模拟乘法器在各种运算电路中的使用方法，它可构成乘法器、除法器、平方电路、开平方电路及调制与解调电路，它是高频电子线路的重要组件之一。

(4) 有源滤波器是一种重要的信号处理电路，它可以突出有用频段的信号，衰减无用频段的信号，抑制干扰和噪声信号，达到选频和提高信噪比的目的。有源滤波电路是由运放和 RC 反馈网络构成的电子系统，根据幅频响应不同，可分为低通、高通、带通、带阻和全通滤波电路。高阶滤波电路一般由一阶、二阶滤波电路组成，而二阶滤波电路传递函数的基本形式是一致的，区别仅在于分子中 S 的阶次为 0、1、2 或其组合。

(5)电压比较器能够将模拟信号转换成两值数字信号，即输出为高电平或低电平。集成运算放大器工作在非线性区；电压比较器电路分为单门限比较器、迟滞比较器和窗口比较器。若电路中只有一个零或非零电平基准电压，则称为单门限比较器；迟滞比较器具有滞回特性，具有两个阈值电压，当输入电压向单一方向变化时，输出电压仅跃变一次；窗口比较器具有两个阈值电压，但当输入电压向单一方向变化时，输出电压跃变两次。

(6)常用电压比较器构成波形变换与整形电路，它可将周期信号转换成矩形波、尖顶波等；利用电压比较器可对受到干扰的方波信号进行整形，改善波形。利用迟滞比较器可构成非正弦波产生电路，可产生矩形波、锯齿波等多种波形。

习　题　9

客观检测题

1．集成运放的增益越高，运放的线性区越_____。

2．为使运放工作于线性区，通常应引入_____反馈。

3．反相比例运算电路中，电路引入了_____负反馈。（电压串联、电压并联、电流并联）

4．反相比例运算电路中，运放的反相端_____。（接地、虚地、与地无关）

5．同相比例运算电路中，电路引入了_____负反馈。（电压串联、电压并联、电流并联）

6．在同相比例运算电路中，运放的反相端_____。（接地、虚地、与地无关）

7．反相比例运算电路的输入电流基本上_____流过反馈电阻 R_f 上的电流。（大于、小于、等于）

8．电压跟随器是_____运算电路的特例。（反相比例、同相比例、加法）

9．电压跟随器具有输入电阻很_____和输出电阻很_____的特点，常用做缓冲器。

10．在反相比例运算电路中，运放输入端的共模电压为_____。（零、输入电压的一半、输入电压）

11．在同相比例运算电路中，运放输入端的共模电压为_____。（零、输入电压的一半、输入电压）

12．在图题 12 所示电路中，设 A 为理想运放，那么电路中存在关系_____。（$v_N = 0$，$v_N = v_i - i_1 R_2$，$v_N = v_i$，$i_1 = -i_2$）

13．在图题 12 所示电路中，设 A 为理想运放，则电路的输出电压 $v_o =$ （　　　）。

14．在图题 14 所示电路中，设 A 为理想运放，则 v_o 与 v_i 的关系式为　（　　　　　　）。

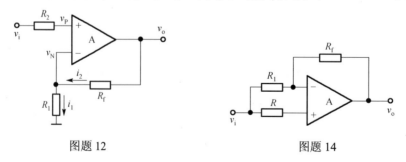

图题 12　　　　　　　　　　　图题 14

15．在图题 15 所示电路中，设 A 为理想运放，已知运放的最大输出电压 $V_{om} = \pm 12V$，当 $v_i = 8V$ 时，$v_o =$ _____V。

16. 在图题 16 所示电路中，若运放 A 的最大差模输入电压为±6V，最大允许共模输入电压为±10V，则此电路所允许的最大输入电压 v_i=_____V。

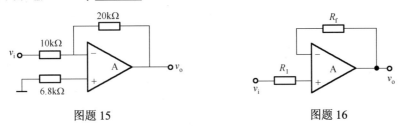

图题 15   图题 16

17. 运放有同相、反相和差分三种输入方式。

(1) 为了给集成运放引入电压串联负反馈，应采用_____输入方式。

(2) 要求引入电压并联负反馈，应采用_____输入方式。

(3) 在多输入信号时，要求各输入信号互不影响，应采用_____输入方式。

(4) 要求向输入信号电压源索取的电流尽量小，应采用_____输入方式。

(5) 要求能放大差模信号，又能抑制共模信号，应采用_____输入方式。

18. 对于基本积分电路，当其输入为矩形波时，其输出电压 v_o 的波形为_____。

19. 对于基本微分电路，当其输入为矩形波时，其输出电压 v_o 的波形为_____。

20. 若将基本积分电路中接在集成运放负反馈支路的电容换成二极管便可得到基本的_____运算电路。

21. 若将基本微分电路中接在输入回路的电容换成二极管便可得到基本的_____运算电路。

22. 希望运算电路的函数关系是 $v_o = k_1 v_{i1} + k_2 v_{i1} + k_3 v_{i1}$（其中 k_1、k_2 和 k_3 是常数，且均为负值），应该选用_____电路。

23. 电路如图题 23 所示，设运放是理想的，当输入电压为+2V 时，v_o =_____V。

24. 电路如图题 24 所示，设运放是理想的。当输入电压 v_i =2V 时，则输出电压 v_o = _____V。

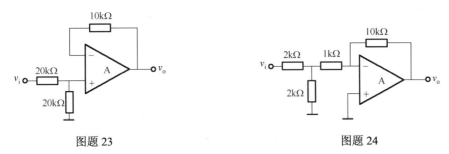

图题 23   图题 24

25. 按其_____的不同，滤波器可分为低通、高通、带通和带阻滤波器。

26. 按实现滤波器使用的元器件不同，滤波器可分为_____滤波器。

27. 与有源滤波器相比，无源滤波器的_____频段性能好。

28. 无源滤波器存在的主要问题之一是_____。（带负载能力差、输出电压小、输出电阻大）

29. 与无源滤波器相比，有源滤波器不适合_____的场合。（低频；低压；高频、高压和大功率）

30. 有用信号频率低于 200Hz，可选用_____滤波电路。

31. 有用信号频率高于 800Hz，可选用_____滤波电路。

32. 希望抑制 50Hz 的交流电源干扰，可选用_____滤波电路。

33. 有用信号的频率为 50000Hz，可选用_____滤波电路。

34. 在理想情况下，当 $f=0$ 和 $f=\infty$ 时的电压增益相等，且不为零，该电路为_____滤波电路。（低通；带通；带阻）

35. 在理想情况下，直流电压增益就是它的通带电压增益，该电路为_____滤波电路。（低通；带通；带阻）

36. 在理想情况下，当 $f=\infty$ 时的电压增益就是它的通带电压增益，该电路为_____滤波电路。（低通；带通；带阻）

37. 一阶低通滤波器的幅频特性在过渡带内的衰减速率是_____。

38. 电路如图题 38 所示。

(1) 该电路是_____有源滤波电路。

(2) 电路的通带增益 $A_{V0}=$ _____。

(3) 电路的截止频率 $f_c=$ _____。

(4) 电路的传递函数 $A_S=$ _____。

39. 已知电路的传递函数为 $A_V(S)=\dfrac{A_0}{1+(3-A_0)SCR+(SCR)^2}$，

该电路为_____滤波电路。（低通；高通；带通；带阻）

40. 已知电路的传递函数为 $A_V(S)=\dfrac{(SCR)^2 A_0}{1+(3-A_0)SCR+(SCR)^2}$，

该电路为_____滤波电路。（低通；高通；带通；带阻）

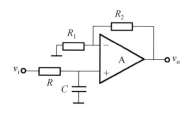

图题 38

主观检测题

1. 设计一个比例运算电路，要求输入电阻 $R_i=20\text{k}\Omega$，比例系数为 -100。

2. 请用集成运放实现如下运算，并简述工作原理。

(1) $v_o=3v_i$；　(2) $v_o=v_{i1}+v_{i2}$。

3. 集成运放接成如图题 3 的形式，问输出电压与输入电压之间有怎样的关系？

4. 请用集成运放构成加法电路，使之实现运算关系：$v_o=2v_{i1}+3v_{i2}+5v_{i3}$。

5. 有加法运算电路如图题 5 所示，求输出电压与各输入电压之间的函数关系。

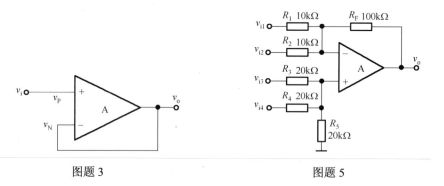

图题 3　　　　　　　　　　　　　　图题 5

6. 有如图题 6 电路，问：

(1) 若 $v_{i1}=0.2\text{V}$，$v_{i2}=0\text{V}$，则 $v_o=$?

(2) 若 $v_{i1}=0\text{V}$，$v_{i2}=0.2\text{V}$，则 $v_o=$?

(3) 若 $v_{i1}=0.2\text{V}$，$v_{i2}=0.2\text{V}$，则 $v_o=$?

7. 电路如图题 7 所示，试求：

(1)输入电阻；

(2)比例系数。

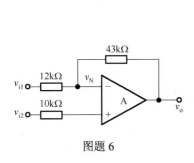

图题 6

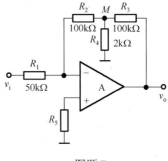

图题 7

8. 试求图题 8 所示各电路输出电压与输入电压的运算关系式。

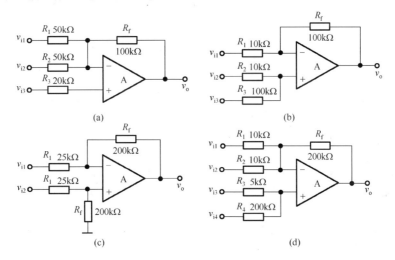

图题 8

9. 在图题 8 所示各电路中，是否对集成运放的共模抑制比要求较高，为什么？各电路运放的共模信号分别为多少？要求写出表达式。

10. 有如图题 10(a)电路，请写出输出信号与输入信号的函数关系式。试画出 v_o 波形。

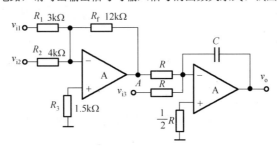

图题 10

11. 请写出图题 11 两个电路中输出电压与输入电压之间的关系，并指出平衡电阻 R_6 应取多大值。

12. 为了获得较高的电压放大倍数，而又可避免采用高值电阻 R_f，将反相比例运算电路改为图题 12 所示的电路，并设 $R_f \gg R_4$，请写出输出信号与输入信号的函数关系式。

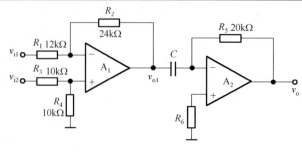

图题 11

13. 试求解图题 13 所示电路的运算关系。

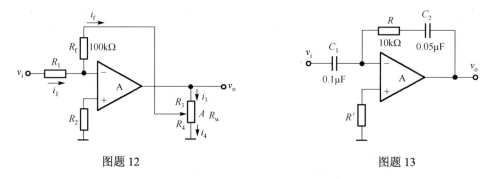

图题 12　　　　　　　　　　　　　　　图题 13

14. 电路如图题 14 所示，试推导输出电流 i_L 与输入电压 v_i 的关系。

15. 在图题 15 所示电路中，正常情况下四个桥臂电阻均为 R。当某个电阻因受温度或应变等非电量的影响而变化 ΔR 时，电桥平衡即遭破坏，输出电压 V_o 反映非电量的大小。设 $R_1 \gg R$，试证明：$v_o = \dfrac{V}{4} \times \dfrac{\dfrac{\Delta R}{R}}{1 + \dfrac{\Delta R}{2R}}$。

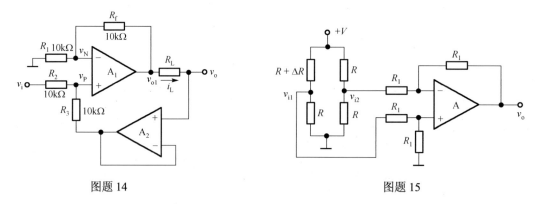

图题 14　　　　　　　　　　　　　　图题 15

16. 图题 16 所示为恒流源电路，已知稳压管工作在稳压状态，试求负载电阻中的电流。

17. 图题 17 中的 D 为一个 PN 结测温敏感元件，它在 20℃时的正向压降为 0.560V，其温度系数为–2mV/℃，设运算放大器是理想的，其他元件参数如图题 17 中所示，试回答：

(1) I 流向何处？它为什么要用恒流源？

(2) 第一级的电压放大倍数为多少？

(3) 当 R_w 的滑动端处于中间位置时，$V_o(20℃) = ?$　$V_o(30℃) = ?$

(4) V_o 的数值是如何代表温度的（V_o 与温度有何关系）？

(5)温度每变化一度，V_o 变化多少伏？

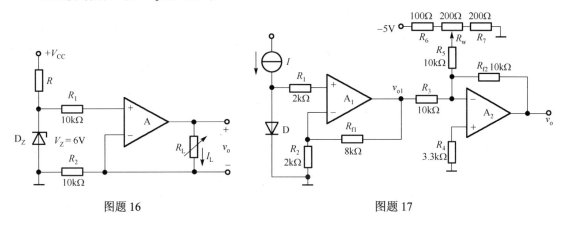

图题 16　　　　　　　　　　图题 17

18. 试说明图题 18 所示各电路属于哪种类型的滤波电路，是几阶滤波电路。

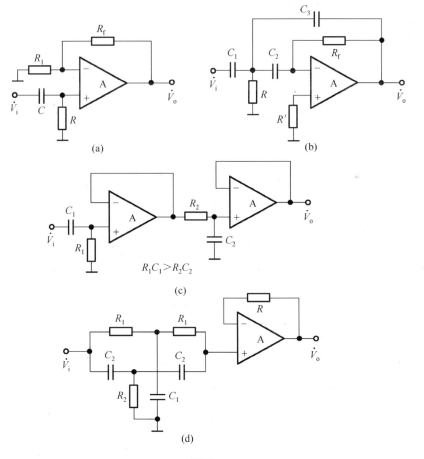

图题 18

19. 分别推导出图题 19 所示各电路的传递函数，并说明它们属于哪种类型的滤波电路。

20. 设现有一阶 LPF 和二阶 HPF 的通带放大倍数均为 2，通带截止频率分别为 2kHz 和 100Hz。试用它们构成一个带通滤波电路，并画出幅频特性。

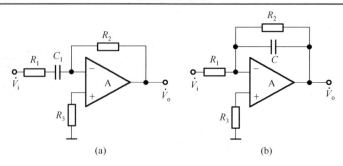

图题 19

21. 图题 21 是一电压比较器，假设集成运放是理想化的，稳压二极管稳定电压均为 5V，请画出它的传输特性。若在反相输入端接–2V 电压，则传输特性有何变化？

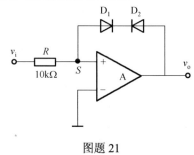

图题 21

22. 如图题 22 是一电压比较器，已知集成运放的开环电压增益无穷大，双向稳压管的稳定电压是 ±6V，请画出它的传输特性曲线，并指出输入一个幅度值为 4V 的正弦信号时，输出信号将是怎样的波形？

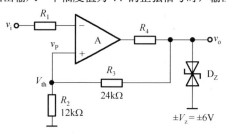

图题 22

23. 电路如图题 23 所示，运算放大器的最大输出电压 $V_{opp}= \pm12V$，稳压管的稳定电压 V_Z=6V，其正向压降 V_D=0.7V，v_i =12sinωt(V)。当参考电压 V_R=3V 和–3V 两种情况下，试画出传输特性和输出电压 v_o 的波形。

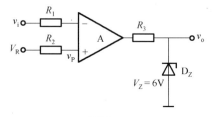

图题 23

24. 试分别求解图题 24 所示各电路的电压传输特性。

25. 图题 25 所示电路中，已知 R_1=10kΩ，R_2=20kΩ，C=0.01μF，集成运放的最大输出电压幅值为 ±12V，二极管的动态电阻可忽略不计。

(1)求出电路的振荡周期；

(2)画出 v_o 和 v_C 的波形。

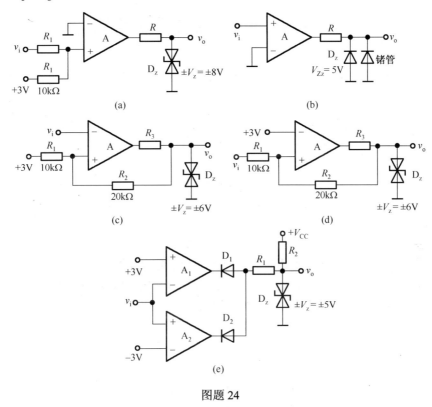

图题 24

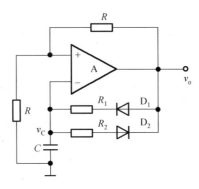

图题 25

第 10 章　正弦信号产生电路

内容提要：本章首先介绍正弦波振荡器的振荡条件；详细介绍 RC 振荡电路、LC 振荡电路和石英晶体振荡电路，说明振荡电路构成的原则、工作原理和主要应用。

电子测量仪器中的信号发生器、数字系统中的时钟信号源等，是依赖"自激振荡"原理工作的。"自激振荡"是指在没有外加信号的作用下，电路能自动产生交流信号的一种现象。它可以将直流电源的能量自动转换为交流振荡的能量。

正弦波振荡电路是一种自激振荡电路，它的特点是利用"自激振荡"原理工作，其实质是放大器引正反馈的结果。

自激振荡的典型例子是大家去卡拉 OK 唱歌，如果将麦克风对着扬声器的方向，可能会发出刺耳的声响，但只要及时改变话筒的方向，就会消除自激现象。刺耳的噪声就是声音振荡产生的现象，人的话音传入麦克风，经放大器放大后从扬声器输出；此时若将麦克风朝向扬声器方向，或者放置在扬声器附近，则从扬声器播放出来的声音就会再次传入麦克风，自然又被放大器放大，再传入麦克风，再放大，如此循环；这样一来即使说话的声音停止了，声音也会循环往复地传递下去，永无休止。

10.1　正弦波振荡器的基本概念

10.1.1　正弦波振荡器的定义和组成

正弦波振荡电路是一个没有输入信号，带选频网络的正反馈放大器。

正弦波电路由放大电路、正反馈网络和选频网络组成。振荡器的输出信号频率是由选频网络确定的；在实际电路中，选频网络通常不是独立存在的，它或者和正反馈网络合二为一，或者与放大电路合二为一。选频网络由 R、C 和 L、C 等电抗性元件组成。

10.1.2　正弦波振荡器的分类

正弦波振荡器的类型可根据选频网络的组成元件来划分。

(1) 若选频网络由 RC 构成，则称为 RC 正弦波振荡器，一般用来产生 1Hz～1MHz 范围内的低频信号。

(2) 若选频网络由 LC 构成，则称为 LC 正弦波振荡器，一般用来产生 1MHz 以上的高频信号。

(3) 若选频网络由石英晶体构成，则称为石英晶体正弦波振荡器，目前石英晶体振荡器已经得到了非常广泛的应用。

10.1.3　正弦波振荡平衡条件和起振条件

图 10.1.1(a) 表示一个正反馈放大器的方框图，它由放大电路与正反馈选频网络组成。该

图表示接成正反馈时，放大器在输入信号为 $\dot{X}_i = 0$ 时的方框图。

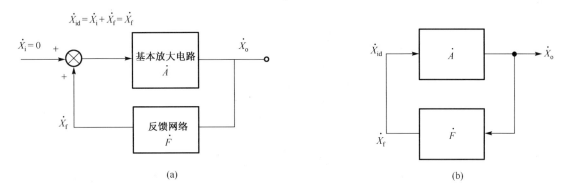

图 10.1.1　正弦波振荡电路方框图

如果在基本放大电路输入端外接一定频率、一定幅度的正弦波信号 $\dot{X}_{id}$，如图 10.1.1（b）所示，经过基本放大电路放大和反馈网络传输后，在反馈网络的输出端得到信号 $\dot{X}_f$，如果 $\dot{X}_f$ 与 $\dot{X}_{id}$ 大小相等，相位相同，电路将维持与开环同样的信号输出，这就是电路的"自激振荡"。此时有 $\dot{X}_{id} = \dot{X}_f$，那么

$$\frac{\dot{X}_f}{\dot{X}_{id}} = \frac{\dot{X}_o}{\dot{X}_{id}} \cdot \frac{\dot{X}_f}{\dot{X}_o} = 1$$

或

$$\dot{A}\dot{F} = \left|\dot{A}\dot{F}\right| \angle(\varphi_A + \varphi_F) = AF \angle(\varphi_A + \varphi_F) = 1$$

由此可以得到产生振荡的条件：

$$\dot{A}\dot{F} = 1 \tag{10.1.1}$$

其振幅平衡条件：

$$\left|\dot{A}\dot{F}\right| = 1 \tag{10.1.2}$$

其相位平衡条件：

$$\varphi_A + \varphi_F = 2n\pi \quad (n = 0, 1, 2, \cdots) \tag{10.1.3}$$

试比较式（8.6.1）和式（10.1.1），请问都是自激振荡，为何自激振荡条件表达式不同呢？这个问题留给大家思考。

相位平衡条件决定振荡电路的振荡频率 f_o，频率 f_o 是由环路的选频网络决定的，选频网络既可设置在放大电路中，也可以设置在反馈网络中。

振幅平衡条件 $\left|\dot{A}\dot{F}\right| = 1$ 是针对已进入稳态而言的，也就是电路保持恒定输出的振荡条件。

那么振荡是如何建立的呢？首先信号源从何而来？起振条件又如何？众所周知，电磁波无处不在，电路中噪声的频率成分丰富，覆盖整个电磁波段，这些电磁干扰就是信号来源，只不过此频率信号非常微弱。这就要求振荡器在起振时作增幅振荡，即起振条件是

$$\left|\dot{A}\dot{F}\right| > 1 \tag{10.1.4}$$

随着信号在环内不断的反馈，信号幅度越来越大，最后由于电源电压的限制以及三极管大信号运用时的非线性特性去限制幅度的增加，保证输出信号不失真。也可以在反馈网络中

加入非线性稳幅环节，用以调节放大电路的增益，从而达到稳幅的目的。因此，实际的正弦波振荡电路由放大电路、正反馈网络、选频网络、稳幅电路组成。

10.1.4　正弦波电路能否振荡的判断

判断正弦波电路能否振荡的步骤如下。

(1)观察电路是否包含了放大电路、选频网络、正反馈网络和稳幅环节四个组成部分。

(2)判断放大电路是否能够正常工作，即是否有合适的静态工作点且动态信号是否能够输入、输出和放大。

(3)根据相位平衡条件判断电路是否有可能产生正弦波振荡，利用瞬时极性法判断：断开反馈，在断开处给放大电路加频率为 f_0 的输入电压 $\dot{V}_i$，并给定其瞬时极性；然后以 $\dot{v}_i$ 极性为依据判断输出电压 $\dot{v}_o$ 的极性，从而得到反馈电压 $\dot{v}_f$ 的极性；若 $\dot{V}_f$ 与 $\dot{v}_i$ 极性相同，则说明满足相位条件，电路有可能产生正弦波振荡，否则表明不满足相位条件，电路不可能产生正弦波振荡。

(4)判断电路是否满足正弦波振荡的幅值条件，即是否满足起振条件。具体方法：分别求解电路的 $\dot{A}$ 和 $\dot{F}$，然后判断 $|\dot{A}\dot{F}|$ 是否大于 1。只有在电路满足相位条件的情况下，判断是否满足幅值条件才有意义。换言之，若电路不满足相位条件，则不可能振荡，也就无须判断是否满足幅值条件了。

例 10.1.1　根据相位平衡条件判断图 10.1.2 所示各电路是否有可能产生正弦波振荡，简述理由。设图 10.1.2(b)中 C_4 容量远大于其他三个电容的容量。

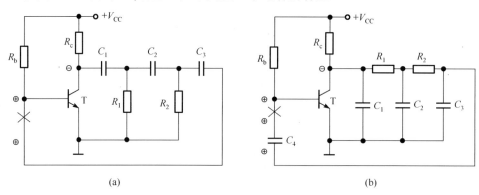

图 10.1.2　利用瞬时极性法判断相位条件

解　图 10.1.2(a)所示电路有可能产生正弦波振荡。因为共射放大电路输出电压和输入电压反相($\varphi_A=180°$)，且图中三级移相电路为超前网络，相移范围为 0°～+270°，因此存在使相移为 +180°($\varphi_F=180°$)的频率，即存在满足正弦波振荡相位条件的频率 f_0(此时 $\varphi_A+\varphi_F=2n\pi$)；且在 $f=f_0$ 时有可能满足起振条件 $|\dot{A}\dot{F}|>1$，故可能产生正弦波振荡。

图 10.1.2(b)所示电路有可能产生正弦波振荡。因为共射放大电路输出电压和输入电压反相($\varphi_A=180°$)，且图中三级移相电路为滞后网络，相移范围为 0°～-270°，因此存在使相移为 180°($\varphi_F=-180°$)的频率，即存在满足正弦波振荡相位条件的频率 f_0(此时 $\varphi_A+\varphi_F=2n\pi$)；且在 $f=f_0$ 时有可能满足起振条件 $|\dot{A}\dot{F}|>1$，故可能产生正弦波振荡。

以上两个电路均为移相式振荡电路。

10.2　RC 正弦波振荡器

RC 正弦波振荡器是由电阻 R 和电容 C 元件作为选频和正反馈网络的振荡器，RC 作为选频网络的正弦波振荡器有桥式振荡电路（文氏电桥）、双 T 网络和移相式振荡电路，本书只讨论 RC 桥式正弦振荡电路。

10.2.1　RC 串并联选频网络的频率特性

将一个电阻 R_1 和一个电容 C_1 串联，将另一个电阻 R_2 和另一个电容 C_2 并联，组成的网络称为 RC 串并联选频网络，如图 10.2.1 所示。RC 串并联选频网络具有选频功能，通常令 $R_1 = R_2$，$C_1 = C_2$，用 Z_1 表示 RC 串联臂的阻抗，用 Z_2 表示 RC 并联臂的阻抗。其频率特性分析如下：

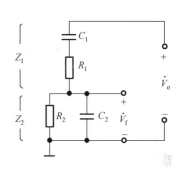

图 10.2.1　RC 串并联选频网络

$$Z_1 = R_1 + (1/j\omega C_1)$$

$$Z_2 = R_2 // (1/j\omega C_2) = \frac{R_2}{1 + j\omega R_2 C_2}$$

反馈网络的反馈系数为

$$\dot{F}_V(s) = \frac{\dot{V}_f(s)}{\dot{V}_o(s)} = \frac{Z_2}{Z_1 + Z_2} = \frac{\dfrac{R/sC}{R + 1/sC}}{R + \dfrac{1}{sC} + \dfrac{R/sC}{R + 1/sC}} \qquad \dot{F}_V(s) = \frac{sCR}{1 + 3sCR + (sCR)^2} \tag{10.2.1}$$

又 $s = j\omega$，令 $\omega_0 = \dfrac{1}{RC}$，则反馈系数为

$$\dot{F}_V = \frac{1}{3 + j\left(\dfrac{\omega}{\omega_0} - \dfrac{\omega_0}{\omega}\right)} \tag{10.2.2}$$

幅频特性表达式

$$F_V = \frac{1}{\sqrt{3^2 + \left(\dfrac{\omega}{\omega_0} - \dfrac{\omega_0}{\omega}\right)^2}} \tag{10.2.3}$$

相频特性表达式

$$\varphi_F = -\arctan \frac{\left(\dfrac{\omega}{\omega_0} - \dfrac{\omega_0}{\omega}\right)}{3} \tag{10.2.4}$$

当 $\omega = \omega_0 = \dfrac{1}{RC}$ 或 $f = f_0 = \dfrac{1}{2\pi RC}$ 时，幅频响应有最大值

$$F_{V\max} = \frac{1}{3} \tag{10.2.5}$$

此时的相频响应

$$\varphi_{\mathrm{F}} = 0° \tag{10.2.6}$$

根据式 (10.2.5) 和式 (10.2.6) 画出 $\dot{F}_{\mathrm{V}}(s)$ 的频率特性，如图 10.2.2 所示。当 $f = f_0 = \dfrac{1}{2\pi RC}$ 时，$F_{\mathrm{Vmax}} = \dfrac{1}{3}$ 且 $\varphi_{\mathrm{F}} = 0°$。

注意反馈系数与频率 f_0 的大小无关；改变频率不会影响反馈系数和相角，在调节 R 和 C 的参数时，可实现频率谐振；在频率谐振的过程中，不会停振，也不会使输出幅度改变。因此该选频网络决定信号发生器的输出信号频率。

10.2.2　RC 文氏电桥振荡器

图 10.2.2　反馈系数频率特性

1. RC 文氏电桥振荡电路的构成

RC 文氏电桥振荡电路如图 10.2.3 所示，RC 串并联网络是选频网络兼正反馈网络，另外还增加了 R_1 和 R_{f} 负反馈网络，如图 10.2.3 所示。

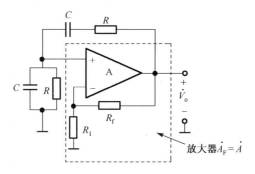

图 10.2.3　文氏桥式振荡电路

由于 $f = f_0 = \dfrac{1}{2\pi RC}$ 时，$F_{\mathrm{Vmax}} = \dfrac{1}{3}$；为满足振幅平衡条件 $\left|\dot{A}\dot{F}\right| = 1$，所以如图 10.2.3 虚线框所示，加入 R_1 和 R_{f} 支路，构成电压串联负反馈。

$$\dot{A} = \dot{A}_{\mathrm{F}} = 1 + \frac{R_{\mathrm{f}}}{R_1} = 3 \tag{10.2.7}$$

2. 振荡的建立

由上面的分析知道，当 $\omega = \omega_0 = \dfrac{1}{RC}$ 时，RC 选频网络的相移为零，这样 RC 串并联选频网络送到运放同相输入端的信号电压 $\dot{V}_{\mathrm{f}}$ 与输出电压 $\dot{V}_{\mathrm{o}}$ 同相，或者说 $\varphi_{\mathrm{A}} + \varphi_{\mathrm{F}} = 2n\pi$，所以 RC 反馈网络形成正反馈，满足相位平衡条件，因而有可能振荡。

如何建立振荡呢？振荡的能源是电源；振荡的激励信号源是电路中的噪声，它的频谱丰富，包含频率成分 f_0；但由于噪声信号极其微弱，在振荡建立期间，应该使该信号作增幅振荡；为此，合理选择 R_1 和 R_{f} 可使 $\dot{A} \geq 3$，保证环路增益大于 1，$\left|\dot{A}\dot{F}\right| \geq 1$，这样频率为 ω_0 信

号就会通过正反馈而使得输出信号不断增大，使输出幅度越来越大，最后受电路中非线性元件的限制，使振荡幅度自动稳定下来，进入等幅振荡 $|\dot{A}\dot{F}|=1$。频率 f_0 之外的信号由于不满足振荡平衡条件，将不会在输出信号中出现，RC 选频网络实现了信号频率的选择功能。

3. RC 文氏电桥振荡电路的稳幅过程

当振荡输出信号小于放大器的最大输出电压时，输出为正弦波。然而如前所述，环路增益大于1，这样信号幅度在正反馈的作用下不断增大必然使放大器进入非线性区，输出信号产生失真。所以在正弦波振荡器中必须有环路增益的控制环节，使输出信号电压升高时，环路增益下降，从而达到稳定输出信号电压幅度的目的。

可在 RC 文氏电桥振荡电路图 10.2.3 中，将 R_f 用具有负温度效应的热敏电阻代替，当输出电压升高，R_f 上所加的电压升高，即温度升高，R_f 的阻值降低，负反馈增强，输出幅度下降。反之输出幅度增加。若热敏电阻是正温度系数，应放置在 R_1 的位置。

或采用反向并联二极管的稳幅电路如图 10.2.4 所示。利用电流增大时二极管动态电阻减小，电流减小时二极管动态电阻增大的特性，加入非线性环节，从而使输出电压稳定。此时的闭环电压增益为

$$\dot{A}_V = 1 + \frac{R_f + r_d}{R_1}$$

当输出电压信号较小时，二极管工作电流小，动态电阻大，电路的增益较大，引起增幅振荡过程。当输出幅度大到一定程度，二极管工作电流大，动态电阻小，电路的增益下降，进入等幅振荡过程，最后达到稳定幅度的目的。

例 10.2.1 图 10.2.5 是用运算放大器构成的音频信号发生器的简化电路。(1)R_1 大致调到多大才能起振？(2)R_P 为双联电位器，可从 0 到 14.4kΩ，试求振荡频率的调节范围。

解 (1)电压放大倍数按同相输入计算，即

$$\dot{A}_{vf} = 1 + \frac{R_f}{R_1}$$

因为产生振荡的最小电压放大倍数为 3，所以 $R_F \geq 2R_1$。刚起振时，振荡幅度小，不足以使二极管导通，这时 $R_F = R_{F1} + R_{F2} = 3kΩ$，所以 $R_1 \leq 1.5kΩ$ 时才能起振。

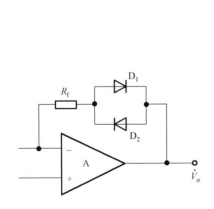

图 10.2.4　反向并联二极管的稳幅电路

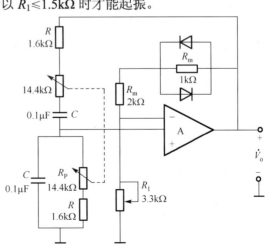

图 10.2.5　例 10.2.1 电路图

(2) 振荡频率为

$$f_o = \frac{1}{2\pi RC}$$

当将 R_P 调到最小时，f_o 最大，即

$$f_{o\,max} = \frac{1}{2\pi \times 1.6 \times 10^3 \times 0.1 \times 10^{-6}} \text{Hz} = 995.2\text{Hz} \approx 1\text{kHz}$$

当将 R_P 调到最大时，f_o 最小，即

$$f_{o\,min} = \frac{1}{2\pi \times 1.6 \times 10^3 \times 0.1 \times 10^{-6}} \text{Hz} = 99.5\text{Hz} \approx 100\text{kHz}$$

例 10.2.2　图 10.2.6 所示电路为 RC 移相式正弦波信号发生器，设集成运放的 $A_1 \sim A_4$ 均具有理想的特性。(1) 试分析电路的工作原理；(2) 试求电路的振荡频率和起振条件。

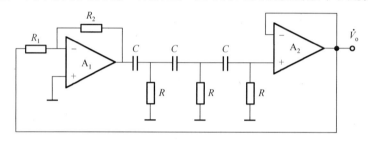

图 10.2.6　例 10.2.2 电路图

解题思路　(1) 从相位和幅度条件分析电路的工作原理；(2) 根据环路增益求电路的振荡频率和起振条件。

解　(1) 图 10.2.6 所示 RC 移相式正弦波信号发生器由反相输入比例放大器(A_1)、电压跟随器(A_2)和三节 RC 移相网络组成。放大电路(中频区)的相移 $\varphi_A = -180°$，利用电压跟随器的阻抗变换作用减小放大电路输入电阻 R_1 对 RC 移相网络的影响。为了要满足相位平衡条件，要求反馈网络的相移 $\varphi_F = -180°$。由 RC 电路的频率响应可知，一节 RC 电路的最大相移不超过 $\pm 90°$，两节 RC 电路的最大相移也不超过 $\pm 180°$，当相移接近 $\pm 180°$ 时，RC 低通电路的频率会很高，而 RC 高通电路的频率也很低，此时输出电压已接近于零，又不能满足振荡电路的幅度平衡条件。对于三节 RC 电路，其最大相移可接近 $\pm 270°$，有可能在某一特定频率下使其相移为 $\pm 180°$，即 $\varphi_F = \pm 180°$ 则有

$$\varphi_F + \varphi_A = 2n\pi$$

满足相位平衡条件，合理选取元器件参数，满足起振条件和幅度平衡条件，电路就会产生振荡。

(2) 由图 10.2.6 不难写出电路的放大倍数

$$\dot{A} = -\frac{R_2}{R_1}$$

画出反馈网络，如图 10.2.7 所示。

由图可得

$$\dot{V}_f = \frac{R}{Z_2}\dot{V}_2$$

$$\dot{V}_2 = \frac{R//Z_2}{Z_1}\dot{V}_1$$

$$\dot{V}_1 = \frac{R//Z_1}{\dfrac{1}{\mathrm{j}\omega C} + R//Z_1}\dot{V}_{o1}$$

$$Z_2 = R + \frac{1}{\mathrm{j}\omega C}$$

$$Z_2 = \frac{1}{\mathrm{j}\omega C} + R//Z_2$$

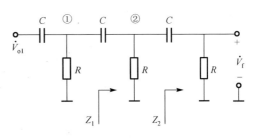

图 10.2.7　例 10.2.2 反馈网络图

由以上各式，得电路的反馈系数为

$$F = \frac{\dot{V}_f}{\dot{V}_{o1}} = \frac{R^3 C}{R^3 C - \dfrac{5R}{\omega^2 C} + \mathrm{j}\left(\dfrac{1}{\omega^3 C^2} - \dfrac{6R^2}{\omega}\right)}$$

令 $\dot{F}$ 的虚部为零，得电路的振荡频率为

$$\omega_0 = \frac{1}{\sqrt{6}RC}$$

或

$$f_0 = \frac{1}{2\pi\sqrt{6}RC}$$

此时电路的反馈系数

$$\dot{F}(\omega_0) = -\frac{1}{29}$$

根据电路的起振条件 $\dot{A}(\omega_0)\dot{F}(\omega_0) \geqslant 1$ 知，当 $|\dot{A}| = \dfrac{R_2}{R_1} \geqslant 29$ 时，电路产生振荡。

10.3　LC 正弦波振荡器

LC 正弦波振荡电路的构成与 RC 正弦波振荡电路相似，它由放大电路、正反馈网络、选频网络和稳幅电路组成。不同的是，选频网络由 LC 并联谐振电路构成，正反馈网络因不同类型的 LC 正弦波振荡电路而有所不同。LC 正弦波振荡电路的工作原理与 RC 正弦波振荡电路相似，也是使选定频率 f_0 信号的放大倍数数值最大，而其余频率的信号均被衰减到零；引入正反馈后，使反馈电压作为放大电路的输入电压，以维持输出电压，从而形成正弦波振荡。由于 LC 正弦波振荡电路的振荡频率较高，所以放大电路多采用分立元件，必要时还采用共基电路。按照反馈电路的不同，LC 正弦波振荡电路分为变压器耦合振荡电路、电容三点式（考毕兹）电路、电感三点式（哈特雷）电路。

10.3.1　LC 并联谐振回路的频率特性

LC 并联谐振回路如图 10.3.1 所示，它由 L 和 C 并联构成，其中电阻 R 为并联谐振回路的等效损耗电阻。电路的输出电压是频率的函数，输入信号频率过高，电感的感抗很大，

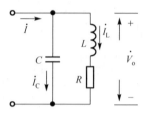

图 10.3.1　LC 并联谐振电路

回路呈容性，电容的旁路作用加强，输出减小；反之频率太低，电容的容抗很大，回路呈感性，电感将短路输出，输出也将减小。

由图 10.3.1 可知，LC 并联谐振回路的等效阻抗为

$$Z = \frac{\dfrac{1}{j\omega C}(R + j\omega L)}{\dfrac{1}{j\omega C} + R + j\omega L} \tag{10.3.1}$$

一般有 $R \ll \omega L$，所以

$$Z \approx \frac{-j\dfrac{1}{\omega C} \cdot j\omega L}{R + j\left(\omega L - \dfrac{1}{\omega C}\right)} = \frac{\dfrac{L}{C}}{R + j\left(\omega L - \dfrac{1}{\omega C}\right)} \tag{10.3.2}$$

1. LC 并联谐振回路特点

由式(10.3.2)可知，LC 并联谐振电路有下列特点。
回路谐振频率

$$\omega_0 = \frac{1}{\sqrt{LC}} \text{ 或 } f_0 = \frac{1}{2\pi\sqrt{LC}} \tag{10.3.3}$$

回路谐振时，回路等效阻抗为纯电阻性，其值最大

$$Z_0 = \frac{L}{RC} = Q\omega_0 L = \frac{Q}{\omega_0 C} \tag{10.3.4}$$

式中，Q 称为品质因数

$$Q = \frac{\omega_0 L}{R} = \frac{1}{\omega_0 CR} = \frac{1}{R}\sqrt{\frac{L}{C}} \tag{10.3.5}$$

品质因数 Q 是评价 LC 谐振回路损耗大小的指标，式(10.3.5)表明，并联谐振回路的损耗电阻 R 越大，品质因数 Q 越小；R 越小，品质因数 Q 越大；因此品质因数 Q 越大越好。

由 Z_0 的表达式(10.3.4)可知，并联回路谐振时的阻抗是电感或电容阻抗的 Q 倍，一般 Q 值在几十到几百范围内，所以并联谐振电路的阻抗比电感回路或电容回路的阻抗要大得多。而并联谐振回路与电感和电容两端的电压相同，必然并联谐振回路的电流 $|\dot{i}|$ 比电感或电容中的电流要小 Q 倍，有

$$|\dot{I}_C| = |\dot{I}_L| = Q|\dot{i}| \text{ 或 } |\dot{i}_C| = |\dot{i}_L| \gg |\dot{i}| \tag{10.3.6}$$

2. LC 并联谐振回路频率特性

根据式(10.3.2)有

$$Z = \frac{L/C}{R + j\left(\omega L - \dfrac{1}{\omega C}\right)} = \frac{\dfrac{L}{RC}}{1 + j\dfrac{\omega L}{R}\left(1 + \dfrac{1}{\omega^2 LC}\right)} = \frac{\dfrac{L}{RC}}{1 + j\dfrac{\omega L}{R}\left(1 + \dfrac{\omega_0^2}{\omega^2}\right)}$$

$$Z = \frac{\dfrac{L}{RC}}{1 + \mathrm{j}\dfrac{\omega L}{R}\dfrac{(\omega + \omega_0)(\omega - \omega_0)}{\omega^2}} \tag{10.3.7}$$

如果所讨论的并联等效阻抗只局限于 ω_0 附近，则可认为 $\omega \approx \omega_0$，这样 $\omega L / R \approx \omega_0 L / R = Q$，$\omega + \omega_0 \approx 2\omega_0$，$\omega - \omega_0 \approx \Delta\omega$，则式(10.3.7)可改写为

$$Z = \frac{Z_0}{1 + \mathrm{j}Q\dfrac{2\omega\Delta\omega_0}{\omega^2}} = \frac{Z_0}{1 + \mathrm{j}Q\dfrac{2\Delta\omega_0}{\omega}} \tag{10.3.8}$$

这个式子表示信号频率偏离谐振频率 ω_0 时，即 $\omega = \omega_0 + \Delta\omega$ 时回路的等效阻抗；Z_0 为谐振阻抗。归一化阻抗表达式为

$$\frac{|Z|}{Z_0} = \frac{1}{\sqrt{1 + \left(Q\dfrac{2\Delta\omega_0}{\omega}\right)^2}} \tag{10.3.9}$$

其相角为

$$\varphi = -\arctan Q\frac{2\Delta\omega_0}{\omega} \tag{10.3.10}$$

并联谐振曲线如图 10.3.2 所示。

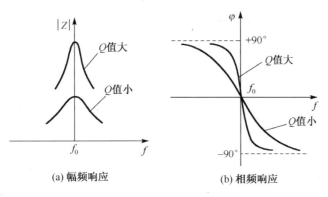

(a) 幅频响应　　　　　　　(b) 相频响应

图 10.3.2　并联谐振回路的频率响应

由图 10.3.2 可以得到以下结论。

(1)由幅频响应可见，当外加信号的频率等于回路的谐振频率 $\omega = \omega_0$ 时，产生并联谐振，回路阻抗最大。当信号频率 ω 偏离回路的谐振频率 ω_0 时，回路阻抗 $|Z|$ 减小，且偏离越多（$\Delta\omega$ 越大），回路阻抗 $|Z|$ 越小。

(2)由相频响应曲线可知，当信号的频率 ω 大于回路的谐振频率 ω_0 时，回路呈容性，此时回路的输出电压 $\dot{V}_o$ 滞后于回路电流 $\dot{I}$；当信号的频率 ω 小于回路的谐振频率 ω_0 时，回路呈感性，此时回路的输出电压 $\dot{V}_o$ 超前于回路电流 $\dot{I}$。

(3)谐振时的阻抗曲线与回路的 Q 值相关，Q 值越大，谐振曲线越尖锐，相角的变化也快。所以 Q 值越大，回路的选频特性越好。

10.3.2　变压器耦合 LC 振荡电路

变压器反馈 LC 振荡电路如图 10.3.3 所示。LC 并联谐振电路作为三极管的负载，反馈线圈 L_2 与电感线圈 L_1 相耦合，将反馈信号送入三极管的输入回路。交换反馈线圈的两个线头，可使负反馈和正反馈发生变化。调整反馈线圈的匝数可以改变反馈信号的强度，以使正反馈的幅度条件得以满足。图中电容 C_b 和 C_e 足够大，起耦合信号的作用，可视为短路。有关同名端的极性如图 10.3.4 所示。

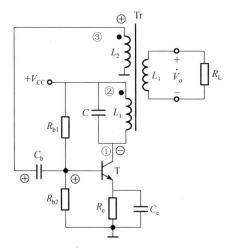

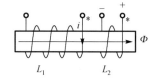

图 10.3.3　变压器反馈 LC 振荡器　　　　图 10.3.4　同名端的极性

变压器反馈 LC 振荡器的振荡频率与并联 LC 谐振电路相同，为

$$f_o = \frac{1}{2\pi\sqrt{LC}} \tag{10.3.11}$$

LC 正弦波振荡电路，当振幅大到一定程度时，三极管集电极的电流波形会明显失真，但由于集电极的负载是 LC 并联谐振回路，具有良好的选频作用，因此输出电压的波形一般失真不大。

判断变压器反馈式 LC 振荡器能否振荡的步骤如下。

(1)观察振荡电路的各个组成部分是否齐备、合理。

(2)用瞬时极性法判断振荡电路是否满足相位平衡条件，即是否满足正反馈。

(3)看振荡的幅度条件是否满足，主要是分析增加或减小反馈信号的途径，具体数值不要求计算。

例 10.3.1　分析图 10.3.3 的变压器反馈 LC 振荡器电路是否有可能振荡。

解　(1)观察振荡电路的各个组成部分是否齐全、合理。三极管构成共射组态放大电路，偏置合理，集电极是 LC 并联谐振回路，反馈线圈 L_2 通过磁性与 L_1 耦合，负载电阻通过 L_3 耦合。

(2)分析振荡的相位条件。LC 并联电路谐振时呈现纯阻性，用瞬时极性法，设三极管的基极为 ⊕，集电极电流增加，集电极极性则为 ⊖，所以，L_1 同名端的电流流入，反馈线圈同名端的瞬时极性为 ⊕，电路是正反馈，满足相位条件。如果是负反馈则可以改变同名端加以解决，改变 L_1 的同名端或 L_2 的同名端均可。注意只需要改变其中一个线圈的同名端即可，不可 L_1 和 L_2 同名端同时改变。

(3) 分析反馈电压的大小。可以通过反馈线圈的匝数来加以控制，如果反馈电压太小，可以适当增加反馈线圈 L_2 的匝数，即可满足振荡的幅值条件。

10.3.3　LC 三点式振荡电路

1.　电路组成及组成原则

三点式振荡电路如图 10.3.3 所示，这种 LC 谐振回路既是放大器的负载、正反馈电路，同时还是选频网络。LC 谐振回路有三个端，分别与放大器的输出端、地和输入端相连。如 LC 谐振回路的三个端均与电容相连，则称为电容三点式；如 LC 谐振回路的三个端均与电感相连，则称为电感三点式。图 10.3.5(a) 为电感三点式电路，其反馈电压取自 C 和 L_2 组成的分压器。图 10.3.5(b) 为电容三点式，其反馈电压取自 L 和 C_2 组成的分压器。

2.　三点式 LC 振荡器能否振荡判断

把图 10.3.5 中的电容和电感用电抗来表示可得如图 10.3.6 所示 LC 振荡电路的等效模型。

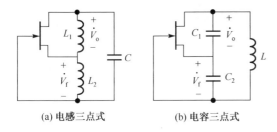

(a) 电感三点式　　　　　(b) 电容三点式

图 10.3.5　三点式振荡电路

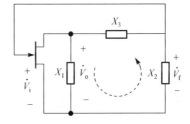

图 10.3.6　LC 振荡电路的等效模型

当回路谐振时，整个回路阻抗有 $X_1 + X_2 + X_3 \approx 0$，回路呈纯阻性，$X_2 + X_3 \approx -X_1$

$$\dot{V}_f = \frac{jX_2}{j(X_2 + X_3)}\dot{V}_o \approx -\frac{X_2}{X_1}\dot{V}_o \tag{10.3.12}$$

根据瞬时极性法判断，图 10.3.6 中输出电压 $\dot{V}_o$ 与 $\dot{V}_i$ 反相；同时为了满足相位平衡条件，$\dot{V}_f$ 应与 $\dot{V}_i$ 同相，所以 $\dot{V}_f$ 必须与 $\dot{V}_o$ 反相。

为了满足 $\dot{V}_f$ 与 $\dot{V}_o$ 反相，从式 (10.3.12) 可知 X_1 与 X_2 必须为同性质电抗。

由 $X_1 + X_2 + X_3 = 0$ 可知

$$X_1 + X_2 = -X_3 \tag{10.3.13}$$

X_3 应为异性电抗。此时振荡器的振荡频率为谐振回路的谐振频率

$$f_o = \frac{1}{2\pi\sqrt{LC}}$$

当电路为电容三点式电路时，如图 10.3.5(b) 所示，其振荡频率为

$$f_o = \frac{1}{2\pi\sqrt{L\dfrac{C_1 C_2}{C_1 + C_2}}} \tag{10.3.14}$$

当电路为电感三点式电路时，如图 10.3.5(a) 所示，其振荡频率为

$$f_o = \frac{1}{2\pi\sqrt{(L_1 + L_2 + 2M)C}} \qquad (10.3.15)$$

由振荡电路电抗的组成规则，可以知道三点式振荡电路的组成其电抗形式有如下规律：与放大器的同相端相连的为同种形式的电抗，不与同相端相连的为异性质电抗。

对于三极管组成的三点式振荡电路，判断方法：与发射极相接的为两个同性质电抗，不与发射极相连的为异性质电抗；按此方式连接的三点式振荡电路，必定实现正反馈，满足相位平衡条件，有可能产生振荡。

对于场效应管组成的三点式振荡电路，若与源极相连的为同类电抗，不与源极相连的为异性质电抗；则此三点式振荡电路，必定满足相位平衡条件，有可能产生振荡。

对于运算放大器组成的三点式振荡电路，若与同相端相连的为同类电抗，不与同相端相连的为异性质电抗；则此三点式振荡电路，必定满足相位平衡条件，有可能产生振荡。

3. 电感三点式振荡电路

因为电感不太适用于低频信号，所以 LC 振荡器通常被认为是高频振荡器。在下面分析中请读者注意的是：R_L 等效到电感的初级后，用 R 来表示；在这里为了分析的方便，假定所有的器件是理想的；并且忽略所有的极间电容和线间电容，这样可以画出图 10.3.7 的小信号模型如图 10.3.8(a) 所示。

为了便于观察前面讲的反馈回路，便于理解振荡条件环路增益 $\dot{A}\dot{F} = 1$ 的概念，将图 10.3.8(a) 画成图 10.3.8(b) 形式。同时，把 L_1 和 C 的串联回路用 Z_1 来表示，用 Z_2 表示 L_2 与 R 的并联回路。Z_1、Z_2 及 $g_m\dot{V}_{gs}$ 受控电流源组成电路分析如下：

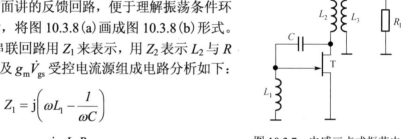

图 10.3.7　电感三点式振荡电路

$$Z_1 = j\left(\omega L_1 - \frac{1}{\omega C}\right)$$

$$Z_2 = \frac{j\omega L_2 R}{R + j\omega L_2}$$

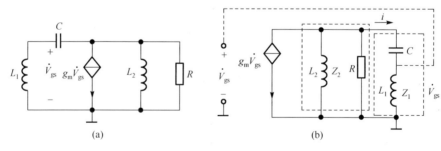

图 10.3.8　电感三点式振荡电路的小信号模型

Z_1 支路的电流方程为 $i = -\dfrac{Z_1}{Z_1 + Z_2} g_m\dot{V}_{gs}$。

而　　$\dfrac{Z_2}{Z_2 + Z_1} = \dfrac{\dfrac{j\omega L_2 R}{R + j\omega L_2}}{\dfrac{j\omega L_2 R}{R + j\omega L_2} + j\left(\omega L_1 - \dfrac{1}{\omega C}\right)} = \dfrac{j\omega L_2 R}{j\omega L_2 R + j\omega L_1 R - j\dfrac{R}{\omega C} - \omega^2 L_1 L_2 + \dfrac{L_2}{C}}$

$$= \frac{\mathrm{j}\omega L_2 R}{\left(\dfrac{L_2}{C} - \omega^2 L_1 L_2\right) + \mathrm{j}R\left[\omega(L_1 + L_2) - \dfrac{1}{\omega C}\right]}$$

这样，流入 Z_1 的电流为 $i = -\dfrac{\mathrm{j}\omega L_2 R g_{\mathrm{m}} \dot{V}_{\mathrm{gs}}}{\left(\dfrac{L_2}{C} - \omega^2 L_1 L_2\right) + \mathrm{j}R\left[\omega(L_1 + L_2) - \dfrac{1}{\omega C}\right]}$。

$\dot{V}_{\mathrm{gs}}$ 是 L_1 上的电压，它等于流过 L_1 的电流与 L_1 阻抗之积

$$\dot{V}_{\mathrm{gs}} = -\frac{\mathrm{j}\omega L_2 R g_{\mathrm{m}} \dot{V}_{\mathrm{gs}}}{\left(\dfrac{L_2}{C} - \omega^2 L_1 L_2\right) + \mathrm{j}R\left[\omega(L_1 + L_2) - \dfrac{1}{\omega C}\right]} \cdot \mathrm{j}\omega L_1$$

$$\dot{V}_{\mathrm{gs}} = \frac{\omega^2 L_1 L_2 R g_{\mathrm{m}} \dot{V}_{\mathrm{gs}}}{\left(\dfrac{L_2}{C} - \omega^2 L_1 L_2\right) + \mathrm{j}R\left[\omega(L_1 + L_2) - \dfrac{1}{\omega C}\right]} \qquad (10.3.16)$$

由式(10.3.16)约去 $\dot{V}_{\mathrm{gs}}$ 必然有

$$\frac{\omega^2 L_1 L_2 R g_{\mathrm{m}}}{\left(\dfrac{L_2}{C} - \omega^2 L_1 L_2\right) + \mathrm{j}R\left[\omega(L_1 + L_2) - \dfrac{1}{\omega C}\right]} = 1 = 1\angle 0° \qquad (10.3.17)$$

$0°$ 的相移，意味着上式分母中的虚部等于 0；实部等于 1。通常对于振荡电路而言，令虚部等于 0，可以求出振荡频率；令实部为 1，可以求出起振或振幅平衡条件。

$$\omega(L_1 + L_2) - \frac{1}{\omega C} = 0$$

$$\omega(L_1 + L_2) = \frac{1}{\omega C}$$

$$\omega_0 = \frac{1}{\sqrt{(L_1 + L_2)C}}$$

令实部为 1，那么必然有 $\dfrac{\omega^2 L_1 L_2 R g_{\mathrm{m}}}{\left(\dfrac{L_2}{C} - \omega^2 L_1 L_2\right)} = 1$。

$$g_{\mathrm{m}} = \frac{\dfrac{L_2}{C} - \omega_0^2 L_1 L_2}{\omega_0^2 L_1 L_2 R} = \frac{\dfrac{L_2}{C} - \dfrac{1}{(L_1 + L_2)C} L_1 L_2}{\dfrac{1}{(L_1 + L_2)C} L_1 L_2 R}$$

$$= \frac{\dfrac{1}{C} - \dfrac{1}{(L_1 + L_2)C} L_1}{\dfrac{1}{(L_1 + L_2)C} L_1 R} = \frac{(L_1 + L_2) - L_1}{L_1 R} = \frac{L_2}{L_1 R}$$

由此得到了三点式电感振荡电路的两个重要参数：

电路的振荡频率

$$\omega_0 = \frac{1}{\sqrt{(L_1 + L_2)C}} \qquad (10.3.18)$$

振幅条件

$$g_{\mathrm{m}} = \frac{L_2}{L_1 R} \qquad (10.3.19)$$

4. 电容三点式振荡电路

电容三点式电路如图 10.3.9 所示，其结构与电感三点式振荡电路的结构相似，这里的 R_{G} 提供了对地的直流通路，C_{B} 起着通交隔直的作用，使漏极的高直流电压不影响栅极的偏压。C_1，C_2 为 LC 回路的电容。图 10.3.9 的小信号模型如图 10.3.10 所示。

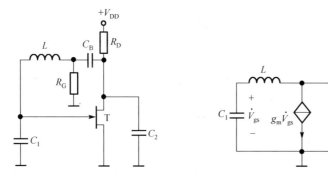

图 10.3.9　电容三点式振荡电路　　　图 10.3.10　三点式电容振荡电路的小信号模型

三点式电容电路与三点式电感振荡电路的分析过程相同，本节仅给出结果：
电路的振荡频率

$$\omega_0 = \sqrt{\frac{C_1 + C_2}{LC_1 C_2}} \qquad (10.3.20)$$

振幅条件

$$g_{\mathrm{m}} = \frac{C_1}{C_2 R} \qquad (10.3.21)$$

5. 振荡的建立与稳定

前面说的振幅条件是振荡器保持恒定输出的条件，但如果没有当电路接通时，电路中的噪声经放大器放大，经选频网络把满足回路谐振频率的信号送到输入端，产生正反馈。但只有在环路增益 $\left| \dot{A}_{\mathrm{V}} \dot{F}_{\mathrm{V}} \right| > 1$ 的情况下，输出信号的振幅才不断增大，振荡便逐步建立起来。所以产生振荡或者说起振荡的条件是环路增益 $\left| \dot{A}_{\mathrm{V}} \dot{F}_{\mathrm{V}} \right| > 1$。但输出信号的幅度不能无限增大，也不可能无限增大。输出振荡信号的幅度必须保持稳定。稳定输出信号幅度的方法有两种。

(1)电路非线性的自限制。当电路产生振荡，正反馈使输出信号的振幅增大到一定值时，放大器进入饱和区和截止区，限制了信号幅度的进一步增大。由于 LC 回路具有一定的选频作用，使输出信号频率等于 LC 谐振回路固有频率的信号。

(2)AGC 控制。另外还可以采取自动增益控制的方式实现电路振荡的稳定。如图 10.3.11

所示，当输出振荡信号的振幅增大时，信号进入截止区和饱和区，源极电流不再是正弦信号，振荡信号的底部被削掉，源极平均电流增大使栅极电压更负，放大电路的工作点下移，从场效应管的转移特性曲线可以看到，信号进入转移特性曲线的弯曲部分，g_m 值减小，电路的增益下降，振荡信号的输出幅度降低，当增益降低使得环路增益 $|\dot{A}_V \dot{F}_V| = 1$ 时，输出信号的幅度不再变化，振荡达到稳定的状态。

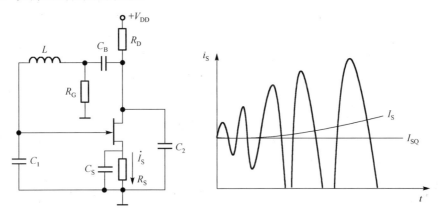

图 10.3.11　电容三点式振荡电路偏置电路对增益的控制作用

例 10.3.2　试用自激振荡的相位条件判断图 10.3.12 所示各电路是否有可能产生自激振荡，哪一段上产生反馈电压（耦合电容 C_b 和旁路电容 C_e 的影响忽略不计）？

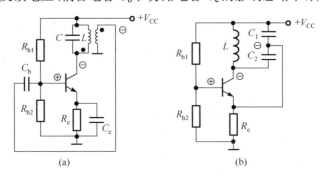

图 10.3.12　例 10.3.2 电路图

解　用电路中各点对"地"的交流电位的瞬时极性来判断能否产生自激振荡。

图 10.3.12（a）：设基极 ⊕→集电极 ⊖→反馈线圈非接"地"端 ⊖，反馈信号降低了基极电位，使 V_{be} 减小，故为负反馈，不能产生自激振荡。反馈电压由反馈线圈产生。

图 10.3.12（b）：设基极 ⊕→集电极 ⊖→两电容之间 ⊖反馈信号降低了发射极电位，使 V_{be} 增大，故为正反馈，能产生自激振荡。上面电容上的电压为馈电电压。

10.4　石英晶体正弦波振荡器

在工程应用中，要求正弦波振荡器的振荡频率具有高精度和高稳定度，如通信系统中用于发射机载波发生器、为数据处理设备产生时钟信号和锁相环路中的基准频率源等。

频率稳定度用频率的相对变化量 $\Delta f / f_o$ 来表示，f_o 为振荡频率，Δf 为频率偏移。LC 谐

振回路的 Q 值如式(10.3.5)所示，对频率稳定度有较大影响。

$$Q = \frac{\omega_0 L}{R} = \frac{1}{\omega_0 CR} = \frac{1}{R}\sqrt{\frac{L}{C}}$$

如图 10.3.2 所示，Q 值越大，频率稳定度越高。为了提高 Q 值，应尽量减小回路的损耗电阻 R 并加大 L/C 的值。一般的 LC 振荡回路 Q 值只有数百，而石英晶体(Quartz-Crystal)的 Q 值可以高达数十万。所以，石英晶体振荡频率的稳定度可高达 $10^{-9} \sim 10^{-11}$。石英晶体之所以能够振荡是基于压电效应，下面首先了解石英晶体的特性。

10.4.1　压电效应

压电效应是指当把机械力作用于特定的晶体的两个极板时，晶体会产生一个正比于压力的电场。反过来在晶体的两个极板上施加一个电压会使晶体产生与电压成正比的机械形变。压电晶体常作为各种能量的转换器件来使用，如麦克风、张力传感器以及早期留声机拾音器等。本书只讨论振荡器中的压电晶体。

10.4.2　石英晶体的特性

石英晶体实质上是 SiO_2，按照晶向经过切割后，在石英晶体的两对应表面涂敷银层并装上一对金属板，引出电极引线，再加上外封装就制成一种稳定振荡频率的石英晶体振荡器，如图 10.4.1 所示。晶片体的固有振动频率与切割方位、形状、大小有关，且十分稳定。将之接到振荡器的闭合环路中，利用其固有频率，能有效地控制和稳定电路的振荡频率。其振荡频率的稳定度极高，通常晶体振荡器的频率稳定度超过 10^{-9}，而通常的 LC 振荡器的频率稳定度超过 $10^{-3} \sim 10^{-5}$。

石英晶体的表示符号如图 10.4.2(a)所示，石英晶体的等效电路如图 10.4.2(b)所示。其中 C_0 为静态电容、支架、引线的分布电容之和，它由晶体的几何尺寸和电极面积决定。L、C 分别模拟晶体的质量(代表惯性)和弹性；晶体振荡时，因摩擦而造成的损耗则用 R 来等效。其中 L 最高达 100mH；C 典型值为 10^5pF；C_0 很小，典型值为 $1 \sim 10$pF，并且数值极其稳定。R 很小，一般仅数十欧姆。

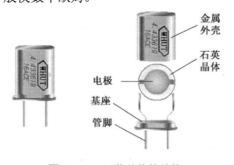
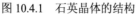
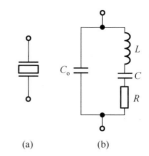

图 10.4.1　石英晶体的结构　　　　　图 10.4.2　石英晶体的等效电路

石英晶体的频率特性如图 10.4.3 所示，当 $X > 0$ 石英晶体呈感性，当 $X < 0$ 石英晶体呈容性。当等效电路中的 L、C 和 R 支路产生串联谐振时，该电路呈纯阻性，等效电阻为 R，谐振频率为 f_s，称为串联谐振频率，如图 10.4.3 所示。

$$f_s = \frac{1}{2\pi\sqrt{LC}}$$

当 $f < f_s$ 时，C 和 C_o 电抗较大，起主导作用，石英晶体呈容性。

当 $f > f_s$ 时，L、C 和 R 支路呈感性，将产生并联谐振，石英晶体又呈阻性，谐振频率

$$f_p = \frac{1}{2\pi\sqrt{L\dfrac{CC_o}{C+C_o}}} = f_s\sqrt{1+\frac{C}{C_o}}$$

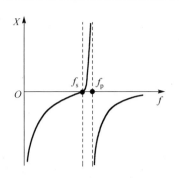

图 10.4.3　石英晶体的频率特性

式中，f_p 为并联谐振频率，由于 $C \ll C_o$，所以 $f_p \approx f_s$，串联谐振频率 f_s 与并联谐振频率 f_p 的间隔很小，通常在千分之一的频率范围内。

当 $f > f_p$ 时，电抗主要决定于 C_o。石英晶体又呈容性。只有在 $f_s < f < f_p$ 的情况下，石英晶体才呈感性；并且 C 和 C_o 的容量相差越悬殊，f_s 和 f_p 越接近，石英晶体呈感性的频带越狭窄。

10.4.3　石英晶体振荡电路

根据石英晶体在振荡电路中所起的作用，分为并联型振荡电路和串联型振荡电路。所谓并联型振荡电路指石英晶体在电路中呈感性，用做电感三点式电路，$f_{osc} > f_s$；所谓串联型振荡电路指石英晶体在电路中呈阻性，$f_{osc} = f_s$，用做串联振荡电路。

晶体只能工作于上述两种方式，不能工作在低于 f_s 和高于 f_p 呈容性的频段内，否则频稳度下降。

1. 并联型晶体振荡电路

并联型晶体振荡电路常称为皮尔斯(Pierce)振荡器，它是将晶体作为电感组成并联谐振电路的典型应用，电路以电感三点式振荡器为基础，只是简单地将电感三点式振荡器中的电感用晶体代替。振荡频率 f_o 在串联谐振频率 f_s 与并联谐振频率 f_p 之间。

2. 串联型晶体振荡电路

一个电容三点式振荡电路如图 10.4.5 所示，在电容三点式振荡器中接地的基极上串一个石英晶体，如图 10.4.6 所示，这样放大器只有在频率 f_o 为晶体的串联振荡频率 f_s 时，晶体振荡器呈阻性，才能满足电容三点式振荡器的相位平衡条件。

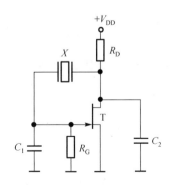　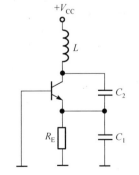　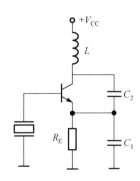

图 10.4.4　皮尔斯振荡器　　图 10.4.5　BJT 电容三点式振荡电路　　图 10.4.6　串联型晶体振荡电路

本 章 小 结

本章介绍了正弦波振荡电路的组成和工作原理，介绍了 RC、LC 和石英晶体振荡电路的主要特点和参数。具体归纳如下。

(1) 正弦波振荡电路是正反馈电路，产生振荡的平衡条件是 $\dot{A}F=1$，包括幅度平衡条件 $|\dot{A}F|=1$，相位平衡条件 $\varphi_a+\varphi_f=2n\pi$ $(n=0,1,2,\cdots)$。

(2) 正弦波振荡电路在满足相位平衡条件的频率下，起振的幅度条件是 $|\dot{A}F|>1$，振荡发生后需增加稳幅环节。

(3) 正弦波振荡电路由放大电路、反馈网络、选频网络和稳幅环节四部分组成。

(4) RC 是低频振荡的正弦波发生电路，RC 正弦波发生电路由 RC 串并联网络（文氏桥式）构成选频网络。其振荡频率为 $f_o=\dfrac{1}{2\pi RC}$。

(5) LC 是高频振荡的正弦波发生电路，LC 正弦波发生电路由 LC 并联回路构成选频网络。其振荡频率为 $f_o=\dfrac{1}{2\pi\sqrt{LC}}$。LC 振荡电路的种类有变压器反馈式、电感三点式和电容三点式振荡电路。

(6) 石英晶体振荡频率极其稳定，有串联和并联两个谐振频率 f_s 与 f_p。利用石英晶体可构成串联型和并联型两种正弦波振荡电路。

习 题 10

客观检测题

一、填空题

1. 自激振荡是指在没有输入信号时，电路中产生了_____的现象。输出波形的变化规律取决于_____。一个负反馈电路在自激振荡时，其_____无限大。

2. 一个实际的正弦波振荡电路绝大多数属于_____电路，它主要由_____组成。为了保证振荡幅值稳定且波形较好，常常还需要_____环节。

3. 正弦波振荡电路利用正反馈产生振荡的条件是_____，其中相位平衡条件是_____，幅值平衡条件是_____。为使振荡电路起振，其条件是_____。

4. 产生低频正弦波一般可用_____振荡电路；产生高频正弦波可用_____振荡电路；要求频率稳定性很高，则可用_____振荡电路。

5. 石英晶体振荡电路的振荡频率基本上取决于_____。

6. 在串联型石英晶体振荡电路中，晶体等效为_____，而在并联型石英晶体振荡电路中，晶体等效为_____。

7. 制作频率为 20Hz～20kHz 的音频信号发生电路，应选用_____正弦波振荡电路；制作频率为 2～20MHz 的接收机的本机振荡器，应选用_____正弦波振荡电路；制作频率非常稳定的测试用信号源，应选用_____正弦波振荡电路。

8. LC 并联网络在谐振时呈_____，在信号频率大于谐振频率时呈_____，在信号频率小于谐振频率时呈_____。当信号频率等于石英晶体的串联谐振频率或并联谐振频率时，石英晶体呈_____；当信号频率在石英晶体的串联谐振频率和并联谐振频率之间时，石英晶体呈_____；其余情况下石英晶体呈_____。当信号频率 $f=f_0$ 时，RC 串并联网络呈_____。

（容性　　阻性　　感性）

二、判断题

1. 只要具有正反馈，电路就一定能产生振荡。　　　　　　　　　　　　　（　　）
2. 只要满足正弦波振荡电路的相位平衡条件，电路就一定振荡。　　　　（　　）
3. 凡满足振荡条件的反馈放大电路就一定能产生正弦波振荡。　　　　　（　　）
4. 正弦波振荡电路起振的幅值条件是 $\dot{A}\dot{F}=1$。　　　　　　　　　　　（　　）
5. 正弦波振荡电路维持振荡的条件是 $\dot{A}\dot{F}=-1$。　　　　　　　　　（　　）
6. 在反馈电路中，只要有 LC 谐振电路，就一定能产生正弦波振荡。　　（　　）
7. 对于 LC 正弦波振荡电路，若已满足相位平衡条件，则反馈系数越大越容易起振。（　　）

主观检测题

1. 正弦波振荡器的振荡条件和负反馈放大器的自激条件都是环路放大倍数等于 1，但是由于反馈信号的假定正向不同，前者为 $\dot{A}\dot{F}=1$，而后者则为 $\dot{A}\dot{F}=-1$。除了数学表达式的差异外，请问构成相位平衡条件的实质有什么不同？

2. 用相位平衡条件判断图题 2 所示的电路是否有可能产生正弦波振荡，并简述理由，假设耦合电容和射极旁路电容很大，可视为交流短路。

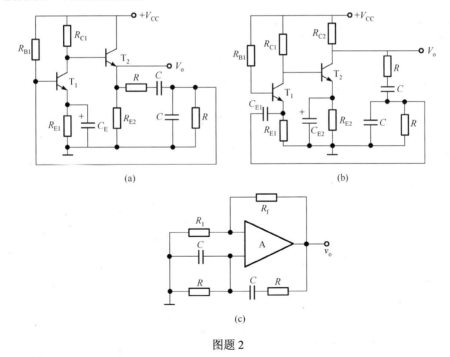

图题 2

3. 试用相位平衡条件判断图题 3 所示电路是否能振荡，若能振荡，请求出振荡频率。若不能振荡，请修改成能振荡的电路，并写出振荡频率。

4. 电路如图题 4 所示,

(1) 试说明 R_4、D、C_1 和 T 的作用;

(2) 假设 v_o 幅值减小,该电路是如何自动稳幅的?

(3) 振荡频率 f_o 大约是多少?

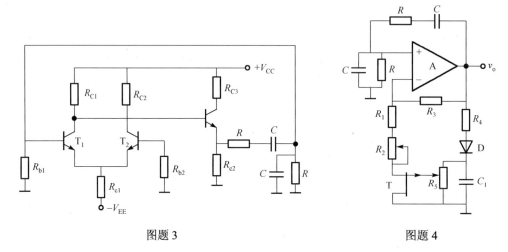

图题 3   图题 4

5. 某电路如图题 5 所示,集成运放 A 具有理想的特性,$R=16\text{k}\Omega$,$C=0.01\mu\text{F}$,$R_2=1\text{k}\Omega$,试回答: (1) 该电路是什么名称? 输出什么波形的振荡电路?

(2) 由哪些元件组成选频网络?

(3) 振荡频率 f_o=?

(4) 为满足起振的幅值条件,应如何选择 R_1 的大小?

6. 根据相位平衡条件,判断图题 6 所示电路是否产生正弦波振荡,并说明理由。请问二极管 D_1 和 D_2 的作用是什么?

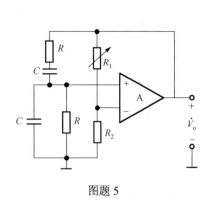 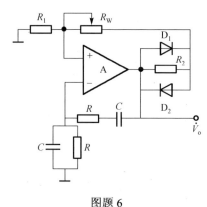

图题 5   图题 6

7. 判断图题 7 所示各电路是否可能产生正弦波振荡,简述理由。设图题 7(b) 中 C_4 容量远大于其他三个电容的容量。

8. 电路如图题 8 所示,试用相位平衡条件判断哪些电路可能振荡? 哪些电路不可振荡? 并说明理由,对于不能振荡电路,应如何改接才能振荡? 图中 C_1、C_e、C_b 为大电容,对交流信号可认为短路。

9. 图题 9 所示为某收音机中的本机振荡电路。

(1) 请在图中标出振荡线圈原、副边绕组的同名端(用圆点表示)。

(2) 说明增加或减少线圈 2 端和 3 端间的电感 L_{23} 对振荡电路有何影响。

(3) 说明电容 C_1、C_2 的作用。

(4) 计算当 $C_4=10\text{pF}$ 时，在 C_5 的变化范围内，振荡频率的可调范围。

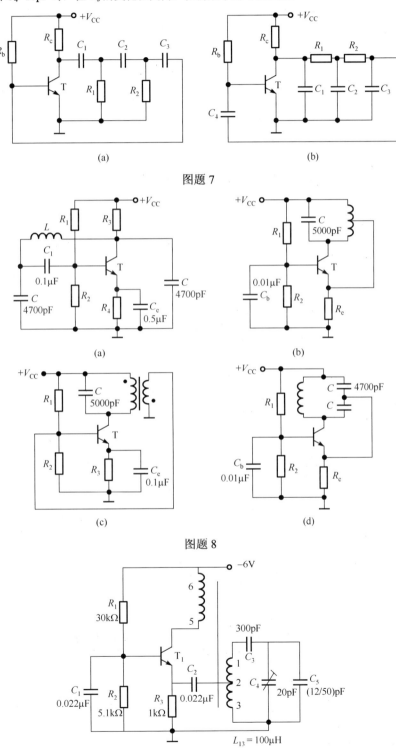

图题 7

图题 8

图题 9

10. 在图题 10 所示电路中，哪些能振荡？哪些不能振荡？能振荡的说出振荡电路的类型，并写出振荡频率的表达式。

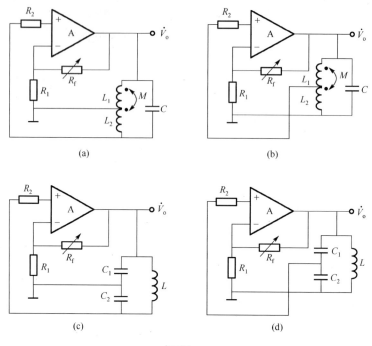

图题 10

11. 在图题 11 所示电路中，连线使之成为正弦波振荡电路。

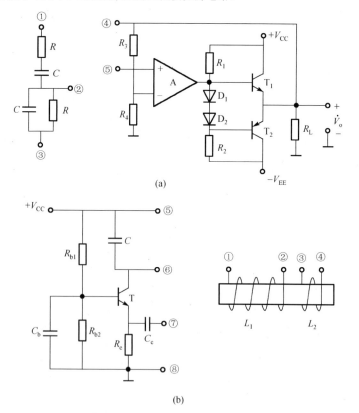

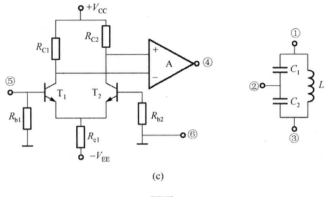

(c)

图题 11

12. 为了使图题 12 中电路能够产生振荡，请将图中 *j*、*k*、*m*、*n*、*p* 各点正确连接。

13. 试用振荡平衡条件说明图题 13 所示正弦波振荡电路的工作原理，指出石英晶体工作在它的哪一个谐振频率。

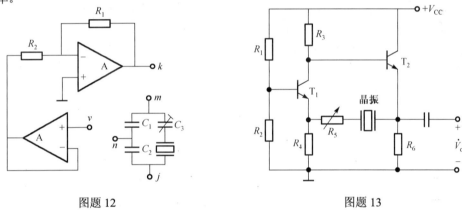

图题 12　　　　　　　　　　　　　　　　图题 13

14. 某同学用石英晶体组成的两个振荡电路如图题 14 所示，电路中的 C_B、C_C 为旁路电容，L_1 为高频扼流圈。

(1) 画出这两个电路的交流通路；

(2) 根据相位平衡条件判别它们是否有可能振荡？

(3) 如有可能振荡，指出它们是何种类型的晶体振荡电路，晶体在振荡电路中起了哪种元件的作用；如不能振荡，则加以改正。

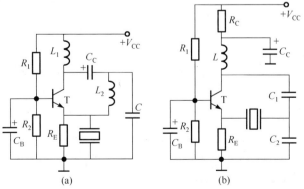

(a)　　　　　　　　　　　　　　　(b)

图题 14

第 11 章 直流稳压电源

内容提要：本章将讲述小功率整流滤波电路的结构、工作原理，串联稳压电路线性稳压器和串联开关稳压器的组成及工作原理；最后将介绍三端线性稳压器的应用。

11.1 小功率整流滤波电路

很多电子设备、家用电器都需要直流电源供电，其中除了少量的低功耗、便携式的仪器设备选用干电池供电外，绝大多数电子设备正常工作需要直流供电，而常用的电源——市电是 220V 或 380V 的交流电，因此需要把交流电变换成直流电。变换的方法是由交流电网经过变压、整流、滤波、稳压这几个步骤来获得直流电源的。变压电路的作用是将 220V 的交流电变换成电路所需的低压交流电，用普通的电源变压器即可实现变压的目的。整流电路是将工频交流电转为具有直流电成分的脉动直流电，利用半波整流或桥式全波整流电路均可以实现整流的目的。滤波电路是将脉动直流中的交流成分滤除，减少交流成分，增加直流成分。稳压电路对整流后的直流电压采用负反馈技术进一步稳定直流电压。由此可见，直流稳压电源的结构如图 11.1.1 所示，通常是由电源变压器、整流电路、滤波电路和稳压电路四个部分组成。

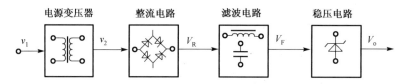

图 11.1.1 直流稳压电源的组成

11.1.1 单相整流电路

当负载仅需要几十瓦或几百瓦的功率时，常常采用单相整流就够了。而当负载需要千瓦以上的功率时，则需要采用三相整流电路，如直流电动机的供电以及金属表面处理车间的大功率直流电源等。整流电路是利用二极管的单向导电性把工频交流电变为脉动直流电的电路。本节讨论几种电子线路中常用的整流电路。

1. 半波整流电路

半波整流电路如图 11.1.2 所示。图中 Tr 为变压器，它的作用是将输入交流电压 v_1 变为所需要的交流电压 v_2，D 是整流二极管，R_L 为负载电阻。

其工作原理：当变压器的初级绕组接到交流电源上时，次级绕组感应的交流电压为

$$v_2 = V_{2m}\sin\omega t = \sqrt{2}\,V_2\sin\omega t \tag{11.1.1}$$

从图 11.1.2 可以看出，在 v_2 为正半周时，1 端为正，2 端为负，二极管 D 因加正向电压而导通，有电流 i_D 流过负载 R_L，由于二极管的内阻很小，R_L 上的电压 v_o 应与 v_2 的正半周基本相同，如图 11.1.3 所示，当 v_2 为负半周时，即 1 端为负，2 端为正，加于二极管的是反向

电压，D 处于截止状态，没有负载电流，R_L 上的电压 v_o 为零。因此，由于二级管的单向导电作用，负载电流 i_o 是一系列的脉动电流，其方向不变，负载上的电压 v_o 也是单向的脉动直流电压，显然，负载电压和电流的平均值（直流分量）是不为零的。可见，电压 v_2 仅有半个周期向负载电阻 R_L 提供电压，因此这种电路便称为半波整流电路。其工作波形见图 11.1.3 所示。

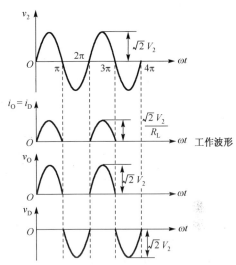

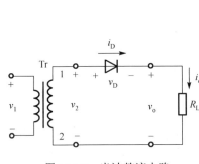

图 11.1.2　半波整流电路　　　　　　图 11.1.3　半波整流电路工作波形

纯电阻负载时半波整流电路输出的直流电压 v_o 和直流电流 i_o 的计算。当整流电路内电阻很小，可以忽略时，则整流后的输出电压 v_o 为

$$v_o = \sqrt{2}\,V_2 \sin \omega t \qquad (0 \leqslant \omega t \leqslant \pi)$$
$$v_o = 0 \qquad (0 \leqslant \omega t \leqslant 2\pi)$$

于是整流后的输出电压的平均值 V_o 为

$$V_o = \frac{1}{2\pi}\int_0^{2\pi} v_o \mathrm{d}(\omega t) = \frac{1}{2\pi}\int_0^{\pi} \sqrt{2}V_2 \sin \omega t \mathrm{d}(\omega t) = \frac{\sqrt{2}}{\pi}V_2$$

或

$$V_o \approx 0.45 V_2 \tag{11.1.2}$$

流过负载的平均电流 I_o 为

$$I_D = I_o = \frac{V_o}{R_L} \approx 0.45\frac{V_2}{R_L} \tag{11.1.3}$$

从图 11.1.2 可以看出，I_o 也是流过二极管 D 的平均电流 I_D。在二极管 D 不导电时，加于其上的最大反向电压

$$V_{RM} = \sqrt{2}V_2 \tag{11.1.4}$$

因此，在选用二极管时，其反向击穿电压必须大于最大反向电压，其最大整流电流也必须大于流过它的平均电流。

半波整流的特点是输出电压为正弦波的半周，所以输出电压脉动很大，直流分量较小，整流效率较低。但由于半波整流线路简单，在输出电流较小（几毫安），允许输出脉动较大的情况下，仍被普遍采用。

例 11.1.1　图 11.1.4 给出了一种灯光闪烁电路。设灯丝电阻 $R_L = 20\Omega$，变压器次级侧电压有效值为 $v_2 = 40\mathrm{V}$，求：

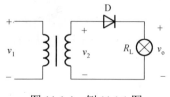

图 11.1.4　例 11.1.1 图

(1)闪光灯上的电压、电流平均值；

(2)二极管应怎样选择？

解　(1)闪光灯上的电压平均值

$$V_o \approx 0.45 V_2 = 18\mathrm{V}$$

流过闪光灯的平均电流为

$$I_o = \frac{V_o}{R_L} = \frac{18}{20} = 0.9\mathrm{A}$$

(2)此时二极管所承受的最大反向电压

$$V_{RM} = \sqrt{2} V_2 = \sqrt{2} \times 40 = 56\mathrm{V}$$

所以应使二极管的额定整流电流大于 0.9A，额定反向电压大于 56V。

2. 单相桥式全波整流电路

桥式整流电路由变压器和四个二极管组成，如图 11.1.5 所示。这一电路的整流效果和输出波形，为单相半波整流电路的 2 倍。

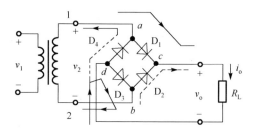

(a) 桥式整流电路正、负半周时的电流方向

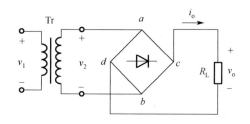

(b) 桥式整流电路简化电路图

图 11.1.5　桥式整流电路

其工作原理：当 v_2 为正半周时，即 1 端为正，2 端为负，二极管 D_1、D_3 承受正向电压而导通，D_2、D_4 承受反向电压而截止，电流方向如图 11.1.5 (a) 实线所示；此时有电流流过 R_L，电流路径为 a 点→D_1→R_L→D_3→b 点，负载 R_L 上得到一个半波电压，如整流电路工作波形图 11.1.6 (b) 中的 0～π 段所示。若略去二极管的正向压降，则 $v_o \approx v_2$。在 v_2 为负半周时，即 1 端为负，2 端为正时，二极管 D_2、D_4 承受正向电压而导通，D_1、D_3 截止，电流方向如图 11.1.5 (a) 虚线所示；此时有电流流过 R_L，电流路径为 b 点→D_2→R_L→D_4→a 点，负载 R_L 上得到一个与 0～π 段相同的半波电压，如整流电路工作波形图 11.1.6 (b) 中的 π～2π 段所示，若略去二极管的正向压降，$v_o \approx -v_2$。因此，无论 v_2 处于正半周或负半周，都有电流同方向地流过负载 R_L，整流波形如图 11.1.6 所示。

由此可见，在交流电压 v_2 的整个周期始终有同方向的电流流过负载电阻 R_L，故 R_L 上得到单方向全波脉动的直流电压。桥式整流电路中，由于每两只二极管只导通半个周期，故流过每只二极管的平均电流仅为负载电流的一半，在 v_2 的正半周，D_1、D_3 导通时，可将它们看成短路，这样 D_2、D_4 就并联在 v_2 上，其承受的反向峰值电压为

$$V_{RM} = \sqrt{2}V_2 \tag{11.1.5}$$

同理，D_2、D_4 导通时，D_1、D_3 截止，其承受的反向峰值电压同式(11.1.5)。二极管承受电压的波形如桥式整流电路工作波形图 11.1.6(f) 所示。

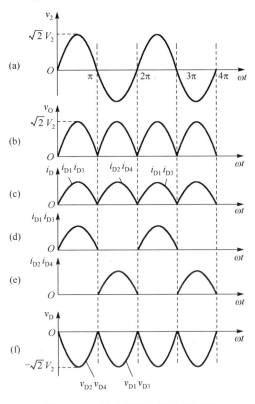

图 11.1.6　桥式整流电路工作波形

负载上的直流电压 V_o 和直流电流 I_o 的计算。从图 11.1.6 的波形图可知，通过桥式整流后，负载上得到的是全波脉动电压。用傅氏级数分解后可得

$$v_o = \sqrt{2}V_2\left(\frac{2}{\pi} - \frac{4}{3\pi}\cos 2\omega t - \frac{4}{15\pi}\cos 4\omega t - \frac{4}{35\pi}\cos 6\omega t \cdots\right) \tag{11.1.6}$$

式中，恒定分量即负载电压 v_o 的平均值，因此有

$$V_o = \frac{2\sqrt{2}}{\pi}V_2 = 0.9V_2 \tag{11.1.7}$$

$$I_o = \frac{0.9V_2}{R_L} \tag{11.1.8}$$

由式(11.1.6)看出，最低次谐波分量的幅值为 $\dfrac{4\sqrt{2}}{3\pi}V_2$，角频率为电源频率的两倍，即 2ω，其他交流分量的角频率为 4ω、6ω 等偶次谐波分量。这些谐波分量称为纹波，它叠加于直流分量上，输出电压中的纹波大小常用纹波系数 K_γ 来表示。它定义为输出电压中交流有效值 $V_{o\gamma}$ 与平均值 V_o 之比，即

$$K_{\gamma} = \frac{V_{o\gamma}}{V_o} = \frac{\sqrt{V_2^2 - V_o^2}}{V_o} = \frac{\sqrt{\left(\frac{V_o}{0.9}\right)^2 - V_o^2}}{V_o} = 0.483 \tag{11.1.9}$$

式中，$V_{o\gamma}$ 为谐波电压总的有效值，交流有效值为各次谐波电压的总和，它的表达式为

$$V_{o\gamma} = \sqrt{V_{o2}^2 + V_{o4}^2 + \cdots}$$

由于桥式整流电路的纹波系数 $K_r = 0.483$。v_o 中存在一定的纹波，故需用滤波电路来滤除纹波电压。

整流元件的选择。在桥式整流电路中，每两个二极管串联导电半个周期，因此，每个二极管中流过的平均电流只有负载电流的一半，即

$$I_D = \frac{1}{2}I_o = \frac{V_o}{2R_L} \approx 0.45\frac{V_2}{R_L} \tag{11.1.10}$$

二极管截止时所承受的最高反向电压就是电源电压的最大值，即

$$V_{RM} = \sqrt{2}V_2 \tag{11.1.11}$$

值得指出的是，在桥式整流电路中，流过变压器次级的电流是正负相对称的，也就是说，没有直流成分流过次级绕组。半波整流则不然，流过变压器次级绕组的电流是单方向的电流，它包含着直流分量，这样，就给变压器增加了直流磁通，为了变压器不致饱和，就得增加铁心截面，加大了变压器的重量和体积。而桥式整流电路的变压器，不但次级没有中心抽头，而且没有直流磁通，变压器的体积可以显著减小。

桥式整流电路的优点不仅如此，而且输出电压高，纹波电压较小，管子所承受的最大反向电压较低，同时因电源变压器在正负半周内部都有电流供给负载，电源变压器得到了充分的利用，效率较高。虽然桥式整流电路的缺点是二极管用得较多，但在半导体器件成本日益降低的情况下，桥式整流电路的优点将显得更加突出，并使得这一电路的应用更加广泛。

例 11.1.2 已知负载电阻 $R_L = 80\Omega$，负载电压 $V_o = 110V$，采用桥式单相整流电路，交流电源电压为 380V，(1)如何选用二极管？(2)求电源变压器的变比及容量。

解 (1)负载电流

$$I_o = \frac{V_o}{R_L} = \frac{110}{80} = 1.4A$$

每个二极管通过的平均电流

$$I_D = \frac{1}{2}I_o = 0.7A$$

变压器副边电流的有效值为

$$V_2 = \frac{1}{0.9}V_o = 122V$$

考虑到变压器副绕组和二极管上的压降，变压器的副边电压大约要高出 10%，即 $122 \times 1.1 = 134V$。于是

$$V_{RM} = \sqrt{2}V_2 = 1.4 \times 134 = 189V$$

因此可选用 2CZ11C 晶体二极管，其最大整流电流为 1A，反向工作峰值电压为 300V。

(2)变压器的变比

$$K = \frac{380}{134} = 2.8$$

变压器副边电流的有效值为

$$I_{Tr} = \frac{I_o}{0.9} = \frac{1.4}{0.9} = 1.55\text{A}$$

变压器的容量为

$$S = V_2 I_{Tr} = 134 \times 1.55 = 208\text{V} \cdot \text{A}$$

可选用 BK300(300VA)，380/134V 的变压器。

3. 倍压整流电路

在需要高电压、小电流的直流电压的特殊场合，如果采用其他的整流电路，则所用变压器次级电压很高，次级绕组匝数很大，使得变压器体积庞大，其次，所用二极管的反峰电压也要很高，这都将增加实践的难度。通常采用倍压整流电路比较合理。

其工作原理：图 11.1.7 为二倍压整流电路，当 v_2 正半周时，D_1 导通，电容 C_1 被充电到接近 v_2 的峰值 $\sqrt{2}V_2$；由于 D_2 截止，C_2 无充电电流，故其两端电压不变。在 v_2 负半周时，D_1 截止，D_2 导通，这时变压器次级电压 v_2 与 C_1 原来所充的电压极性一致，二者串联相加，通过二极管 D_2 向 C_2 充电，如图 11.1.7 虚线所示。经过若干个周期以后，C_2 经过多次充电，其电压可充电到 $2\sqrt{2}V_2$，将负载 R_L 并接于 C_2 两端，在 R_L 值足够大的情况下，C_2 两端的电压几乎不受负载 R_L 接入的影响，这样就实现了二倍压整流。

从倍压整流的工作原理可知，倍压整流仅适用于负载电流较小的场合。如果 R_L 较小负载电流较大，C_2 每次所充的电荷将通过 R_L 较快地泄放，因此 C_2 两端的电压就达不到 $2\sqrt{2}V_2$，而是比 $2\sqrt{2}V_2$ 小些。显然，负载电流越大，输出电压越低。

同理，用三个二极管和三个电容器可组成三倍压整流电路，如图 11.1.8 所示。在二倍压整流电路的工作过程中，C_1 和 C_2 已经充电，如图 11.1.7 所示，当 v_2 又处于正半周时，D_1 导通，D_2 截止，D_1 两端相当于短路，但是，由于 C_2 已充有 $2\sqrt{2}V_2$ 的电压，故使 D_3 导电，C_2 对 C_3 充电。经过多次充电后，C_3 两端的电压也可以达到 $2\sqrt{2}V_2$，极性与 C_1 相同。负载 R_L 上的电压是 C_1 与 C_3 上电压之和，于是得到 $3\sqrt{2}V_2$ 的输出直流电压。

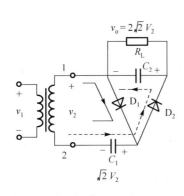

图 11.1.7　二倍压整流电路及其整流原理

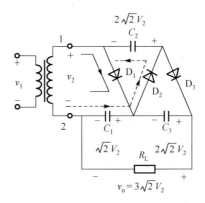

图 11.1.8　三倍压整流电路

以此类推，用 n 个二极管和 n 个电容器可组成 n 倍压整流电路。

整流元件的选择。在倍压整流电路中，各个二极管所承受的最大反向电压均为 $2\sqrt{2}V_2$，而电容 C_1 两端的最大电压为 $\sqrt{2}V_2$，其余电容的最大电压均为 $2\sqrt{2}V_2$。这一规律读者可以二倍压整流电路为例来分析。使用时必须按这一规律来选择元件。

以上分析了三种纯电阻负载的稳压电路，它们各有其优缺点。半波整流电路简单，所用元件少，但其输出直流成分小。桥式全波整流电路虽然增加了输出的直流成分，但用的二极管数目多。倍压整流输出电压高，但只能输出很小的电流。因此在实际工作中，必须根据具体情况适当地选择电路的形式。

11.1.2　滤波电路

前面所讨论的整流电路，它们的输出电压并非是理想的稳定的直流电压，而是在不同程度上都包含一定大小的脉动成分，这种脉动成分，从本质上讲，可以变成由不同频率的正弦电压叠加而成。显然，如果用来作为音响系统的电源，将招致令人烦躁的交流哼声；用在测量仪器上，将影响精度。总之，整流输出电压中的脉动成分(也称纹波)，应该被控制在最小的范围内。滤波电路就是为这一目的而设置的。

滤波电路利用电抗性元件对交、直流阻抗的不同，实现滤波。电容器 C 对直流开路，对交流阻抗小，所以 C 应该并联在负载两端。电感器 L 对直流阻抗小，对交流阻抗大，因此 L 应与负载串联。经过滤波电路后，既可保留直流分量，又可滤掉一部分交流分量，改变了交直流成分的比例，减小了电路的脉动系数，改善了直流电压的质量。常用的滤波电路有电容滤波、电感滤波、Γ 型滤波和 π 型滤波，如图 11.1.9 所示，此外还有电阻电容滤波器、有源滤波器等。

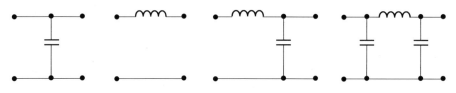

图 11.1.9　常用滤波电路

1. 电容滤波电路

在整流器的输出端并联一个电容器，就是电容滤波电路。一个实际的单相桥式整流电容滤波电路如图 11.1.10 所示，即在整流电路的输出端并联一个容量很大的滤波电容器 C。由于加入了电容，在开始工作时，电容上没有电压，经过很短的一瞬间(称为过渡过程)充电，就达到了一个新的平衡状态，这时电容上的电压 V_0 在上下波动，平均电压是 V_0。在整流电路后面添加滤波电容后，整流器的负载具有电容的性质，电路的工作状态发生了质的变化，输出电压的波形和二极管的电流波形，完全不同于纯阻负载时的情况。由于电容器是一个储能元件，分析时要特别注意电容器两端电压 V_C 对整流元件导电的影响，整流管不是在整个正半周内都导通，而只是在输入的交流电压比电容上的电压高，过整流管正向压降时才导通，否则便截止。电容滤波电路的原理和特性讨论如下。

其工作原理：当负载 R_L 未接入(S 断开)时的情况，设电容两端初始电压为零，接入交流电源后，当 v_2 为正半周时，v_2 通过 D_1、D_3 向电容器 C 充电，充电电流的方向如图 11.1.10 中箭头所示；当 v_2 为负半周时，经 D_2、D_4 向电容器 C 充电，充电电流的方向仍然如图 11.1.10 中箭头所示。充电时间常数为

$$\tau_C = R_{int}C \tag{11.1.12}$$

式中，R_{int} 包括变压器副绕组的直流电阻和二极管 D 的正向电阻。由于 R_{int} 一般很小，故充电时间常数 τ_C 也就很小，因此电容器上的电压 v_C 很快充电到交流电压 v_2 的最大值 $\sqrt{2}\,V_2$，极性如图 11.1.10 所示。由于电容电压 $v_C = \sqrt{2}\,V_2$，整流二极管或为反向电压，或为零偏电压；此时，电容器无放电回路，故输出电压 v_o（即电容 C 两端的电压 v_C）保持在 $\sqrt{2}\,V_2$，输出为恒定的直流。如图 11.1.11 中 $\omega t < 0$（即纵坐标左边）部分所示。

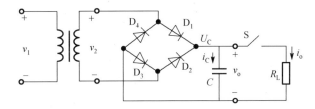

图 11.1.10 桥式整流电容滤波电路

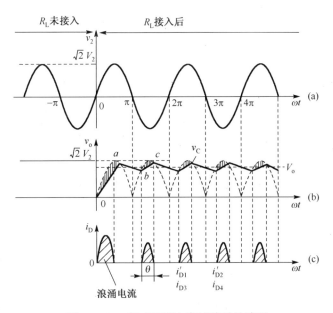

图 11.1.11 桥式整流电容滤波时的波形

接入负载 R_L（开关 S 合上）的情况：设变压器副边电压 v_2 从 0 开始上升（即正半周开始）时接入负载 R_L，若电容器在负载未接入前未充电，其电压为 $v_C = 0$，故刚接入负载时 $v_2 > v_C$，二极管受正向电压作用而导通，电流经 D_1、D_3 向负载电阻供电，同时向电容 C 充电，电容器充电时间常数为 τ_C，但接入负载时的充电时间常数为

$$\tau_C = \frac{R_L R_{int}}{R_L + R_{int}}C \approx R_{int}C \quad \text{很小}$$

当 $v_2 < v_C$ 时，二极管受反向电压作用而截止，电容 C 经 R_L 放电，电容器放电时间常数为

$$\tau_d = R_L C \tag{11.1.13}$$

因 τ_d 一般很大(滤波电容 C 通常取得很大,而 R_L 一般也比整流电路内阻 R_{int} 大),故电容两端的电压 v_C 按指数规律慢慢下降,其输出电压 $v_o = v_C$,如图 11.1.11 中的 ab 段所示。与此同时,交流电压 v_2 按正弦规律上升,当再次 $v_2 > v_C$ 时,二极管 D_1、D_3 受正向电压作用而导通,此时 v_2 经二极管 D_1、D_3 一方面向负载 R_L 提供电流,另一方面向电容器 C 继续充电,v_C 如图 11.1.11 中的 bc 段所示,v_C 随着交流电压 v_2 升高到接近最大值 $\sqrt{2}v_2$。然后,v_2 又按正弦规律下降。当 $v_2 < v_C$ 时,二极管受反向电压作用而截止,电容器 C 又经 R_L 放电。如此周而复始地进行,负载上便得到如图 11.1.11(b)所示的一个锯齿波电压 $V_o = v_C$,使负载电压的波动大为减小。

综上所述,可以得出电容滤波的特点如下。

(1)二极管的导电角 $\theta < \pi$,流过二极管的瞬时电流很大,如图 11.1.11(c)中的 i_D 波形。因为二极管的导电时间短,在半个周期内使 C 充电的电荷等于放掉的电荷,而在此期间 i_D 的平均值等于 I_o,显然 i_D 的峰值必定很大。通常在有电容滤波时变压器副边电流的有效值为

$$I_2 = (1.5 \sim 2)I_o \tag{11.1.14}$$

在实际应用中,由于滤波电容很大,而整流电路的内阻又很小,在接通电源的瞬间,将有很大的冲击电流(又称为浪涌电流),容易造成二极管的损坏。因此,常在整流电路中串入限流电阻 $R_r = \left(\dfrac{1}{10} \sim \dfrac{1}{50}\right)R_L$。

(2)通常 $\tau_d = R_L C$ 越大,电容放电速率越慢,则负载电压中的纹波成分越小,负载平均电压越高。通常为了得到平滑的负载电压放电时间常数取

$$\tau_d = R_L C \geqslant (3 - 5)\frac{T}{2} \tag{11.1.15}$$

式中,T 为电源交流电压的周期,可见负载 R_L 和滤波电容 C 越大输出电压越平滑。

(3)负载直流电压随负载电流增加而减小。V_o 随 I_o 的变化关系称为输出特性(或外特性),如图 11.1.12 所示。

当 C 值一定,$R_L = \infty$ 空载时

$$V_o = \sqrt{2}V_2 = 1.4V_2 \tag{11.1.16}$$

当 $C = 0$,即无电容滤波时

$$V_o = 0.9V_2 \tag{11.1.17}$$

从图 11.1.12 可见,电容滤波负载其输出电压 V_o 在外特性上在 $(1.1 \sim 1.4)V_2$ 的范围内,但在工程设计中一般取

$$V_o = (1.1 - 1.2)V_2 \tag{11.1.18}$$

总之,电容滤波电路简单,输出直流电压 V_o 较高,纹波也较小,它的缺点是输出电压随负载变化而有较大的变动,即外特性较差,故适用于输出电压较高、负载变动小的场合。

2. 电感滤波电路

在桥式整流电路和负载电阻 R_L 之间串入一个电感线圈 L,如图 11.1.13 所示。根据电磁惯性原理,当电感中通过一变化的电流时,电感两端将产生一反电势(自感电势)来阻止电流的变化,因而它能起到平滑的作用。当流过电感中的电流增加时,反电势会抑制电流的增加,

同时将一部分能量储存在磁场中，使电流缓慢增加；反之，当电流减小时，电感的反电势又会阻止电流减小，电感放出储存的能量，使电流减小的过程变慢。因此利用电感可以减小输出电压的纹波，从而得到比较平滑的直流。当 v_2 正半周时，D_1、D_3 导电，电感中的电流将滞后 v_2。当 v_2 负半周时，电感中的电流将经由 D_2、D_4 提供。因桥式电路的对称性和电感中电流的连续性，四个二极管 D_1、D_3、D_2、D_4 的导通角都是 $180°$。

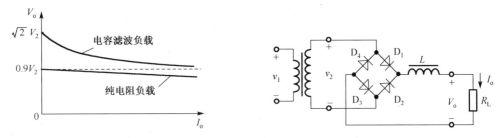

图 11.1.12　纯电阻 RL 和具有电容滤波的桥式整流电路的输出特性　　　图 11.1.13　桥式整流电感滤波电路

电感滤波的外特性以及输出电压值。当忽略电感线圈 L 的阻值时，负载上输出的平均电压和纯电阻(不加电感)负载相同，即

$$V_o = 0.9V_2 \tag{11.1.19}$$

式(11.1.19)表明，输出电压 V_o 的大小与负载 R_L 的大小无关，也与电感 L 的大小无关。因此这一电路的外特性是相当平坦的，如图 11.1.14 所示。但是当输出电流 I_o 增加时，由于整流器的内阻和电感中的直流内阻产生压降，输出电压 V_o 随 I_o 的增加略有下降。当 R_L 减小 I_o 增加时，R_L 与 ωL 对交流分量的分压结果，使 R_L 上的交流电压减小。所以在负载电流较大的情况下，通常采用电感滤波。电感滤波在一般稳压电源，特别是小功率电源中很少使用。但是电感滤波的原理却为下面所介绍的由电感和电容组合起来的滤波器提供了预备知识。

3. Γ 型滤波电路

为使输出电压的纹波小，不可能无限制地加大电容或电感，要解决这个矛盾，必须采用较复杂的滤波电路。复杂滤波电路的组成原则是把阻抗大的滤波元件与负载串联，以便分去较大的纹波电压，而把阻抗小的滤波元件与负载并联，以便旁路较大的纹波电流。

电感滤波适用于负载电流较大的场合，电容滤波适用于电流较小的场合，若把二者组合起来，则构成 Γ 型滤波器。Γ 型滤波电路也称为倒 L 型滤波电路，它是由一个电感和一个电容组合起来的，桥式整流 Γ 型滤波的电路如图 11.1.15 所示，这种滤波电路的性能比单个电容或单个电感都要好。

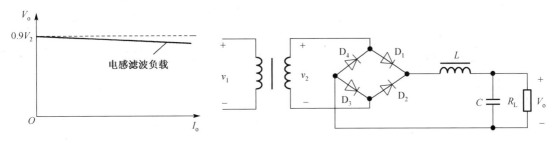

图 11.1.14　全波整流电感滤波的外特性　　　　　图 11.1.15　桥式整流 Γ 型滤波的电路

其工作原理可用两个阻抗的分压原理说明。如图 11.1.15 所示，电容 C 的容抗 X_C 一般很小，总是有 $X_C \ll R_L$，负载和滤波电容并联的电抗等于 X_C。对于纹波分量，实际上由电感 L 的感抗 X_L 和容抗 X_C 分压。通常 Γ 型滤波器中的 L 和 C 都用得很大，使得 $X_L \gg X_C$，这样纹波电压大部分在 L 两端，C 两端（也是输出端）的纹波电压很小，纹波电压受到很大的衰减，这就是滤波作用。显然，L 和 C 的数值越大，滤波作用越好。

对于 Γ 型滤波桥式整流电路，如果电感 L 的直流电阻可略，则输出电压 V_o 为

$$V_o = 0.9V_2 \tag{11.1.20}$$

说明输出电压 V_o 与负载无关，比较稳定，这一特性与电感滤波器一致。对平滑程度要求较高负载电流变动较大的场合，使用 Γ 型滤波器，比较适宜。它的显著优点是可以扼制整流管的浪涌电流，适用于可控硅整流电路。

4. π 型滤波器

π 型滤波器是由电容滤波器和 Γ 型滤波器串联而成的，如图 11.1.16 所示。图中的 V_o' 相当于电容滤波整流器的输出电压，由于 C_1 的作用，V_o' 已比较平稳，再经一级 Γ 型滤波器进一步滤去纹波。因此，π 型滤波器的滤波性能比 Γ 型好些。

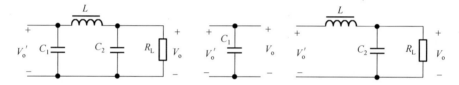

图 11.1.16　π 型滤波器的构成

π 型滤波器的外特性基本上与电容滤波相同，输出电压 V_o 较高，在负载电流 I_o 增大时，V_o 下降。因此在 V_o 稳定方面，不及 Γ 型滤波器良好。在要求纹波很小负载电流不大的电源中，π 型滤波器用得很多。但要注意整流管的反向耐压 $2\sqrt{2}V_2$ 和浪涌电流的问题。在电流较小电压较高的运用场合，π 型滤波器中的电感可以用电阻代替，这样体积可以减小，成本可以降低，但电压和功率损失较大。

11.2　稳压管稳压电路

由整流滤波电路把交流电变为直流电的直流电源，虽然它的结构简单，但它的输出电压是不稳定的。输出电压不稳定的因素主要有两个方面：第一，由于交流电网的电压可能有 ±10% 左右的变动，整流出来的直流电压不稳定；第二，由于整流滤波电路有一定的内阻，当负载电流增加时，输出电压随之增加。

11.2.1　稳压电路的质量指标

由稳压电路的工作原理可知，引起输出电压变化的原因是负载电流的变化、输入电压的变化和环境温度 T 变化，如图 11.2.1 所示。即 V_o 由下式决定

$$V_o = f(V_i, I_o, T) \tag{11.2.1}$$

负载电流的变化会在整流电源的内阻上产生电压降，从而使输入电压发生变化。许多较

精密的电子设备，要求电源电压非常稳定，为了得到稳定的直流电压，可在整流滤波后面加上稳压电路。

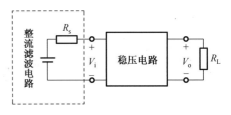

图 11.2.1　直流稳压电路示意图

　　为了衡量稳压电路的优劣，常用稳压电路的技术指标表示。稳压电源的指标分两部分。一部分是特性指标，包括输出电流、输出电压及输出电压调节范围；另一部分是质量指标，反映一个稳压电源性能的优劣，包括稳压系数、动态内阻、温度系数以及纹波电压等。在此仅讨论质量指标。

　　对式(11.2.1)求增量 ΔV_o 可用下式表示

$$\Delta V_o = \frac{\partial V_o}{\partial V_i}\Delta V_i + \frac{\partial V_o}{\partial I_o}\Delta I_o + \frac{\partial V_o}{\partial T}\Delta T \tag{11.2.2}$$

或

$$\Delta V_o = S_r \Delta V_i + R_o \Delta I_o + S_T \Delta T \tag{11.2.3}$$

式中，S_r 称为稳压系数(其实是电压的不稳定系数)；R_o 称为输出电阻；S_T 称为温度系数。下面分别介绍这几个系数的意义。

　　1. 稳压系数 S_r

$$S_r = \frac{\partial V_o}{\partial V_i} \approx \left.\frac{\Delta V_o}{\Delta V_i}\right|_{\Delta I_o=0} \tag{11.2.4}$$

　　在实践中，稳压系数常定义为负载一定时，稳压电路输出电压相对变化量与其输入电压相对变化量之比，即

$$S_r = \left.\frac{\Delta V_o / V_o}{\Delta V_i / V_i}\right|_{\Delta I_o=0} \tag{11.2.5}$$

　　必须指出，S_r 只是在负载电流与环境不变的情况下得出的。S_r 值的大小反映了稳压电路克服输入电压变化的影响的能力。显然，S_r 值越小，在同样输入电压变化条件下，输出电压变化越小，即电压的稳定度越高，通常 S_r 为 $10^{-2} \sim 10^{-4}$。

　　2. 输出电阻 R_o

　　由式(11.2.2)和式(11.2.3)，输出电阻 R_o 是当输入电压 V_i 和环境温度 T 不变时，输出电压变量 ΔV_o 与输出电流变量 ΔI_o 之比。输出电阻 R_o 为

$$R_o = \left.\frac{\Delta V_o}{\Delta I_o}\right|_{\substack{\Delta V_i=0 \\ \Delta T=0}} \tag{11.2.6}$$

　　也就是说，输出电阻 R_o 反映了负载电流变化时，引起输出电压变化的程度。显然，R_o 越小，则负载变化对输出电压的影响越小。一般稳压电路的 R_o 为 $10^1 \sim 10^{-2}\,\Omega$。要减小稳压电路的输出电阻 R_o，主要应提高比较放大器的增益 A_v，选用 β 较大的调整管或采用复合调整管。

　　3. 温度系数 S_T

　　由式(11.2.2)和式(11.2.3)可见，温度系数 S_T 为

$$S_T = \frac{\partial V_o}{\partial T} \approx \frac{\Delta V_o}{\Delta T}\bigg|_{\substack{\Delta I_o=0 \\ \Delta V_i=0}} \tag{11.2.7}$$

温度系数 S_T 的定义说明，即使输入电压和负载电流都不变，由于环境温度的变化，也会引起输出电压的漂移。

输出电压之所以会随温度而漂移，原因在于比较放大器中晶体管参数随温度的漂移、取样电压随温度变化以及基准电压稳压管随温度的漂移等。为克服温度的影响，减小温度系数，一般选用差分放大器作为比较放大器，并挑选配对晶体管，取样电路采用温度系数小的电阻元件，以及采用温度系数小的稳压管等。

4. 最大纹波电压

整流滤波器输出电压中带有一定的纹波，经过稳压作用可使纹波电压显著减小。稳压电路输出端的纹波电压，要是由输入端的纹波电压引起的，输入端纹波的幅度 V_{iw} 相当于输入电压的变量 ΔV_i，输出端纹波的幅度 V_{ow} 相当于 ΔV_o，由式（11.2.5），则有

$$V_{ow} = S_r \frac{V_o}{V_i} V_{iw} \tag{11.2.8}$$

由此可见，提高稳压电路对输入电压变化的稳定度，即减小稳压系数 S_r，可以减小输出端的纹波。为了提高取样电路对纹波电压的取样比 n_v，可在取样电路 R_1 两端并联一个大电容 C，通常取 $C = 1 \sim 10\mu F$，电容对交流纹波相当于短路，即 $n_v \approx 1$，这样可以进一步减小纹波电压。

5. 电压调整率 S_V（一般特指 $\Delta V_i/V_i = \pm 10\%$时的 S_r）

$$S_V = \frac{1}{V_o} \frac{\Delta V_o}{\Delta V_i}\bigg|_{\Delta I_o=0} \times 100\% \tag{11.2.9}$$

6. 电流调整率 S_I

当输出电流从零变化到最大额定值时，输出电压的相对变化值。

$$S_I = \frac{\Delta V_o}{V_o}\bigg|_{\Delta V_i=0} \times 100\% \tag{11.2.10}$$

7. 纹波抑制比 S_{rip}

输入电压交流纹波峰峰值与输出电压交流纹波峰峰值之比的分贝数。

$$S_{rip} = 20\lg \frac{V_{ip\text{-}p}}{V_{op\text{-}p}} \tag{11.2.11}$$

11.2.2 稳压管稳压电路

由稳压二极管组成的稳压电路如图 11.2.2 所示，稳压二极管工作在反向击穿状态，R 是起限流和调压作用的电阻，R_L 是负载电阻，从图中还可看出，稳压电路的输入电压 V_i 就是整流滤波器的输出电压，输出电压 V_o 等于稳压二极管的稳定电压 V_z，并且 $V_o = V_i - IR$。由于稳压二极管与负载并联，所以该稳压电路又称为并联型稳压电路。

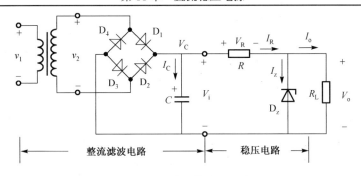

图 11.2.2　稳压管稳压电路

稳压二极管稳压的工作原理分析如下。

当输入电压 V_i 升高时，必然引起输出电压 V_o 增大，由稳压二极管的稳压特性可知，由于 V_o（即 V_z）少量的增加，将使稳压二极管的工作电流 I_z 增加较大，于是限流电阻 R 上的压降增加，在很大程度上补偿了 V_i 的增加，从而保持 V_o 的基本不变。反之，当 V_i 下降而引起 V_o 减小时，I_z 变小，R 上的压降减小，也保持了 V_o 的基本不变。

同样，当负载电阻 R_L 改变时，负载电流 I_o 也将改变，I_o 的变化将由稳压二极管的电流来补偿。如负载电阻 R_L 变小时，I_o 增加，本来欲使 V_o 增加；但同时 I_o 增加，则电流 I_R 增加，V_R 也随之增加；因此保持了输出电压 V_o 基本不变。

由此可见，在这种稳压电路中，稳压二极管起着电流控制作用，由于 R_L 或 V_i 的变化，输出电压产生很小的变化，所以引起 I_z 较大的变化，使电流 I_R 改变，并通过限流电阻 R 的调压作用，使输出电压 V_o 稳定。

限流电阻 R 在稳压二极管稳压电路中，起着限流和调压的双重作用。从限流的角度看，如果 $R = 0$，则比 V_z 大得多的输入电压 V_i，将直接加入 D_z 两端，引起过大的反向击穿电流 I_z 而使管子烧毁。从调压的角度看，如果 $R = 0$，则 $V_z = V_i$，电路根本没有稳定的作用。

11.2.3　稳压管稳压电路的参数设计

在实际的电路设计中，稳压二极管稳压电路元件的选择是根据给定的要求选择的，通常给定的要求有负载的电压 V_o，负载的电流 I_o 以及 I_o 的变化范围。

1. 稳压二极管选择

一般按稳定电压 $V_z = V_o$；稳压管工作在稳压区所允许的电流变化范围应大于负载电流的变化范围，即 $I_{zmax} - I_{zmin} > I_{omax} - I_{omin}$。$I_{omin} = 0$，指的是负载开路状态，稳压管流过的电流 I_z 等于流过电阻 R 的电流 I_R；另外在 V_i 增加时，也将使流过管子的电流增加，因此 I_{zmax} 应有足够的大小。选择稳压管的一般原则如下：

$$V_z = V_o \tag{11.2.12}$$

$$I_{zmax} > I_{omax} + I_{zmin} \tag{11.2.13}$$

2. 输入电压 V_i 选择

输入电压 V_i 取得适当大一些，使限流电阻较大以提高电路的稳定度，一般取

$$V_i = (2 \sim 3) V_o$$

3. 限流电阻 R 选择

限流电阻 R 的选择，应使流过稳压管的电流 I_z 限制在 I_{zmin} 与 I_{zmax} 之间，管子才能正常工作。由图 11.2.2 可以看出

$$I_z = \frac{V_i - V_o}{R} - I_o$$

求稳压管最小工作电流对应的限流电阻上限：当 $V_i = V_{imin}$ 和 $I_o = I_{omax}$ 时，流过稳压管的电流最小。为了使稳压管能够正常工作，这个电流必须大于 I_{zmin}，即

$$\frac{V_{imin} - V_z}{R} - I_{omax} > I_{zmin}$$

或

$$R < \frac{V_{imin} - V_z}{I_{zmin} + I_{omax}} \qquad (11.2.14)$$

求稳压管最大工作电流对应的限流电阻下限：当 $V_i = V_{imax}$ 和 $I_o = I_{omin}$ 时，流过稳压管的电流最大，为了使稳压管能够正常工作，这个电流必须小于 I_{zmax}，即

$$\frac{V_{imax} - V_z}{R} - I_{omin} < I_{zmax}$$

或

$$R > \frac{V_{imin} - V_z}{I_{zmax} + I_{omin}} \qquad (11.2.15)$$

R 值可在式 (11.2.14) 和式 (11.2.15) 的范围中选择。

例 11.2.1　设稳压电路的输出电压 $V_o = 9V$，负载电流 I_o 由 0 变到 10mA，输入电压 V_i 变化 $\pm 10\%$。试选择稳压电路的元件和参数。

解　(1) 稳压管选择

$$V_z = V_o = 9V$$

$$I_{zmax} > I_{omax} + I_{zmin} > 10mA$$

选稳压管 2CW16，其参数：$V_z = 8 \sim 9.5V$，$I_z = 10mA$，$I_{zmax} = 26mA$，$r_z \leqslant 10\Omega$。这一管子符合 $V_o = V_z = 9V$、$I_{omax} = 10mA$ 的要求。

(2) 输入电压 V_i 确定

$$V_i = (2 \sim 3) V_o$$

取 $V_i = 20V$。

(3) 限流电阻 R 确定。由于输入电压变化 $\pm 10\%$，则 $V_{imax} = 22V$，$V_{imin} = 18V$，由 2CW16 的反向特性可查得 $I_{zmin} = 1mA$，代入式 (11.2.14) 和式 (11.2.15) 得

$$R < \frac{V_{imin} - V_z}{I_{zmin} + I_{omax}} = \frac{18 - 9}{(1 + 10) \times 10^{-3}} = 0.81(k\Omega)$$

$$R > \frac{V_{imin} - V_z}{I_{zmax} + I_{omin}} = \frac{22 - 9}{26 \times 10^{-3}} = 0.5(k\Omega)$$

取 $R = 620\Omega$。

由上述讨论可见，稳压管稳压电路的优点是元件少，电路简单，计算调试方便。这一电路的缺点：输出电压由稳压管的稳定电压 V_z 决定，不能任意调节；负载电流的变化靠稳压管的电流来调节，因此输出电流受稳压管工作电流的限制而不能很大；其输出电压的稳定度也比较差。对于要求大电流输出、输出电压可调和稳定度高的电源，则应采用串联型晶体管稳压电路。

11.3　串联型稳压电路

稳压二极管稳压电路是依靠稳压管中电流 I_z 的变化，引起限流电阻 R 上压降的变化，实现稳压作用的。由此可用一个可变电阻 R 和负载串联，并使 R 值随着输出电压的升高或降低而相应地增大或减小，同样也可达到稳定输出电压的目的。本节利用双极型三极管的 C、E 极间电阻受基极电流控制的特性，构成以双极型三极管稳压电路为核心的串联型稳压电路。串联型稳压电路通过引入电压串联负反馈，进一步提高了输出电压稳定性。

11.3.1　串联型稳压电路原理

串联型稳压电路的原理图如图 11.3.1 所示。当输入电压 V_i 增加时，可以增大 R 的阻值，使输出电压的增量全部降在 R 两端，以维持输出电压 V_o 不变；当输入电压 V_i 不变，而负载电阻 R_L 减小时，通过手动调节相应减小 R 的阻值，使 R 上的压降不变，输出电压也可维持不变。总之，该稳压电路通过调节 R 的阻值实现输出电压 V_o 的调整。

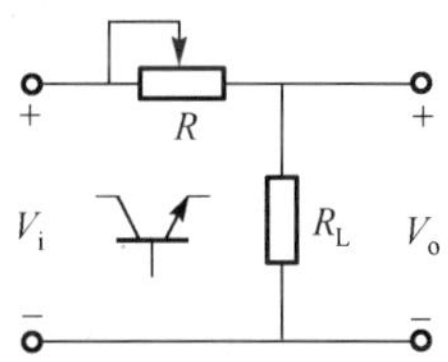

当然，如果用手调节电阻的值，必定跟不上输入电压 V_i 和负载 R_L 的快速变化。在实际电路中采用晶体管代替串联电阻 R，如图 11.3.1 所示；并利用负反馈的原理组成一个自动调整系统，以输出电压 V_o 的变化量去控制晶体管集电极和发射极之间的电阻 R_{CE} 的数值，或者说去控制晶体管集电极和发射极之间的电压 V_{CE}。由于在电路中，晶体管起电压调整的作用，故称为调整管。这种稳压电路，调整管是与负载串联的，所以称为串联型稳压电路。

图 11.3.1　串联型稳压电路稳压原理示意图

$$V_o = V_I - V_{CE} \tag{11.3.1}$$

11.3.2　串联型反馈式稳压电路

一个可调压的串联反馈型的直流稳压电源如图 11.3.2 所示，它由变压器、整流滤波电路、串联型反馈式稳压电路构成。其中串联型反馈式稳压电路的组成部分有调整管、比较放大器、基准电压和取样电路。由于引入了电压串联负反馈，该稳压电路可以实现输出电压的稳定输出；由于其电压取样比可调节(反馈系数可调节)，实现输出电压的可调节，即是一个可调压的直流稳压电源。图中 T 为调整管，实现电压调节的作用。R_1、R_3 与可调电位器 R_2 是电压取样电路，它们组成分压器，选取输出电压变化量的一部分 ($\dfrac{R_2'' + R_3}{R_1 + R_2 + R_3} \Delta V_o = n\Delta V_o = F\Delta V_o$) 加到比较放大器 A 的反相输入端，所以 R_1、R_2 和 R_3 称为取样电路，n 称为取样分压比。电阻 R 和稳压管 D_z 构成基准电压，将基准电压送入比较放大器的同相输入端。集成运放作为比较放大器。稳压电路由集成运放构成一个电压串联负反馈，输入是基准电压 V_z，输出是电压 V_o。由于引入了电压负反馈，实现了输出电压的稳定。由于取样的分压比可调，实现了输出电压 V_o 的可调节。其稳压的指导思想：输出电压的变化量由反馈网络取样经反馈放大器，去控制调整管 T 的 c、e 极间电压降，从而达到稳定输出电压的目的。

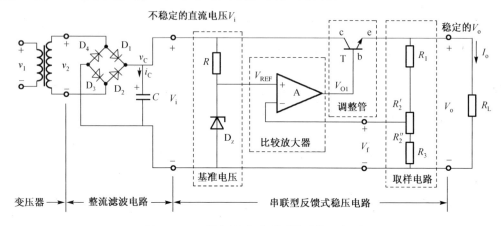

图 11.3.2　可调压的串联型反馈式稳压电源

电路的稳压过程如下：当输入电压 V_i 增加，或负载电阻 R_L 增大时，都使得 V_o 增加，于是 V_f 增大，V_{o1} 减小，管压降 V_{CE} 增加，使 V_o 基本保持不变。这一调压过程可以简化表示如下：

$$V_i{\uparrow}(或 R_L{\uparrow}) \to V_o{\uparrow} \to V_f{\uparrow} \to V_{o1}{\downarrow} \to V_{CE}{\uparrow}$$
$$V_o{\downarrow} \longleftarrow \qquad\qquad$$

当输入电压 V_i 减小，或负载电阻 R_L 减小时，都使得 V_o 减小，于是 V_f 减小，V_{o1} 增加，管压降 V_{CE} 减小，使 V_o 基本保持不变。这一调压过程可以简化表示如下：

$$V_i{\downarrow}(或 R_L{\downarrow}) \to V_o{\downarrow} \to V_f{\downarrow} \to V_{o1}{\uparrow} \to V_{CE}{\downarrow}$$
$$V_o{\uparrow} \longleftarrow \qquad\qquad$$

综上所述，串联反馈型稳压电路利用电压串联负反馈实现了输出电压的稳定。

11.3.3　串联型反馈式稳压电路的输出电压范围

该反馈放大器属于电压串联负反馈，调整管属于射极跟随器；在理想运放的条件下，输出电压计算如下：

$$V_{o1} = A_V(V_{REF} - FV_o) \approx V_o$$

$$V_o = V_{REF}\frac{A_V}{1 + A_V F}$$

由于理想运放其开环增益无穷大，故反馈深度 $|1 + A_V F| \gg 1$，有

$$V_o = V_{REF}\frac{1}{F}$$

$$F = \frac{V_F}{V_o} = \frac{R_2'' + R_3}{R_1 + R_2 + R_3}$$

$$V_{\text{o}} = V_{\text{REF}} \frac{R_1 + R_2 + R_3}{R_2'' + R_3} = V_{\text{z}} \frac{R_1 + R_2 + R_3}{R_2'' + R_3} \tag{11.3.2}$$

从式(11.3.2)还可看出，在基准电压 V_{z} 确定后，改变可调电位器 R_2 滑动触点的位置，就能改变输出电压 V_{o} 的大小。显然，当 R_2 的滑动头移至下端时，$R_2'' = 0$，从式(11.3.2)式还可看出，V_{o} 最大，即

$$V_{\text{omax}} = \frac{R_1 + R_2 + R_3}{R_2} V_{\text{z}} \tag{11.3.3}$$

同理，R_2 的滑动头移至上端时，V_{o} 最小，即

$$V_{\text{omin}} = \frac{R_1 + R_2 + R_3}{R_2 + R_3} V_{\text{z}} \tag{11.3.4}$$

$$\frac{R_1 + R_2 + R_3}{R_2 + R_3} V_{\text{z}} < V_{\text{o}} < \frac{R_1 + R_2 + R_3}{R_2} V_{\text{z}} \tag{11.3.5}$$

为了提高电源的稳压效果，首先要提高放大电路的增益。其次，应提高取样系数 n，减小信号电压的损失。再次，基准电压要稳定，否则也会造成 V_{o} 的不稳定，而且基准电压的不稳定是不能由稳压电路的调整过程进行补偿的。

值得注意的是：调整管的调整作用是依靠和之间的偏差来实现的，必须有偏差才能调整。如果绝对不变，调整管也绝对不变，那么电路也就不能起调整作用了。所以不可能达到绝对稳定，只能是基本稳定。因此串联反馈型稳压电路是一个闭环有差调整系统。

对于图 11.3.2 的稳压电路，稳压系数 S_{r} 为

$$S_{\text{r}} = \frac{\Delta V_{\text{o}} / V_{\text{o}}}{\Delta V_{\text{i}} / V_{\text{i}}} \bigg|_{\Delta I_{\text{o}} = 0} = \frac{1}{n |A_{\text{v}}|} \cdot \frac{V_{\text{i}}}{V_{\text{o}}} \tag{11.3.6}$$

由此式可以看出，稳压系数 S_{r} 的大小，主要决定于取样比 n 和比较放大器的电压增益 A_{v}，n 和 A_{v} 越大，S_{r} 值越小，电源的稳定程度越高。

11.3.4　调整管的选择

由于在串联反馈型稳压电路中，稳压管的功耗较大，通常选择大功率管，因而选用的原则主要考虑极限参数，并同时考虑规定的散热措施。调整管的选择原则如下。

由最大调整管的工作电流考虑，调整管最大集电极电流

$$I_{\text{CM}} > I_{\text{omax}} \tag{11.3.7}$$

由调整管最大管压降 V_{CEmax} 考虑，集电极与发射极之间的反向击穿电压

$$V_{\text{(BR)CEO}} > V_{\text{imax}} - V_{\text{omin}} \tag{11.3.8}$$

由调整管最大功率损耗考虑，调整管集电极最大功率损耗

$$P_{\text{CM}} > I_{\text{Cmax}} \cdot V_{\text{CEmax}} = I_{\text{omax}} (V_{\text{imax}} - V_{\text{omin}}) \tag{11.3.9}$$

11.3.5　稳压电路的保护

在串联型稳压电源中，调整管承担了全部负载电流，同时其内阻很小，如果输出端短路，则输出短路电流很大，调整管工作在大电流工作状态；同时输入电压将全部降落在调整管上，

使调整管的功耗大大增加，调整管将因管耗过大而发热损坏，为此必须在稳压电源中设计调整管的保护电路。

保护电路设计的原则：当稳压电路正常工作时，保护电路不工作；一旦电路发生过载(过流)或短路，保护电路立即动作，或者限制输出电流的大小，或者使输出电流下降为零，达到保护调整管的目的。所以过流保护方法分为限流式保护和截流式保护。

在集成稳压器电路中还采取了温度保护，即利用集成电路制造工艺，在调整管旁制作 PN 结温度传感器。当温度超标时，启动保护电路工作，工作原理与反馈保护型相同。

1. 限流式保护电路

当发生短路或过流时，调整管的电流超过额定值，限流式电路通过电路中取样电阻的反馈作用，起到使调整管基极电流分流的作用，达到限制输出电流的目的。限流式保护电路如图 11.3.3(a) 所示，其限流特性如图 11.3.3(b) 所示。

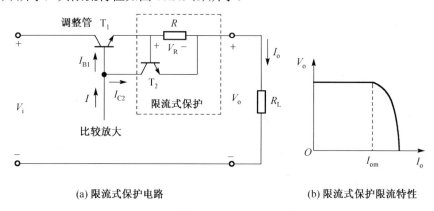

(a) 限流式保护电路　　　　　　　　　　　(b) 限流式保护限流特性

图 11.3.3　限流式保护电路及其特性

在电路的正常工作状态下，由于 I_o 不大，取样电阻 R 压降 V_R 小于保护三极管 T_2 的发射结导通压降，T_2 截止，保护电路对稳压电路没有影响。当输出电流 I_o 过大时，取样电阻 R 压降 V_R 增大，当它大于等于保护三极管 T_2 的发射结导通压降时，T_2 导通，T_2 的集电极电流 I_{C2} 分走调整管基极电流 I_{B1}，限制了 I_o 增大，保护了稳压电路。

在采用限流式保护的稳压电路中，当输出端出现短路 $V_o = 0$ 时，调整管不但承受了最大电压 $V_{CE} = V_i$，而且通过了最大电流 $I_{C1} = I_{omax}$，所以此时调整管的管耗很大。为此，设计稳压电路时，不得不采用大功率晶体三极管作调整管，这就使得电路的成本提高。为了降低成本，在设计稳压电路时选用较低功率调整管；设计的保护电路应使得调整管在保护期间处于截止态，由此产生了截流式保护电路。

2. 截流式保护电路

截流式保护电路如图 11.3.4(a) 所示，其限流特性如图 11.3.4(b) 所示。图中 T_1 为调整管，T_2、R_1、R_2 和 R 为保护电路。当调整管的电流超过额定值时，截流式电路通过电路中取样电阻的反馈作用，保护管正偏导通，使调整管基极电流分流而减小，使得输出电压下降；输出电压的下降，保护管正偏导通电压进一步增大，使调整管基极电流分流进一步减小，使得输出电压 $V_o = 0$，输出电流 $I_o = I_{os}$ 很快下降到最小值；达到保护调整管的目的。

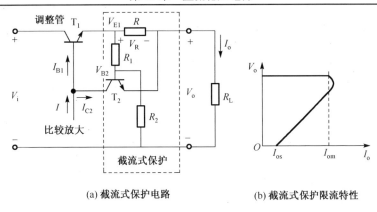

(a) 截流式保护电路　　　　　(b) 截流式保护限流特性

图 11.3.4　截流式保护电路及其特性

由图 11.3.4 可见，通常保护电路的启动是由于 T_2 的发射结的偏置达到其导通电压，所以保护电路 T_2 发射结的偏置电压的分析显得尤为重要，其射极电位和基极电位分别是

$$V_{E2} = V_{E1} - V_R$$

$$V_{B2} = \frac{R_2}{R_1 + R_2} V_{E1}$$

保护三极管 T_2 的发射结导通压降计算如下：

$$V_{E1} = I_o R + V_o$$

$$V_{BE2} = V_{B2} - V_{E2} = \frac{R_2}{R_1 + R_2} V_{E1} - (V_{E1} - I_o R)$$

$$V_{BE2} = I_o R - \frac{R_1}{R_1 + R_2} V_{E1}$$

$$V_{BE2} = \frac{R_2}{R_1 + R_2} I_o R - \frac{R_1}{R_1 + R_2} V_o \tag{11.3.10}$$

从式 (11.3.10) 可知，随着输出电流 I_o 的增大，保护三极管 T_2 的发射结正向偏压增大；随着输出电压 V_o 的减小，保护三极管 T_2 的发射结正向偏压也将增大。

在电路的正常工作状态下，由于 I_o 不大，取样电阻 R 压降 V_R 较小，保护三极管 T_2 的发射结的偏置电压小于导通压降，T_2 截止，保护电路对稳压电路没有影响。当输出电流 I_o 过大时，保护三极管 T_2 的发射结正向偏压增大，当它大于或等于保护三极管 T_2 的发射结导通压降时，T_2 导通，T_2 的集电极电流 I_{C2} 分走调整管基极电流 I_{B1}，调整管的 C、E 极间压降增大，输出电压 V_o 减小；而输出电压 V_o 减小，从式 (11.3.10) 可以得出，将进一步增大 V_{BE}，使调整管截止，很快使输出电压 $V_o = 0$，输出电流 $I_o = I_{os}$ 最小值，保护了稳压电路。即当发生短路或输出电流过大时，通过保护电路使调整管截止，从而限制了短路电流，使之接近为零。

11.4　集成稳压器及其应用

集成稳压器具有一般集成电路体积小、总量轻、安装和调试方便、可靠性和稳定性高等优点。目前有许多型号的集成三端稳压器在市场上出售，得到了广泛的应用。例如，7800 和

7900 系列稳压器，其内部电路也是串联型晶体管稳压电路。这种稳压器只有输入端、输出端和公共端三个引出端，故也称为三端集成稳压器。我国命名为 CW78L00、CW78M00、CW7800、CW79L00、CW79M00、CW7900。美国国家半导体公司命名为 LM78L00、LM78M00、LM7800、LM79L00、LM79M00、LM7900。摩托罗拉公司命名为 MC78L00、MC78M00、MC7800、MC79L00、MC79M00、MC7900。意大利 SGS 公司命名为 L78L00、L78M00、L7800、L79L00、L79M00、L7900。日本 NEC 公司命名为 μPC78L00、μPC78M00、μPC7800、μPC79L00、μPC79M00、μPC7900 系列等。它们基本上是完全相同的产品，可以互换使用。

11.4.1　输出电压固定的三端集成稳压器

输出电压固定的三端集成稳压器有正电源系列 CW7800 系列稳压器、负电源系列 CW7900 系列稳压器。该产品系列品种齐全、种类繁多。输出电压固定的三端集成稳压器的封装和引脚示意图如图 11.4.1 所示。

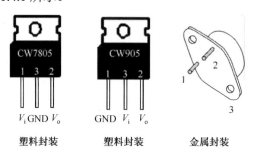

图 11.4.1　输出电压固定的三端集成稳压器的封装和引脚示意图

按 CW7800 系列输出电压分类：7805(+5V)、7806(+6V)、7809(+9V)、7812(+12V)、7815(+15V)、7818(+18V)、7824(+24V)。按 CW7800 系列输出电流分类：78L××表示输出电流 100mA；78M××表示输出电流 500mA；78 ××表示输出电流 1.5A。如 CW7805 输出 5V，最大电流 1.5A；CW78M05 其输出 5V，最大电流 0.5A；CW78L05 输出 5V，最大电流 0.1A。

按 CW7900 系列输出电压分类：7905(−5V)、7906(−6V)、7909(−9V)、7912(−12V)、7915(−15V)、7918(−18V)、7924(−24V)。按 CW7800 系列输出电流分类：79L××表示输出电流 100mA；79M××表示输出电流 500mA；79 ××表示输出电流 1.5A。如 CW7905 输出−5V，最大电流 1.5A。

为了能更好地应用三端稳压器，首先了解 CW7800 器件的内部结构，其内部电路框图如图 11.4.2 所示。由图可见其内部结构本质上是一个串联反馈型稳压电路，多了一个启动电路。

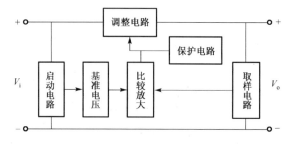

图 11.4.2　集成稳压器 CW7800 器件的内部结构

启动电路的作用：在集成稳压电路中，常常采用许多恒流源，当输入电压 V_i 接通后，这些恒流源难以自行导通，以致输出电压 V_o 较难建立。因此必须用启动电路给恒流源三极管提供基极电流。稳压器保护电路具有过热、过流和过压保护功能。

11.4.2　输出电压固定的三端集成稳压器的应用电路

1. 基本应用电路

正电压输出三端集成稳压器基本应用电路如图 11.4.3 所示。由于输出电压决定于集成稳压器，所以输出电压为 12V，最大输出电流为 1.5A。为使电路正常工作，要求输入电压 V_i 比输出电压 V_o 至少大 2.5～3V。输入端电容 C_1 用于抵消输入端较长接线的电感效应，以防止自激振荡，还可抑制电源的高频脉冲干扰。一般取 0.1～1μF。输出端电容 C_2、C_3 用于改善负载的瞬态响应，消除电路的高频噪声，同时也具有消振作用；由于 C_3 较大，优点是可以提高稳压电源的脉冲响应、输出较大的脉冲电流。缺点是，一旦输入端断开，V_i 消失，已充电的大电容 C_3，将从稳压器的输出端向稳压器放电，使稳压器损坏。可添加保护二极管 D，用来防止在输入端短路时输出电容 C_3 所存储电荷通过稳压器放电而损坏器件。CW7900 系列的接线与 CW7800 系列基本相同，如图 11.4.4 所示，但一定要注意管脚排列与 CW7800 系列不同。

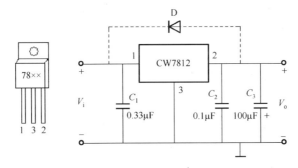

图 11.4.3　集成稳压器 CW7812 器件的基本应用电路

1-输入端；2-输出端；3-公共端

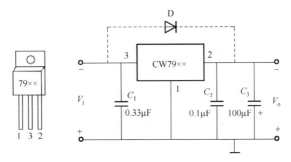

图 11.4.4　集成稳压器 CW79×× 器件的基本应用电路

1-公共端；2-输出端；3-输入端

2. 扩展应用电路

若需要输出电流大于稳压器的标称值，可采用图 11.4.5(a) 的扩大输出电流电路，加入三极管 T_1 使输出电流增加，输出电流的表达式为

$$I_o = I_C + I_R \tag{11.4.1}$$

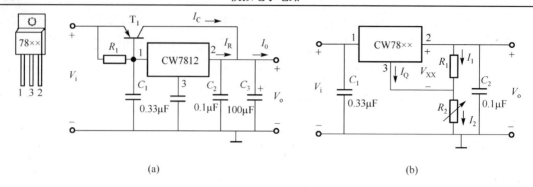

(a)　　　　　　　　　　　　　　　　　　(b)

图 11.4.5　集成稳压器 CW78×× 器件的扩展应用电路

1-输入端；2-输出端；3-公共端

若需要使得输出电压可调，可采用图 11.4.5(b) 的输出电压可调电路，提高电阻 R_2 与 R_1 的比值，可提高输出电压 V_o。缺点是当输入电压变化时，I_Q 也变化，这使稳压器的精度降低。当满足

$$I_1 = \frac{V_{XX}}{R_1} \geqslant 5I_Q$$

输出电压为

$$V_o = V_{XX} + (I_1 + I_Q)R_2 = V_{XX} + \left(\frac{V_{XX}}{R_1} + I_Q\right)R_2 \approx \left(1 + \frac{R_2}{R_1}\right)V_{XX}$$

可见输出电压 $V_o > V_{XX}$。

3. 输出正、负电压的电路

此电路采用 CW7815 和 CW7915 三端稳压器各一块组成具有同时输出 +15V、-15V 电压的稳压电路，如图 11.4.6 所示。该电路对称性好，温度特性也近似一致。电源输出端接有保护二极管 D_1 和 D_2。如不接保护二极管，CW7815 输出电压通过 R_L 加到 CW7915 的输出端，必将 CW7915 烧毁。在正常工作情况下，D_1 和 D_2 均为截止状态，不影响电路工作。假如，加入 CW7900 输入电压未接入，此时 CW7815 的输出电压将通过外接负载接到 CW7915 的输出端，使得 D_2 正向导通，将 CW7915 输出端电压钳位在 +0.7V，保证 CW7915 不致损坏。

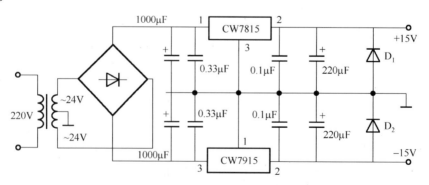

图 11.4.6　集成稳压器构成正负稳压电源

11.4.3　输出电压可调的三端集成稳压器

　　三端可调输出集成稳压器是在三端固定输出集成稳压器的基础上发展起来的，集成片的输入电流几乎全部流到输出端，流到公共端的电流非常小，因此可以用少量的外部元件方便地组成精密可调的稳压电路，应用更为灵活。典型三端可调输出集成稳压器我国命名方式，正电源系列为 CW117/217/317；负电源系列为 CW137/237/337。商用级器件 CW117(137) 工作温度范围：−55～150℃；工业级器件 CW217(237) 工作温度范围：−25～150℃；军用级器件 CW317(337)工作温度范围：0～125℃。它们的基准电压为1.25V。它们的输出电流 L 型为 100mA、M 型为 500mA。它们的输出电压范围可在 1.25～37V 连续可调。稳压器内部设有过流、过压保护和调整管安全工作区保护电路，使用安全可靠，其性能比 7800 系列性能更佳，因而 CW117 和 CW137 在各种电子设备中获得了广泛的应用。

　　CW117 和 CW137 的引脚如图 11.4.7(a)所示，CW117 内部结构如图 11.4.7(b)所示。图中 ADJ 称为电压调整端，因所有偏置电路和放大器的静态工作点电流都流到稳压器的输出端，所以没有单独引出接地端。

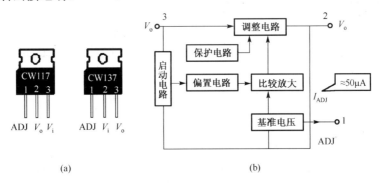

(a)　　　　　　　　　(b)

图 11.4.7　集成稳压器 CW117 和 CW317 引脚和内部结构图

11.4.4　输出电压固定的三端集成稳压器的应用电路

1. 基本应用电路

　　CW117 的基本应用电路如图 11.4.8 所示，图中 R_1 和 R_2 为调整输出电压值的电阻，通常 R_1 取值 240Ω，则改变 R_2 值用来调整输出电压。因内部的基准电压是一个非常稳定的电压，其值为 1.25V，使得 CW117 的输出端与调整端电压为 1.25V 的确定值。负电压输出三端可调式集成稳压器 CW137 外形及基本应用电路如图 11.4.9 所示。

　　因为 $V_{\text{REF}} = 1.25\text{V}$，$I_{\text{ADJ}} \approx 50\mu\text{A}$，可忽略，则有

$$V_{\text{o}} = \frac{V_{\text{REF}}}{R_1}(R_1 + R_2) + I_{\text{ADJ}}R_2 \approx 1.25\left(1 + \frac{R_2}{R_1}\right)$$

　　R_1 和 R_2 的选取原则是使 $I_{\text{R}} \gg I_{\text{ADJ}}$，因为 $I_{\text{R}} = \dfrac{V_{\text{o}}}{R_1 + R_2}$，若取 $I_{\text{R}} = 5\text{mA}$，则

$$R_1 = \frac{1.25\text{V}}{5\text{mA}} = 240\Omega$$

R_2 则根据对 V_o 值的要求求得，即

$$R_2 = \frac{V_o - 1.25}{1.25} R_1$$

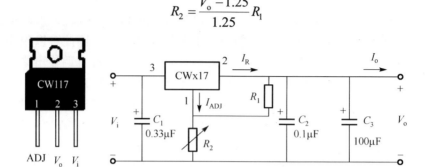

图 11.4.8　CW117 的基本应用电路

1–调整端；2–输出端；3–输入端；R_1 通常取 240Ω；其中 x 为 1、2、3

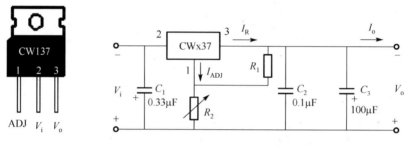

图 11.4.9　CW137 的基本应用电路

1–调整端；2–输入端；3–输出端；R_1 通常取 240Ω；其中 x 为 1、2、3

　　图 11.4.10 中电容的功用同 7800 系列，为确保 CW117 稳压器的稳定性，电容应接在 CW117 的管脚附近。CW117 带有保护电路的可调稳压电路如图 11.4.10 所示，R_1、R_2 构成取样电路，这样，实质电路构成串联型稳压电路，调节 R_2，可改变取样比，即可调节输出电压 V_o 的大小。C_4 用于减小输出纹波电压。D_1 防止输入端短路时 C_3 反向放电损坏稳压器；D_2 防止输出端短路时，C_4 通过放电到调整端损坏稳压器。

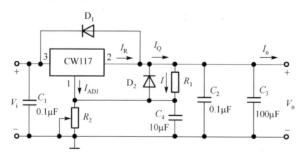

图 11.4.10　CW117 稳压器的保护电路

R_1 通常取 240Ω

2. 扩展应用电路

　　一个输出电压 0～30V 连续可调的稳压电路如图 11.4.11 所示，图中 R_3、D_z 组成稳压电路，使 A 点电位为 -1.25V，这样当 $R_2 = 0$ 时，V_A 电位与 V_{REF} 相抵消，便可使 $V_o = 0V$。

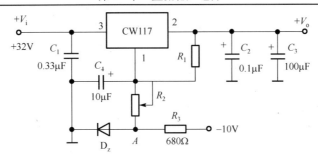

图 11.4.11　CW117 构成的输出电压 0～30V 连续可调稳压电路

R_1 通常取 240Ω

11.5　直流开关式稳压电路

如 11.3 节所述，串联反馈式线性稳压电路实现稳压的基本指导思想是，输入未稳的直流电压 V_i 在调整管上降掉一部分，而得到输出电压 V_o，如图 11.3.2 所示。V_i 高，多降一些；V_i 低，少降一些。调整这一部分电压的大小，保证 V_o 稳定。无论如何，V_i 不能低于 V_o 或者说不能没有电压降。这个压降与输出电流的乘积构成串联反馈式稳压电路的重要的调整损耗功率。在任何理想化工作过程中，调整功耗都不可避免。调整功耗不但降低了电路的效率，而且这部分功耗变为热，升高了电路的温度，带来一系列的问题。串联反馈式线性稳压电源效率低，甚至只有 30%～40%，发热量大，因此需要较大散热器；又由于线性直流稳压电源还需要工频电源变压器，所以线性稳压电源体积重量大。大功率的线性直流稳压电源非常笨重。从这一点出发，电源的研究不可避免地转向了直流开关电源。

11.5.1　直流开关式稳压电路的特点

为了提高稳压电源的工作效率，调整管工作于开关状态。理想化的开关器件在饱和导通时，忽略管压降；在截止状态时，忽略漏电流。在理想工作状态，无调整管功耗。

为了甩掉工频变压器，电路可以直接由电网整流供电，要求整流、滤波和稳压电路的元器件耐压高达几百伏。随着半导体技术的发展，功率半导体技术的出现，功率晶体管的进步，使得梦想变成了现实，开关电源去掉了笨重的工频变压器。

但是开关电源的调整管工作在开关状态，也就是说直流的 V_i 经过开关调整管后变成脉冲电压，如何才能得到直流稳压电源呢？工程设计人员使用了低通滤波电路，脉冲电压用 LC 滤波器滤波后转变成较为平滑的直流电压 V_o。

开关电源性能的优劣体现在开关的工作频率。开关频率越高，变压器和电感电容元件越小，体积重量越小，性能更佳。但是开关频率的提高，主要受限于功率调整管的开关特性和磁性材料随着频率提高的损耗。功率晶体管的开关频率从 20 世纪 60 年代的几 kHz 到 70 年代普及的 20kHz，目前 20～40kHz 至今还广泛应用。现在双极型功率晶体管开关频率为 60～70kHz，VMOS 管的开关频率已达到几百 kHz。对于磁性材料来说，从超薄硅钢片到坡莫合金到铁氧体芯，其高频损耗有了明显的下降。但目前国内磁芯商品的工作频率大多数只有几十 kHz，几百 kHz 的磁芯还没有普及，在国内外能工作在 MHz 的磁芯材料在开关电源上并不多见。

在开关调整中，实际上 V_o 为滤波均值，均值不但与脉冲幅度有关，而且与充放电时间有关，即与脉冲导通期和脉冲截止期的相对比值有关，脉宽相对窄，均值小，V_o 低。利用改变脉宽或周期来调整 V_o 的方法称为"时间比例控制（TRC）"。为了达到调整 V_o，有调宽（PWM）和调频（PFM）两种方法。

开关型稳压电源的主要优点是自身功耗小（效率高，可达 70%～90%以上）、体积小、重量轻（无工频变压器和大功率散热器）等。因此很适合功率大、电流大的应用场合。从成本考虑，20W 以上的开关型稳压电源造价较线性稳压电源低；若功率小，还是以线性稳压电源为佳。开关型稳压电源的主要缺点是纹波较大，用于小信号放大电路时，还应采用第二级稳压措施。开关电源是工业现场重要的电磁干扰源，应引起足够重视。

11.5.2　串联式开关换能电路

开关型稳压电路的实现稳压核心是换能电路。换能电路的作用是将输入的直流电压转换为脉冲电压，再经过 LC 滤波变换成直流电压，基本换能电路的原理电路如图 11.5.1(a) 所示。图中 T 为调整管，D 为续留二极管，LC 为倒 L 型滤波器。

当基极脉冲为高电平期间 v_B = '1'，t_{on} 期间，其等效电路如图 11.5.1(b) 所示，晶体开关管 T 饱和导通，等效开关闭合；续流二极管 D 因反偏截止，相当于断开；直流电源 V_i 通过 T 和 L 向 C 充电，并为负载 R_L 供电。

当基极脉冲为低电平期间 v_B = '0'，t_{off} 期间，其等效电路如图 11.5.1(c) 所示，晶体开关管 T 截止，等效开关断开；L 的特性（根据楞次电磁感应定律）有保持电流不变的趋势，故感生电压方向如图 11.5.1(c) 所示，此时续流二极管 D 正偏导通，相当于开关闭合，电感能量通过续流管 D 为负载 R_L 提供连续的电流。由于电容上已经建立了稳定的直流电压量，在晶体开关管 T 关断期间 t_{off}，C 同样参与为 R_L 供电，故图 11.5.1(c) 电容 C 上的电流有两个方向的可能。其工作波形如图 11.5.2 所示。

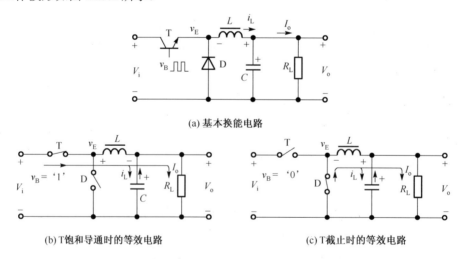

(a) 基本换能电路

(b) T饱和导通时的等效电路　　　　　　　　　　(c) T截止时的等效电路

图 11.5.1　换能电路的电路和工作原理示意图

需要注意的是，L 上的电流和电压波形的变化是由于电磁能量的存储和泄放，如果电感 L 的数值太小，在 t_{on} 期间储能不足，在期间未结束时，存储的磁能便已放尽，这时 L 两端感生电压降到零，负载电压出现台阶，这是电路绝对不允许出现的工作状态。同时为了满足输出电压中的纹波足够小，电容 C 的值也应该足够大。总之，只有在 L 和 C 足够大时，输出电压 V_o 才会比较平滑，负载电流 I_o 才能连续，负载电流是由 V_i 和 LC 滤波电路轮流提供的，通常脉动成分较大，这是开关型稳压电路的缺点之一。输出电压的平均值等于 v_E 的直流分量，可见改变占空比，即可改变输出电压 V_o 的大小。

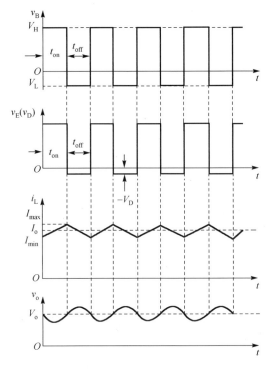

图 11.5.2　换能电路的工作波形

11.5.3　串联开关型稳压电路的组成和工作原理

　　直流变为脉冲称为斩波。斩波电路是开关电源的重要组成部分。改变脉冲导通时间在整个周期中的相对大小，即占空比，就能改变整流后电感滤波成平均直流电压的数值，达到调整输出的目的。在换能电路中，如果输入电压波动或负载变化，则输出电压将随之变化。如果能在增大时减小占空比，而在减小时增大占空比，就可达到稳压的目的。既是稳压，就需要一个从直流输出取样开始到脉冲调制(主要是调宽)为止的反馈电路加进去构成稳压闭环，其原理与串联反馈式稳压电路完全一样。与线性串联反馈式稳压电路相似，一个串联开关型稳压电源的结构框图如图 11.5.3 所示。它由调整管、滤波电路、比较器、三角波发生器、比较放大器和基准电压源等部分构成。

　　它和串联反馈式稳压电路相比，电路增加了 LC 滤波电路以及产生固定频率的三角波电压 (v_T) 发生器和比较器 C 组成的驱动电路，该三角波发生器与比较器组成的电路又称为脉宽调制电路(PWM)，目前已有各种脉宽调制的集成芯片。图 11.5.3 中 V_i 是整流滤波电路的输入电压，v_B 是比较器的输出电压，利用 v_B 控制调整管 T 将 V_i 变成断续的矩形波电压 $v_E(v_D)$。当 v_B 为高电平时，T 饱和导通，输入电压 V_i 经 T 加到二极管 D 的两端，电压 v_E 等于 V_i(忽略管 T 的饱和压降)，此时二极管 D 承受反向电压而截止，负载中有电流 I_o 流过，电感 L 储存能量。当 v_B 为低电平时，T 由导通变为截止，滤波电感产生自感电势(极性如图 11.5.3 所示)，使二

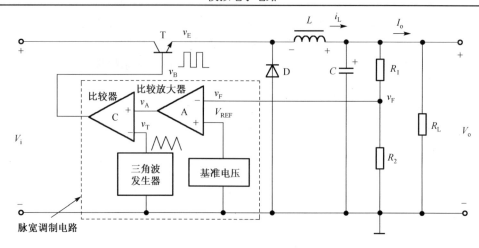

图 11.5.3　开关型稳压电路原理图

极管 D 导通，于是电感中储存的能量通过 D 向负载 R_L 释放，使负载 R_L 继续有电流通过，因而常称 D 为续流二极管。此时电压 v_E 等于$-V_D$（二极管正向压降）。由此可见，虽然调整管处于开关工作状态，但由于二极管 D 的续流作用和 L、C 的滤波作用，输出电压是比较平稳的。图 11.5.4 画出了电流 i_L、电压 v_E（v_D）和 v_o 的波形。图中 t_{on} 是调整管 T 的导通时间，t_{off} 是调整管 T 的截止时间，$T = t_{on}+t_{off}$ 是开关转换周期。显然，在忽略滤波电感 L 的直流压降的情况下，输出电压的平均值为

$$V_o = \frac{t_{on}}{T}(V_i - V_{CES}) + (-V_D)\frac{t_{off}}{T} \approx V_i\frac{t_{on}}{T} = qV_i \tag{11.5.1}$$

式中，$q = t_{on}/T$ 称为脉冲波形的占空比。由此可见，对于一定的 V_i 值，通过调节占空比即可调节输出电压 V_o。

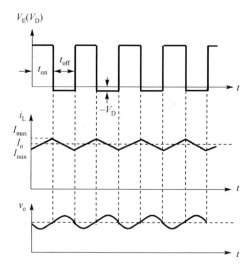

图 11.5.4　开关型稳压电路中 v_E（v_D）、i_L、v_o 的波形

在闭环情况下，电路能自动地调整输出电压。设在某一正常工作状态时，输出电压为某一预定值 V_{set}，反馈电压 $v_F = F_V V_{set} = V_{REF}$，比较放大区输出电压 V_A 为零，比较器 C 输出脉冲电压 V_B 的占空比 $q = 50\%$，V_T、v_B、v_E 的波形如图 11.5.5（a）所示。当输入电压 V_i 增加致使输

出电压 V_o 增加时，$v_F > V_{REF}$，比较放大器输出电压 V_A 为负值，V_A 与固定频率三角波电压 v_T 相比较，得到 v_B 的波形，其占空比 $q < 50\%$，使输出电压下降到预定的稳压值 V_{set}。此时，v_T、v_B、v_E 的波形如图 11.5.5(b) 所示。同理，V_i 下降时，V_o 也下降，$v_F < V_{REF}$，V_A 为正值，v_B 的占空比 $q > 50\%$，输出电压 V_o 上升到预定值。总之，当 V_i 或 R_L 变化使 V_o 变化时，可自动调整脉冲波形的占空比使输出电压维持恒定。

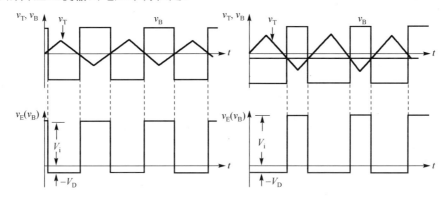

图 11.5.5　开关稳压电路中 V_i、V_o 变化时 v_T、v_B、v_E 的波形

开关型稳压电源的最低开关频率 f_T 一般在 10~100kHz。f_T 越高，需要使用的 L、C 值越小。这样，系统的尺寸和重量将会减小，成本将随之降低。此外，开关频率的增加将使开关调整管单位时间转换的次数增加，使开关调整管的管耗增加，而效率将降低。

本 章 小 结

本章介绍了直流稳压电路组成，整流、滤波和稳压电路的组成和工作原理、主要特点和参数。具体归纳如下。

(1) 线性直流稳压电源由工频变压器、整流电路、滤波电路和稳压电路组成。工频变压器将 220V 的交流电变成所需电压等级的交流电，整流电路将交流电压变为脉动的直流电压，滤波电路可减小脉动使直流电压平滑，稳压电路的作用是在电网电压波动或负载电流变化时保持输出电压基本不变。

(2) 整流电路有半波、全波和倍压三种，最常用的是单相桥式整流电路。分析整流电路时，应分别判断在变压器副边电压正、负半周两种情况下二极管的工作状态，从而得到负载两端电压、二极管端电压及其电流波形并由此得到输出电压和电流的平均值，以及二极管的最大整流平均电流和所能承受的最高反向电压。

(3) 滤波电路通常有电容滤波器、电感滤波器和复合式滤波器，本章重点介绍了电容滤波电路。

(4) 稳压管稳压电路结构简单，但输出电压不可调，仅适用于负载电流较小且其变化范围也较小的情况。

(5) 在线性串联型稳压电源中，调整管、基准电压电路、输出电压取样电路和比较放大电路是基本组成部分。电路中引入了深度电压负反馈，从而使输出电压稳定。三端集成稳压器是典型的线性串联型稳压电路，它仅有输入端、输出端和公共端三个引出端，使用方便，稳压性较好。

(6)在开关型稳压电路中，由于调整管工作在开关工作状态，显著降低了调整管的管耗，大大提高了电源转换的效率；不但减小了散热器的体积，而且开关型稳压电路甩掉了工频变压器，由于其很高的斩波频率，电路的元器件体积、重量和成本都减小；因此，开关电源是电源的发展方向。但是开关电源的缺点是输出电压的纹波较大。

习　题　11

客观检测题

一、填空题

1. 工频变压器的目的是_____，整流电路的目的是_____，滤波电路的目的是_____，稳压电路的目的是_____。

2. 小功率直流电源一般由_____、_____、_____、_____四部分组成。它能将_____电流变成_____电量。实质上是一种_____变换电路。

3. 线性串联反馈型稳压电路由_____、_____、_____、_____四部分组成。

4. 在线性串联反馈型稳压电路中，比较放大环节中的放大对象是_____。

5. 在稳压管稳压电路中，利用稳压管的_____特性，实现稳压；在该电路中，稳压管和负载的连接方式属于_____连接，故常称为_____稳压电路。

6. 开关稳压电源的效率高是因为调整管工作在_____状态。

7. 在串联式开关稳压电源中，为了使输出电压增大，应提高调整管基极控制信号的_____。

8. 在直流电源中变压器次级电压相同的条件下，若希望二极管承受的反向电压较小，而输出直流电压较高，则应采用_____整流电路；若负载电流为 200mA，则宜采用_____滤波电路；若负载电流较小的电子设备中，为了得到稳定的但不需要调节的直流输出电压，则可采用_____稳压电路或集成稳压器电路；为了适应电网电压和负载电流变化较大的情况，且要求输出电压可调，则可采用_____晶体管稳压电路或可调的集成稳压器电路。(半波，桥式，电容型，电感型，稳压管，串联型)

9. 具有放大环节的串联型稳压电路在正常工作时，调整管处于_____工作状态。若要求输出电压为18V，调整管压降为6V，整流电路采用电容滤波，则电源变压器次级电压有效值应选_____V。(放大，开关，饱和，18，20，24)

二、选择题

在图题1所示的桥式整流电路中，若 $u_2 = 14.14\sin\omega t$ V，$R_L = 100W$，二极管的性能理想。

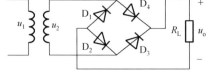

图题1

1. 电路输出的直流电压为(　　)。

A. 14.14V　　　　　　　　B. 10V　　　　　　　　C. 9V

2. 电路输出的直流电流为（　　）。

　　A．0.13A　　　　　　　　B．0.1A　　　　　　　　C．0.09A

3. 流过每个二极管的平均电流为（　　）。

　　A．0.07A　　　　　　　　B．0.05A　　　　　　　　C．0.045A

4. 二极管的最高反向电压为（　　）。

　　A．14.14V　　　　　　　B．10V　　　　　　　　C．9V

5. 若 D_1 开路，则输出（　　）。

　　A．只有半周波形　　　　B．全波整流波形　　　　C．无波形且变压器被短路

6. 如果 D_1 正负端接反，则输出（　　）。

　　A．只有半周波形　　　　B．全波整流波形　　　　C．无波形且变压器被短路

7. 如果 D_2 被击穿（电击穿），则输出（　　）。

　　A．只有半周波形　　　　B．全波整流波形　　　　C．无波形且变压器被短路

8. 如果负载 R_L 被短路，将会使（　　）。

　　A．变压器被烧坏　　　　B．整流二极管被烧坏　　　C．无法判断

三、判断题

1. 直流电源是一种将正弦信号转换为直流信号的波形变化电路。　　　　　　　　（　　）

2. 直流电源是一种能量转换电路，它将交流能量转换成直流能量。　　　　　　　（　　）

3. 在变压器副边电压和负载电阻相同的情况下，桥式整流电路的输出电流是半波整流电路输出电流的2倍。　　　　　　　　　　　　　　　　　　　　　　　　　　　　　　（　　）

4. 若 V_2 为变压器副边电压的有效值，则半波整流电容滤波电路和全波整流电容滤波电路在空载时的输出电压均为 $\sqrt{2}V_2$。　　　　　　　　　　　　　　　　　　　　　　　　　　　（　　）

5. 一般情况下，开关型稳压电路比线性稳压电路的效率高。　　　　　　　　　（　　）

6. 整流电路可将正弦电压变为脉动的直流电压。　　　　　　　　　　　　　　（　　）

7. 整流的目的是将高频电流变为低频电流。　　　　　　　　　　　　　　　　（　　）

8. 在单相桥式整流电容滤波电路中，若有一只整流管断开，输出电压平均值变为原来的一半。（　　）

9. 直流稳压电源中滤波电路的目的是将交流变为直流。　　　　　　　　　　　（　　）

主观检测题

1. 电路如图题1所示，变压器副边电压有效值为 $2V_2$。

（1）画出 v_2、v_{D1} 和 v_o 的波形；

（2）求出输出电压平均值 $V_{o(AV)}$ 和输出电流平均值 $I_{o(AV)}$ 的表达式；

（3）二极管的平均电流 $I_{D(AV)}$ 和所承受的最大反向电压 V_{BRmax} 的表达式。

2. 在图题2所示的电路中，已知交流电源频率 $f=50Hz$，负载电阻 $R_L=120\Omega$，直流输出电压 $V_o=30V$。

（1）求直流负载电流 I_o；

（2）求二极管的整流电流 I_D 和反向电压 V_{RM}；

（3）选择滤波电容的容量。

3. 要求负载电压 $V_o=30V$，负载电流 $I_o=150mA$。采用单相桥式整流电路、电容滤波电路。已知交流输入信号频率为50Hz，试选二极管最大整流电流、反向峰值电压和滤波电容。

4. 试分析图题4所示的单相整流电路，写出副端绕组的电压有效值的表达式。

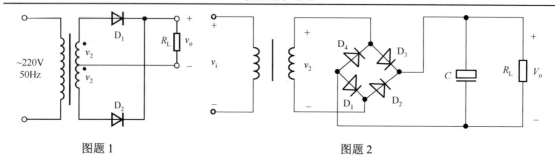

图题 1　　　　　　　　　　　　图题 2

(1) 如无滤波电容器，负载整流电压的平均值 V_o 和变压器副端绕组 V_2 之间的数值关系如何？如有滤波电容，则又如何？

(2) 如果整流二极管 D_2、C 虚焊，V_o 平均值是否是正常情况下的一半？如果变压器副边中心抽头虚焊情况又如何？

(3) 如果 D_2 因过载损坏，造成短路，还会出现什么问题？

(4) 如果输出端短路，又将出现什么问题？

(5) 如果把图中的 D_1 和 D_2 都反接，会出现什么现象？

5. 稳压管稳压电路如图题 5 所示。已知稳压管的稳定电压 $V_z = 9V$，最小稳定电流 $I_{zmin} = 1mA$，最大稳定电流 $I_{zmax} = 26mA$，输入电压 $V_I = 15 \times (1 \pm 10\%)V$，$r_z = 5\Omega$，负载电流在 $0 \sim 10mA$ 可变，$V_i = 15 \times (1 \pm 10\%)V$，试确定限流电阻 R。

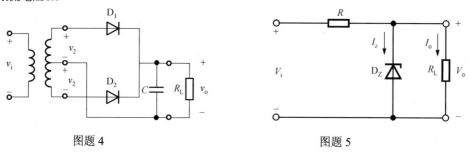

图题 4　　　　　　　　　　　　图题 5

6. 在图题 5 所示的稳压管稳压电路中，设 $R = 30\Omega$，$r_z = 2\Omega$，$V_i = 10.7V$，$V_o = 6.2V$。现要求 V_o 的变化不得超过 $\pm 30mV$，假定 I_o 不变，试求：

(1) V_i 的最大值不得高于多少？

(2) V_i 的最小值不得低于多少？

7. 图题 7 中的各个元器件应如何连接，才能得到对地为 $\pm 15V$ 的直流稳定电压。

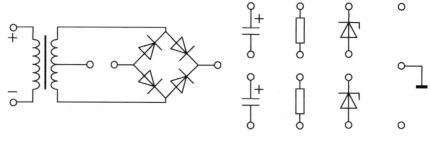

图题 7

8. 串联型稳压电路如图题 8 所示。已知稳压管 D_z 的稳定电压 $V_z = 6V$，负载 $R_L = 20\Omega$。考虑电网电压有 $\pm 10\%$ 波动。

(1)标出运算放大器 A 的同相和反相输入端；

(2)试求输出电压 V_o 的调整范围；

(3)为了使调整管的 $V_{CE} > 3V$，试求输入电压 V_i 的值。

9. 图题 9 所示为运算放大器组成的稳压电路，图中输入直流电压 $V_i = 30V$，调整管 T 的 $\beta = 25$，运算放大器的开环增益为 100dB，输出电阻为 100Ω，输入电阻为 2MΩ，稳压管的稳定电压 $V_z = 5.4V$，稳压电路的输出电压近似等于 9V。在稳压电路工作正常的情况下，试问：

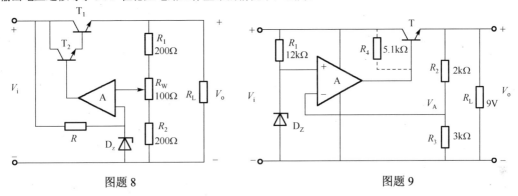

图题 8　　　　　　　　　　　　　　　　　　　　　图题 9

(1)调整管 T 的功耗 P_T 和运算放大器的输出电流等于多少？

(2)从电压串联负反馈电路详细分析计算的角度看，该稳压电路的输出电压能否真正等于 9V，无一点误差，如不能，输出电压的精确值等于多少？

(3)在调整管的集电极和基极之间加一只 5.1kΩ 的电阻 R_4(如图题 9 中虚线所示)，再求运算放大器的输出电流；

(4)说明引入电阻 R_4 的优点。

10. 指出图题 10 中的三个直流稳压电路(a)、(b)、(c)是否有错误。如有错误请加以改正。要求输出电压和电流如图所示。

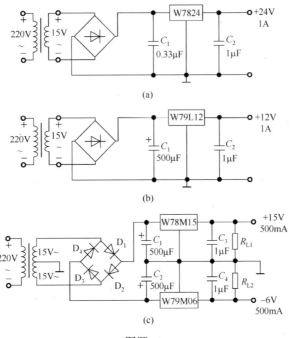

图题 10

11. 在图题 11 中画出了两个三端集成稳压器组成的电路，已知电流 $I_W = 5\text{mA}$，

(1)写出图题 11(a)I_o的表达式，并计算具体数值；

(2)写出图题 11(b)V_o的表达式，并计算当 $R_2 = 5\Omega$ 时的具体数值；

(3)指出这两个电路分别具有什么功能。

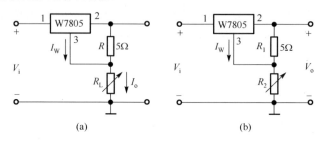

图题 11

12. 现有一个具有中心抽头的变压器，一块全桥，一块 W7815，一块 W7915 和一些电容、电阻，试组成一个可输出正、负 15V 的直流稳压电路。试画出直流稳压电源的电路图。

13. 在图题 13 所示电路中，$R_1 = 240\Omega$，$R_2 = 3\text{k}\Omega$；W117 输入端和输出端电压 V_{12} 的变化允许范围为 3~40V，输出端和调整端之间的电压 V_R 为 1.25V。试求解：

(1)输出电压的调节范围；

(2)输入电压允许的范围。

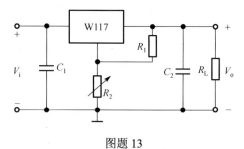

图题 13

14. 图题 14 是一个用三端稳压器组成的直流稳压电路，试说明各元器件的作用，并指出电路在正常工作时的输出电压值。

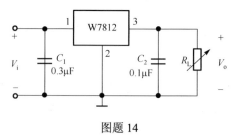

图题 14

第 12 章　数模和模数转换

内容提要： 本章将介绍数模转换器(Digital-Analog Converter，DAC 或 D/A 转换器)的结构、工作原理、类型和参数；随后介绍模数转换器(Analog-Digital Converter，ADC 或 A/D 转换器)的结构、工作原理、类型和参数；最后介绍数模转换器和模数转换器的选择方法。本章还简要地介绍 8 位集成 D/A 转换器 TLC5620 及 8 位集成 A/D 转换器 TLC549 的使用方法。

12.1　概　　述

　　模拟电路世界与数字电路世界之间信号是否能传递，如何将模拟信号转换成数字信号被数字计算机处理，数字系统处理的信号如何转换成模拟信号去控制模拟世界的物理量，为了桥接模拟电路世界和数字电路世界，出现了数模转换器和模数转换器。

　　随着数字计算机的飞速发展，数字电路系统的处理能力逐渐超过了模拟电路系统。在真实世界中，如温度、压力、时间间隔、流量、速度、电压等都是连续变化的物理量，即模拟量。为精确控制这些模拟量，常采用数字计算机作为控制核心。例如，在高频感应加热炉的炉温控制系统中，如图 12.1.1 所示。在模拟世界中，炉温由温度传感器采集，经放大、滤波后，通过 A/D 转换变成数字量；在数字世界中，代表温度的数字量由数字计算机运算和处理，处理后的数字量通过 D/A 转换变成模拟量，回到模拟世界中，通过电压/电流变换、驱动后控制加热炉的温度。

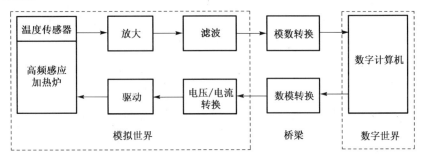

图 12.1.1　高频感应加热炉的计算机控制系统中的重要桥梁 ADC 和 DAC

　　这些转换器是如何使用？用最简单的话讲，ADC 是用来捕获大量未知的信号，并把它转换成已知的描述。相反，DAC 是接受完全已知的描述，然后"简单地"产生等效的模拟数值。因此，ADC 面临的挑战确实要比 DAC 大得多。为了充分发挥 ADC 的功能，特别是较高性能(速度或精度)的 ADC，需要采用精心设计的模拟信号调节输入信道。DAC 的设计要简单得多。下面首先讨论 D/A 转换器。

12.2　数模转换器

D/A 转换器是将输入的数字量转换为模拟量，以电压或电流的形式输出。

大多数 D/A 转换器由电阻阵列和 n 个电流开关(或电压开关)构成。按数字输入值切换开关，产生比例于输入的电流(或电压)。此外，也有为了改善精度而把恒流源放入器件内部的。一般说来，由于电流开关的切换误差小，大多采用电流开关型电路。

D/A 转换器分类：

12.2.1　D/A 转换器的基本工作原理

基本原理：将输入的每一位二进制代码按其权的大小转换成相应的模拟量，然后将代表各位的模拟量相加，所得的总模拟量就与数字量成正比，这样便实现了从数字量到模拟量的转换。

基本组成：D/A 转换器一般由数码缓冲寄存器、模拟电子开关、参考电压、解码网络和求和电路等部件构成，组成框图如图 12.2.1 所示。

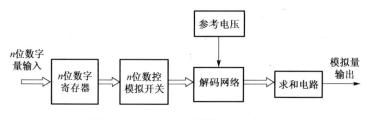

图 12.2.1　n 位 D/A 转换器组成框图

数字量以串行或并行方式输入，并存储在数码缓冲寄存器中；寄存器输出的每位数码驱动对应数位上的电子开关，将在解码网络中获得相应数位的模拟量值送入求和电路；求和电路将各位对应的模拟量值(权值)相加，便得到与数字量对应的模拟量。

转换特性：D/A 转换器的转换特性，是指其输出模拟量和输入数字量之间的转换关系。图 12.2.2 所示是输入为 4 位二进制数时的 D/A 转换器的转换特性。

从图中可看出，两个相邻数码转换出的电压值是不连续的，两者的电压差由最低码位代表的位权值决定。它是信息所能分辨的最小量，用 LSB(LeastSignificantBit，最低有效位)表示。对应于最大输入数字量的最大电压输出值(绝对值)，用 FSR(Full Scale Range，满刻度量程)表示。

理想的 D/A 转换器的转换特性，应是输出模拟量与输入数字量成正比，即输出模拟电压 $v_o = K_v \times D$ 或输出模拟电流 $i_o = K_i \times D$。其中，K_v 或 K_i 为电压或电流的转换比例系数，$D(d_{n-1}d_{n-2}\cdots d_2 d_1 d_0)$ 为输入的 n 位二进制数码。设参考电压为 V_{REF}，它的输出是模拟量 v_o。则输入输出关系可表示为

$$v_{o} = K_{v}(d_{n-1} \cdot 2^{n-1} + d_{n-2} \cdot 2^{n-2} + \cdots + d_{1} \cdot 2^{1} + d_{0} \cdot 2^{0}) \tag{12.2.1}$$

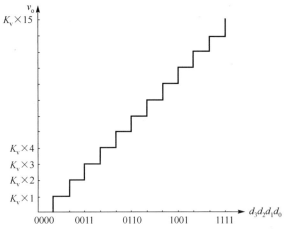

图 12.2.2　D/A 转换器数字输入量与输出电压的对应关系

12.2.2　D/A 转换器电路

根据采用的解码网络的不同，D/A 转换器可分为多种形式，这些形式主要有：权电阻网络、权电流、倒 T 型电阻网络、开关树型、双极型输出等。下面将主要介绍几种典型的 D/A 转换器的逻辑电路结构和电路的基本工作原理。

1. 权电阻网络 D/A 转换器

n 位权电阻解码网络 D/A 转换器电路如图 12.2.3 所示。它由"权电阻"解码网络和运算放大器组成。从图中可见，权电阻解码网络的每一位由一个权电阻和一个双向模拟电子开关组成，数字量位数增加，开关和电阻的数量也相应地增加。其中 MSB（MostSignificantBit，最高有效位）d_{n-1} 在最左边，LSB d_0 在最右边，各位的权依次为 $2^{n-1}, 2^{n-2}, \cdots, 2^2, 2^0$。图中每个开关的下方标出该位的权电阻阻值，每位阻值与该位的权对应；权电阻值取值次序和权相反，即随着权以二进制规律递减，权电阻值以二进制规律递增，以保证流经各位权电阻的电流符合二进制规律的要求。

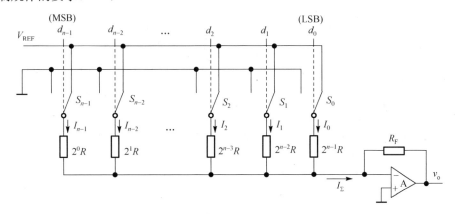

图 12.2.3　权电阻网络 D/A 转换器原理图

各位的开关由该位的二进制代码控制。代码 d_i 为 1 时，相应的权电阻通过开关接到参考电压 V_{REF} 上，代码 d_i 为 0 时，相应的权电阻通过开关接到地。

运算放大器和电阻解码网络接成反相比例求和运算电路。将运算放大器看成理想放大器，因此，当某一位 d_i 的输入代码为 $d_i = 1$，相应开关 S_i 接向 V_{REF} 时，通过该位权电阻 $2^{n-1-i}R$ 流向求和点的电流为 $I_i = \dfrac{V_{REF}}{2^{n-1-i}R}$；当代码 $d_i = 0$ 时，相应开关接向地，没有电流流向求和点，则 I_i 可表示为：

$$I_i = d_i \frac{V_{REF}}{2^{n-1-i}R} \tag{12.2.2}$$

权电阻网络的每个支路电流流向运算放大器的输入节点，实现各个支路电流求和运算，I_Σ 为各位"权电阻"所对应的分支路电流相加之和数，由式(12.2.2)可得

$$I_\Sigma = I_{n-1} + I_{n-2} + \cdots + I_2 + I_1 + I_0 = \sum_{i=0}^{n-1} I_i = \sum_{i=0}^{n-1} d_i \frac{V_{REF}}{2^{n-1-i}R} = \frac{V_{REF}}{2^{n-1}R} \sum_{i=0}^{n-1} d_i 2^i \tag{12.2.3}$$

由于运算放大器输入电流可以忽略，近似"0"的条件下，根据式(12.2.3)可以得到

$$v_o = -R_F I_\Sigma = -\frac{V_{REF} R_F}{2^{n-1}R} \sum_{i=0}^{n-1} d_i 2^i \tag{12.2.4}$$

式(12.2.4)表明，输出的模拟电压 v_o 正比于输入的数字量 D_n，从而实现了从数字量到模拟量的转换。

当 $D_n = 0$ 时，$v_o = 0$，当 $D_n = 11\cdots 111$ 时，$v_o = -\dfrac{2^n - 1}{2^n} V_{REF}$，故 v_o 的最大变化范围是 $0 \sim -\dfrac{2^n - 1}{2^n} V_{REF}$。

这个电路的优点是结构比较简单，缺点是各个电阻的阻值相差较大，例如，12 位 D/A 转换器 MSB 和 LSB 的权电阻阻值相差近 $2^{11} = 2048$ 倍。由于阻值悬殊，制造工艺很难保证精度。因此，在集成 D/A 转换器中，常采用倒 T 型电阻解码网络。

2. 倒 T 型电阻网络 D/A 转换器

倒 T 型电阻网络 D/A 转换器如图 12.2.4 所示，其电阻只有 R 和 $2R$ 两种，构成 T 型电阻网络(又称 R2R 架构)。双向模拟电子开关 $S_{n-1} \sim S_0$ 由代码 $d_{n-1} \sim d_0$ 分别控制，电流的求和是在运算放大器的反相输入端(虚地)实现。当某位代码 d_i 为 1 时，相应的开关 S_i 接到反相输入端(虚地)节点，当代码 d_i 为 0 时，相应的开关 S_i 接到同相输入端(地)节点。因此，流过 $2R$ 电阻上的电流是恒定电流，不随开关转换方向变化。从节点向右看，各两端口电阻网络的等效电阻都是 R。若参考电压 V_{REF} 供出的总电流为

$$I = \frac{V_{REF}}{R} \tag{12.2.5}$$

则流过每个开关支路的电流，从左向右每经过一个节点就进行一次对等分流，因此各支路电流分别是：

$$\frac{I}{2^1}, \ \frac{I}{2^2}, \ \cdots, \ \frac{I}{2^{n-2}}, \ \frac{I}{2^{n-1}}, \ \frac{I}{2^n}$$

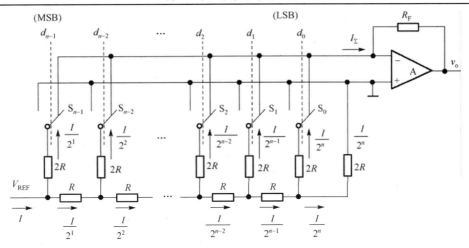

图 12.2.4　倒 T 型电阻网络 D/A 转换器原理图

这样，流入放大器求和点的电流为

$$I_\Sigma = d_{n-1} \frac{I}{2^1} + d_{n-2} \frac{I}{2^2} + \cdots + d_2 \frac{I}{2^{n-2}} + d_1 \frac{I}{2^{n-1}} + d_0 \frac{I}{2^n}$$

$$I_\Sigma = = \frac{I}{2^n} (d_{n-1} 2^{n-1} + d_{n-2} 2^{n-2} + \cdots + d_2 2^2 + d_1 2^1 + d_0 2^0)$$

$$I_\Sigma = \frac{I}{2^n} \sum_{i=0}^{n-1} d_i 2^i \tag{12.2.6}$$

将式(12.2.5)代入式(12.2.6)得到

$$I_\Sigma = \frac{V_{\mathrm{REF}}}{2^n R} \sum_{i=0}^{n-1} d_i 2^i \tag{12.2.7}$$

运算放大器的输出电压为

$$v_\mathrm{o} = -R_\mathrm{F} I_\Sigma = -\frac{V_{\mathrm{REF}} R_\mathrm{F}}{2^n R} \sum_{i=0}^{n-1} d_i 2^i = -\frac{V_{\mathrm{REF}} R_\mathrm{F}}{2^n R} D_n \tag{12.2.8}$$

由式(12.2.8)可见，输出的模拟电压正比于输入数字量 D_n，实现了数字量转换模拟量。

倒 T 型电阻网络的特点是电阻只有 R 和 2R，因此制造精度高。另外，倒 T 型电阻网络的各支路电流直接流入运算放大器的输入端，不仅提高了转换速度，而且也减少了输出信号可能出现的尖脉冲。该集成 D/A 转换器中转换速度较高。典型倒 T 型电阻网络的 8 位 D/A 转换器 DAC0832，它在 2003 年以前得到了广泛应用。

但实际应用中，倒 T 型电阻网络的开关导通压降和电阻也不等，会给 D/A 转换器带来转换误差。为提高精度，通常增加电阻构建开关树 DAC（又可称为电阻串 DAC）。

3. 开关树 D/A 转换器

倒 T 型电阻网络（又称 R2R 架构），其输出类型可以是电流型或电压型；而开关树 DAC（电阻串架构）只能是电压输出型。

开关树 DAC 由电阻分压器、树状的模拟电子开关网络和运算放大器组成，如图 12.2.5(a)所示。为了简化分析，图中以 3 位 D/A 为例。

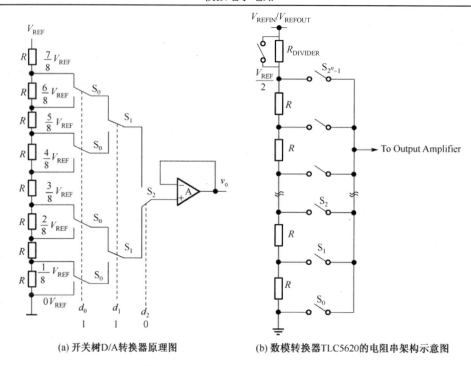

(a) 开关树D/A转换器原理图　　　　(b) 数模转换器TLC5620的电阻串架构示意图

图 12.2.5　开关树（电阻串架构）D/A 转换器原理图

相同阻值的电阻串联构成分压器，电阻的个数 M 和二进制数的位数关系为 $M = 2^n$（n 为数字量位数，图中 $n = 3$），把参考电压 V_{REF} 等分为 2^n 份。双向模拟电子开关共有 n 级，形成树状结构，n 级电子开关分别由数字量的各位控制。数字量某位代码 d_i 为 1 时，相对应级的开关 S_i 向上闭合；为 0 时，相对应级的双向开关 S_i 向下闭合。这样 n 级电子开关结合起来就把与数字量对应的电压引向开关树输出端。开关树接到运算放大器，运算放大器接成电压跟随器，这样既能保持树状开关输出电压的大小和极性，又可减小负载对转换特性的影响。

这种转换电路的输出与输入的关系为

$$v_o = -\frac{V_{REF}}{2^n} D_n \tag{12.2.9}$$

在图 10.2.5(a) 中，电子开关的级 $n = 3$，参考电压 V_{REF} 被等分为 8 份。由图可知，若数字量为 011，则 S_2 向下闭合，S_1 向上闭合，S_0 向上闭合，由式 (12.2.9) 可以看到，对于输入为 n 位二进制数的开关树型 D/A 转换器，其输出电压的大小与图中的电阻阻值大小无关，这样，这种电路的所用电阻阻值单一；由于集成运算放大器的输入电流可以忽略，对二进制数控制的电子开关的导通电阻要求不高。这些特点对于制作集成电路都是十分有利的。另外，由于开关树型 D/A 转换器使用电阻分压器，因此能够确保单调性（数字量增大，模拟量输出也增大）特性。所以图中的电阻只是起着分压作用，阻值的大小可以尽可能得大些，以降低电路的能耗。

TI 公司的数模转换器 TLC5620 是电压输出型 DA 转换器，其 DAC 模块为电阻串架构，如图 12.2.5(b) 所示。开关是由逻辑电路控制的，当 8 位数字量为 0000 0000 时，开关 S_0 闭合；当 8 位数字量为 0000 0001 时，开关 S_1 闭合；当 8 位数字量为 0000 0010 时，开关 S_2 闭合；当 8 位数字量为 1111 1111 时，开关 S_{255} 闭合。

4. 双极性 D/A 转换器

在前面介绍的 D/A 转换器中，输入的数字均视为正数，即二进制数的所有数位都为有效的数值位。根据电路形式或参考电压的极性不同，输出电压或为 0V 到正的满度值，或为 0V 到负的满度值，D/A 转换器处于单极性输出方式。采用单极性输出方式时，数字输入量，采用自然二进制码，8 位 D/A 转换器单极性输出时，输入数字量与输出模拟量之间的关系如表 12.2.1 所示。

表 12.2.1　8 位 D/A 转换器单极性输出时的输入/输出关系

十进制数	数字量								模拟量
	d_7	d_6	d_5	d_4	d_3	d_2	d_1	d_0	v_o/V_{LSB}
255	1	1	1	1	1	1	1	1	255
⋮				...					⋮
129	1	0	0	0	0	0	0	1	129
128	1	0	0	0	0	0	0	0	128
127	0	1	1	1	1	1	1	1	127
⋮				...					⋮
1	0	0	0	0	0	0	0	1	1
0	0	0	0	0	0	0	0	0	0

注：表中 $V_{LSB}=V_{REF}/256$，称为最小转换电压单位。

在实际应用中，D/A 转换器输入的数字量有正极性也有负极性。这就要求 D/A 转换器能将不同极性的数字量对应转换为正、负极性的模拟电压，工作于双极性方式。双极性 D/A 转换器常用的编码有二进制补码、偏移二进制码、符号-数值码(符号位加数值码)等。表 12.2.2 列出了 8 位二进制补码、偏移二进制码转换为模拟量之间的对应关系。

表 12.2.2　8 位 D/A 转换器双极性输出时的输入/输出关系

十进制数	二进制补码								偏移二进制码								模拟量
	d_7	d_6	d_5	d_4	d_3	d_2	d_1	d_0	d_7	d_6	d_5	d_4	d_3	d_2	d_1	d_0	v_o/V_{LSB}
127	0	1	1	1	1	1	1	1	1	1	1	1	1	1	1	1	127
126	0	1	1	1	1	1	1	0	1	1	1	1	1	1	1	0	126
⋮				...								...					...
1	0	0	0	0	0	0	0	1	1	0	0	0	0	0	0	1	1
0	0	0	0	0	0	0	0	0	1	0	0	0	0	0	0	0	0
−1	1	1	1	1	1	1	1	1	0	1	1	1	1	1	1	1	−1
⋮				...								...					...
−127	1	0	0	0	0	0	0	1	0	0	0	0	0	0	0	1	−127
−128	1	0	0	0	0	0	0	0	0	0	0	0	0	0	0	0	−128

注：表中 $V_{LSB}=V_{REF}/256$，称为最小转换电压单位。

由表 12.2.2 可见，形式上，偏移二进制码和无符号二进制码相同。对于偏移二进制码，实际上是将二进制码的零数值，偏移至 80_H，使得在偏移后的数中，只有大于 128 的才是正数，而小于 128 的则为负数。所以，8 位带符号偏移二进制码的 D/A 转换器，应引入对应 80_H 数值的模拟量偏移电压值。

这样，若将单极性 8 位 D/A 转换器的输出电压减去 $\dfrac{V_{REF}}{2}$（80_H 所对应的模拟量），就可得到极性正确的偏移二进制码输出电压。图 12.2.6 所示为 n 位偏移二进制码 D/A 转换器的电路原理图，输入数字量为偏移二进制码。该电路是在图 12.2.4 的单极性倒 T 型电阻解码网络 D/A 转换器的基础上，在求和节点增加一路偏移电路，它的电源电压与网络的参考电压数值相等，极性相反，偏移电阻 R_B 的阻值等于符号位 d_{n-1} 电阻 $2R$，以保证当偏移二进制码符号位为 1 而各数值位均为 0 时，输出模拟电压为 0。

参考倒 T 型电阻网络的求和点电流公式和输出电压公式，同样可得

$$v_o = -R_F\left(I_\Sigma + \frac{-V_{REF}}{R_B}\right) = -R_F\left(\frac{V_{REF}}{2^n R}\right)\sum_{i=0}^{n-1}d_i 2^i - \frac{-V_{REF}}{2R}R_F$$

$$= -V_{REF}\left(\frac{1}{2^n}\right)\sum_{i=0}^{n-1}d_i 2^i - \frac{-V_{REF}}{2} = -V_{REF}\left(\frac{1}{2^n}D_n - \frac{1}{2}\right)$$

即

$$v_o = -V_{REF}\left(\frac{1}{2^n}D_n - \frac{1}{2}\right) \tag{12.2.10}$$

若 D/A 转换器输入数字量是二进制补码，从表 12.2.2 可以看出，需要先把它转换为偏移二进制码，然后输入到偏移二进制码的 D/A 转换器电路中的数据输入，就可实现将二进制补码转换成双极性的模拟量输出。比较表 12.2.2 中二进制补码和偏移二进制码的区别，可以发现，二进制补码与偏移二进制码的唯一差别是符号位相反。因此，只需将二进制补码的符号位求反，即可得到偏移二进制码。采用二进制补码输入的 n 位二进制数双极性输出 D/A 转换器如图 12.2.6 所示。若偏移电阻 R_B 阻值等于符号位 d_{n-1} 电阻 $2R$，图 12.2.7 所示的二进制补码 D/A 转换器的转换结果与式(12.2.10)相同，即

$$v_o = -V_{REF}\left(\frac{1}{2^n}D_n - \frac{1}{2}\right)$$

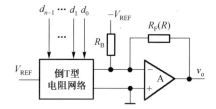

图 12.2.6　偏移二进制码 D/A 转换器原理图

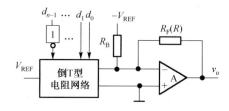

图 12.2.7　二进制补码 D/A 转换器原理图

12.2.3　D/A 转换器的主要技术指标

D/A 转换器的主要技术指标有分辨率、转换精度和转换速度等。

1. 分辨率

分辨率用于表征 D/A 转换器对输入微小量变化的敏感程度，其定义为 D/A 转换器模拟输出电压可能被分隔的等级数。输入数字量位数越多，输出电压可分隔的等级越多，即分辨率越高。所以在实际应用中，往往用输入数字量的位数 n 表示 D/A 转换器的分辨率。

此外，D/A 转换器也可以用能分辨的最小输出电压与最大输出电压之比表示。n 位 D/A 转换器的分辨率可表示为 $\dfrac{1}{2^n-1}$。位数越多，分辨率越高，转换时对输入量的微小变化的反映越灵敏。它从一方面体现了 D/A 转换器的理论精度，也可以用百分比表示，例如，四位 D/A 转换器的百分比理论精度等于 1/15 = 6.67%。

2. 转换误差

转换误差取决于构成转换器的各个部件的参数精度和稳定性。

由于 D/A 转换器中各元件参数存在误差，基准电压不够稳定和运算放大器的零点漂移等各种因素的影响，D/A 转换器的转换精度与一些转换误差有关，如运算放大器的比例系数误差、失调误差和非线性误差等。

1) 比例系数误差

比例系数误差是指构成比例运算放大器的实际转换特性曲线斜率与理想特性曲线斜率的偏差。如在 n 位二进制数的倒 T 型电阻网络 D/A 转换器中，当 V_{REF} 偏离标准值时，ΔV_{REF} 就会产生输出误差电压 Δv_{o}。这一输出误差电压 Δv_{o} 可以由下式得出

$$\Delta v_{\mathrm{o}} = \frac{\Delta V_{\mathrm{REF}}}{2^n} \cdot \frac{R_{\mathrm{F}}}{R} \cdot \sum_{i=0}^{n-1} d_i 2^i$$

由于基准电源电压的波动 ΔV_{REF} 引起的误差属于比例系数误差。考虑到比例误差产生的影响，3 位二进制数 D/A 转换器的转换特性如图 12.2.8 所示。

2) 失调误差

失调误差是由运算放大器的零点漂移引起的，其大小与输入数字量无关，该误差使输出电压的转换特性曲线发生平移，考虑到失调误差产生的影响，3 位二进制数 D/A 转换器的转换特性曲线如图 12.2.9 所示。

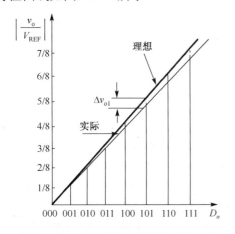

图 12.2.8　D/A 转换器的比例系数误差

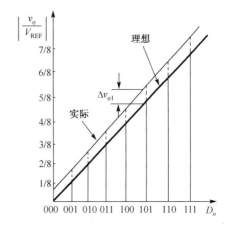

图 12.2.9　D/A 转换器的失调误差

3) 非线性误差

非线性误差是一种没有一定变化规律的误差，一般用在满刻度范围内偏离理想的转换特性的最大值来表示。引起非线性误差的原因较多，如电路中的各模拟开关不仅存在不同的导通电压和导通电阻，而且每个开关处于不同位置(接地或接 V_{REF})时，其开关压降和电阻也不一定相等。又如，在电阻网络中，每个支路上电阻误差不相同，不同位置上的电阻的误差

对输出电压的影响也不相同，这些都会导致非线性误差。3 位 D/A 转换器的非线性误差如图 12.2.10 所示。

综上所述，为获得高精度的 D/A 转换器，不仅应选择位数较多的高分辨率的 D/A 转换器，而且还需要选用高稳定度的 V_{REF}、低零点漂移的运算放大器等器件与之配合才能达到要求。

3. 转换速度

当 D/A 转换器输入的数字量发生变化时，输出的模拟量并不能立即达到所对应的量值，它需要一段时间。通常用建立时间 t_{set} 来定量描述 D/A 转换器的转换速度。

建立时间 t_{set} 定义为：从输入的数字量发生突变开始，直到输出电压进入与稳态值相差 ± 0.5 LSB 范围以内的这段间，称为建立时间 t_{set}，如图 12.2.11 所示。因为输入数字量的变化越大，建立时间越长，所以一般产品说明中给出的都是输入从全 0 跳变为全 1（即满度值 V_{FS}）时的建立时间。目前，在不包含运算放大器的单片集成 D/A 转换器中，建立时间最短可达到 0.1μs 以内。在包含运算放大器的集成 D/A 转换器中，建立时间最短的也可达到 1.5μs 以内。

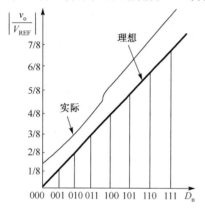

图 12.2.10　D/A 转换器的非线性误差

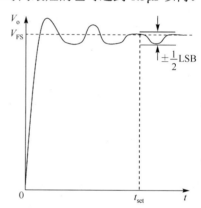

图 12.2.11　D/A 转换器的建立时间

在外加运算放大器组成完整的 D/A 转换器时，如果采用普通的运算放大器，则运算放大器的建立时间将成为 D/A 转换器建立时间 t_{set} 的主要成分。因此，为了获得较快的转换速度，应选用转换速率（即输出电压的变化速度）较快的运算放大器，以缩短运算放大器的建立时间。

12.2.4　8 位集成 D/A 转换器 TLC5620

TI 公司的产品 TLC5620C 是带有高阻抗缓冲输入的 4 通道 8 位电源输出数模转换器集成电路。这些 DAC 可以产生单调的、1～2 倍的基准电压输出。通常情况下，TLC5620 采用供电电压为+5V 的单电源。器件内集成上电复位功能，确保启动时的环境是相同。

（1）TLC5620 的特点如下：4 通道 8 位电压输出 D/A 转换器；5V 单电源；串行接口；高阻抗的基准输入；可编程实现 1～2 倍的输出范围；设备易于同时更新；内置上电复位；低功耗；半缓冲输出。

TLC5620 目前在实际应用中得到了广泛的应用，其典型应用有：可编程电压源、数控放大器/衰减器、移动通信、自动测试设备、过程监控和控制、信号合成。

（2）TLC5620 的内部功能框图如图 12.2.12 所示，它包含 4 路独立的 8 位 DAC。

每一路 DAC 均具有两级缓冲器，即输入锁存器（Latch）和 DAC 锁存器（Latch）、一个输出量程开关；一个 8 位 DAC 电路以及一个电压输出电路。

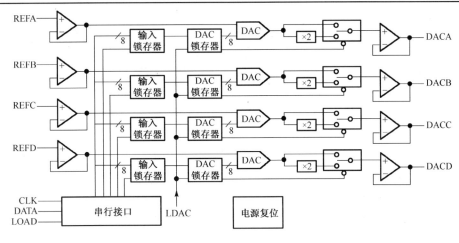

图 12.2.12　数模转换器 TLC5620 的内部功能框图

TLC5620C 的内部带有一个串行接口电路，通过该串行接口，外部微处理器只需要进行 3 线总线连接便可编程实现 8 位数模转换，所需 IO 口少。对 TLC5620C 的编程是通过该 3 路串行总线实现的。该总线兼容 CMOS，并易于向所有的微处理器和微控制器设备提供接口。11 位的命令字包括 8 位数据位，2 位 DAC 选择位和 1 位范围位，后者用来选择输出范围是 1 倍还是 2 倍。可通过对串行控制字中的 RNG 位置 1 或清零来实现。

DAC 寄存器采用双缓存，允许一整套新值被写入设备中。通过 LDAC 实现 DAC 输出值的同时更新。数字量的输入采用施密特触发器，从而有效降低噪声。

其输出电压的最大值是外加参考电压的 1～2 倍。

输入输出电路均为射极跟随器，输入阻抗高，输出阻抗低。

（3）TLC5620 的外形封装为 14pin 的贴片小外形封装（Small Outline Package，SOP），其封装类型为 SOIC，其引脚排列如图 12.2.13 所示，管脚说明见表 12.2.3。

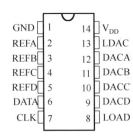

图 12.2.13　数模转换器 TLC5620 管脚排列图

表 12.2.3　数模转换器 TLC5620 管脚功能说明

引脚		输入/输出	描述
名称	序号		
CLK	7	I	串行接口时钟。引脚出现下降沿时将输入的数字量转发到串行接口寄存器里
DACA	12	O	DAC A 模拟信号输出
DACB	11	O	DAC B 模拟信号输出
DACC	10	O	DAC C 模拟信号输出
DACD	9	O	DAC D 模拟信号输出
DATA	6	I	存放数字量的串行接口
GND	1	I	地回路及参考终端
LDAC	13	I	加载 DAC。当引脚出现高电平时，即使有数字量被读入串行口也不会对 DAC 的输出进行更新。只有当引脚从高电平变为低电平时，DAC 输出才更新
LOAD	8	I	串口加载控制。当 LDAC 是低电平，并且 LOAD 引脚出现下降沿时数字量被保存到锁存器，随后输出端产生模拟电压

引脚		输入/输出	描述
名称	序号		
REFA	2	I	输入到 DACA 的参考电压。这个电压定义了输出模拟量的范围
REFB	3	I	输入到 DACB 的参考电压。这个电压定义了输出模拟量的范围
REFC	4	I	输入到 DACC 的参考电压。这个电压定义了输出模拟量的范围
REFD	5	I	输入到 DACD 的参考电压。这个电压定义了输出模拟量的范围
V_{DD}	14	I	正极电源

(4) TLC5620 的典型应用电路。

TLC5620 可方便地与单片机或 FPGA 连接使用，其典型应用电路如图 12.2.14 所示。其中 V_{REF} 为 2.5V 基准源，四个通道都采用其作为基准源，输入 5V 电压与输出电压都经过滤波，保证精度。

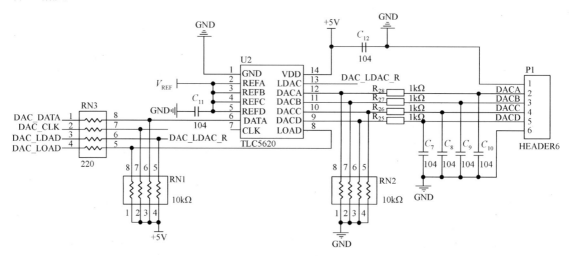

图 12.2.14　数模转换器 TLC5620 的典型应用电路图

(5) TLC5620 工作时序。

TLC5620 是串联型 8 位 D/A 转换器，它有 4 路独立的电压输出 D/A 转换器，具备各自独立的基准源，其输出还可以编程为 2 倍或 1 倍。在控制 TLC5620 时，只要对该芯片的 DATA、CLK、LDAC、LOAD 端口控制即可，TLC5620 控制字为 11 位，包括 8 位数字量，2 位通道选择，1 位增益选择。其中命令格式第 1 位、第 2 位分别为 A1、A0，第 3 位为 RNG，即可编程放大输出倍率，第 4 到 11 位为数据位，高位在前，低位在后。通道地址设置与输出关系如表 12.2.4 所示。

表 12.2.4　数模转换器 TLC5620 通道地址设置与输出关系

A1	A0	D/A 输出
0	0	DCAA
0	1	DCAB
1	0	DCAC
1	1	DCAD

TLC5620 中的每个 DAC 的核心是带有 256 个抽头的电阻串，每一个 DAC 的输出可配置

增益输出放大器缓冲，上电时 DAC 被复位且代码为 0。每一通道输出电压的表达式为

$$v_o = V_{REF}\left(\frac{CODE}{256}\right)(1 + RNG)$$

其中，CODE 的范围为 0～255，RNG 位是串行控制字内的 0 或 1。

管脚 DATA 为芯片串行数据输入端，CLK 为芯片时钟，数据在每个时钟下降沿输入 DATA 端，数据输入过程中 LOAD 始终处于高电平，一旦数据输入完成，LOAD 置低，则转换输出，实验中 LDAC 一直保持低电平，DACA、DACB、DACC、DACD 为 4 路转换输出，REFA、REFB、REFC、REFD 为其对应的参考电压。

TLC5620 的时序图详见 TI 官方网站提供的数据手册。

12.3 模数转换器

12.3.1 A/D 转换器的工作原理

A/D 转换器是将模拟信号转换为数字信号。因为输入的模拟信号在时间上是连续的，而输出的数字信号是离散的，所以转换只能在一系列选定的瞬间对输入的模拟信号采样，然后再把这些采样值转换成输出的数字量。

因此，A/D 转换的过程是首先对输入的模拟电压信号采样，采样结束后进入保持时间，在这段时间内将采样的电压量化为数字量，并按一定的编码形式给出转换结果。然后，再开始下一次采样。A/D 转换过程通过采样、保持、量化和编码四个步骤完成。

1. 采样和保持

采样是将时间上连续变化的信号，转换为时间上离散的信号，即把时间上连续的模拟量转换为一系列等间隔的脉冲，脉冲的幅度取决于输入模拟量。其过程及信号波形如图 12.3.1 (a)、(b) 所示。图中 $v_i(t)$ 为输入模拟信号，$S(t)$ 为采样脉冲，$v_S(t)$ 为采样后的输出信号。

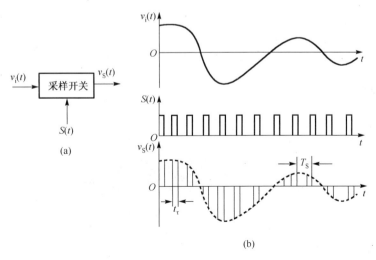

图 12.3.1 采样过程及信号波形图

在采样脉冲作用期 τ 内，采样开关接通，使 $v_S(t) = v_i(t)$；在其他时间 $(T_S-\tau)$ 内，输出为 0。

因此，每经过一个采样周期，对输入信号采样一次，在采样电路的输出端，便得到了对应输入信号的一个采样值。为了不失真地恢复原来的输入信号，根据采样定理，一个频率有限的模拟信号，其采样频率 f_S 必须大于等于输入模拟信号包含的最高频率 f_{max} 的两倍，即采样频率必须满足。

$$f_S \geqslant 2f_{max}$$

模拟信号经采样电路采样后，是一系列脉冲信号，脉冲信号的幅值等于采样时刻对应的模拟量值。采样脉冲宽度 τ 一般是很短暂的，在下一个采样脉冲到来之前，应暂时保留前一个采样脉冲结束时刻对应的模拟量瞬时值(简称为采样值)，以便实现对该模拟量值进行转换，保留时间等于 A/D 转换器的转换时间。因此，在采样电路之后须加信号保持电路。

保持就是将采样最终时刻的信号电压保持下来，直到下一个采样信号的出现。图 12.3.2(a) 是一种常见的采样保持电路，场效应管 T 为采样开关，电容 C_H 为保持电容，运算放大器作为电压跟随器使用，起缓冲隔离作用。在采样脉冲 $S(t)$ 到来的时间 τ 内，场效应管 T 导通，输入模拟量 $v_i(t)$ 向电容充电，假定充电时间常数远小于 τ，那么 C_H 上的充电电压能及时跟上 $v_i(t)$ 的瞬时值变化。采样结束，T 迅速截止，电容 C_H 上的充电电压就保持了前一采样时间 τ 的最终时刻，输入 $v_i(t)$ 的瞬时值，一直保持到下一个采样脉冲到来。当下一个采样脉冲到来，电容 C_H 上的电压 $v_S(t)$ 再按 $v_i(t)$ 输入变化。这样，在输入采样脉冲序列后，缓冲放大器输出电压的脉冲序列为如图 12.3.2(b) 所示的波形。

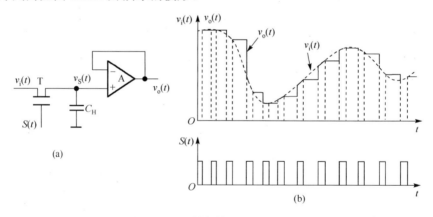

图 12.3.2　取样保持电路及工作波形

2. 量化和编码

输入的模拟电压经过采样保持后，得到的是阶梯波形信号。由于阶梯的幅度是任意的，将会有无限个数值，因此该阶梯波形信号仍是一个可以连续取值的模拟量。另外，由于数字量的位数有限，而且表示数值个数只能是有限的(n 位数字量只能表示数值个数为 2^n)。因此，用数字量来表示连续变化的模拟量时就有一个类似于四舍五入的近似问题。必须将采样后的采样值电平归化到与之接近的离散电平上，这个过程称为量化。指定的离散电平称为量化电平。用二进制数码来表示各个量化电平的过程称为编码。两个相邻量化电平之间的差值称为量化单位 Δ。位数越多，量化等级越细，Δ 就越小。采样保持后未量化的 V_O 值与量化电平 V_q 值通常是不相等的，其差值称为量化误差 ε，即 $\varepsilon = V_O - V_q$。量化的方法一般有两种：只舍不入法和四舍五入法。

1）只舍不入法

它是将采样保持信号 V_O 不足一个的尾数舍去，取其原整数。图 12.3.3 (a) 采用了只舍不入法。区域 (3) 中 V_O = 3.7V 时将它归并到 V_q = 3V 的量化电平，因此，编码后的输出为 011。这种方法 ε 总为正值，$\varepsilon_{max} = \Delta$。

2）四舍五入法

当 V_O 的尾数小于 $\Delta/2$（小于 0.5 个量化单位）时，用舍掉尾数,取整数部分得其量化值；当 V_O 的尾数大于或等于 $\Delta/2$（大于 0.5 个量化单位）时，用尾数取整数 1,即整数部分加上 1 得到量化值。图 12.3.3 (b) 采用了四舍五入法。区域 (3) 中 V_O = 3.7V，尾数 0.7 V $\geqslant \Delta/2$ = 0.5 V，因此，归化到 V_q = 4V，编码后为 100。区域 (5) 中 V_O = 4.1V，尾数小于 0.5V，归化到 V_q = 4V，编码后为 100。这种方法 ε 可为正，也可为负，但是 $|\varepsilon_{max}|$ = $\Delta/2$。可见，该方法误差较小。

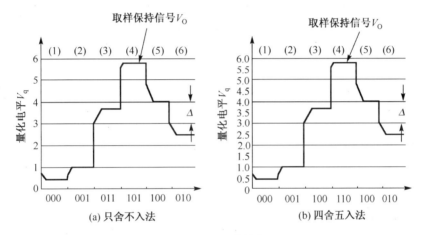

图 12.3.3 两种量化

12.3.2 A/D 转换器的主要电路形式

A/D 转换器有直接法转换和间接法转换两大类。

直接法是通过基准电压与采样保持电压进行比较，直接将模拟量转换成数字量。其特点是工作速度高，能保证转换精度，调准也比较容易。直接 A/D 转换器有计数型、逐次逼近比较型和并行比较型等多种方式，并行比较型的转换速度较快，但电路结构复杂。

间接法是将采样电压值转换成对应的中间量值，如时间变量 t 或频率变量 f，然后再将时间量值 t 或频率量值 f 转换成数字量（二进制数）。其特点是工作速度较低但转换精度可能做得较高，且抗干扰性强，一般在测试仪表中用得较多。间接 A/D 转换器有单次积分型、双积分型等，双积分型精度较高。

下面将主要介绍几种典型的 A/D 转换器的工作原理。

1. 并行比较型 A/D 转换器

并行比较型 A/D 转换器的电路原理如图 12.3.4 所示，由电压比较器、寄存器和编码器三部分组成。为了简化电路，图中以 3 位 A/D 转换器为例，并且略去了采样保持电路。V_{REF} 是参考电压。输入的模拟电压 v_i 已经是采样保持电路的输出电压，它的大小在 $0 \sim V_{REF}$，输出为 3 位二进制代码 $d_2 d_1 d_0$。

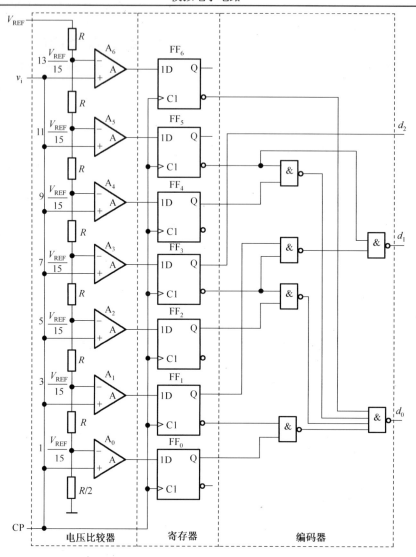

图 12.3.4 并行比较型 A/D 转换器原理图

电压比较器由电阻分压器和 7 个比较器构成。在电阻分压器中，量化电平依据有舍有入法进行划分，电阻网络将参考电压 V_{REF} 分压，得到从 $\frac{1}{15}V_{REF}$ 到 $\frac{13}{15}V_{REF}$ 之间的 7 个量化电平，量化单位为 $\Delta = \frac{2}{15}V_{REF}$，量化误差为 $|\varepsilon_{max}| = \frac{1}{15}V_{REF}$。然后，把这 7 个量化电平分别接到 7 个电压比较器 $A_6 \sim A_0$ 的负输入端，作为比较基准。同时，将模拟输入 v_i 接到 7 个电压比较器的正输入端，与这 7 个量化电平进行比较。若 v_i 不低于比较器的比较电平，则比较器的输出 $A_i = 1$，否则 $A_i = 0$。

寄存器由 7 个 D 触发器 $FF_6 \sim FF_0$ 构成。在时钟脉冲 CP 的作用下，将比较结果暂寄存，以供编码用。

若 $v_i < \frac{1}{15}V_{REF}$，则所有比较器的输出全是低电平，CP 上升沿到来后，由 D 触发器组成的寄存器中所有的触发器 $FF_6 \sim FF_0$ 都被置 "0" 状态。

$\dfrac{1}{15}V_{\mathrm{REF}} \leqslant v_{\mathrm{i}} < \dfrac{3}{15}V_{\mathrm{REF}}$，则只有 C_0 输出高电平，CP 上升沿到来后，触发器 FF_0 被置 "1"，其余触发器 $FF_6 \sim FF_1$ 都被置 "0" 状态。

依此类推，即可得到不同输入电压值时，对应的寄存器的输出状态，如表 12.3.1 所示。

表 12.3.1　3 位并行比较型 A/D 转换器

输入模拟电压	寄存器状态(编码器输入)							数字量输出(编码器输出)		
v_{i}	Q_6	Q_5	Q_4	Q_3	Q_2	Q_1	Q_0	d_2	d_1	d_0
$0 \leqslant v_{\mathrm{i}} < \dfrac{1}{15}V_{\mathrm{REF}}$	0	0	0	0	0	0	0	0	0	0
$\dfrac{1}{15}V_{\mathrm{REF}} \leqslant v_{\mathrm{i}} < \dfrac{3}{15}V_{\mathrm{REF}}$	0	0	0	0	0	0	1	0	0	1
$\dfrac{3}{15}V_{\mathrm{REF}} \leqslant v_{\mathrm{i}} < \dfrac{5}{15}V_{\mathrm{REF}}$	0	0	0	0	0	1	1	0	1	0
$\dfrac{5}{15}V_{\mathrm{REF}} \leqslant v_{\mathrm{i}} < \dfrac{7}{15}V_{\mathrm{REF}}$	0	0	0	0	1	1	1	0	1	1
$\dfrac{7}{15}V_{\mathrm{REF}} \leqslant v_{\mathrm{i}} < \dfrac{9}{15}V_{\mathrm{REF}}$	0	0	0	1	1	1	1	1	0	0
$\dfrac{9}{15}V_{\mathrm{REF}} \leqslant v_{\mathrm{i}} < \dfrac{11}{15}V_{\mathrm{REF}}$	0	0	1	1	1	1	1	1	0	1
$\dfrac{11}{15}V_{\mathrm{REF}} \leqslant v_{\mathrm{i}} < \dfrac{13}{15}V_{\mathrm{REF}}$	0	1	1	1	1	1	1	1	1	0
$\dfrac{13}{15}V_{\mathrm{REF}} \leqslant v_{\mathrm{i}} < V_{\mathrm{REF}}$	1	1	1	1	1	1	1	1	1	1

编码器由 6 个与非门构成，将寄存器送来的 7 位二进制码转换成 3 位二进制代码 d_2、d_1、d_0，根据表 12.3.1，其逻辑关系如下：

$$\begin{cases} d_2 = Q_3 \\ d_1 = Q_5 + \overline{Q}_3 Q_1 \\ d_0 = Q_6 + \overline{Q}_5 Q_4 + \overline{Q}_3 Q_2 + \overline{Q}_1 Q_0 \end{cases} \tag{12.3.1}$$

假设模拟输入 $v_{\mathrm{i}} = 4.2\mathrm{V}$，$V_{\mathrm{REF}} = 6\mathrm{V}$。当 $v_{\mathrm{i}} = 4.2\mathrm{V}$ 加到各个比较器时，由于 $\dfrac{9}{15}V_{\mathrm{REF}} = 3.6\mathrm{V}$，$\dfrac{11}{15}V_{\mathrm{REF}} = 4.4\mathrm{V}$，故有：

$$\frac{9}{15}V_{\mathrm{REF}} \leqslant v_{\mathrm{i}} < \frac{11}{15}V_{\mathrm{REF}}$$

于是，比较器的输出 $A_6 \sim A_0$ 为 "0011111"。在时钟脉冲作用下，比较器的输出存入寄存器，即有 $Q_6 \sim Q_0$，经编码电路编码，由式(12.3.1)得到 $d_2 d_1 d_0 = 101$，从而完成了 A/D 转换。这就是并行比较型 A/D 转换器的工作过程。

并行比较型 A/D 转换器的转换精度主要取决于量化电平的划分，分得越细(亦即 Δ 取得越小)，精度越高。不过量化电平分得越细，所使用的比较器和触发器的数目也就越大，电路也就更复杂。此外，转换精度还受 V_{REF} 的稳定度、分压电阻相对精度及电压比较器灵敏度的影响。

这种 A/D 转换器的最大优点是转换速度快，故又称高速 A/D 转换器。其转换速度实际上取决于器件的速度和时钟脉冲的宽度。目前，输出为 8 位的并行比较型 A/D 转换器转换时间可以达到 50ns 以下，这是其他 A/D 转换器无法做到的。

另外，使用图 12.3.4 这种含有寄存器的 A/D 转换器时，可以不用附加采样保持电路。因为比较器和寄存器这两部分也兼有采样保持功能，这也是图 12.3.4 电路的又一个优点。

并行比较型 AD 采用多个比较器，仅作一次比较而实行转换，又称 Flash(快速)型。由于转换速率极高，n 位的转换需要 2^{n-1} 个电压比较器和 2^{n-1} 个触发器，因此电路规模也极大，价格也高，只适用于视频 AD 转换器等速度特别高的领域。

2. 逐次逼近型 A/D 转换器

在直接 A/D 转换器中，逐次逼近比较型 A/D 转换器是目前采用最多的一种。逐次逼近转换过程与用天平称物体重量非常相似。天平称重过程是，从最重的砝码开始试放，与被称物体进行比较，若物体重量大于砝码重量，则该砝码保留，否则移去。再加上第二个次重砝码，由物体的重量是否大于砝码的重量决定第二个砝码是留下还是移去。照此法，一直加到最小一个砝码为止。将所有留下的砝码重量相加，就得物体重量。仿照这一思路，逐次比较型 A/D 转换器就是将输入模拟信号电压量值与不同的参考电压量值做多次大小比较，使转换所得的数字量在数值上逐次逼近输入模拟量对应值。

n 位逐次逼近比较型 A/D 转换器原理框图如图 12.3.5 所示。它由控制逻辑电路、逐次逼近寄存器(Successiv Approximation Register，SAR)、D/A 转换器、电压比较器、采样-保持电路和输出寄存器等组成。

在时钟脉冲 CP 的作用下，逻辑控制电路产生转换控制信号 V_S，其作用是：当 $V_S = 1$ 时，采样-保持电路采样，采样值 v_i' 跟随输入模拟电压 v_i 变化，A/D 转换电路停止转换，将上一次转换的结果经输出寄存器输出；当 $V_S = 0$ 时，采样-保持电路停止采样，禁止输出寄存器输出，A/D 转换电路开始工作，将由比较器的反相端输入的模拟电压采样值转换成数字信号。

逐次逼近比较型 ADC 电路 A/D 转换的基本思想是"逐次逼近"（或称"逐位逼近"），也就是由转换结果的最高位开始，从高位到低位依次确定每一位的数码是"0"还是"1"。

在转换开始之前，先将 n 位逐次逼近寄存器 SAR 清"0"。

在第一个 CP 作用下，将 SAR 的最高位置"1"，寄存器输出为"10…000"。这个数字量被 D/A 转换器

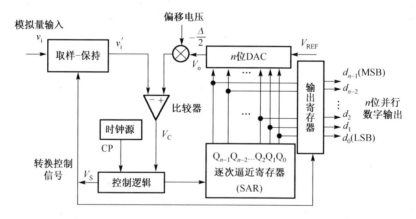

图 12.3.5 n 位逐次逼近比较型 A/D 转换器原理框图

转换成相应的模拟电压 v_o，经偏移 $\frac{\Delta}{2}$ 后得到 $v_o' = v_o - \frac{\Delta}{2}$，然后将它送至比较器的正相输入端，与 ADC 输入模拟电压的采样值相比较。如果 $v_o' > v_i'$，则比较器的输出 $V_C = 1$，说明这个数字量过大了，逻辑控制电路将 SAR 的最高位置"0"；如果 $v_o' \leq v_i'$，则比较器的输出 $V_C = 0$，说明这个数字量不大，SAR 的最高位置将保持"1"不变。这样就确定了转换结果的最高位是"0"还是"1"。

在第二个 CP 作用下,逻辑控制电路在前一次比较结果的基础上先将 SAR 的次高位置"1",然后根据 v_o' 和 v_i' 的比较结果,来确定 SAR 次高位的 "1" 是保留还是清除。

在 CP 的作用下,按照同样的方法一起比较下去,直到确定了最低位是 "0" 还是 "1" 为止。这时 SAR 中的内容就是这次 A/D 转换的最终结果。下面以一个例子说明 A/D 转换的过程。

例 12.1 在图 12.3.5 电路中,若 $V_{REF} = -4V$,$n = 4$。当采样-保持电路输出电压 $v_i' = 2.49V$ 时,试列表说明逐次逼近型 ADC 电路的 A/D 转换过程。

解 由 $V_{REF} = -4V$,$n = 4$,可求得量化单位为

$$\Delta = \frac{|V_{REF}|}{2^n} = \frac{4}{16} = 0.25V$$

所以,偏移电压为 $\Delta/2 = 0.125V$。

当 $v_i' = 2.49V$ 时,逐次逼近型 ADC 电路的 A/D 转换过程如表 12.3.2 所示。

转化的结果 $d_3d_2d_1d_0 = 1010$,其对应的量化电平为 2.5V,量化误差 $\varepsilon = 0.1V$。如果不引入偏移电压,按照上述过程得到的 A/D 转换结果 $d_3d_2d_1d_0 = 1001$,对应的量化电平为 2.25V,量化误差 $\varepsilon = 0.24V$。可见,偏移电压的引入是将只舍不入的量化方式变成了四舍五入的量化方式。

表 12.3.2　4 位逐次逼近型 A/D 转换器转换过程

CP 节拍	SAR 的数码值				DAC 输出 $v_o = D_n \cdot \Delta$	比较器输入		比较判别	逻辑操作
	Q_3	Q_2	Q_1	Q_0					
0	0	0	0	0					清零
1	1	0	0	0	2V	2.49V	1.875V	$V_O' \leq V_I'$	保留
2	1	1	0	0	3V	2.49V	2.875V	$V_O' > V_I'$	去除
3	1	0	1	0	2.5V	2.49V	2.375V	$V_O' \leq V_I'$	保留
4	1	0	1	1	2.75V	2.49V	2.625V	$V_O' > V_I'$	去除
5	1	0	1	0	2.5V	采样			输出/采样
6	0	0	0	0					清零

由以上分析可知,逐次逼近比较型 A/D 转换器的数码位数越多,转换结果越精确,但转换时间越长。这种电路对完成一个采样值的转换所需时间为 $(n+2)T_{CP}$,$2T_{CP}$ 是给寄存器置初值及读出二进制数所需的时间。

电容阵列逐次比较型 A/D 在内置 D/A 转换器中采用电容矩阵方式,也可称为电荷再分配型。一般的电阻阵列 D/A 转换器中多数电阻的值必须一致,在单芯片上生成高精度的电阻并不容易。如果用电容阵列取代电阻阵列,可以用低廉成本制成高精度单片 A/D 转换器。最近的逐次比较型 A/D 转换器大多为电容阵列式的。

TLC549 是 TI 公司采用 LinCMOSTM 技术并以开关电容逐次逼近原理工作的 8 位串行 A/D 芯片,后面将着重介绍该芯片。

3. 双积分型 A/D 转换器

双积分型 A/D 转换器的转换原理是,先将模拟电压 V_i 转换成与其大小成正比的时间间隔 T,再利用基准时钟脉冲通过计数器将 T 变换成数字量。图 12.3.6 是 n 位二进制数双积分型 A/D 转换器的电路原理图,由积分器、过零比较器、时钟控制门 G 和 n 位计数器(计数定时电路)等部分构成。

1) 积分器

积分器由运算放大器和 RC 积分电路组成，是转换器的核心。其输入端所接的开关 S_1 受触发器 FF_n 的输出状态控制。当 $Q_n = 0$ 时，S_1 接输入电压 v_i，积分器对输入信号电压 v_i（正极性）积分（正向积分）；当 $Q_n = 1$ 时，S_1 接参考电压 $-V_{REF}$（负极性），积分器对基准电压 $-V_{REF}$ 积分（负向积分）。因此，积分器在一次转换过程中进行两次方向相反的积分。积分器输出 v_0 接过零比较器。开关 S_0 受启动信号 V_S 的控制，启动转换前，$V_S = 0$，开关 S_0 闭合，积分电容 C 充分放电；启动转换后，$V_S = 1$，开关 S_0 断开，积分电容 C 正常工作。

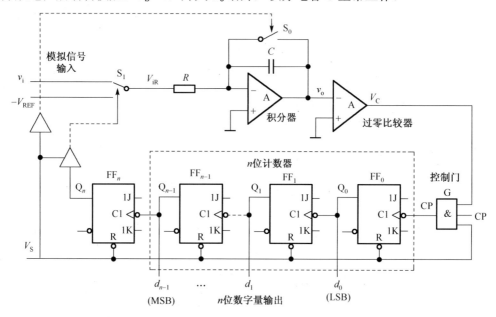

图 12.3.6 双积分型 A/D 转换器原理图

2) 过零比较器

过零比较器即为一个开环使用的运算放大器。当积分器输出 $v_0 \leq 0$ 时，过零比较器输出 $V_C = 1$；当 $v_0 > 0$ 时，$V_C = 0$。V_C 作为控制门 G 的一个输入端输入信号，控制着计数脉冲输入时间，通过对控制时间内记录的脉冲个数（加法计数器实现），实现将时间量转换为二进制数的目的。

3) 时钟控制门 G

与门 G 有 3 个输入端，一个接启动信号 V_S，一个接计数时钟脉冲源 CP，另一个接过零比较器输出 V_C。启动转换前，$V_S = 0$，G 门关闭，标准时钟脉冲不能通过 G 门加到计数器，计数器不计数。启动转换后，$V_S = 1$，积分器正常工作，当 $V_C = 1$ 时，G 门开启，标准时钟脉冲通过 G 门加到 n 位计数器；当 $V_C = 0$ 时，G 门关闭，计数器则停止计数。

4) 计数器

n 位二进制计数器是由图 12.3.6 中的触发器 $FF_{n-1} \cdots FF_1 FF_0$ 组成，触发器的个数为 n，其作用是通过计算脉冲信号的个数来实现定时。图 12.3.6 中的另外一个触发器 FF_n 是 n 位二进制计数器的进位数存储器，Q_n 端的输出经受 V_S 信号的控制的三态输出，对开关 S_1 的闭合位置控制。启动转换前，$V_S = 0$，计数器计的所有触发器均被置"0"，触发器 FF_n 也被置"0"。启动转换后，$V_S = 1$，$Q_n = 0$ 使 S_1 接 v_i，同时计数器开始计数（设电容 C 上初始值为 0，并开始

正向积分，则 $v_o \leqslant 0$，$V_C = 1$，G 门开启）。当计数器计
入脉冲个数为 2^n 后，触发器 $FF_{n-1} \cdots FF_1 FF_0$ 状态由"$11\cdots$
111"回到"$00\cdots000$"，FF_{n-1} 的输出 Q_{n-1} 触发 FF_n，使
$Q_n = 1$，发出定时控制信号，使开关转接至 $-V_{REF}$，触
发器 $FF_{n-1} \cdots FF_1 FF_0$ 再从"$00\cdots000$"开始计数，并
开始负向积分，v_o 逐步上升。当积分器输出 $v_o > 0$ 时，过
零比较器输出 $V_C = 0$，G 门关闭，计数器停止计数，完
成一个转换周期。这样，就将与 v_i 平均值成正比的时
间间隔转换为数字量 $d_{n-1} d_{n-2} \cdots d_2 d_1 d_0$。

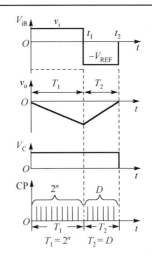

图 12.3.7　双积分型 A/D 转换器波形图

下面详细地说明双积分型 A/D 转换器的具体工作
情况，它的工作过程按三个阶段分析，图 12.3.7 是其
工作波形图。

(1) 准备阶段。转换开始前，启动信号 $V_S = 0$，所
有的 $n+1$ 个触发器全被置"0"，$Q_n = 0$ 不能送出。S_0 闭合，C 充分放电。

(2) 第一次积分阶段。启动转换后，$V_S = 1$，$Q_n = 0$ 送出，开关 S_1 接转换信号输入端，A/D
转换开始，积分器对 v_i 进行正向积分。由于 $v_o \leqslant 0$，故 $V_C = 1$，门 G 开启，计数器开始计数，
计数到 $t = T_1 = 2^n T_{CP}$ 时，触发器 FF_{n-1}，$\cdots$，FF_1，FF_0，从全"1"输出状态，回到全"0"状
态，并使触发器 FF_n 由"0"翻转为"1"，由于 $Q_n = 1$，使开关转接至 $-V_{REF}$，至此，第一次
积分阶段结束，可得到

$$v_o = -\frac{1}{\tau} \int_0^t V_i \mathrm{d}t$$

其中，$\tau = RC$ 为积分时间常数。当 v_i 为正极性不变常量时，$v_o(T_1)$ 的值为

$$v_o(T_1) = -\frac{T_1}{\tau} v_i = -\frac{2^n T_{CP}}{\tau} v_i \tag{12.3.2}$$

(3) 第二次积分阶段。开关转至 $-V_{REF}$ 后，积分器对基准电压进行负向积分，并由
式 (12.3.2) 得

$$v_o(T) = v_o(T_1) - \frac{1}{\tau} \int_{T_1}^t (-V_{REF}) \mathrm{d}t$$

$$= -\frac{2^n T_{CP}}{\tau} v_i + \frac{1}{\tau} V_{REF}(t - T_1) \tag{12.3.3}$$

当 $v_o > 0$ 时，$V_C = 0$，门 G 关闭，计数器停止计数，完成下一个转换周期。假设此时计数
器已记录的脉冲数目为 D，则

$$T_2 = t_2 - T_1 = D \cdot T_{CP}$$

由 (式 12.3.3)，可知

$$v_o(T_1 + T_2) = -\frac{2^n T_{CP}}{\tau} v_i + \frac{1}{\tau} V_{REF}(t_2 - T_1) = -\frac{2^n T_{CP}}{\tau} v_i + \frac{1}{\tau} V_{REF} T_2$$

$$= -\frac{2^n T_{CP}}{\tau} v_i + \frac{D T_{CP}}{\tau} V_{REF} = 0 \tag{12.3.4}$$

由式 (12.3.4)，可得到

$$D = 2^n \frac{V_i}{V_{REF}} \tag{12.3.5}$$

由式(12.3.5)可知,计数器记录的脉冲数 D 与输入电压 v_i 成正比,计数器记录 D 个脉冲后的状态就表示了 v_i 对应的数字量的二进制代码,从而完成了 A/D 转换。

双积分型 A/D 转换器具有很多优点。第一,其转换结果与时间常数 RC 无关,从而消除了由于积分过程中,电压非线性带来的误差,允许积分电容在一个较宽范围内变化,而不影响转换结果。第二,由于输入信号积分的时间较长,且是一个固定数值 T_1,而 T_2 正比于输入信号在 T_1 内的平均值,这对于叠加在输入信号上的干扰信号有很强的抑制能力。第三,这种 A/D 转换器不必采用高稳定度的时钟源,它只要求时钟源在一个转换周期 $(T_1 + T_2)$ 内保持稳定即可。因而,该种转换器适用于需要高精度但对转换速度要求不高的场合。

典型的双积分型 A/D 转换器 ICL7135 芯片和 TLC7135 芯片,是 TI 公司生产的 4 位半 BCD 码双积分型单片集成 ADC 芯片,其分辨率相当于 14 位二进制数,它的转换精度高,转换误差为±1LSB,并且能在单极性参考电压下对双极性输入模拟电压进行 A/D 转换,模拟输入电压范围为 0~±1.9999V。芯片采用了自动校零技术,可保证零点在常温下的长期稳定性,模拟输入可以是差动信号,输入阻抗极高。

关于 TLC7135 的性能指标、引脚功能、内部结构、操作时序和典型应用电路,请参考 TI 官方网站提供的数据手册。

4. 串并行比较型 A/D 转换器

串并行比较型 A/D 转换器在结构上介于并行型和逐次比较型之间,最典型的是由 2 个 $n/2$ 位的并行型 A/D 转换器配合 D/A 转换器组成,用两次比较实行转换,所以称为 Halfflash(半快速)型。还有分成三步或多步实现 A/D 转换的称为分级(Multistep/Subrangling)型 A/D,而从转换时序角度又可称为流水线(Pipelined)型 A/D。现代的分级型 A/D 中还加入了对多次转换结果作数字运算而具有修正特性等功能。这类 A/D 转换器速度比逐次比较型高,电路规模比并行型小。

TLC5510 是美国德州仪器(TI)公司生产的新型模数转换器件(ADC),它是一种采用 CMOS 工艺制造的 8 位高阻抗并行 A/D 芯片,能提供的最小采样率为 20Msps。由于 TLC5510 采用了半闪速结构及 CMOS 工艺,因而大大减少了器件中比较器的数量,而且在高速转换的同时能够保持较低的功耗。在推荐工作条件下,TLC5510 的功耗仅为 130mW。由于 TLC5510 不仅具有高速的 A/D 转换功能,而且还带有内部采样保持电路,从而大大简化了外围电路的设计。同时,由于其内部带有了标准分压电阻,因而可以从 +5V 的电源获得 2V 满刻度的基准电压。TLC5510 可应用于数字 TV、医学图像、视频会议、高速数据转换以及 QAM 解调器等方面。

关于 TLC5510 的性能指标、引脚功能、内部结构、操作时序和典型应用电路,请参考 TI 官方网站提供的数据手册。

5. Σ-Δ 调制型 A/D 转换器

Σ-Δ(Sigma -delta)型 A/D 转换器(又称为增量累加 ADC)由积分器、比较器、1 位 DA 转换器和数字滤波器等组成。原理上近似于积分型,将输入电压转换成时间(脉冲宽度)信号,用数字滤波器处理后得到数字值。电路的数字部分基本上容易单片化，因此容易做到高分辨率。主要用于音频和测量。

增量累加 ADC 表面上看起来也许很复杂，但实际上它是由一系列简单的部件所构成的精确数据转换器。增量累加 ADC 由两个主要构件组成：执行模数转换的增量累加调制器和数字低通滤波器/抽取电路。增量累加 ADC 的基本框图如图 12.3.8 所示，它由集成运算放大器、求和节点、比较器、1 位 ADC 和 1 位 DAC 组成。调制器的充电平衡电路强制比较器的数字输出位流来代表平均模拟输入信号。在把比较器输出回送至调制器的 1 位 DAC 的同时，还利用一个低通数字滤波器对其进行处理。这个滤波器主要计算 0 和 1 的数量，并去掉大量噪声，从而实现高达 24 位的数据转换器。

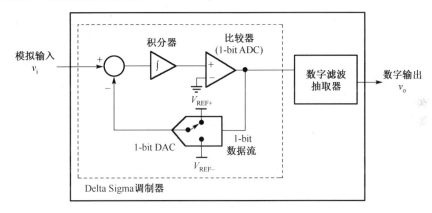

图 12.3.8　增量累加 ADC 的组成框图

增量累加 ADC 的数字输出质量取决于基准电压源，有噪声的基准电压源是任何数据转换器的主要误差源。增量累加调制器的 1 位 DAC 由正基准电压和负基准电压偏置。正(或高)基准电压一般是输入范围的上限，而负(或低)基准电压一般是下限。有些增量累加 ADC 的正和负基准都连接到外部，另一些则将低的基准连接到共用电压上，如地电压。其他 ADC 可以选择使用内部带隙基准或外部基准。

AD 公司生产的增量累加 ADC 芯片 AD7705/7706，应用于低频测量的 2/3 通道的模拟前端。该器件可以接受直接来自传感器的低电平的输入信号，然后产生串行的数字输出。利用 Σ-Δ 型转换技术实现了 16 位无丢失代码性能。选定的输入信号被送到一个基于模拟调制器的增益可编程专用前端。片内数字滤波器处理调制器的输出信号。通过片内控制寄存器可调节滤波器的截止点和输出更新速率，从而对数字滤波器的第一个陷波进行编程。

AD7705/7706 只需 2.7～3.3V 或 4.75～5.25V 的单电源。AD7705 是双通道全差分模拟输入，而 AD7706 是 3 通道伪差分模拟输入，二者都带有一个差分基准输入。当电源电压为 5V、基准电压为 2.5V 时，这两种器件都可对从 0～+20mV 到 0～+2.5V 的输入信号进行处理。还可处理±20mV～±2.5V 的双极性输入信号，AD7705 是以 AIN(−)输入端为参考点，而 AD7706 是 COMMON 输入端。当电源电压为 3V、基准电压为 1.225V 时，可处理 0～+10mV 到 0～+1.225V 的单极性输入信号，它的双极性输入信号范围是±10mV～±1.225V。因此，AD7705/7706 可以实现 2/3 通道系统所有信号的调理和转换。

关于 AD7705/7706 的性能指标、引脚功能、内部结构、操作时序和典型应用电路，请参考 ADI 官方网站提供的数据手册。

12.3.3　A/D 转换器的主要技术指标

A/D 转换器的主要技术指标有分辨率、转换误差和转换时间等。选择 A/D 转换器时，除考虑这三项技术指标外，还应注意满足其输入电压的范围、输出数字的编码、工作温度范围和电压稳定度等方面的要求。

1. 分辨率

分辨率以输出二进制数或十进制数的位数表示，它说明 A/D 转换器对输入信号的分辨能力。从理论上讲，n 位二进制数字输出的 A/D 转换器应能区分输入模拟电压的 2^n 个不同等级大小，能区分输入电压的最小差异为 $\dfrac{1}{2^n}$FSR(满量程输入的 $\dfrac{1}{2^n}$)。在最大输入电压一定时，输出位数越多，量化单位 Δ 越小，分辨率越高。可以说，量化单位与分辨率在数值上是同样的，只是从不同的角度定义而已，量化单位是定义数值 1 对应的具体模拟量大小，分辨率则是既定 A/D 转换器的二进制数位数情况下，相邻两个数所对应模拟量的差值。例如，A/D 转换器的输出为 10 位二进制数，最大输入信号为 5V，则该转换器的输出应能区分出输入信号的最小差异为 $\dfrac{5}{2^{10}}$V，即 4.88mV。

2. 转换误差

转换误差通常以输出误差最大值的形式定义，它表示实际输出的数字量与理论上应有的输出数字量之间的差别，一般多以最低"有效位"的倍数给出。例如，转换误差 $< \pm\dfrac{1}{2}$LSB，表明实际输出的数字量与理论上输出的数字量之间的误差，小于最低"有效位"的半个字。有时也用满量程输出的百分数给出转换误差。例如，A/D 转换器的输出为十进制的 $3\dfrac{1}{2}$ 位(即所谓 3 位半)，转换误差为 ±0.005%FSR，则满量程输出为 1999，最大输出误差小于最低位的 1。

通常单片集成 A/D 转换器的转换误差，已经综合地反映了电路内部各个元器件及单元电路偏差对转换精度的影响，所以无需再分别讨论这些因素各自对转换精度的影响。

还应指出，通常厂家手册上给出的转换精度，都是在一定的电源电压和环境温度下得到的数据。如果这些条件改变了，将引起附加的转换误差。因此，为获得较高的转换精度，必须保证供电电源有很好的稳定度，并限制环境温度的变化。对于那些需要外加参考电压的 A/D 转换器，尤其需要保证参考电压应有的稳定度。

3. 转换时间

转换时间是指 A/D 转换器从转换控制信号到来开始，到输出端得到稳定的数字信号所经过的时间。A/D 转换器的转换时间与转换电路的类型有关。不同类型的转换器转换速度相差甚远。

并行比较型 A/D 转换器的转换速度最快。例如，8 位二进制输出的单片集成 A/D 转换器转换时间可以缩短至 50ns 以内。

逐次逼近型 A/D 转换器的转换速度次之。多数产品的转换时间为 10～100μs。个别速度较快的 8 位 A/D 转换器，转换时间可以不超过 1μs。

相比之下间接 A/D 转换器的转换速度要低得多。目前使用的双积分型 A/D 转换器转换时间多在几十毫秒到几百毫秒。

此外，在组成高速 A/D 转换器时，还应将采样-保持电路的获取时间(即采样信号稳定地建立起来所需要的时间)计入转换时间之内。一般单片集成采样-保持电路的获取时间在几微秒的数量级，与所选定的保持电容的电容量大小有关系。

例 12.2　某信号采集系统要求用一片 A/D 转换集成芯片在 1s 内对 16 个热电偶的输出电压分时进行 A/D 转换。已知热电偶输出电压范围为 0～25mV(对应于 0～450℃温度范围)，需分辨的温度为 0.1℃，试问所选择的 A/D 转换器应为多少位？其转换时间为多少？

解　对于 0～450℃温度范围，信号电压为 0～25mV，分辨温度为 0.1℃，这相当于 $\dfrac{0.1}{450}=\dfrac{1}{4500}$ 的分辨率。12 位 A/D 转换器的分辨率为 $\dfrac{1}{2^{12}}=\dfrac{1}{4096}$，故必须选用 13 位的 A/D 转换器。

系统的采样速率为每秒 16 次，采样时间为 62.5ms。如此慢速的采样，任何一个 A/D 转换器都可以达到。所以，可选用带有采样-保持(S/H)的逐次比较 A/D 转换器或不带 S/H 的双积分式 A/D 转换器。

12.3.4　8 位集成 A/D 转换器 TLC549

TLC549 是 TI 公司生产的一种低价位、高性能的 8 位 A/D 转换器，它以 8 位开关电容逐次逼近的方法实现 A/D 转换，其转换速度小于 17μs，最大转换速率为 40000Hz，4MHz 典型内部系统时钟，电源为 3～6V。它能方便地采用三线串行接口方式与各种微处理器连接，构成各种廉价的测控应用系统。

(1)TLC549 的特性为：8 位分辨率 A/D 转换器；微处理器外设或独立工作；差分基准输入电压；转换时间为 17μs Max；每次总存取与转换周期数为 TLC548 高达 45 500，TLC549 高达 40 000；片内软件可控采样——保持；总不可调整误差(Total UnadjustedError)为±0.5LSB Max；4MHz 典型内部系统时钟；宽电源范围为 3～6V；低功耗为 15mW Max；能理想地用于包括电池供电便携式仪表的低成本、高性能应用；引脚和控制信号与 TLC540、TLC545 8 位 A/D 转换器以及 TLC1540 10 位 A/D 转换器兼容；CMOS 工艺。

(2)TLC548/TLC549 的功能框图。TLC548/TLC549 的功能框图如图 12.3.9 所示。它由采样-保持、8 位 ADC、输出数据寄存器、内部系统时钟、控制逻辑和输出计数器、8 选 1 数据选择器及驱动电路组成。

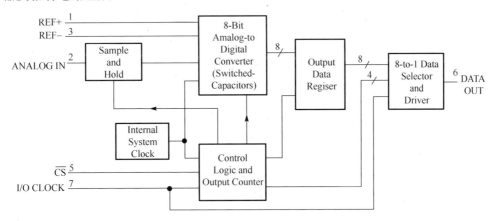

图 12.3.9　TLC548/TLC549 的组成框图

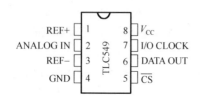

图 12.3.10　TLC548/TLC549 的管脚排列图

（3）TLC549 引脚图及各引脚功能。TLC549 的外形封装为 14pin 的贴片小外形封装（Small Outline Package，SOP），其封装类型为 SOIC，其引脚排列如图 12.3.10 所示。管脚说明见表 12.3.3。

（4）TLC549。TLC549 可方便地与单片机或 FPGA 连接使用。其典型应用电路如图 12.3.11 所示。其电路非常简单。

表 12.3.3　数模转换器 TLC549 管脚功能说明

引脚		输入/输出	描述
名称	序号		
REF+	1	I	正基准电压输入 2.5V≤REF+≤V_{CC}+0.1
ANALOG IN	2	I	模拟信号输入端，0≤ANALOG IN≤V_{CC}，当 ANALOG IN≥REF+电压时，转换结果为全"1"（0FFH），ANALOG IN≤REF-电压时，转换结果为全"0"（00H）
REF−	3	I	负基准电压输入端，−0.1V≤REF−≤2.5V。且要求：（REF+）−（REF−）≥1V
GND	4	I	地回路及参考终端
$\overline{CS}$	5	I	芯片选择输入端，要求输入高电平 VIN≥2V，输入低电平 VIN≤0.8V
DATA OUT	6	O	转换结果数据串行输出端，与 TTL 电平兼容，输出时高位在前，低位在后
I/O CLOCK	7	I/O	外接输入/输出时钟输入端，同于同步芯片的输入输出操作，无需与芯片内部系统时钟同步
V_{CC}	8	I	系统电源 3V≤V_{CC}≤6V

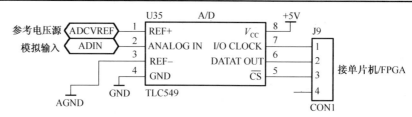

图 12.3.11　模数转换器 TLC549 典型应用电路图

（5）TLC549 器件工作时序。TLC549 的工作时序如图 12.3.12 所示。

当 $\overline{CS}$ 变为低电平后，TLC549 芯片被选中，同时前次转换结果的最高有效位 MSB（A7）自 DATA OUT 端输出，接着要求自 I/O CLOCK 端输入 8 个外部时钟信号，前 7 个 I/O CLOCK 信号的作用，是配合 TLC549 输出前次转换结果的 A6-A0 位，并为本次转换做准备：在第 4 个 I/O CLOCK 信号由高至低的跳变之后，片内采样-保持电路对输入模拟量采样开始，第 8 个 I/O CLOCK 信号的下降沿使片内采样-保持电路进入保持状态并启动 A/D 开始转换。转换时间为 36 个系统时钟周期，最大为 17μs。直到 A/D 转换完成前的这段时间内，TLC549 的控制逻辑要求：或者 $\overline{CS}$ 保持高电平，或者 I/O CLOCK 时钟端保持 36 个系统时钟周期的低电平。由此可见，在自 TLC549 的 I/O CLOCK 端输入 8 个外部时钟信号期间需要完成以下工作：读入前次 A/D 转换结果；对本次转换的输入模拟信号采样并保持；启动本次 A/D 转换开始。

TLC549 的详细性能指标、工作电路详见 TI 官方网站提供的数据手册。

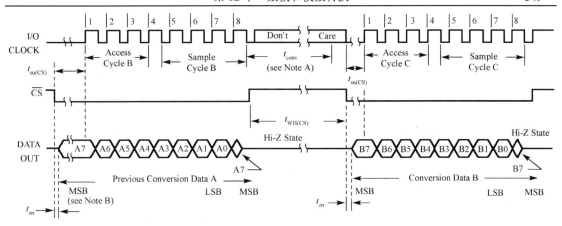

NOTES: A　The conversion cycle, which requires 36 internal system clock periods(17 μs maximum), is initiated with the eighth I/O clock pulse trailing edge after CS goes low for the channel whose address exists in memory at the time
　　　B　The most significant bit(A7) is automatically placed on the DATA OUT bus after CS is brought low The remaining seven bits(A6-A0) are clocked out on the first seven I/O clock falling edges B7-B0 follows in the same manner

图 12.3.12　模数转换器 TLC549 工作时序图

本 章 小 结

　　数模转换 D/A 器，模数转换 A/D 器，是模拟电路系统与数字电路系统之间的接口电路。当需要将模拟信号量输入到数字电路系统进行处理时，需要将模拟信号转换成为数字信号，这种转换尤其在数字控制系统中是十分必要的。一般的情况下，各种传感器件检测到的非电量物理信号都是以模拟信号输出的，只有将这些信号放大后转为数字信号才能输入到数字电路系统进行处理。反之，使用数字电路系统的输出信号，控制模拟电路系统，就必须将数字信号转换成为模拟信号。

　　D/A 转换器的种类很多，目前常用的有倒 T 型电阻网络型、"权"电流型、权电阻网络型、权电容型、开关树型等。不管采用哪种形式，转换后的模拟量输出电压值等于 $v_o = KD_nV_{REF}$。其中的 $D_n = 2^{n-1}d_{n-1} + \cdots + 2^0 d_0$；$KV_{REF}$ 为数字量为 1 时对应的模拟量输出电压值，即只有 $d_0 = 1$，而其他各位都为 0 时对应的模拟量输出电压值。这样如果转换电路的结构和参数清楚，就可以很容易从理论上计算出数字量对应的模拟量数值。

　　A/D 转换器的种类也存在多种形式。直接转换中的并联比较型 A/D 转换器和逐次逼近型 A/D 转换器，间接转换中的双积分型 A/D 转换器和电压-频率转换型 A/D 转换器，也是使用较多的 A/D 转换器结构形式。转换后的数字量与量化单位的大小直接相关，对应转换后的数字量为 1(只有 $d_0 = 1$，而其他各位都为 0)时，输入模拟量的对应大小定义为一个量化单位。知道转换器的数字量输出位数 n，量化单位 Δ，就可以计算出所能转换的最大模拟量值，大小等于 $v_{imax} = (2^n - 1)\Delta$。反之知道输入模拟量的大小、量化单位，就可以计算出转换后的数字量大小 $D_n = \dfrac{v_i}{\Delta}$。这些公式的计算结果，可以作为实际使用中，检验转换结果是否产生溢出的依据。

　　A/D 转换器的输出电压波形是以量化单位为增量的阶梯形状，在对输出电压波形形状要求平滑的应用场所，要求增设滤波器，以滤除谐波分量。

习　题　12

1．图 12.2.3 权电阻 DAC 电路中，如果 $V_{REF} = -10V$，$R_F = \frac{1}{2}R$，$n = 6$ 时，试求

(1) 当 LSB 由 "0" 变为 "1" 时，输出电压的变化值。

(2) 当 $D_n = 110101$ 时，输出电压的值。

(3) 最大输入数字量的输出电压 V_m。

2．已知某 DAC 电路最小分辨电压 $V_{LSB} = 5mV$，最大满刻度电压 $V_{FS} = 10V$，试求该电路输入数字量的位数和基准电压 V_{REF}。

3．4 位数据输入的倒 T 型电阻网络 D/A 转换器如图题 3 所示，已知输入数据 $d_3d_2d_1d_0 = 1010$，$R = 10k\Omega$，$R_F = 20k\Omega$，$V_{REF} = 10V$，求电路的输出电压值。

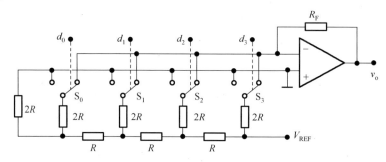

图题 3　4 位倒 T 型电阻网络 D/A 转换器电路图

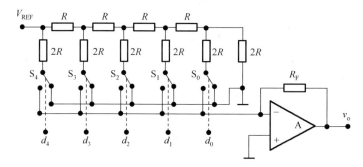

图题 4　5 位倒 T 型电阻网络 D/A 转换器电路图

4．5 位倒 T 型电阻网络 D/A 转换器如图题 4 所示，已知 $R = 10k\Omega$，$R_F = 10k\Omega$，$V_{REF} = 5V$，输入数据 $d_4d_3d_2d_1d_0 = 11101$ 的 5 位二进制数，理想运算放大器 $V_{OM} = \pm12V$。

(1) 试求此时 D/A 转换器的输出电压值。

(2) 若图中 d_3，d_2，d_1，$d_0(d_4 = 0)$ 与 74LS161 计数器输出的 Q_3，Q_2，Q_1，Q_0 对应下标编号端相连，试画出在 10 个 CP 计数脉冲的作用下，电路正常工作状态下的输出电压波形。

5．在图题 4 所示 5 位二进制数的倒 T 型电阻网络 D/A 转换器电路中，已知 $V_{REF} = 6\sin\omega t\,V$，$R = 20k\Omega$，当输入数码分别为 $d_4d_3d_2d_1d_0 = 11010$，10011 时，$R_F = 30k\Omega$，试画出 v_o 的波形(要求能够清楚地表明输出电压的幅值)，并以此简要指出电路的作用。

6．如图题 4 所示的倒 T 型电阻网络 D/A 转换器中，已知 $V_{REF} = 1V$，$R = 2k\Omega$，当输入数码 $d_4d_3d_2d_1d_0 = 11010$ 时，$v_o = 1.8V$，试求 R_F 的值。当输入数据从 00001 到 11111 范围内变动时，输出电压的变动范围。

7. 如图题 6 电路中，已知 $R = 1\text{k}\Omega$，$R_F = 0.5\text{k}\Omega$，$V_{REF} = 1\text{V}$，输入数据 $d_5d_4d_3d_2d_1d_0 = 110101$ 的 6 位二进制数，理想运算放大器 $V_{OM} = \pm14\text{V}$。试求此时 D/A 转换器的输出电压值、分辨率、比例系数误差。

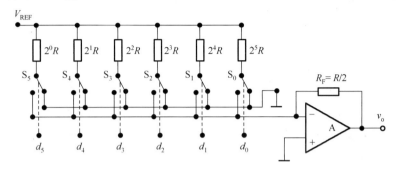

图题 7　6 位权电流 D/A 转换器电路图

8. 如图题 7 中的 D/A 转换器电路，试求：

(1) $V_{REF} = 1\text{V}$ 时，v_o 的变化范围；若输出电压的最大值超过运算放大器的最大输出电压值 12V，应如何改变电路的参数。

(2) 欲使输入数字量为 101001，相应的模拟输出电压 v_o 为 −5.0V，此时 V_{REF} 应为多大？

9. 已知 8 位单极性 D/A 转换器的数字输入量 FF_H，其输出电压为 +10V，计算当数字输入量分别为 92H，62H，F3H 时，输出电压的值。

10. 对于一个 8 位 D/A 转换器：

(1) 若最小输出电压增量为 0.02V，试问输入代码为 01001101 时，输出电压 v_o 为多少伏？

(2) 若分辨率用百分数表示，则应该是多少？

(3) 若某一系统中要求 D/A 转换器的理论精度小于 0.25%，试问这一 D/A 转换器能否应用？

11. 在图 5 所示的 8 位偏移二进制码 D/A 转换器电路中，已知 $V_{REF} = 0.2\text{V}$，当输入数据 $d_7d_6d_5d_4d_3d_2d_1d_0$ 分别为 10001101，00000001 和 01101010 时，求输出电压的值。

12. 逻辑电路如图题 12 所示，已知计数脉冲 CP 的频率为 10MHz，分析电路的工作过程，画出当 $V_{REF} = 3\text{V}$ 时，电路输出电压的波形；若为 $V_{REF} = 3\sin\omega t\ \text{V}$，50Hz 的交流电压，输出电压的最大幅值为多大？

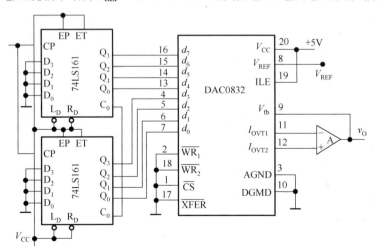

图题 12　习题 12 逻辑电路图

13. 在 8 位单极性输出的 D/A 转换器中，已知 $V_{REF} = 5V$，输入为 8 位二进制数，$R = R_F$。当要求输出比例误差电压 $\Delta v_o \leqslant \frac{1}{2} \text{LSB}$ 时，允许 V_{REF} 的最大变化量 ΔV_{REF} 是多大？V_{REF} 的相对稳定度$\left(\text{定义为} \dfrac{\Delta V_{REF}}{V_{REF}}\right)$是多大？

14. 某 8 位 ADC 电路输入模拟电压满量程为 10V，当输入下列电压值时，转换为多大的数字量(采用只舍不入法和有舍有入法编码的二进制码输出结果)？

(1) 59.7 mV；(2) 3.46mV；(3) 7.08mV。

15. 有一个 12 位 ADC 电路，它的输入满量程是 $V_{FS} = 10V$，试计算其分辨率。

16. 满量程为 10V 的 A/D 转换器，要达到 1 mV 的分辨率，A/D 转换器的位数应是多少？当输入模拟电压为 6.5V 时，输出数字量是多少？

17. 对于一个 10 位逐次逼近型 ADC 电路，当时钟频率为 1MHz 时，其转换时间是多少？如果要求完成一次转换的时间小于 10μs，试问时钟频率应选多大？

18. 逐次逼近型 A/D 转换器的输入 v_i 和 D/A 转换器的输出波形 v_o 如图题 18 所示。根据 v_o 的波形，说明 A/D 转换结束后，电路输出的二进制码是多少？如果 A/D 转换器的分辨率是 1mV，则 v_i 又是多少？

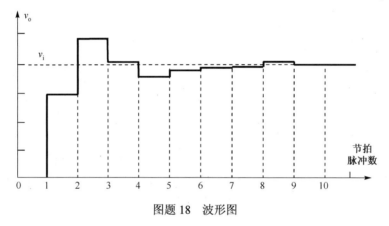

图题 18　波形图

19. 在图 12.3.6 的双积分型 A/D 转换器中，若计数器为 10 位二进制，时钟信号频率为 1MHz，试计算转换器的最大转换时间。

20. 试用优先编码器及适当的门电路组合完成并行 A/D 转换器 8 位输出的编码电路。

21. 位并联比较型的 A/D 转换器，采用四舍五入法进行量化，试问最大的量化误差是多大？当要求 V_{REF} 的变化引起的误差 $\leqslant \frac{1}{2} \text{LSB}$ 时，V_{REF} 的相对稳定度$\left(\text{定义为} \dfrac{\Delta V_{REF}}{V_{REF}}\right)$是多大？

第13章 电子电路的 Multisim 仿真

内容提要：本章将介绍 Multisim 软件的组成、基本功能、Multisim 的使用方法；最后将介绍基本放大电路的基本参数的仿真过程。

13.1 概　　述

13.1.1 Multisim 的发展

在计算机成为人们工作和生活的基本配置时，产生了 EDA 技术，EDA 是 Electronic Design Automatic（电子设计自动化）的简称。目前 EDA 技术渗透到各行各业。

在电子领域中，电子产品从系统设计、电路设计到芯片设计、PCB 设计都可以用 EDA 工具完成，其中仿真分析、规则检查、自动布局和自动布线是计算机取代人工的最有效部分。利用 EDA 工具，可以大大缩短设计周期，提高设计效率，减小设计风险。

1988 年加拿大 Interactive Image Technologies 公司推出 EWB（Electronics Workbench）软件，它是电子电路仿真的虚拟电子工作台软件，是一个只有 16M 小巧的软件；但它在模拟电路和数字电路的混合仿真中，却凸显其强大功能；2001 年升级的 EWB6.0 更名为 Multisim2001，而且可以进行少量单片机系统仿真。此后，又相继推出了 Multisim 7.0、Multisim 8.0 等版本。2010 年该软件被美国 NI 公司收购后，推出 NI Multisim 9.0；Multisim 被美国 NI 公司收购以后，最大的改变是 Multisim 与 LabVIEW 的完美结合。目前 NI Multisim 13.0 是最新版本。

13.1.2 Multisim 13.0 的基本功能

Multisim 13.0 的功能繁多，现将其基本功能简述如下。

(1)单击鼠标可以方便快捷地建立电路原理图。

(2)提供了丰富的元件库。

可模拟 6 类常用的电路元器件：基本无源元件，如电阻、电容、电感、传输线等；常用的半导体器件，如二极管、双极晶体管、结型场效应管、MOS 管等；独立电压源和独立电流源；各种受控电压源、受控电流源和受控开关；基本数字电路单元，如门电路、传输门、触发器、可编程逻辑阵列等；常用单元电路，如运算放大器、555 定时器等。

(3)提供各种虚拟仪器仪表测试电路性能。

在 Multisim 中除了可以利用其本身提供的示波器、万用表、函数发生器等虚拟仪器之外，由于 Multisim 与虚拟软件 LabVIEW 的无缝集成，用户可在 LabVIEW 中开发虚拟仪器，大大提高了选择电路测试方法的灵活性和广泛性。自带元器件库增加到了 17000 多种。

(4)提供完备的性能分析手段。

Multisim 软件有较为详细的电路分析手段，如电路的瞬态分析和稳态分析、时域和频域分析、器件的线性和非线性分析、电路的噪声分析和失真分析，以及离散傅里叶分析、电路零极点分析、交直流灵敏分析和电路容差分析等共计 14 种电路分析方法。拥有了强大的 MCU 模块，支持 4 种类型的单片机芯片，支持对外部 RAM、外部 ROM、键盘和 LCD 等外围设备的仿真，分别对 4 种类型芯片提供汇编和编译支持；所建项目支持 C 代码、汇编代码以及 16 进制代码，并兼容第三方工具源代码；包含设置断点、单步运行、查看和编辑内部 RAM、特殊功能寄存器等高级调试功能。使模拟电路、数字电路的设计及仿真更为方便。

　　由于软件的操作都是在计算机环境下进行的，不是真实的元器件和仪表设备，所以称为虚拟电子实验室。

13.2　Multisim 的仿真软件环境与基本操作

　　软件以图形界面为主，采用菜单、工具栏和热键相结合的方式，具有一般 Windows 应用软件的界面风格，用户可以根据自己的习惯和熟悉程度使用。

　　从官方网站上下载 NI_Circuit_Design_Suite_13_0_Education.exe，安装后，启动软件输入官方的激活码，Multisim 13.0 将可以正常使用，否则只有 7 天使用期限。

13.2.1　Multisim 13.0 主界面

　　重新打开 Multisim 13.0，出现欢迎界面如图 13.2.1 所示。

图 13.2.1　Multisim 13.0 欢迎界面

　　运行 Multisim 13.0 主界面如图 13.2.2 所示。Multisim 13.0 的主界面主要包括菜单栏、标准工具栏、视图工具栏、主工具栏、仿真开关、元件工具栏、仪器工具栏、设计工具栏、电子工作区、电子表格视窗和状态栏等。

图 13.2.2　Multisim 13.0 主界面

13.2.2　元件工具栏

Multisim 13.0 的元件工具栏包括 16 种元件分类库，如图 13.2.3 所示，每个元件库放置同一类型的元件，元件工具栏还包括放置层次电路和总线的命令。元件工具栏从左到右的模块分别为电源库、基本元件库、二极管库、晶体管库、模拟器件库、TTL 器件库、CMOS 元件库、杂合类数字元件库、混合元件库、显示元件库、功率元件库、杂合类元件库、高级外围元件库、RF 射频元件库、机电类元件库、微处理模块元件库、层次化模块和总线模块。其中，层次化模块是将已有的电路作为一个子模块加到当前电路中。

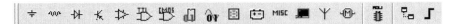

图 13.2.3　元件工具栏

13.2.3　电路创建与功能测试的基本操作

Multisim 13.0 中电路创建的常用操作有调用元器件、调用仪器仪表、连接电路和删除元件等。

1. 调用元件

在元件库中调用一个 1kΩ 误差为 5% 的电阻，具体步骤如图 13.2.4 中数字所示。

(1)在元件工具栏中单击基本元件库，将跳出 "Select a Component" 对话框。

(2)在 Group 栏中选择 Basic，在 Family 栏中选择 RESISTOR。

(3)在 Component 栏选择电阻的阻值。

(4)在 Tolerance 栏选择电阻的误差，在此选择 5，表示 5% 误差。

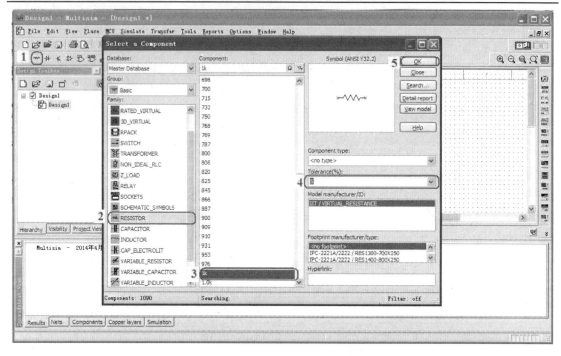

图 13.2.4　放置一个电阻元件的步骤

(5) 单击 OK 完成元件选择，这时可以看到在鼠标上有个电阻。

(6) 选择合适的位置，单击鼠标，完成元件的放置。

2. 调用仪器仪表

仪器工具栏包含各种对电路工作状态进行测试的仪器仪表及探针，如图 13.2.5 所示，仪器工具栏从左到右分别为数字万用表 (Multimeter)、函数信号发生器 (Function Generator)、瓦特表 (Wattmeter)、双通道示波器 (Oscilloscape)、四通道示波器 (Four Channel Oscilloscape)、波特图图示仪 (Bode Plotter)、频率计 (Frequency Counter)、字符发生器 (Word Generator)、逻辑转换仪 (Logic Converter) 逻辑分析仪 (Logic Analyzer)、伏安特性分析仪 (IV Analyzer)、失真度分析仪 (Distortion Analyzer)、频谱分析仪 (Spectrum Analyzer)、网络分析仪 (Network Analyzer)、安捷伦函数发生器、安捷伦示波器、泰克示波器、测量探针、LabVIEW 虚拟仪器和电流探针。

在电路编辑区中放置一个万用表，鼠标单击万用表 (Multimeter)，拖动鼠标将万用表放置到合适的位置。

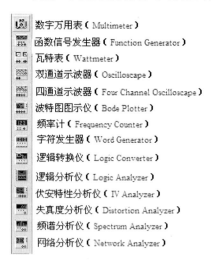

图 13.2.5　仪器工具栏

3. 电路连线

如图 13.2.6 所示，当鼠标移动到万用表的接口时，鼠标将出现黑色的圆点，单击拖拽会出现连线，如图 13.2.6(a) 所示，当拖拽到电阻接口时，再次单击电阻接口，就实现了元件的连线，如图 13.2.6(b) 所示。

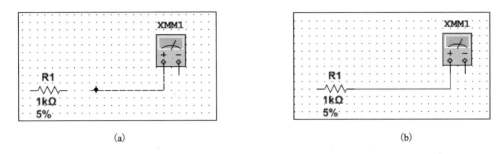

图 13.2.6　元件之间连线

4. 元件的删除

对于不需要的元件 R2，用鼠标单击，该元件四周会出现框框，如图 13.2.7 所示；然后按下 "Delete" 按键删除。

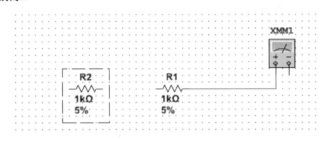

图 13.2.7　元件 R2 的删除

5. 创建一个开关控制发光二极管电路

创建一个开关控制发光二极管电路，电路的功能是开关断开，发光二极管灭；开关闭合，发光二极管亮。

在此选择虚拟元器件库，首先打开虚拟元器件库，在菜单栏选择 "视图" → "工具栏" → "虚拟"，在工具栏中出现蓝色的元件库，如图 13.2.8 所示。虚拟元器件库实际上就是理想元器件库。图 13.2.8 从左到右分别是虚拟三维元器件库、虚拟模拟元器件库、虚拟基本元器件库、虚拟二极管元器件库、虚拟晶体管元器件库、虚拟测量仪表库、虚拟杂项元器件库、虚拟电源库、虚拟定值元器件库、虚拟信号源库。

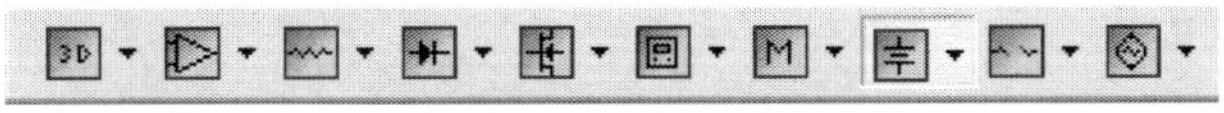

![虚拟元器件库工具栏]

图 13.2.8　虚拟元器件库

(1) 调用元器件。任何一个电路都需要电源和接地，在虚拟电源库中，调用电源和接地端。还需要调用限流电阻、开关、发光二极管，为了更加形象地表现这个电路，在三维元件库中调用它们。在三维元器件库中，选择一个限流电阻，选择一个发光二极管，选择一个开关。

(2) 电路连接。移动鼠标指向一个元件端点，使其出现一个小圆点，单击鼠标左键并移动鼠标，会出现一条连接线，将鼠标移动至另一个元件端点，再次单击鼠标，完成一条导线的连接。如此类推，连接所有的连线。图 13.2.9(a) 为连线后，但元件排列不整齐；用鼠标选中发光二极管移动对准，图 13.2.9(b) 为移动对齐后的图形。

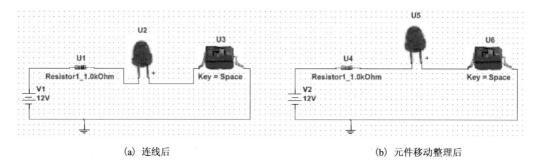

(a) 连线后　　　　　　　　　　　　　　　(b) 元件移动整理后

图 13.2.9　虚拟元器件库

(3) 电路文件存盘。选择 File 菜单栏下的 Save as，为文件命名为"Circuit1"。

(4) 电路功能测试。

① 打开仿真开关，电路就开始工作了。

② 现在开关处于"关"的位置，所以发光二极管灭了；开关是用"空格键"来控制的，按一下空格键，开关从右侧拨到左侧，开关处于"导通"状态。

③ 在快捷工具栏中按下仿真开关。

④ 发光二极管亮了，如图 13.2.10 所示。测试电路功能。

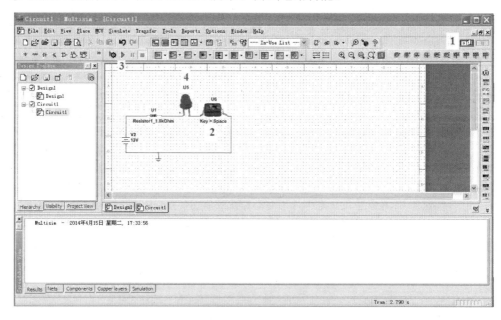

图 13.2.10　电路功能测试

13.2.4　电路工作区绘图纸的调节

根据电路图的大小调节绘图纸的大小，单击运行 Options→Sheet Properties→AC Analysis 命令，打开 Sheet Properties 对话框，如图 13.2.11 所示。选择 Workspace 页，在 Sheet size 中选择合适纸张大小，单击 OK。

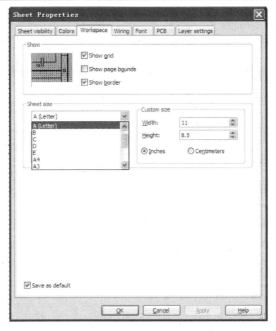

图 13.2.11　调节绘图纸大小

13.3　使用 Multisim 13.0 创建基本共射放大电路

进行电路模拟分析的第一步是在屏幕上画出电路图，这个任务是由 Capture 软件完成的。用 Capture 画一张新电路图一般要经过 7 个步骤：调用 Capture 软件、新建设计项目、配置元器件符号库、取放元器件、取放电源与接地符号、连线与设置节点名、元器件属性参数编辑。

13.3.1　创建基本共射放大电路

用 9013 三极管设计一个基本共射放大电路，电路如图 13.3.1 所示。

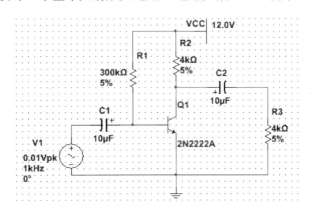

图 13.3.1　待设计的基本放大电路

9013 是 NPN 外延型晶体管(三极管)，它是一种最常用的普通三极管，是一种低电压、大电流、小信号的 NPN 型硅三极管。其外形和封装形式如图 13.3.2 所示。其特性如下。

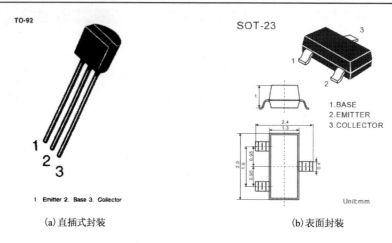

(a) 直插式封装　　　　　　　　　　(b) 表面封装

图 13.3.2　9013 的外形和封装图

集电极电流 I_c：Max 500mA。

集电极-基极电压 V_{cbo}：40V。

工作温度：$-55\sim+150℃$。

功率(W)：0.625。

fT(MHz)：150MHz。

hFE：$64\sim202$。

与 9012(PNP) 为互补管。

主要用途：开关应用、射频放大和低噪声放大管。

由于 NPN 三极管 9013 和 8050 元件库中没有，可用相近参数的代用：2SC1815、2N2906、2N2222 等替代。

2SC1815 特性如下。

集电极电流 I_c：Rated 150mA。

集电极-基极电压 V_{cbo}：60V。

工作温度：$-55\sim+125℃$。

功率(W)：0.4。

fT(MHz)：大于 80MHz。

hFE：$70\sim700$。

2N2222A 特性如下。

集电极电流 I_c：Max 800mA。

集电极-基极电压 V_{cbo}：75V。

工作温度：$-65\sim+150℃$。

功率(W)：0.5。

fT(MHz)：大于 250MHz。

hFE：$40\sim300$。

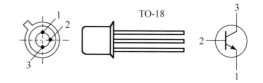

图 13.3.3　2N2222 的外形和封装图

(1) 创建一个"基本共射"电路原理图文件，如图 13.3.4 所示，该电路原理图文件可以在保存时命名"基本共射"。

(2) 放置元器件。放置三极管、电阻、电容、直流电源+12V、交流信号源等。

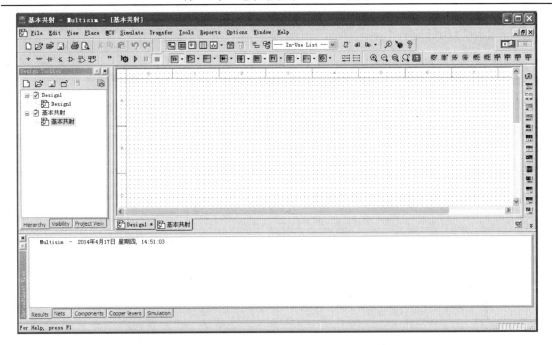

图 13.3.4　基本共射放大电路的创建

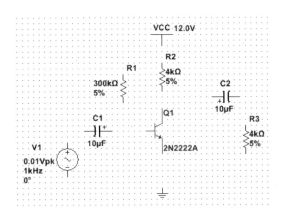

图 13.3.5　基本共射放大电路的放置

(3) 电路连线。

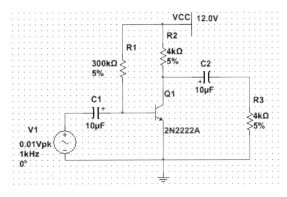

图 13.3.6　基本共射放大电路的电路连线

(4)示波器调用与连接。调用双通道示波器，A 通道接入输入端，B 通道接入输出端，如图 13.3.7 所示。

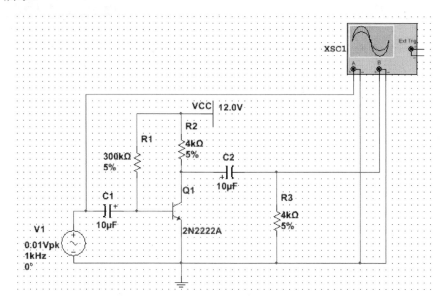

图 13.3.7　基本共射放大电路接入双通道示波器

13.3.2　电路仿真与工作波形测试

打开仿真开关，在快捷工具栏中按下仿真运行按键 RUN；双击示波器观察工作波形；单击 Reverse 按键，示波器背景调整为白色。选择 Channel A 和 Channel B 信号耦合模式为 AC 耦合；调节 Channel A（输入端）的 Scale 为 20mV/div；调节 Channel B（输出端）的 Scale 为 1V/div；由此得到的工作波形如图 13.3.8 所示。

图 13.3.8 中可以看出，工作波形的底部有明显的失真，对于 NPN 管构成的基本共射放大

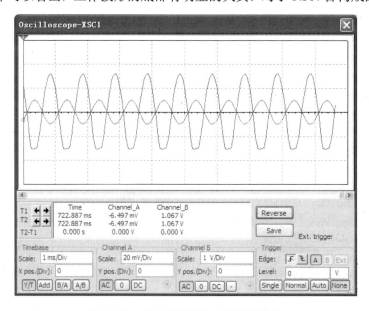

图 13.3.8　基本共射放大电路工作波形

器，底部失真为饱和失真，因此调整集电极电阻 R2 到 2k，再次仿真失真消失，如图 13.3.9
所示。

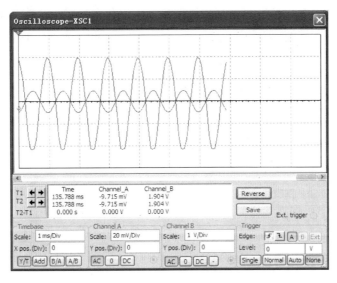

图 13.3.9　基本共射放大电路参数调整后波形失真消失

13.4　基本共射放大电路静态工作点分析

13.4.1　Multisim 的分析菜单

在 Multisim 13.0 中进行仿真分析，在菜单栏单击 Simulate→Analyses 即可看到各种仿真
分析处理，如图 13.4.1 所示。

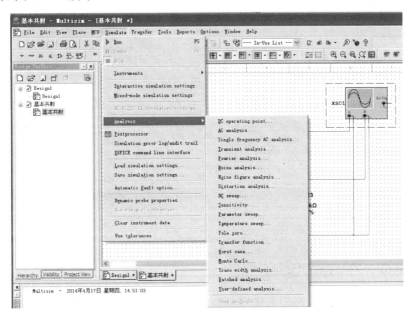

图 13.4.1　Mulitsim 仿真菜单

13.4.2　Multisim 的电路网标显示

为了后面各点电位和电流分析，通过设置显示电路各点网标，在菜单 Edit→ Preferences 设置电路原理图工作区属性，如图 13.4.2 所示。在 Sheet visibility 页 Net names 中选择 Show all。单击 OK，电路标号全部显示出来，如图 13.4.3 所示。

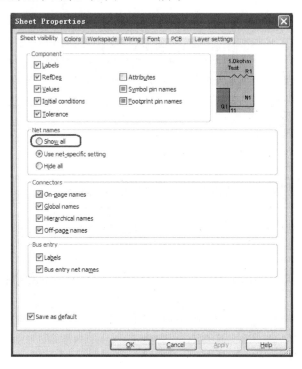

图 13.4.2　Mulitsim 仿真菜单

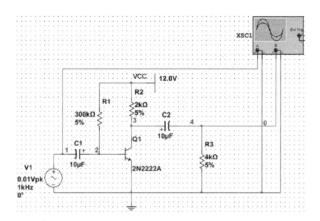

图 13.4.3　Mulitsim 仿真菜单

13.4.3　Multisim 的静态工作点分析

静态工作点分析就是将电路中的电容开路，电感短路，针对电源的直流电平值，计算电路的直流偏置量。

Multisim 软件对电子电路进行仿真运行，整个过程可分成 3 个步骤。

(1) 建立电路：建立用于分析的电路，设置好元器件参数，调整 R1=1200k，R2=3k。

(2) 选择分析方法：选择进行何种仿真分析，并设置参数。

(3) 运行电路仿真：运行电路仿真后，可从测试仪器仪表，如示波器等获得仿真运行的结果，也可以从分析显示图中看到测试、分析的数据或波形图，观察仿真结果。

对基本共射放大电路进行直流工作点(DC Operating Point)分析如下。

执行 Simulate→Analysis→DC Operating Point 命令，即可打开图 13.4.4 所示的直流工作点分析对话框，该对话框包括 Output、Analysis Options 及 Summary 共 3 个选项卡。

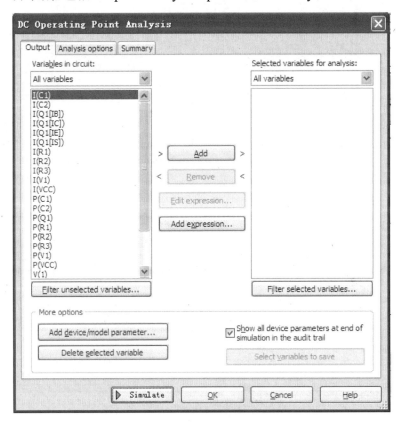

图 13.4.4　直流工作点分析对话框

在 Output 选项卡中设置所要分析的节点和电源支路。

在 Variables in circuit 栏中选择电路变量，通过中间的 Add 添加变量到右边窗口 Selected variables for analysis 栏，右边窗口的变量是需要分析的节点。

如果需要分析的变量左边窗口没有，在对话框下部的 More options 的 Add device/model parameter...按钮的功能是在 Variables in circuit 栏内增加某个元器件/模型的参数。

选择三极管的基极电流、射极电流、集电极电流、基极电位、集电极电位、输出点电位和三极管功率进行仿真分析，如图 13.4.5 所示。

在图 13.4.5 中单击 Simulate，出现静态工作点分析结果，单击快捷栏 Black Background 经背景调整为白色，如图 13.4.6 所示。

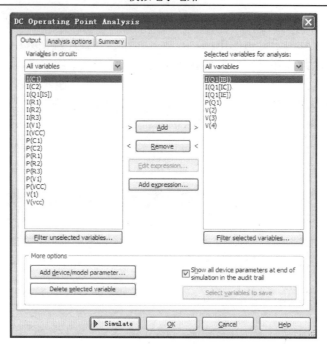

图 13.4.5　直流工作点分析对话框

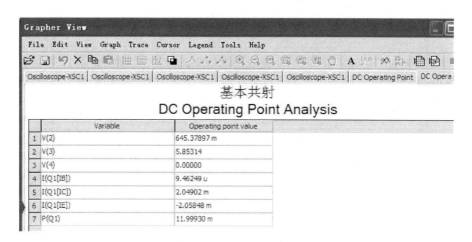

图 13.4.6　直流工作点分析结果

13.5　Multisim 的元件模型参数的修改

用 Multisim 分析如图 13.5.1 所示的射极偏置放大电路，其中 BJT 晶体管的 β 值为 100。求该电路的静态工作点。

解　(1)模型参数的修改，查看 2N2222 的模型参数。

单击菜单 Tools→Database→Database manager，如图 13.5.2 所示，弹出对话框如图 13.5.3 所示；在 Database name 中选择 Master Database，显示的元件过多不好找，因此通过滤波器设置帮助查找，单击 Filter 按键，选择 BJT_NPN，单击 OK，这时在元件列表中显示的是 NPN 三极管，很快查找到 2N2222 三极管。

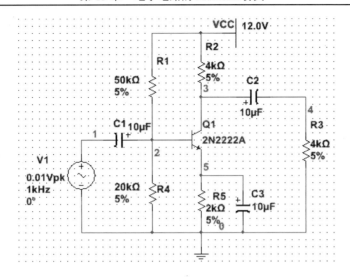

图 13.5.1　射极偏置放大电路

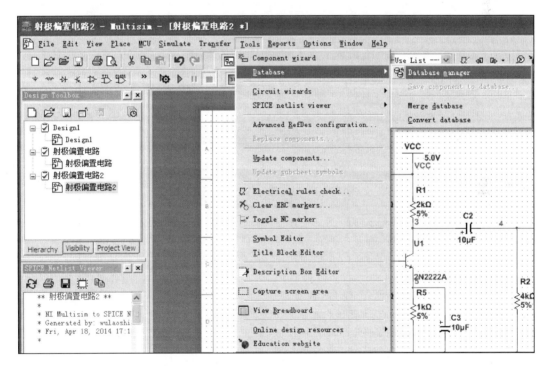

图 13.5.2　查看元件的数据库

选中 2N2222，单击 Edit 按键，跳出对话框如图 13.5.4 所示，在 Component Properties 的 Model 页，选择 Q2N2222，查看其 β 值为 220。

要将 β 值改为 100，注意由于元件是在 Master Database（主要数据库）中，因此不能直接修改，但是可以将其复制到 Corporate 或 User 数据库，然后修改它。

在图 13.5.4 中单击 Add/Edit 按键，跳出对话框如图 13.5.5 所示，选中 Master Database 库中元件 Q2N2222A，单击 Copy to，跳出 Set Parameters 对话框，选择数据库 User Database，单击 OK，元件 Q2N2222A 的参数模型被复制到了用户数据库中。

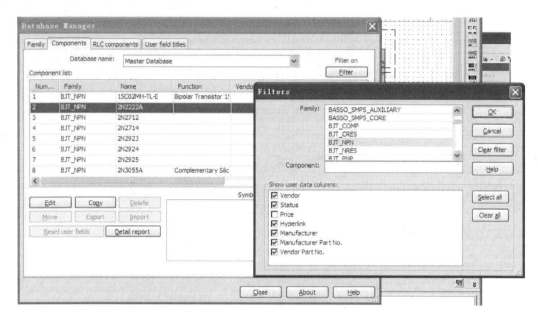

图 13.5.3　查找元件 2N2222 的数据库

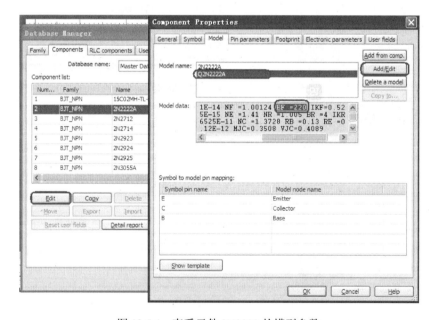

图 13.5.4　查看元件 2N2222 的模型参数

在图 13.5.6 中选择 User Database，可以看到元件 Q2N2222A，这时元件参数为可修改状态，修改 β 值为 100，单击 Save 完成保存。单击 Select 按键，跳出对话框如图 13.5.7 所示。

为用户库元件 Q2N2222A 定义新家族，选中 Q2N2222A，单击 OK，跳出对话框如图 13.5.8 所示。选择 User Database，选择 ANSI Y32.2，单击 Add family，跳出对话框如图 13.5.9 所示。选择 Transistor 家族，单击 OK。至此元件参数修改好。

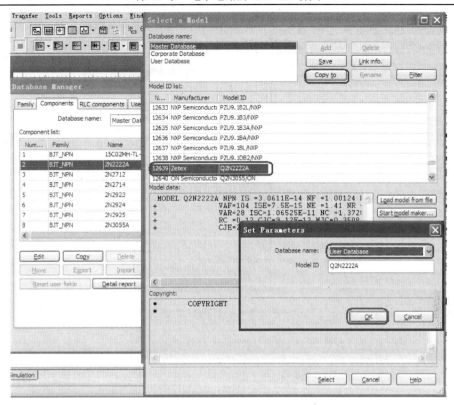

图 13.5.5　将元件 Q2N2222 的模型复制到 User Database 库中

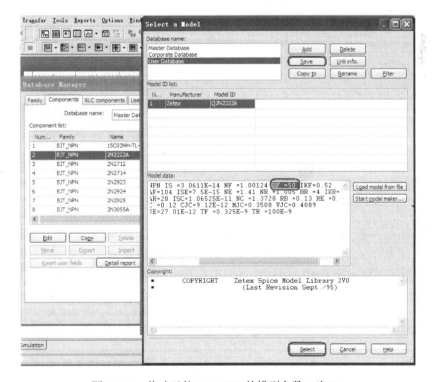

图 13.5.6　修改元件 Q2N2222 的模型参数 β 为 100

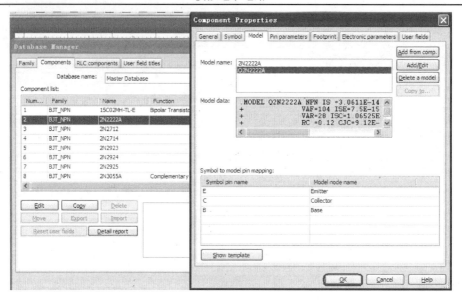

图 13.5.7 定义新元件 Q2N2222 的新家族

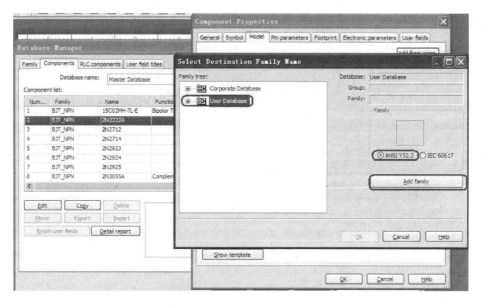

图 13.5.8 定义新元件 Q2N2222 的新家族 ANSI Y32.2

(2) 用 Multisim 软件画好电路图。(注意元件调用一定要使用 User Database 中的 Q2N2222A) 为了后面各点电位和电流分析,通过设置显示电路各点网标,在菜单 Edit→ Preferences 设置电路原理图工作区属性。在 Sheet visibility 页 Net names 中选择 Show all。单 击 OK,电路标号全部显示出来。

(3) 执行 Simulate→Analysis→DC Operating Point 命令,打开直流工作点分析对话框,该 对话框包括 Output、Analysis Options 及 Summary 共 3 个选项卡。

(4) 在 Output 选项卡中设置所要分析的节点和电源支路。在 Variables in circuit 栏中选择 电路变量,通过中间的 Add 添加变量到右边窗口 Selected variables for analysis 栏,右边窗口 的变量是需要分析的节点。

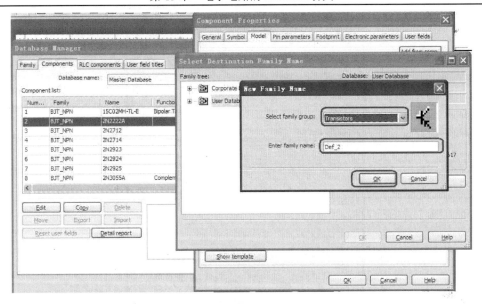

图 13.5.9　选择 Transistor 家族

如果需要分析的变量左边窗口没有，在对话框下部的 More options 的 Add device/model parameter...按钮的功能是在 Variables in circuit 栏内增加某个元器件/模型的参数。

选择三极管的基极电流、射极电流、集电极电流、基极电位、集电极电位、射极电位、输出点电位和三极管功率进行仿真分析。

单击 Simulate，出现静态工作点分析结果，单击快捷栏 Black Background 将背景调整为白色，如图 13.5.10 所示。

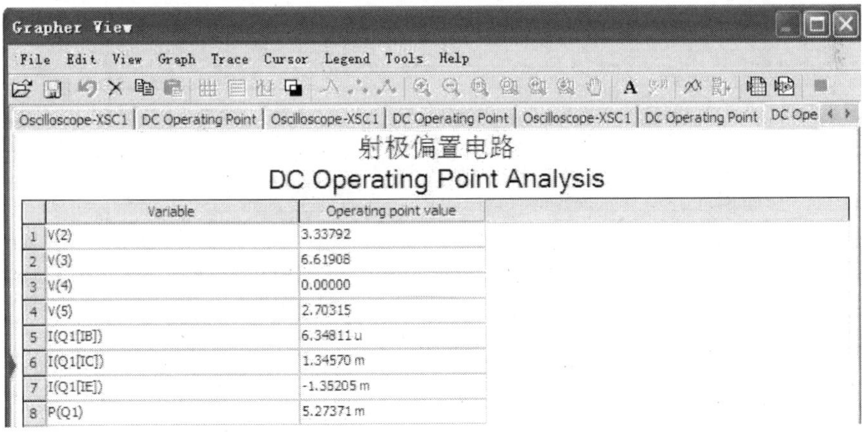

图 13.5.10　射极偏置共射放大电路直流工作点分析结果

(5)观察工作波形。输入正弦信号源(V1)的设定。双击图 13.5.1 的电压源 V1，打开设置面板，进行相关设置，如图 13.5.11 所示。

它共有 6 个参数需要设置，例如，设定参数如下：Voltage(PK)=0.01V=10mV，VAMPL=5MV，Frequency=1kHz，TD(Time delay)=0，DF(Damping factor)=0，phase=0。

在工作区内添加双通道示波器，分别连接到输入端 1 和输出端 4，工作波形如图 13.5.12 所示。

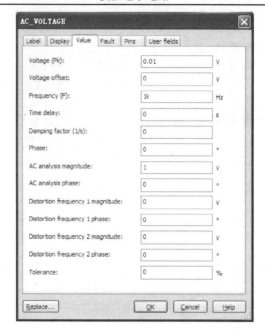

图 13.5.11 射极偏置共射放大电路信号源设置

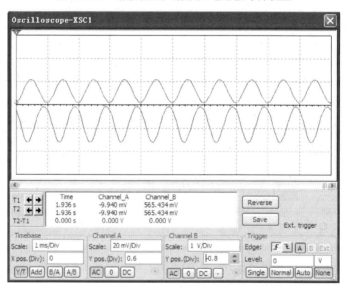

图 13.5.12 射极偏置共射放大电路工作波形

13.6 基本共射放大电路的动态分析

13.6.1 放大倍数的分析

在仪表工具栏中选择"Measurement probe",分别在基本共射放大电路的输入和输出端放置测量探针,打开仿真开关,单击快捷按键"Run"启动仿真,探针显示的数据如图 13.6.1 所示,观察均方根电压,输入为 10mV,输出为 1.42V,因此电压放大倍数为 142。

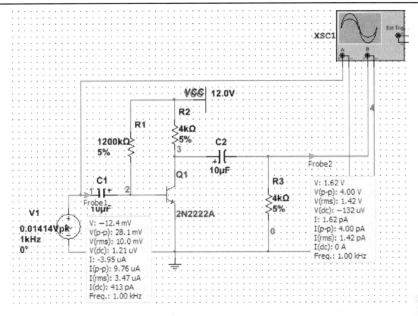

图 13.6.1　放大倍数测量图

13.6.2　输入电阻和输出电阻的分析

在虚拟元器件库图 13.2.8 中，选择"虚拟测量仪表库（Show/Hide Measurement Family）"，"虚拟测量仪表库"的界面如图 13.6.2 所示。该库包含电流表（Ammeter）、电压表（Voltmeter）以及各种颜色的探针（Probe）。

图 13.6.2　"虚拟测量仪表库"界面

电流表 U1 和电压表 U2 的设置如图 13.6.3 所示。双击电流表，打开 Ammeter 设置对话框；在 Value 页中的模式选择框中，若选择"DC"则为直

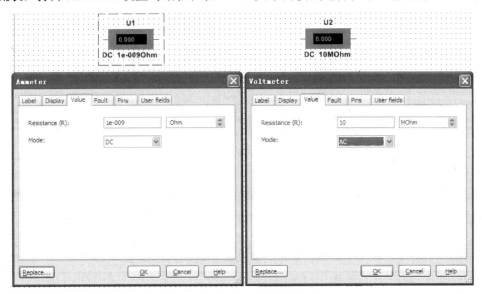

图 13.6.3　Ammeter 表和 Voltmeter 表的设置

流电流表，若选择"AC"则为交流电流表；在 Resistance（R）中选择电流表的内阻，可见电流表的内阻非常小，单击 OK 完成设置，可见电流表的 DC 模式变成了 AC 模式。电压表的设置与电流表类似，只不过电压表的内阻非常大，默认值为 10MOhm。

在基本共射放大电路中放置交流电流表 U1 和交流电压表 U2，如图 13.6.4 所示。选择在输入、输出端分别接入交流电流表和交流电压表测量 I_i、I_o、V_i、V_{o1}（负载接入）和 V_{o2}（负载开路）。

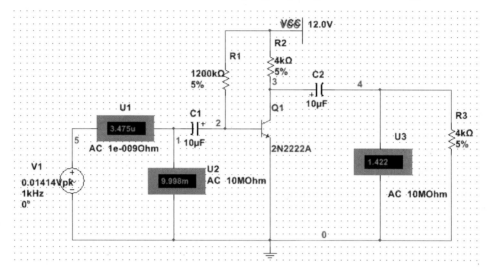

图 13.6.4　输入电阻和输出电阻的测量

由图 13.6.4 可知，输入交流电流的有效值为 3.45μA，输入交流电压的有效值 V_i 为 9.998mV，输出电压 V_{o1}（负载接入）为 1.422V，输出电压 V_{o2}（负载开路）为 2.643V。输入电阻和输出电阻求解示意图，如图 13.6.5 所示。

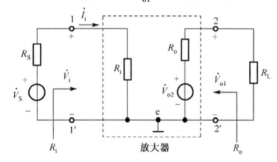

图 13.6.5　输入电阻和输出电阻的求解示意图

输入电阻为

$$R_i = \frac{V_i}{I_i} = \frac{9.998 \times 10^{-3}}{3.45 \times 10^{-6}} = 2.9 \times 10^3 (\Omega)$$

输出电阻为

$$V_{o1} = \frac{R_L}{R_L + R_o} V_{o2}$$

$$R_o = \frac{V_{o2} - V_{o1}}{V_{o1}} R_L = \frac{2.643 - 1.422}{1.422} \times 4 = 3.43 (\text{k}\Omega)$$

13.6.3　频率特性分析

交流分析（AC Analysis）用于分析放大电路的小信号频率响应。在分析时，程序会自动地对电路进行直流工作点分析，以便建立电路中非线性元件的交流小信号模型，直流电源置零，交流信号源、电容和电感等均处于交流模式，如果电路中存在数字元件，则将其视为一个接地的大电阻。不管电路中输入的是何种信号，分析时都会自动以正弦波替代。

下面对基本共射放大电路图 13.4.3 进行动态分析。

单击运行 Simulate→Analysis→AC Analysis 命令，打开动态分析对话框。如图 13.6.6 所示。

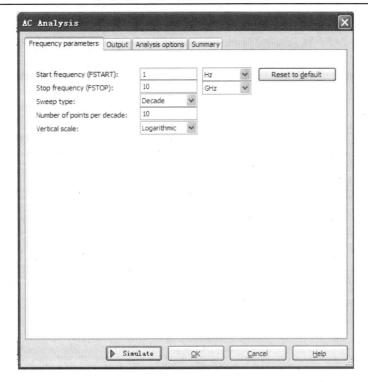

图 13.6.6　动态分析对话框

　　Frequency parameters 页用于设置频率参数，Start frequency 用于设置交流分析的起始频率；Stop frequency 用于设置交流分析的终止频率；Sweep type 用于设置交流分析的扫描方式。Decade 代表十倍频扫描；Octave 代表八倍频扫描；Linear 代表线性扫描；Logarithmic 代表对数扫描；通常 Sweep type 选用 Decade；Vertical scale 选用 Logarithmic。

　　在 Output 页选择 V(4)进行频率特性分析，单击 Simulate 按键，得到频率特性如图 13.6.7 所示。

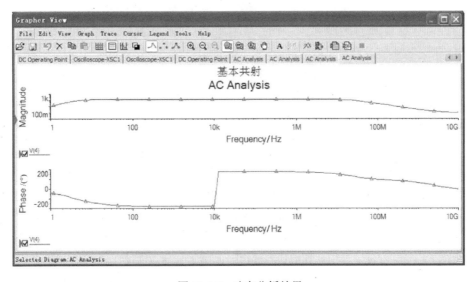

图 13.6.7　动态分析结果

也可在电路上接入仪表波特图仪，如图 13.6.8 所示。打开仿真开关，双击波特图仪，调节横轴和纵轴量程设置，得到如图 13.6.9 的波特图，图 13.6.9(a) 为幅频特性，图 13.6.9(b) 为相频特性。

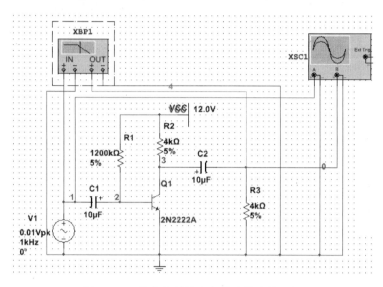

图 13.6.8　基本共射放大电路连接波特图仪

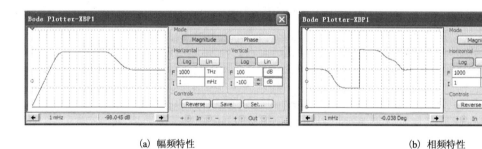

(a) 幅频特性　　　　　　　　　　　　　　　　(b) 相频特性

图 13.6.9　波特图仪动态分析结果

13.7　瞬 态 分 析

瞬态分析又称为 Transient Analysis，就是求电路的时域响应。它可在给定输入激励信号情况下，计算电路输出端的瞬态响应。在瞬态分析时，直流电源保持常数，交流信号源随着时间而变化。瞬态分析的结果通常为分析节点的电压波形，所以使用示波器也可以观察到相同的结果。

下面对基本共射放大电路图 13.4.3 进行瞬态分析。

单击菜单 Simulate→Analysis→Transient Analysis 命令，打开 Transient Analysis 对话框。如图 13.7.1 所示。

在 Analysis parameters 页中，Initial conditions 用于设置初始状态。该栏共有 4 个选项，Determine automatically 为程序自动设置初始值，Set to zero 代表将初始值设置为 0，User.defined 表示由用户定义初始值，Calculate DC operating point 表示通过计算直流工作点得

到初始值。Start time 设置开始分析的时间；End time 设置终止分析的时间。Maximum time step
设置最大时间步长。

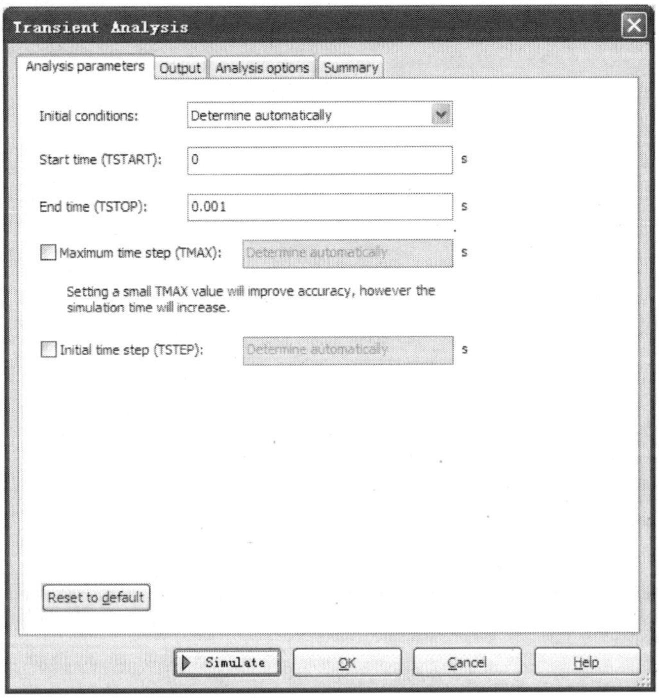

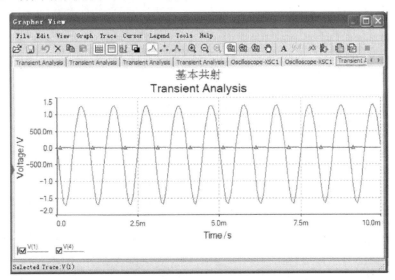

图 13.7.1　瞬态分析设置界面

在 Output 页选择电路分析的输出变量为 V(4)，然后在 Analysis parameters 页中单击
Simulate 按钮，仿真结果波形如图 13.7.2 所示。

图 13.7.2　瞬态分析的输入输出波形

双击 Grapher View，跳出 Graph Properties 对话框，如图 13.7.3 所示。通过设置，将输入
波形和输出波形调整为图 13.7.4 所示。

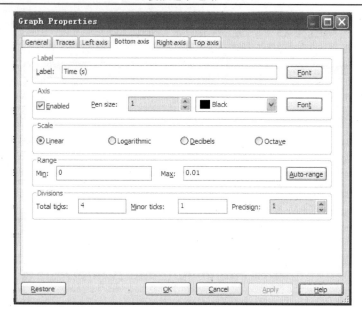

图 13.7.3　瞬态分析视图属性设置对话框

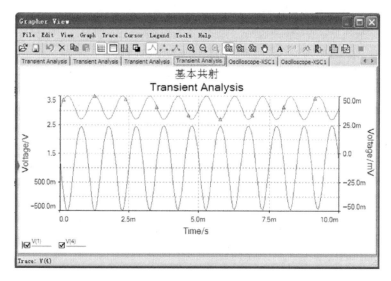

图 13.7.4　瞬态分析调整后的波形

13.8　方波信号的傅里叶分析

傅里叶分析就是在瞬态分析完成后，计算输出波形的直流、基波和各次谐波分量。因此傅里叶分析应在瞬态分析后进行。

它通过对被测节点信号的时域信号进行傅里叶变换，找出其频域变化规律。该分析方法其实就是将周期性的非正弦波信号转换成一系列正弦波和余弦波的组合。

绘制电路如图 13.8.1 所示，信号源选取 1kHz 的方波信号，幅度为 5V，该信号加在两个串联的电阻两端。

单击菜单 Simulate→Analysis→Fourier Analysis 命令，打开 Fourier Analysis 对话框，如图 13.8.2 所示，对傅里叶分析进行参数设置。

在 Analysis parameters 页中，在 Sample options 区域，Frequency resolution 用于设置基频；如果不知道如何设置，单击 Estimate 按钮，程序会自动设置。

Number of harmonics 用于设置希望分析的谐波次数，系统默认是 9；Stop time for sampling 用于设置停止采样的时间，如果不知道如何设置，单击 Estimate 按钮，程序会自动设置。

单击"Edit transient analysis"按钮设置瞬态分析选项。

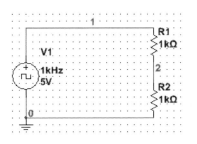

图 13.8.1　傅里叶分析设置界面

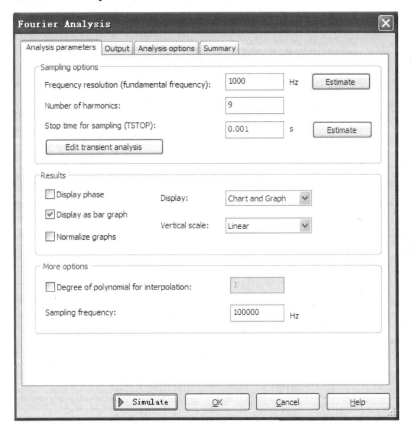

图 13.8.2　傅里叶分析设置界面

Display 设置显示的项目，Chart（图表）、Graph（曲线）、Chart and Graph（图表和曲线）。

初始状态。该栏共有 4 个选项，Automatically determine initial conditions 为程序自动设置初始值，Set to zero 代表将初始值设置为 0，User-defined 表示由用户定义初始值，Calculate DC operating point 表示通过计算直流工作点得到初始值。Start time 设置开始分析的时间；End time 设置终止分析的时间。Maximum time step 设置最大时间步长。

在 Output 页选择电路分析的输出变量为 V(2)，然后在 Output 页中单击 Simulate 按钮，仿真频域特性如图 13.8.3 所示。

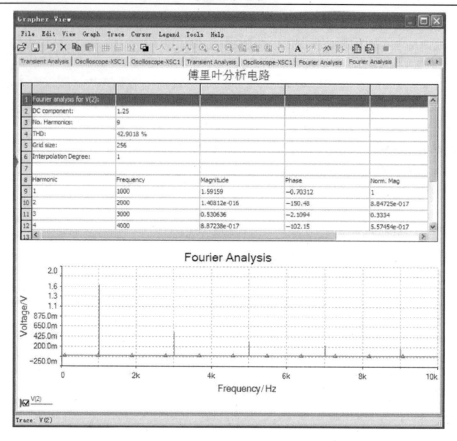

图 13.8.3　傅里叶分析频域特性

13.9　共基放大电路仿真分析

共基放大电路如图 13.9.1 所示，输入信号为 $V_s = 10\sqrt{2}\sin 2\pi \times 10^3 t(\text{mV})$，负载电阻为 $4 \times 10^3 \text{k}\Omega$。

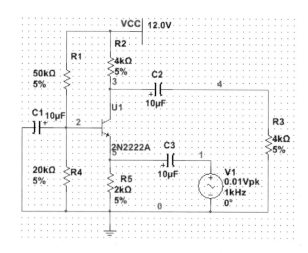

图 13.9.1　共基放大电路

13.9.1　静态工作点分析

在菜单中单击 Simulate→Analysis→DC Operating Point 命令，即可打开直流工作点分析对话框。在对话框 Output 选项卡中，选择三极管的基极电流、射极电流、集电极电流、基极电位、集电极电位、输出点电位和三极管功率进行仿真分析。

然后单击 Simulate，出现静态工作点分析结果，如图 13.9.2 所示。

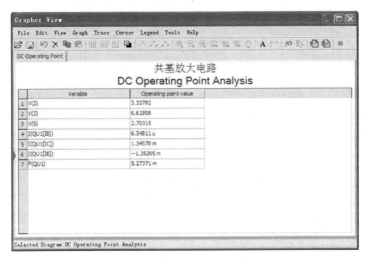

图 13.9.2　共基放大电路直流工作点分析结果

请问怎样通过三极管模型参数查询得到其共射电流放大系数 β？

13.9.2　放大倍数的分析

在仪表工具栏中选择"Measurement probe"，分别在基本共射放大电路的输入和输出端放置测量探针，打开仿真开关，单击快捷按键"Run"启动仿真，探针显示的数据如图 13.9.3 所示，观察均方根电压，输入为 10mV，输出为 769mV，因此电压放大倍数为 76.9。

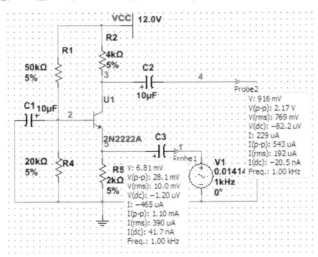

图 13.9.3　共基电路放大倍数测量图

13.9.3　输入电阻和输出电阻的分析

在"虚拟测量仪表库"中，选择虚拟电流表（Ammeter）和虚拟电压表（Voltmeter），并将电流表和电压表的 DC 模式改为 AC 模式。

在共基放大电路中放置交流电流表 U2 和交流电压表 U3，如图 13.9.4 所示。选择在输入、输出端分别接入交流电流表和交流电压表测量 I_i、I_o、V_i、V_{o1}（负载接入）和 V_{o2}（负载开路）。

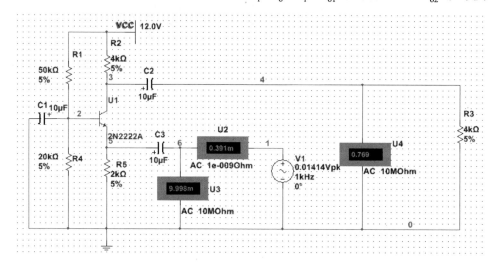

图 13.9.4　输入电阻和输出电阻的测量

由图 13.9.4 可知，输入交流电流的有效值为 0.391mA，输入交流电压的有效值 V_i 为 9.998mV，输出电压 V_{o1}（负载接入）为 0.769V，输出电压 V_{o2}（负载开路）为 1.515V。

输入电阻为

$$R_i = \frac{V_i}{I_i} = \frac{9.998 \times 10^{-3}}{0.391 \times 10^{-3}} = 25.6(\Omega)$$

输出电阻为

$$R_o = \frac{V_{o2} - V_{o1}}{V_{o1}} R_L = \frac{1.515 - 0.769}{0.769} \times 4 = 3.9(\text{k}\Omega)$$

13.9.4　频率特性分析

交流分析（AC Analysis）用于分析放大电路的小信号频率响应。在分析时，程序会自动地对电路进行直流工作点分析，以便建立电路中非线性元件的交流小信号模型，直流电源置零，交流信号源、电容和电感等均处于交流模式。分析时自动以正弦波作为输入信号。

下面对基本共基极放大电路图 13.9.1 进行动态分析。

单击运行 Simulate→Analysis→AC Analysis 命令，打开动态分析对话框。如图 13.9.5 所示。

Frequency parameters 页用于设置频率参数，Start frequency 用于设置交流分析的起始频率；Stop frequency 用于设置交流分析的终止频率；Sweep type 用于设置交流分析的扫描方式。Decade 代表十倍频扫描；Octave 代表八倍频扫描；Linear 代表线性扫描；Logarithmic 代表对数扫描；通常 Sweep type 选用 Decade；Vertical scale 选用 Logarithmic。

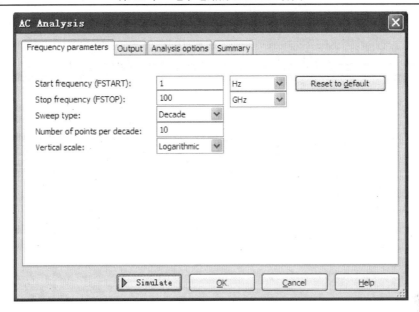

图 13.9.5　动态分析对话框

在 Output 页选择 V(4) 进行频率特性分析，单击 Simulate 按键，得到频率特性如图 13.9.6 所示。

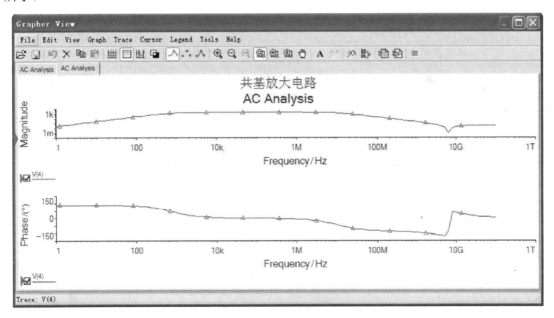

图 13.9.6　动态分析结果

13.10　电阻伏安特性分析

直流扫描分析又称为 DC Sweep 分析，就是利用直流电源来分析电路特性。该特性较容易分析电路的伏安特性。

绘制一个电流源为一个电阻提供电流，如图 13.10.1 所示。

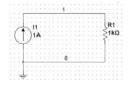

图 13.10.1　电阻电路

　　单击菜单 Simulate→Analysis→DC Sweep 命令，打开 DC Sweep Analysis 对话框，如图 13.10.2 所示，对直流扫描分析进行参数设置。

　　在 Output 页中，选取节点 1 作为输出变量，如图 13.10.2 所示，单击 Simulate 获得伏安特性曲线如图 13.10.3 所示。

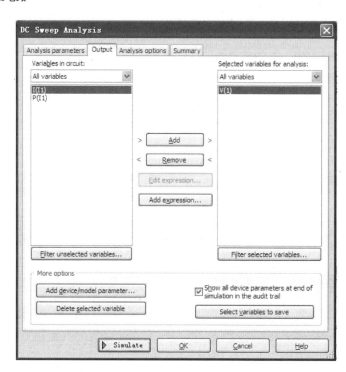

图 13.10.2　DC Sweep Analysis 对话框

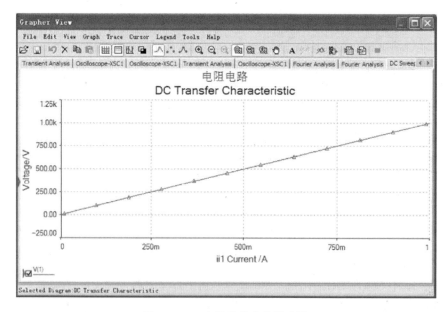

图 13.10.3　电阻的伏安特性曲线

13.11　二极管的伏安特性分析

使用 IV 特性测试仪测试二极管的伏安特性，调用 IV 特性测试仪，在二极管的阳极和阴极连好，打开仿真开关，单击快捷按键"Run"，双击工作区的 IV 特性测试仪，可以看到二极管的伏安特性，如图 13.11.1 所示。

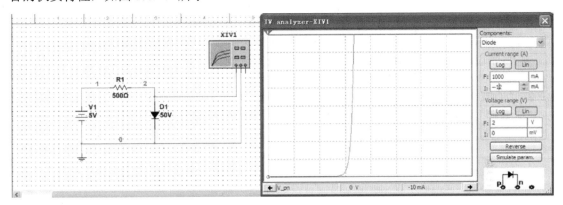

图 13.11.1　二极管的伏安特性曲线

13.12　三极管的伏安特性分析

使用 IV 特性测试仪测试三极管的伏安特性，调用 IV 特性测试仪，在三极管的 b、e 和 c 极连好，打开仿真开关，单击快捷按键"Run"，双击工作区的 IV 特性测试仪，可以看到二极管的伏安特性，如图 13.12.1 所示。

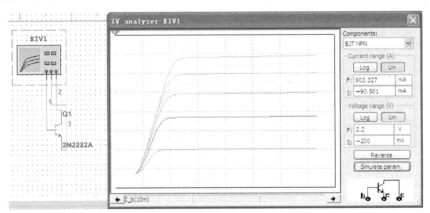

图 13.12.1　三极管的伏安特性曲线

13.13　功率放大器仿真分析

选择大功率管 NPN 三极管 2N3055 反向工作电压为 100V，集电极工作电流为 15A，集电极耗散功率为 115W；与它配对的 PNP 功率三极管为 MJ2955。

13.13.1　乙类 OCL 功放分析

乙类功放的特点是：静态工作点位于三极管输出特性的横轴上，即静态时功耗为零；每个三极管的导通角为 180°，各导通半周，其效率很高，其值为 78.5%，但是存在交越失真。乙类功放电路如图 13.13.1 所示。打开仿真开关，双击示波器，其波形如图 13.13.2 所示。

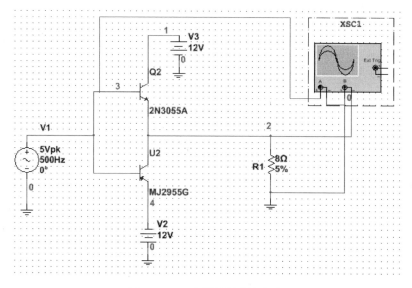

图 13.13.1　乙类低频功放电路

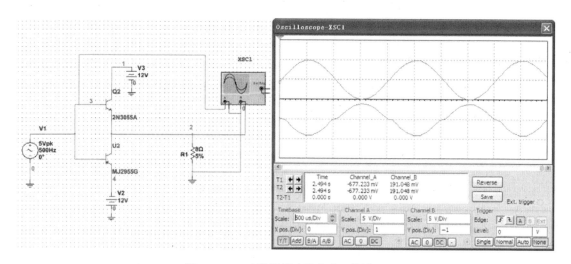

图 13.13.2　乙类低频功放电路工作波形

从图 13.13.2 可以看出，输出波形存在交越失真。

13.13.2　甲乙类 OTL 功放分析

为了克服交越失真，使三极管工作在微导通状态，设计的甲乙类功放如图 13.13.3 所示，图中功放为单电源供电，即 OTL 功放。

甲乙类功放的特点是：静态工作点位于三极管输出特性横轴的上方，即静态时功耗较低；

每个三极管的导通角大于 180°，属于一种近乙类的甲乙类工作方式，其效率接近 78.5%，无交越失真。甲乙类功放电路如图 13.13.3 所示。打开仿真开关，双击示波器，其波形如图 13.13.4 所示。

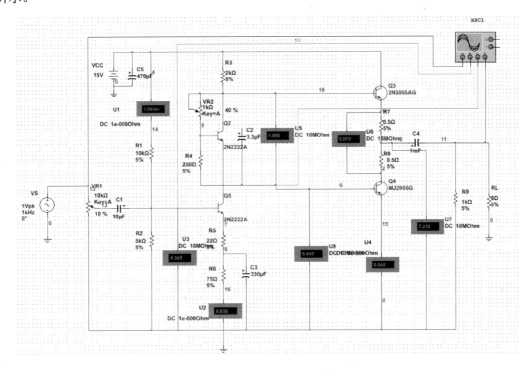

图 13.13.3　甲乙类 OTL 功放电路

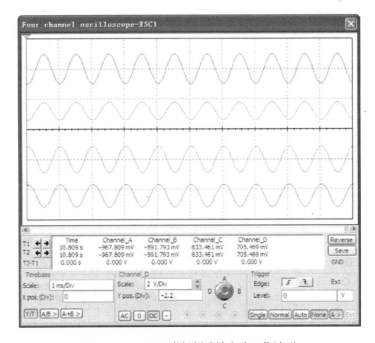

图 13.13.4　甲乙类低频功放电路工作波形

从图 13.13.4 可以看出，输出波形不存在交越失真。

13.14 集成运算放大器应用电路仿真分析

下面以反相比例运算电路、同相比例运算电路以及有源滤波器为例进行分析。集成运算放大器选择 LM324。

使用时首先下载 LM324 的数据手册，仔细阅读得知，LM324 是四运放集成电路，它采用 14 脚双列直插塑料封装，外形如图 13.14.1 所示。它的内部包含四组形式完全相同的运算放大器，除了电源共用，四组运放相互独立。LM324 四运放电路具有电源电压范围宽，静态功耗小，可单或双电源使用，价格低廉等优点，该芯片得到广泛应用。单电源供电范围为 3～32V；单电源供电范围为 1.5～16V。

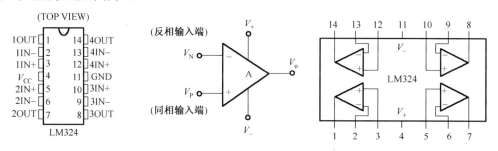

图 13.14.1 LM324 管脚排列图

13.14.1 同相比例运算电路分析

同相比例运算电路如图 13.14.2 所示，当输入直流电压为 1V 时，使用虚拟直流电压表观察输入和输出电压，如图 13.14.2 所示。

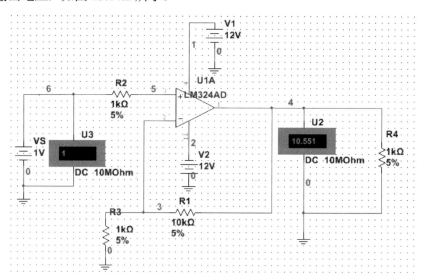

图 13.14.2 同相比例运算电路直流放大

输入为交流峰值 1V 的正弦波，示波器观察的仿真如图 13.14.3 所示，输入输出相位相同，放大 11 倍，如图 13.14.3 所示。

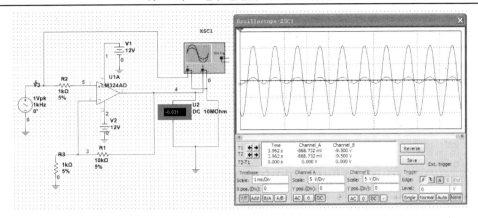

图 13.14.3　同相比例运算电路交流放大

13.14.2　反相比例运算电路分析

反相比例运算电路如图 13.14.4 所示，当输入直流电压为 1V 时，使用虚拟直流电压表观察输入和输出电压，如图 13.14.4 所示。

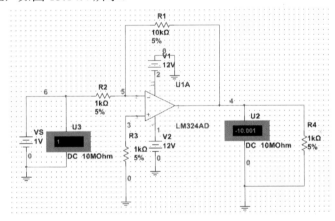

图 13.14.4　反相比例运算电路直流放大

输入为交流峰值 1V 的正弦波，示波器观察的仿真如图 13.14.5 所示，输入输出相位相同，放大 10 倍。

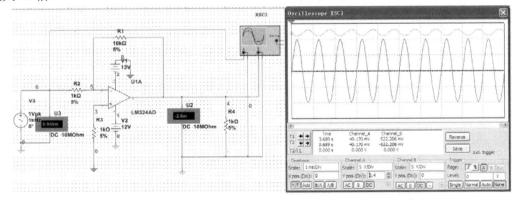

图 13.14.5　反相比例运算电路交流放大

13.14.3　一阶低通有源滤波器分析

有源滤波器由集成运放和 R、C 组成，具有不用电感、体积小、重量轻的优点，还具有一定的电压放大和缓冲作用，但是集成运放带宽有限，因此有源滤波器的工作频率难以做得很高。

一阶低通有源滤波器电路如图 13.14.6 所示，使用波特图观察频率特性如图 13.14.7 所示，读图上限截止频率（下降 3dB 点）约为 1.6kHz。

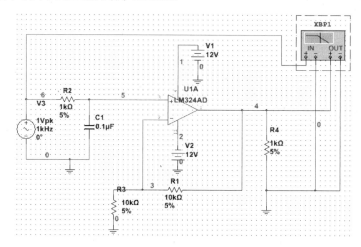

图 13.14.6　一阶有源滤波器电路图

电路截止频率为

$$f = \frac{1}{2\pi R_2 C_1} = \frac{1}{2 \times 3.14 \times 1 \times 10^3 \times 0.1 \times 10^{-6}} = 1592(\text{Hz}) = 1.6(\text{kHz})$$

可见计算结果与仿真结果吻合。

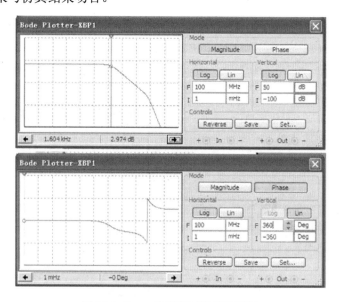

图 13.14.7　一阶有源滤波器波特图

13.14.4　二阶切比雪夫低通有源滤波器分析

切比雪夫滤波器在过渡带比巴特沃斯滤波器的衰减快，但频率响应的幅频特性不如巴特沃斯滤波器平坦。在过渡带期间，切比雪夫滤波器和理想滤波器的频率响应曲线之间的误差最小，但是在通频带内存在幅度波动。而贝塞尔滤波电路考虑的是相频特性。

二阶切比雪夫低通有源滤波器电路如图 13.14.8 所示，使用波特图观察频率特性如图 13.14.9 所示，读图上限截止频率(下降 3dB 点)约为 1kHz。

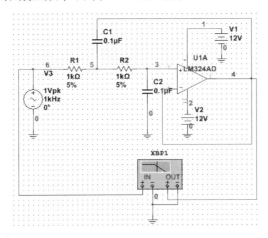

图 13.14.8　二阶切比雪夫低通滤波器电路图

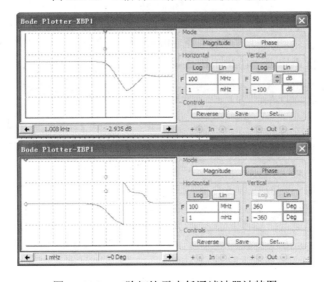

图 13.14.9　二阶切比雪夫低通滤波器波特图

13.15　用 Multisim 设计滤波器

Multisim 仿真软件提供电路设计功能，在菜单中单击 Tools→Circuit Wizard→Filter Wizard 命令，出现 Filter Wizard 对话框，如图 13.15.1 所示。通过设置 Multisim 会自动设计滤波器，并给出具体电路。

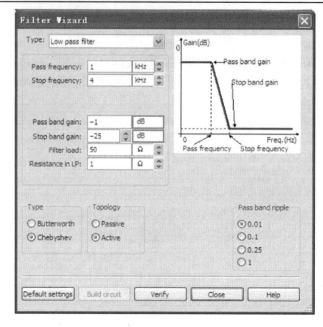

图 13.15.1　滤波器设计 Filter Wizard 对话框

例如，设计一个切比雪夫低通有源滤波器，通带截止频率为 1kHz，阻带截止频率为 4kHz。

（1）进行参数设置。在对话框中，Type 下拉窗口中选择低通滤波器"Low pass filter"；通带截止频率设置为 1kHz，阻带截止频率设置为 4kHz。在类型"Type"中选择切比雪夫滤波器，在结构中"Topology"中选择有源滤波器"Active"，在通带波动大小中选择"0.01"。

（2）参数设置完毕后，单击"Verify"，Multisim 自动检查是否能生成该滤波器，若能生成该滤波器，则在对话框中出现"Calculation was successfully completed"，如图 13.15.2 所示。

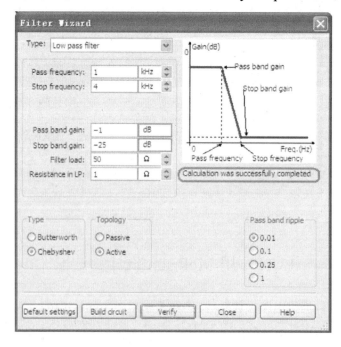

图 13.15.2　检验滤波器是否能生成

（3）单击"Build circuit"按钮，生成的电路如图 13.15.3 所示。

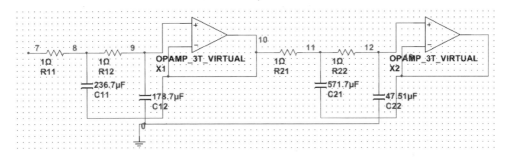

图 13.15.3　生成的切比雪夫低通有源滤波器电路

13.16　温度扫描分析

温度扫描分析（Temperature Sweep Analysis）是研究不同环境温度下的电路性能。即在温度变化时，分析电路特性的变化。与温度分析搭配的可以是 AC 分析、DC 分析、TRAN 分析等基本特性分析。

需要注意的是，Multisim 的温度扫描分析仅限于部分半导体器件和虚拟电阻，因此为了能对电路进行温度扫描分析，组成电路的电阻必须选用虚拟电阻。

下面对基本共射放大电路进行温度扫描分析，具体步骤如下。

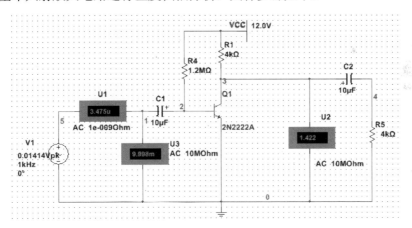

图 13.16.1　用于温度扫描分析的基本共射放大电路

（1）绘制基本共射放大电路，如图 13.16.1 所示，注意电阻选用虚拟电阻，在菜单中单击 Simulate→Analysis→Temperature Sweep 命令，出现 Temperature Sweep Analysis 对话框，如图 13.16.2 所示。

（2）参数设置，在 Points to sweep 区选择温度扫描类型，有十倍程（Decade）、线性（Linear）、八倍程（Octave）和列表（List），在此选用 List，并在 Value list 框中输入所要分析的温度，在此输入 0,25,70,125,四个温度，每个温度值之后跟英文格式的逗号。

（3）在 More Options 区域，单击 Edit analysis 按钮，在弹出的 Sweep of Transient Analysis 对话框中，设置 End time 为 0.005，其余均为默认选项。

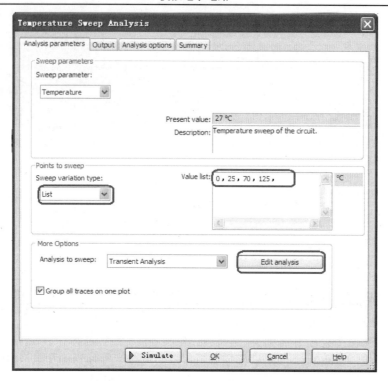

图 13.16.2　Temperature Sweep Analysis 对话框

(4)在 Output 选项卡中选择节点 3 为输出节点。

(5)单击 Simulation 开始仿真运行，温度扫描分析结果如图 13.16.3 所示。

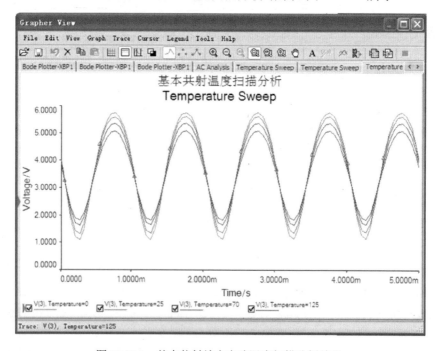

图 13.16.3　基本共射放大电路温度扫描分析结果

从图 13.16.3 可以看出，温度越高，输出波形幅度越小。

本 章 小 结

本章介绍了 NI Multisim 电路仿真分析软件的组成，其中最重要的功能是原理图绘制、仿真分析和仿真波形观测。具体归纳如下。

(1) 原理图绘制模块的功能：实现在屏幕上绘制电路图，设置电路中元器件的参数。

(2) 仿真分析功能：在菜单中单击 Simulate→Analyses→···，根据需求选择仿真功能，设置分析类型和参数，单击对话框中"Simulate"按钮进行仿真。可以实现直流分析，包括静态工作点、直流传输特性等分析。可以实现交流分析，包括放大倍数、输入电阻、输出电阻、频率特性、噪声特性分析。可以实现瞬态分析，包括瞬态响应分析、傅里叶分析。可以实现参数扫描，包括温度特性分析、参数扫描分析。可以实现统计分析，包括蒙托卡诺分析、最坏情况分析。可以实现逻辑模拟，包括逻辑模拟、数/模混合模拟、最坏情况时序分析等。

(3) 波形观测功能观测输入输出信号波形、电压传输特性、元件参数不同下的工作波形、频率特性曲线等。曲线和波形的观测通过两种方式实现：第一种是在仿真分析对话框中单击"Simulate"按钮，即可出现波形或各种曲线；第二种是通过调用 NI Multisim 的虚拟仪表进行观测。

习 题 13

1. 电路如图题 1(a)、(b) 所示，稳压管 D1N746 的稳定电压 V_z=3V，R=1kΩ，v_i=6sin2π×10^3t(V)。试用 Multisim 仿真分析平台分别求出 v_{o1} 和 v_{o2} 的波形。

2. 用 Multisim 仿真分析平台绘制基本共射放大电路如图题 2 所示，设 V_{CC}=12V，电路参数如图题 2 所示，三极管选择 2N2222。

(1) 用万用表测量静态工作点；

(2) 用示波器观察输入及输出波形；

(3) 用波特图仪观察幅频特性和相频特性。

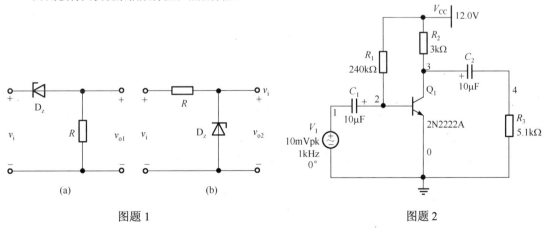

图题 1　　　　　　　　　　　　　　　　图题 2

3. 试用 Multisim 仿真分析平台绘制分压式偏置电路如图题 3 所示。电路中元件参数 $R_{b1}=15kΩ, R_{b2}=62kΩ$，$R_c=3kΩ$，$R_L=3kΩ$，$V_{CC}=24V$，$R_e=1kΩ$，晶体管的 $β=50$，$R_s=100Ω$。电容均为 10μF。

V_s=5sin2π×10^3(mV)。

(1) 估算静态工作点 Q;

(2) 计算放大器的 A_V、R_i、R_o 和 A_{vs};

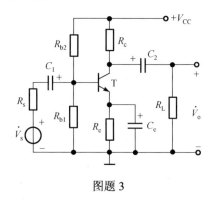

图题 3

4. 试用 Multisim 仿真分析平台绘制电路图题 4 所示的两级阻容耦合放大器。设置三极管的 $\beta_1=\beta_2=60$，设置好各节点名。求解:

(1) 电路的静态工作点;

(2) 电压放大倍数;

(3) 放大器的频率特性。

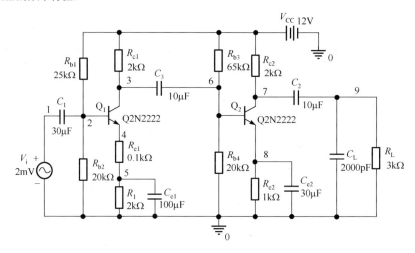

图题 4

5. 在 Multisim 电路窗口，用电路设计向导，设计一个同相比例运算电路，若输入信号为 10mV，信号频率为 10kHz 的正弦波，电路的电压放大倍数为 10 倍，电源电压为 ±12V;试用示波器观察输入、输出波形的相位，并测量输出电压的大小。

6. 在 Multisim 电路窗口，用电路设计向导，设计一个有源低通滤波器，要求 10kHz 以下的频率能通过，试用波特图仪仿真电路的幅频特性和相频特性。

参 考 文 献

冈村迪夫. 2004. OP 放大电路设计. 王玲译. 北京：科学出版社.

黑田彻. 2006. 电子元器件应用技术：基于 OP 放大器与晶体管的放大电路设计.何中庸译. 北京：科学出版社.

胡斌，胡松. 2012. 电子工程师必备：元器件应用宝典(强化版). 北京：人民邮电出版社.

黄争，李琰. 2010. 运算放大器应用手册:基础知识篇. 北京：电子工业出版社.

黄争. 2010. 数据转换器应用手册:基础知识篇. 北京：电子工业出版社.

康华光，陈大钦，张林. 2006. 电子技术基础: 模拟部分. 5 版. 北京：高等教育出版社.

李柏雄. 2010. 高保真功率放大器制作教程. 北京：电子工业出版社.

梁青，侯传教，熊伟，等. 2012. Multisim 11 电路仿真与实践. 北京：清华大学出版社.

铃木雅臣，彭军. 2004. 晶体管电路设计(下). 北京：科学出版社.

铃木雅臣，周南生. 2004. 晶体管电路设计(上). 北京：科学出版社.

马场清太郎. 2007. 运算放大器应用电路设计. 何希才译. 北京：科学出版社.

聂典. 2014. Multisim 12 仿真设计. 北京：电子工业出版社.

三宅和司. 2006. 电子元器件的选择与应用：电阻器与电容器的种类结构及性能. 张秀琴译. 北京：科学出版社.

童诗白，华成英. 2006. 模拟电子技术基础. 4 版. 北京：高等教育出版社.

吴友宇，伍时和，凌玲. 2010. 模拟电子技术基础. 北京：清华大学出版社.

伍时和，吴友宇，凌玲. 2009. 数字电子技术基础. 北京：清华大学出版社.

Boylestad R L，Nashelsky L. 2008. 模拟电子技术. 李立华，等译. 北京：电子工业出版社.

Crecraft D, Gorham D, Sparkes J J. 2003. Electronics. 2nd ed. Edinburgh: Nelson Thornes Ltd.

Floyd T L, Buchla D M. 2002. Fundamentals of Analog Circuits. 2nd ed. London: Prentice Hall.

Hambley A R. 1999. Electronics. 2nd ed. London: Prentice Hall.

Hastings A. 2006. Art of Analog Layout. 2nd ed. London: Prentice Hall.

Schenk U T C. 2005. Electronics:Hand-book for Design and Application. New York: Springer-Verlag.

Scherz P, Monk S. 2012. Practical Electronics for Inventors. 3rd ed. United States: TAB Books Inc.

Storey N. 2009. Electronics: A System Approach. 4th ed. London: Prentice Hall.

附录　模拟电子电路英语词汇

A

安培 A（ampere）

B

半波整流 half wave rectifier

半波电压 half-wave voltage

半波倍压整流电路 half-wave voltage doubler

半导体 semiconductor

饱和区 saturation region

饱和电压 saturation voltage

本地振荡器 local oscillator

倍压整流 voltage doubler

倍压整流电路 voltage doubling rectifying circuit

倍压连接 double voltage connection

比例电流源 scaling current source

比较器 comparator

闭环增益 closed-loop gain

变频器 frequency converter

变容 varactor

变容二极管 variable capacitance diode

变压器耦合 transformer-coupled

标称电压 nominal voltage

标称耐压值 nominal withstand voltage

不间断电源设备 UPS（uninterruptible power supply）

布局 placement

布线 routing

布线完成率 layout efficiency

布图设计 layout

补偿电压；失调电压 offset voltage

补偿 compensation

波特图 bode plot

玻尔兹曼常数 Boltzmann constant

贝塞尔 Bessel

并联式 parallel type

C

参数 parameters

参考电压 reference voltage

层次设计 hierarchical design

差分电压 differential voltage

差分式 differential

场效应管 field effect transistor，FET

迟滞比较器 comparator with hysteresis

乘法运算电路 multiplication circuit

重布 rerouting

除法运算电路 division circuit

串联型稳压电路 series voltage regulator

串联稳压器 series voltage regulator

串联负反馈 series feedback type

次级电压；二次电压 secondary voltage

D

大规模集成电路 large scale integrated circuit

大功率放大器 high power amplifier

带通 band-pass

带通滤波器 band-pass filter

带阻滤波器 band-reject filter

带宽积 band-width product

单边带信号 single-band signal

单电源互补对称功放电路 OTL 电路 output transformerless circuit

单位增益带宽 unit gain band width

导纳 admittance

低通滤波器 low-pass filter

点接触型 point contact type

电磁干扰 EMI（electromagnetic interference）

电磁兼容性 EMC（electromagnetic compatibility）

电厂 power plant

电导 conductance

电感 inductance

电抗 reactance

电流 current

电流源 current source

电流增益 current gain

电流串联 current-series

电流并联 current-shunt

电流可逆斩波电路 current reversible chopper

电流源型逆变电路 current source type inverter，CSTI

电流跟随器 current follower

电路模拟，电路仿真 circuit simulation

电纳 susceptance

电容 capacitance

电容滤波电路 capacitance filter

电压 voltage

电压跟随器 voltage follower

电压放大 voltage amplification

电压放大器 voltage amplifier

电压比较器 voltage comparator

电压补偿 voltage compensation

电压漂移 voltage drift

电压降 voltage drop

电压反馈放大器 voltage feed-back amplifier

电压增益 voltage gain

电压表 voltage meter

电压谐振；串联谐振 voltage resonance

电压源 voltage source

电压稳定度 voltage stability

电压稳定系数 voltage-regulation coefficient

电压串联 voltage-series

电压并联 voltage-shunt

电压负反馈 negative voltage feedback

电网 power system

电源 source of voltage；power supply

电子电压调节器；电子式电压调节器 electronic
　　voltage regulator

电阻 resistance

电阻分压器 resistance voltage divider

电阻分压器 resistive divider

电子电荷 electron charge

电子工作台 electronics workbench, EWB

低频响应 low frequency response

低噪声放大器 low noise amplifier

低通滤波器 low pass filter

短路电压 short-circuit voltage

动态 dynamic（state）

多集电极 multiple collector

多级放大电路 multistage amplifier

多功能数字电压表 multifunction digital voltage meter

多数载流子 majority carrier

多路电流源 multiple current source

E

额定参数 ratings

额定电路电压 nominal circuit voltage

二极管 diode

二次击穿 second breakdown

二极管正向电压 diode forward voltage

二极管反向击穿电压 diode reverse breakdown voltage

F

发光 light emitting

发射极 emitter

发射区 emitter region

发射结 emitter junction

反馈网络 feedback network

反馈电压 feedback voltage

反馈组态 feedback configuration

反馈信号 feedback signal

反馈放大电路 feedback amplifiers

反馈深度 desensitivity

反向饱和电流 reverse saturation current

反向电压 inverse voltage

反向偏压 reverse bias voltage

反向峰值电压 reverse peak voltage

反相 inverting

放大电路 amplifier

放大区 active region

方波发生器 square wave generator

方程式 equation

方框图 block diagram

非线性 nonlinear

非线性失真 nonlinear distortion

非正弦电压 non-sinusoidal voltage

非反相 non-Inverting

分析方法 method of analysis

分压器 voltage divider

分贝 decibel，dB

分压器 voltage divider

峰值电压 peak voltage

伏安特性 voltage- current characteristic

幅度 amplitude

幅度调制 amplitude modulation

负载线 load line

负载 load

负反馈放大器 negative feedback amplifier

复合管达林顿电路 Darlington circuit

G

感生电压 induced voltage

高保真（度）high-fidelity, HSC

高压防护 high voltage protection

高通 high-pass

个人电路仿真程序 personal simulation program with integrated circuit emphasis, PSPICE

隔离放大器 isolated amplifier

共基组态 common-base configuration

共射单级 common emitter single stage

共集电极组态 common-collector configuration

共发射极截止 common-emitter cutoff

共基极截止 common-base cutoff

共源组态 common source configuration

共漏组态 common drain configuration

共栅组态 common gate configuration

共价键 covalent bond

共模信号 common-mode signal

共模抑制比 common-mode rejection ratio

供电电压 power supply voltage

功率 power

功率管 power transistor

功率放大电路 Power amplifier

固定 fixed

光电 photo

光电二极管 photodiode

光电三极管 phototransistor

沟道长度调制效应 channel length modulation effect

归一化电压 normalized voltage

过电压保护 over-voltage protection

过电压保护 excess voltage protection

过零比较器 zero-crossing comparator

H

哈特莱 Hartley

耗尽层 depletion

耗尽区 depletion region

耗尽型场效应管 depletion type FET

恒流源 constant current source

恒压降模型 constant voltage chrop model

横向 PNP lateral PNP

互补对称功率放大器 complementary symmetry power amplifier

互补型复合管 complementary Darlington circuit

互补对称 complementary symmetry

互导 mutual conductance，transconductance

互阻 transresistance

环路增益 loop gain

霍耳电压 Hall voltage

混合物 hybrid

混合Π形模型 hybridΠmodel

混合参数 H 参数 hybrid parameter

混合Π型等效电路 hybridΠmodel

小信号模型 small signal model

J

击穿电压 shorting voltage，breakdown voltage

基尔霍夫电压定律 Kirchhoff's voltage law（KVL）

基本输入/输出系统 BIOS（basic input/output system）

基本放大器 basic amplifier

基极 base

基区 base region

基极体电阻 base-spreading resistance

基区宽度调制效应 base-width modulating effect

集成 integrated

集成稳压器 integrated regulator

集电极 collector

集电区 collector region

集电结 collector junction

激光 laser

激励电压 driving voltage

积分电路 integrator

极间电容 interelectrode capacitor

计算机辅助制图 computer aided drawing

计算机控制显示 computer controlled display

甲类 class A

甲乙类 class AB

夹断电压 pinch off voltage

加法器 adder

减法器 subtractor

交流，交流电源 AC alternating current，AC（alternating current）

交流通路 Alternating current path，AC path

交越 crossover

交越失真 cross over distortion

节点 node

结构 construction

结电压值 junction voltage values

结型 junction type，JFET

接线 wiring

截止频率 cutoff frequency

截止区 cutoff region

截止电压 cut-off voltage

静电释放 ESD（electrostatic discharge）

静态工作点 quiescent point

静态 static（state）

晶体 crystal

绝缘栅场效应管 isolated gate type FET

金属-氧化物-半导体场效应管 metal-oxide-semicon-ductor FET

镜像电流源 mirror current source

矩形波电压；矩形波电压 square wave voltage

检波 detection

解调 demodulation

减流式保护 foldback current limiting protection

锯齿波电压发生器 saw-tooth wave voltage generator

锯齿波电流发生器 saw-tooth wave current generator

K

开关式 switch type

开关电路 switched capacitor

开关电容滤波器 switched-capacitor filter

开环增益 open-loop gain

开启电压 threshold voltage，cut-in voltage

开环电压增益 open-loop voltage gain

开路电压；空载电压 open-circuit voltage

科皮兹 Colpitts

可变电阻区 variable resistance region

空载电压 floating voltage

空穴 hole

空间电荷区 space charge region

控制电路 control circuit

宽长比 width-to-length ratio

扩散 diffusion

扩散电容 diffusion capacitance

L

浪涌电压 surge voltag

理想 ideal

理想模型 ideal model

零点漂移 zero drift

零偏 null bias

临界电压 critical voltage

临界耐压 critical withstand voltage

漏极 drain

漏源电压 drain-source voltage

逻辑图 logic diagram

逻辑模拟 logic simulation

逻辑设计 logic design

逻辑电路 logic circuit

滤波电路 filter

滤波电容 filtering capacitor

M

MOS 型 metal-oxide-semiconductor type，MOSFET

脉动系数 ripple factor

脉冲宽度 pulse width

脉冲电压； 冲击电压 impulse voltage

脉冲电压特性 impulse voltage characteristics

满负载 full load

面结型 junction type

密勒 Miller

密勒效应 Miller effect

密勒电容 Miller capacitance

模拟（电路）analog（circuit）

（电路）模拟，（电路）仿真 （circuit）simulation

模拟集成电路 analog ICs

模拟乘法器 analog mulitiplier

模-数转换 analog to digital, A/D

模块化 modularization

N

N 型半导体 N type semiconductors

O

OCL output capacitorless

OTL output transformerless

耦合电容 coupling capacitor

P

P 沟道 MOSFET P-channel MOSFET

P 型半导体 P type semiconductors

旁路电容 by-pass capacitor

偏置电路 biasing circuits

偏置电流 bias current

漂移 drift

漂移电压 drift voltage

频率 frequency

频谱 frequency spectrum

频率响应 frequency response

频率补偿 frequency compensation

屏蔽 screen

品质因数 figure of merit，quality factor

平顶降落 tilt

Q

器件换流 device commutation

畸变功率 distortion power

齐纳 Zener

桥式整流 bridge rectifier

桥式文氏电桥 Wien bridge

求和电路 summing circuit

取样电压 sampling voltage

驱动电路 driving circuit

全波倍压器 full-wave voltage doubler

全桥电路 full bridge converter

全桥整流电路 full bridge rectifier

全波整流电路 full wave rectifier

全通滤波器 all-pass filter

齐纳击穿 Zener breakdown

齐纳稳压二极管见二极管

去耦合电路 decoupling circuit

切比雪夫 Chebyshev

R

RC 耦合 RC-coupled

热敏电阻 thermistor

热噪声 thermal noise

热阻 thermal resistance

人工智能 artificial intelligence, AI

S

三角波发生器 triangle-wave generator

三极管 transistor

三极管 bipolar junction transistor, BJT

三相电压 three-phase voltage

散热 heat dissipation

散热器 heat sink

散热片 thermal slug

栅极 gate

栅极驱动 gate drive

栅夹断电压 gate pinch-off voltage

栅电压 gate voltage

上电 power up

上拉 pull up

上升沿 rising edge

上限（频率） high 3-dB

少数载流子 minority carrier

射频电压 radio-frequency voltage

射级输出器 emitter follower

砷化镓场效应管 gallium arsenide MESFET

失真 distortion

失调电流与失调电压 offset currents and voltage

势垒电容 barrier capacitance

势垒 barrier

施主杂质 donor impurities

时序模拟 timing simulation

受主杂质 acceptor impurities

输出电阻 output resistance

输出驱动级 out drive stage

输入 input

输入电压范围 input voltage range

输入电压 input voltage

输入电阻 input resistance

束缚电子 bonded electron

双电源互补对称功放电路（OCL 电路） output capacitorless circuit

双极型晶体管，双极型三极管 bipolar junction transistor，BJT

双列直插式封装 DIP (dual in-line package)

双端电路 double end converter

瞬态响应 transient response

四象限乘法器 quarter-square multiplier

T

特性曲线 characteristics

特征 characteristic

特征角频率 characteristic angular frequency

特征频率 f_T transition frequency

天线 antenna

调制 modulation

调幅 amplitude modulation, AM

调频 frequency modulation, FM

调相 phase modulation, PM

通路 path

通用型 popular type

通频带 pass band

通用串行总线 USB (universal serial bus)

同相输入端 noninverting input terminal

同相 noninverting

图解法 graphical method

图解分析 graphical analysis

推挽式 push pull

推挽转换器 push pull converter

推挽式 push pull

V

VCO voltage controlled oscillator

V-I 特性 volt-ampere characteristic

VMOS V-gate metal-oxide-semiconductor field effect transistor

W

外加电压 external voltage

外特性 external characteristic

微电流源 micro-current source, small value current source

威尔逊电流源 Wilson current source

微分电路，微分器 differentiator

微变电阻 increment resistance

位/秒 bps (bit per second)

温度 temperature

温度漂移 temperature drift

纹波电压；脉动电压 ripple voltage

纹波电流 ripple current

稳定性，稳定 stability

稳定电压，稳压 regulated voltage

稳压管，稳压二极管，齐纳二极管 voltage-regulator diode，Zener diode

稳定电源 stabilised voltage supply，regulated power supply

无屏蔽双绞线 UTP（unshielded twisted pair）

X

下拉 pull down

下降沿 Failing edge

下限（频率） low 3-dB

限幅 clipping

限流式保护 current limiting protection

陷波 wave notch

相位 phase

相位裕度 phase margin

小信号模型 small signal model

效率 efficiency

消弧电压 extinction voltage of arc

谐波电压 harmonic voltage

谐振电压 resonance voltage

信号 signal

信号电压 signal voltage

续流二极管 freewheel diode

续流二极管 freewheel diode

虚短 virtual short circuit

虚地 virtual ground

雪崩击穿 avalanche breakdown

Y

压控电压源 voltage-controlled voltage source

压控振荡器 voltage controlled oscillator（VCO）

一般表达式 basic equation

乙类 class B

移相式 phase shift

抑制噪声 reduction of noise

音频 audio frequency, AF

音频放大器 audio frequency amplifier, AFA

音频编码器 automatic frequency coder, AFC

音频电平表 audio-level meter, ALM

印制板电路 printed circuit board

涌入电流 inrush current

有源 active

有源滤波电路 active filter

有源负载 active load

阈值电压；门限电压；threshold voltage

裕度 margin

原理图 schematic diagram

源极 source

源电压 source voltage

源漏电压；源漏间电压 source-drain voltage

运算放大器 operational amplifier

Z

杂质 impurity

载波 carrier

噪声的有效电压 root-mean-square noise voltage

增益 gain

增益裕度 gain margin

折线模型 piecewise model

振幅 amplitude

振荡电路 oscillator

振荡条件 criterion of oscillation

整流电路 rectifier

正向外加电压 forward applied voltage

正向栅源击穿电压 forward gate-to-source breakdown voltage

正向平均压降 forward mean voltage drop

正向电压降； 二极管正向电压 forward voltage drop

正向偏置 forward bias

正弦波 sinusoidal

正向偏置 forward bias

直流通路 direct current path

直交直电路转换器 DC-AC-DC converter

直流斩波 DC chopping

直流斩波电路 DC chopping circuit

直流转换式 DC converter

直流－直流变换器 DC-DC converter

直接电流控制 direct current control

直流，直流电源 direct current， DC

直接耦合 direct-coupled

直流电阻 direct current resistance

只读光盘存储器 CD-ROM（compact disc read-only memory）

滞后电压 hysteresis voltage

滞回 hysteresis

周波变流器 cycloconvertor

中央处理器 CPU（central processing unit）

中心角频率 central angular frequency

专用型 special type

转换速率 slew rate

自举 bootstrap

自由电子 free electron

自举电路 bootstrap circuit

自动音乐传感装置 AMS automatic music sensor

自动噪声消除器 ANC Automatic Noise Canceller

自动频率控制 automatic frequency control

自动微调 AFT automatic fine tuning

自动频率跟踪 automatic frequency track

自动增益控制 AGC automatic gain control

自顶向下设计 top-down design

自底向上设计 bottom-up design

自激振荡 self excited oscillation

阻抗 impedance

阻带 band-reject

最高输出电压 maximum output voltage